OS
ELEITOS

TOM WOLFE

OS ELEITOS

Tradução de Lia Wyler

Rocco

Título original
THE RIGHT STUFF

Copyright © 1979 *by* Tom Wolfe

Todos os direitos reservados incluindo o de reprodução no todo ou em parte sob qualquer forma sem autorização prévia, por escrito, do editor.

Direitos para a língua portuguesa reservados com exclusividade para o Brasil à
EDITORA ROCCO LTDA.
Rua Evaristo da Veiga, 65 – 11º andar
Passeio Corporate – Torre 1
20031-040 – Rio de Janeiro – RJ
Tel.: (21) 3525-2000 – Fax: (21) 3525-2001
rocco@rocco.com.br
www.rocco.com.br

Printed in Brazil/Impresso no Brasil

preparação de originais
LENY CORDEIRO

CIP-Brasil. Catalogação na publicação.
Sindicato Nacional dos Editores de Livros, RJ.

W836e

Wolfe, Tom, 1930-2018
 Os eleitos / Tom Wolfe ; tradução Lia Wyler. – 1ª ed. – Rio de Janeiro : Rocco, 2021.

 Tradução de: The right stuff
 ISBN 978-65-5532-091-6
 ISBN 978-65-5595-060-1 (e-book)

 1. Romance americano. I. Wyler, Lia. II. Título.

21-69547

CDD: 813
CDU: 82-31(73)

Leandra Felix da Cruz Candido – Bibliotecária – CRB-7/6135

O texto deste livro obedece às normas do Acordo Ortográfico da Língua Portuguesa.

A Kailey Wong

SUMÁRIO

1. Os anjos 9
2. Os eleitos 26
3. Yeager 48
4. O ratinho branco 82
5. Em combate singular 110
6. Na sacada 130
7. O cabo 160
8. Os tronos 177
9. O voto 211
10. A prece do eleito 236
11. O carrapato 265
12. As lágrimas 294
13. A questão operacional 347
14. O clube 382
15. Em pleno deserto 405

Epílogo 426
Nota do autor 431

1. OS ANJOS

EM CINCO MINUTOS, OU DEZ, NÃO MAIS QUE ISSO, TRÊS OUTRAS tinham ligado para perguntar se sabia que alguma coisa acontecera lá.

— Jane, aqui é Alice. Ouça, acabei de receber uma ligação de Betty, e ela me disse que ouviu falar que alguma coisa aconteceu lá. Soube de alguma coisa? — Era assim que expressavam a coisa, ligação após ligação. Ela pegou o telefone e começou a retransmitir essa mesma mensagem para as outras.

— Connie, aqui é Jane Conrad. Alice acabou de me ligar, e disse que aconteceu alguma coisa...

Alguma coisa fazia parte do jargão oficial das esposas para circundar o assunto de olhos vendados. Por ter apenas vinte e um anos e ser nova ali, Jane Conrad conhecia muito pouco sobre esse assunto específico, já que ninguém jamais tocava nele. Mas o dia mal começara! E que cenário oferecia para a sua iminente iluminação! E que figura era a moça! Jane era alta e esguia, tinha fartos cabelos castanhos, malares altos e grandes olhos castanhos. Lembrava um pouco a atriz Jean Simmons. O pai era fazendeiro no sudoeste do Texas. Frequentara a universidade no Leste, Bryn Mawr, e conhecera o marido, Pete, num baile de debutantes no Gulph Mills Club em Filadélfia, quando ele cursava o último ano em Princeton. Pete era um rapaz louro, agitado e baixo, e muito brincalhão. A todo instante seu rosto costumava se abrir num sorriso espontâneo revelando a falha entre os dentes da frente. Uma espécie de caubói garotão; porém um caubói garotão no circuito das debutantes. Possuía um ar de energia, segurança, ambição, *joie de vivre*. Jane e Pete se casaram dois dias depois da formatura dele em Princeton. No ano passado Jane deu à luz o primeiro filho do casal, Peter. E hoje, aqui na Flórida, em Jacksonville, no tranquilo ano de 1955, o sol brilha por entre os pinheiros lá fora, e até o ar assume a cintilação do mar. O mar e a grande praia branca de mica estão a menos de um quilômetro e meio de distância. Qualquer um que passe de carro verá a casinha de Jane faiscando como uma casa de sonho no pinheiral. É uma casa de tijolos aparentes, mas Jane e Pete pintaram os tijolos de branco, para que faiscasse ao sol recortada na grande tela de pinheiros pontilhada por milhares de furinhos por onde o sol espia. Pintaram as venezianas de preto, o que faz as paredes brancas parecerem ainda mais radiosas. A casa só tem cento e dois metros quadrados, mas Jane e Pete a projetaram pessoalmente e isso mais do que compensa o pouco espaço. Um amigo comum foi o construtor e lhes ofereceu todas as facilidades possíveis, de modo que a casa custou apenas onze mil dólares. Fora, o sol brilha, dentro, a febre sobe a cada minuto enquanto cinco, dez, quinze e, finalmente, quase todas as vinte esposas se integram ao circuito, procurando descobrir o que aconteceu, um quê que na realidade significa: ao marido de quem.

Trinta minutos em um circuito desses — e essa não é uma manhã anormal por aqui — e a esposa começa a sentir que o telefone já não está na mesinha ou na parede da cozinha. Explode em seu plexo solar. Contudo seria muito pior nesse instante ouvir tocar a campainha da porta. O protocolo é rígido nesse ponto, embora não haja nada escrito em lugar algum. Nenhuma mulher deve dar a notícia final, e menos ainda pelo telefone. O assunto não deve ser mal conduzido! — essa é a ideia. Não, um homem deverá trazer a notícia quando chegar a hora, um homem que tenha autoridade moral ou oficial, um religioso ou um camarada do recém-falecido. Além disso, deve trazer a notícia pessoalmente. Deve se apresentar à porta da frente, tocar a campainha e se postar ali como um sustentáculo de calma e competência, trazendo a má notícia acondicionada em gelo, como um peixe. Portanto, todos os telefonemas das esposas eram, por assim dizer, o adejar portentoso e frenético das asas dos anjos da morte. Quando chegasse a última notícia, ouvir-se-ia um toque de campainha à porta da frente — uma esposa nessa situação se surpreende olhando fixo a porta da frente como se já não a possuísse ou controlasse —, e do outro lado da porta haveria um homem... vindo para lhe informar que, infelizmente, acontecera alguma coisa lá, e o corpo de seu marido agora jazia carbonizado nos pântanos, ou nos pinheirais, ou nos relvados, "irreconhecível de tão queimado", o que qualquer um que já tivesse vivido em uma base aérea muito tempo (felizmente ela ainda não vivera) perceberia que se tratava de eufemismo bastante criativo para descrever um corpo humano que agora parecia uma enorme ave que deixaram crestar no fogão, o exterior todo queimado, de um castanho escurecido, porejando óleo e bolhas, em uma palavra, frito, e não só o rosto, o cabelo e as orelhas consumidas pelo fogo, para não falar na roupa, mas também as *mãos* e os *pés,* e o que restou dos braços e pernas dobrados nos cotovelos e joelhos em ângulos absolutamente rígidos, um castanho escurecido e oleoso como o resto do corpo rebentado pelo fogo, de modo que esse marido, pai, oficial, cavalheiro, esse objeto de culto aos olhos da mãe, Sua Majestade o Bebê de uns vinte e poucos anos atrás, foi reduzido a uma massa carbonizada com asas e canelas espetadas para fora.

O *meu marido* — como poderia ser isso a que se referiam? Jane ouvira os rapazes, Pete entre eles, falarem de outros rapazes que tinham "se enfunerado" ou "empacotado" ou "pifado", mas nunca ninguém que conhecessem, ninguém da esquadrilha. E de qualquer modo, o jeito com que comentavam o ocorrido, em termos de gíria, leves, era o mesmo com que falavam de esportes. Era como se dissessem "Ele foi expulso de campo porque estava roubando no jogo". E era só! Nem uma palavra, nem na imprensa, nem na conversa — não nessa linguagem estropiada! —, sobre um cadáver incinerado do qual o espírito de um jovem se esvaíra num abrir e fechar de olhos, do qual todos os risos, gestos, humores, preocupações, sorrisos, manhas, dar de ombros, carinhos e olhares amorosos — *você, meu amor!* — desapareceram como num suspiro, enquanto o terror consome um chalé na mata, e uma jovem mulher, ardendo de febre, aguarda confirmação de que é a última viúva da temporada.

A série seguinte de chamadas aumentou muito a possibilidade de ter sido Pete quem sofrera alguma coisa. Só havia vinte homens na esquadrilha, e não tardaram a dar conta de uns nove ou dez — pelas notícias esvoaçantes dos anjos da morte. Sabendo que o acidente vazara, os maridos que conseguiam chegar a um telefone ligavam para casa para dizer *não foi comigo que aconteceu*. Essa notícia, naturalmente, logo alimentava a febre. O telefone de Jane tocaria mais uma vez, e uma das esposas diria:

— Nancy acabou de receber uma ligação do Jack. Ele está na esquadrilha e diz que alguma coisa aconteceu, mas não sabe o quê. Diz que viu Frank D. levantar voo há uns dez minutos com Greg de copiloto, portanto os dois estão bem. Que mais soube?

Mas Jane não soube nada a não ser que outros maridos, e não o dela, estão sãos e salvos. E assim, num dia ensolarado da Flórida, fora da Base Aeronaval de Jacksonville, num chalezinho branco, uma verdadeira casa de sonho, mais uma bela jovem estava prestes a receber esclarecimentos sobre o quiproquó da linha de trabalho de seu marido, sobre os termos de quitação, poderíamos dizer, os subparágrafos de um contrato escrito de forma invisível. Com a mesma certeza de quem tivesse toda a lista de oficiais a sua frente, Jane agora percebia que só não havia notícia de dois homens. Um era um piloto chamado Bud Jennings; o outro era Pete. Ela ergueu o telefone e fez uma coisa que não era vista com bons olhos numa hora de emergência. Ligou para o esquadrão. O oficial de dia atendeu.

— Quero falar com o tenente Conrad — disse Jane. — Aqui é a Sra. Conrad.

— Sinto muito — respondeu o oficial de dia, e a sua voz se partiu. — Sinto muito... eu... — Não conseguia encontrar palavras! Estava quase chorando! — Eu... isto é... quero dizer... ele não pode atender o telefone!

Ele não pode atender o telefone!
— É muito importante! — tornou Jane.
— Sinto muito... é impossível... — O oficial de dia mal conseguia pronunciar as palavras, tão ocupado em sufocar os soluços. *Soluços!* — Ele não pode atender o telefone.
— Por que não? Onde está?
— Sinto muito... — Mais suspiros, arquejos, fungadas entrecortadas. — Não posso lhe informar. Eu... eu tenho que desligar agora!
E a voz do oficial de dia desapareceu numa grande onda de emoção e ele desligou.
O oficial de dia! *O simples som da voz dela fora demais para o sujeito!*
O mundo se imobilizou, congelado, naquele instante. Jane já não podia calcular o intervalo até a campainha da porta da frente tocar e uma competente figura de cara comprida aparecer, algum Amigo das Viúvas e dos Órfãos, e a informar, oficialmente, de que Pete estava morto.

MESMO NO MEIO DO PÂNTANO, NESSA TURFEIRA DE TRONCOS de pinheiros, manchas de escória, cipós-chumbo mortos e ovos de mosquitos, mesmo aqui fora nesse desaguadouro demasiado maduro, o cheiro do "irreconhecível de tão queimado" obliterava todo o resto. Quando o combustível do avião explodiu, produziu um calor tão intenso que tudo à exceção dos metais mais duros não só *queimou* — tudo que era de borracha, plástico, celuloide, madeira, couro, pano, carne, cartilagem, cálcio, osso, cabelo, sangue e protoplasma —, não queimou simplesmente, evoluiu-se sob a forma de um gás muito pútrido conhecido da química. Dava para sentir o horror. Entrava pelas narinas e deixava as fossas nasais em carne viva, penetrava no fígado e permeava os intestinos como um gás ácido até que não restasse nada no universo, dentro ou fora, a não ser o fedor de matéria carbonizada. Quando o helicóptero desceu entre os pinheiros e se aninhou no charco, o cheiro atingiu Pete Conrad mesmo antes de abrir completamente a escotilha, e ainda nem se encontravam suficientemente próximos para ver os destroços. O resto do percurso Conrad e os tripulantes tiveram que fazer a pé. Após alguns passos a água lhes chegou aos joelhos, em seguida às axilas, e eles continuavam a atravessar a água, a escória, as trepadeiras e os troncos de pinheiros, mas não eram nada comparados ao cheiro. Conrad, um tenente de vinte e cinco anos, por acaso estava de serviço como oficial de segurança da esquadrilha naquele dia e deveria fazer a investigação no local do acidente. Na realidade, porém, essa esquadrilha era o primeiro posto de sua carreira e nunca estivera no local de um acidente antes e nunca sentira um cheiro tão repugnante ou visto nada parecido com aquilo que o aguardava.

Quando Conrad finalmente alcançou o avião, um SNJ, encontrou a fuselagem queimada e cheia de bolhas e enterrada no pântano com uma asa arrancada e a pele amassada. No assento dianteiro, tudo que restara do amigo Bud Jennings. Bud Jennings, um rapaz afável, um jovem e promissor piloto de caça, era agora uma horrível massa calcinada — sem cabeça. A cabeça desaparecera de todo, aparentemente arrancada da coluna como um abacaxi do pé, exceto que não era visível em parte alguma.

Conrad ficou ali no pântano encharcado, pensando que merda fazer. Era um esforço violento caminhar seis metros nesse maldito atoleiro. Todas as vezes que erguia os olhos, dava de cara com um delírio de ramos, cipós, sombras malhadas e uma luz branca retalhada que se filtrava pelas copas das árvores — o manto onipresente de árvores com milhares de furinhos por onde o sol espiava. Contudo, começou a retroceder na lama escumosa, e os outros o seguiram. Mantinha os olhos no alto. Gradualmente conseguiu divisar alguma coisa. Nas copas das árvores havia um padrão de galhos partidos onde o SNJ mergulhara. Parecia um túnel atravessando as copas. Conrad e os outros começaram a espadanar pelo pântano, acompanhando a estranha trilha a vinte e sete, trinta metros acima. Fazia uma curva acentuada. Devia ter sido onde a asa partiu. A trilha virou para um lado e começou a descer. Continuaram a manter os olhos no alto e a vadear o atoleiro. Então pararam. Havia uma grande ferida verde lá em cima no meio de um tronco de árvore. Era estranha. Próximo ao talho enorme via-se... doença de árvore... uma espécie de saco pardacento e cheio de protuberâncias nos galhos, parecido com o que se vê em árvores infestadas por bichos-de-cesto, e havia coágulos amarelados nos galhos a toda a volta como se a doença tivesse feito a seiva escorrer, supurar e cristalizar — só que não podia ser seiva, porque estava raiada de sangue. No momento seguinte, Conrad não precisou dizer uma palavra. Cada homem podia ver tudo por si. O saco granuloso era o forro de pano do capacete de voo, com os fones ainda presos. Os coágulos eram o cérebro de Bud Jennings. O tronco da árvore entrara pela capota da pele do SNJ e rachara a cabeça de Bud Jennings em pedaços como se fosse um melão.

DE ACORDO COM O PROTOCOLO, O COMANDANTE DA ESQUADRIlha não ia liberar o nome de Bud Jennings até que localizassem a viúva, Loretta, e despachassem o competente mensageiro da morte de sexo masculino para contar a ela o ocorrido. Mas Loretta Jennings não estava em casa e ninguém a encontrava. Portanto, um atraso — o tempo mais do que suficiente para as outras esposas, os anjos da morte, arderem de pânico pelos telefones. Sabiam do paradeiro de todos os pilotos exceto os dois na mata, Bud Jennings e Pete Conrad. Uma chance em duas, cara ou coroa, par ou ímpar, um dia como esse era comum por aqui.

Loretta Jennings estivera num shopping. Quando voltou para casa, havia uma certa pessoa esperando do lado de fora, um homem, um solene Amigo das Viúvas e dos Órfãos, e foi Loretta Jennings quem perdeu o jogo de par ou ímpar, de cara ou coroa, e era o filho de Loretta (estava grávida de um segundo) quem não teria pai. Foi essa jovem que passou por todos os horrores finais que Jane Conrad imaginara — *presumira!* — que seriam seus para o resto da vida. Contudo esse sinistro golpe de sorte trouxe a Jane pouco alívio.

No dia do enterro de Bud Jennings, Pete entrou no closet e tirou do fundo a sobrecasaca exigida pelo regulamento. Era a peça mais elegante do guarda-roupa de um oficial de marinha. Pete nunca tivera ocasião de usá-la antes. Era um casaco traspassado, de lã azul-marinho e lhe chegava quase aos tornozelos. Devia pesar uns quatro quilos. Tinha uma fileira dupla de botões dourados de alto a baixo, alças para as dragonas, uma grande e bela gola até a cintura, largas dobras nos punhos, cintura justa e uma abertura nas costas que ia da cintura à bainha. Nem Pete e, para dizer a verdade, nem muitos outros americanos vivendo nesses meados do século XX jamais teriam uma peça de vestuário tão imponente e aristocrática quanto aquela sobrecasaca. No enterro, os dezenove soldadinhos que restaram — jovens mariscos — se perfilaram resolutos em suas sobrecasacas. Pareciam tão jovens. Os rostos rosados e lisos, as linhas dos queixos firmes, absolutamente nítidas, destacavam-se corajosa, corretamente, das enormes golas das sobrecasacas.

Cantavam um velho hino da Marinha que aqui e ali assumia tons melancólicos, estranhos e lúgubres, e incluía uma estrofe adicional especialmente composta para os aviadores. Terminava assim: "Ouve nossa prece pelos que se arriscam nos ares."

TRÊS MESES MAIS TARDE, MAIS UM INTEGRANTE DA ESQUAdrilha caiu e ficou irreconhecível de tão queimado, e mais uma vez Pete apanhou a sobrecarga e Jane viu dezoito soldadinhos repetirem bravamente os mesmos movimentos no funeral. Pouco tempo depois, Pete foi transferido de Jacksonville para a Base Aeronaval de Patuxent River em Maryland. Pete e Jane mal acabaram de se instalar quando receberam a notícia de que outro integrante da esquadrilha de Jacksonville, um amigo chegado, alguém que jantara em sua casa muitas vezes, morrera tentando decolar do convés de um porta-aviões, num treinamento de rotina, no oceano Atlântico, a poucas milhas da costa. A catapulta que lançava os aviões na decolagem perdera pressão, e o avião dele rolou para fora do convés, o motor roncando impotente, mergulhou no oceano dezoito metros abaixo, afundando como uma pedra, e ele desapareceu *instantaneamente*.

Pete fora transferido para Patuxent River, conhecida no jargão naval como Pax River, a fim de ingressar na nova escola de pilotos de provas da Marinha. Isto era considerado uma importante promoção na carreira de um jovem aviador naval. Agora que a guerra da Coreia terminara e não havia voos de combate, todos os jovens ases do espaço visavam às provas de voo. Entre os militares sempre se dizia "provas de voo" e não "voos de prova". À época os aviões a jato estavam em uso havia apenas uma década, e a Marinha continuamente testava novos caças a reação. Pax River era o principal centro de provas da Marinha.

Jane gostava da casa que tinham comprado em Pax River. Não gostava tanto quanto da casinha em Jacksonville, mas também ela e Pete não a tinham projetado. Moravam em uma comunidade chamada North Town Creek, a uns nove quilômetros da base. North Town Creek, a exemplo da base, situava-se em uma península de pinheiros raquíticos que avançava pela Chesapeake Bay. Estavam aninhados entre os pinheiros. (Novamente!) A toda volta cresciam azáleas. Os trabalhos do curso e os deveres de voo exigiam muito de Pete. Todos em sua turma de prova de voo, Grupo Vinte, comentavam as dificuldades — e obviamente as amavam, porque na aviação naval esse era o primeiro time. Os rapazes do Grupo Vinte e as esposas eram todo o mundo social de Pete e Jane. Não se davam com mais ninguém. Constantemente se convidavam, uns aos outros, para jantar durante a semana; havia festinhas do Grupo na casa de alguém praticamente todo fim de semana; e costumavam sair para pescar ou praticar esqui aquático em Chesapeake Bay. De certa maneira não poderiam ter-se dado com mais ninguém, pelo menos não com muita facilidade, porque os rapazes só sabiam falar de uma coisa: voo. Uma das frases que surgia o tempo todo na conversa era "forçar os limites da envoltória operacional".

A "envoltória operacional" era um termo da prova de voo que designava os limites de desempenho de uma determinada aeronave, o ângulo de curva que podia executar a uma dada velocidade e assim por diante. "Forçar os limites", descobrir os limites externos, da envoltória operacional era aparentemente o grande desafio e prazer da prova de voo. A princípio "forçar os limites da envoltória operacional" não era uma frase particularmente apavorante. Soava mais uma vez como se os rapazes estivessem apenas falando de esportes.

Então num belo dia de sol um integrante do Grupo, um dos rapazes alegres com quem sempre jantavam e bebiam e praticavam esqui aquático, estava fazendo a aproximação para pousar na base em um caça A3J.

Entrou muito baixo com os flaps ainda em cima, o avião estolou, ele bateu e ficou irreconhecível de tão queimado. E os rapazes tiraram as sobrecasacas do closet e entoaram o hino pelos que se arriscam nos ares e guardaram as sobrecasacas, e os soldadinhos que restaram comentaram o acidente uma noite dessas depois do jantar. Balançaram as cabeças e disseram que era uma pena, mas que ele devia ter tido mais juízo em vez de esperar tanto tempo para descer os flaps.

Mal se completara uma semana e já outro integrante do Grupo preparava-se para pousar no mesmo tipo de avião, o A3J, tentando uma aproximação a noventa graus, que exige uma curva fechada, e houve uma pane nos controles, e o avião acabou com um estabilizador em cima e outro embaixo, e entrou em parafuso a duzentos e quarenta metros de altitude, e bateu, e o piloto ficou irreconhecível de tão queimado. E as sobrecasacas saíram do closet e os rapazes cantaram sobre os que se arriscam nos ares e depois guardaram os casacões, e uma noite dessas, depois do jantar, mencionaram que o falecido fora um bom sujeito, mas inexperiente, e quando o mau funcionamento dos controles o meteu numa enrascada, não soube se desvencilhar.

Todas as esposas tiveram vontade de gritar: "Ora, droga! A *máquina* falhou! O que faz *qualquer* de vocês pensar que teria se saído melhor!" Mas, intuitivamente, Jane e as outras sabiam que não era justo nem mesmo insinuar isso. Nem por um momento Pete dera sinal de cogitar a possibilidade de uma coisa dessas lhe acontecer. Parecia não só errado, mas também perigoso questionar a segurança de um jovem piloto fazendo tal pergunta. E isso, também, fazia parte do protocolo oficioso da esposa de um oficial. Doravante toda vez que Pete se atrasasse ao voltar do voo ela se preocuparia. Começou a imaginar — não! a *presumir*! — se ele descobrira um daqueles cantinhos de que todos falavam com tanta vivacidade, um daqueles becos sem saída que tanto animavam as conversas por aqui.

Pouco depois disso, outro bom amigo do casal decolou num F-4, o caça mais moderno e sofisticado da Marinha, conhecido como Phantom. Atingiu uns seis mil metros, picou e mergulhou direto na baía de Chesapeake. Descobriu-se que faltava uma junção na mangueira do sistema de oxigênio, ele sofrera uma hipoxia e desmaiara a grande altitude. E as sobrecasacas saíram do closet e os soldadinhos ergueram uma prece pelos que se arriscam nos ares e guardaram as sobrecasacas e se mostraram incrédulos. Como alguém podia deixar de verificar as junções de sua mangueira? E como alguém podia estar tão mal de saúde a ponto de desmaiar assim depressa de hipoxia?

Uns dias mais tarde, Jane estava parada à janela de casa em North Town Creek. Viu uma fumacinha erguer-se dos pinheiros para os lados do aeródromo. Só isso, uma coluna de fumaça; nada de explosões nem sirenes nem qualquer outro som. Retirou-se para outro cômodo para não precisar pensar no assunto, mas não havia explicação para a fumaça. Voltou à janela. No jardim de uma casa defronte viu um grupo de pessoas... paradas ali, olhando para sua casa, como se tentassem decidir o que fazer. Jane virou a cabeça — mas não conseguiu evitar olhar novamente para fora. Viu de relance uma *certa pessoa* na calçadinha vindo na direção de sua porta da frente. Sabia exatamente quem era. Tinha pesadelos assim. Mas isso não era sonho. Estava bem acordada e atenta. Nunca estivera mais atenta na vida! Imobilizada, completamente vencida pela visão, apenas esperava a campainha tocar. Esperou, mas não ouviu qualquer som. Finalmente não conseguiu suportar mais. Na vida real, diferentemente da vida em sonho, Jane era demasiado segura de si e demasiado educada para berrar pela porta: "Vá embora!" Então abriu-a. Não havia ninguém ali, ninguém mesmo. Não havia nenhum grupo de pessoas no jardim defronte e ninguém à vista por centenas de metros em qualquer direção, pelos jardins e ruas sombreados de azáleas de North Town Creek.

Então começou um ciclo em que sofria continuamente tanto de pesadelos como alucinações. Qualquer coisa podia desencadear uma alucinação: uma fumaça, um telefone que desligasse antes de o atender, o ruído de uma sirene, até o ruído das "faíscas" dando partida (carros de socorro!). Então espiava pela janela, e uma certa pessoa vinha caminhando pela calçadinha, e Jane aguardava o toque da campainha. A única diferença entre os sonhos e as alucinações era que o palco dos sonhos era sempre a casinha branca em Jacksonville. Nos dois casos, a sensação que *desta vez aconteceu* era bem real.

O melhor piloto na classe abaixo de Pete, um rapaz que era o maior rival de seu bom amigo Al Bean, levantou voo em um caça para fazer alguns testes de potência em mergulho. Uma das disciplinas mais rigorosas no voo de prova era se acostumar a fazer leituras precisas no painel de controle ao mesmo tempo que se forçava os limites da envoltória operacional. O rapaz dera início ao teste e ainda lia os mostradores, com diligência, precisão e grande disciplina, quando o avião mergulhou direto nos bancos de ostras e ele ficou irreconhecível de tão queimado. E as sobrecasacas saíram do closet, e os soldadinhos cantaram sobre os que se arriscam nos ares e guardaram as sobrecasacas, e comentaram que o falecido era um grande sujeito e um brilhante aluno de pilotagem; na verdade um pouco *aluno* demais; não se dera o trabalho de espiar o mundo real pela janela com suficiente rapidez. Bean — Al Bean — não era tão brilhante assim; pelo contrário, continuava vivo.

A exemplo de muitas outras esposas no Grupo Vinte, Jane queria discutir a situação, a incrível série de acidentes fatais, com o marido e com os outros integrantes do Grupo, para descobrir qual era a reação deles. Mas por alguma razão o protocolo implícito proibia comentar tal assunto que era o medo da morte. Tampouco Jane ou qualquer das outras podia conversar, *ter* realmente *uma boa conversa*, com alguém da base. Podia comentar sua preocupação com outra esposa. Mas de que adiantava? Quem *não estava* preocupado? Provavelmente receberia um olhar que dizia: *"Por que falar nisso?"* Jane poderia ter escapado impune com a divulgação dos pesadelos. Mas *alucinações*? Não havia lugar na vida naval para tendências anormais desse gênero.

A esta altura a cadeia de azar atingira dez pessoas e quase todos os mortos tinham sido amigos chegados de Pete e Jane, rapazes que frequentaram sua casa muitas vezes, rapazes que sentavam diante de Jane e tagarelavam como os demais sobre a grande aventura do voo militar. E os sobreviventes continuavam a se sentar *como antes* — com a mesma euforia inexplicável! Jane não parava de observar Pete à procura de algum sinal de colapso em seu ânimo, mas não via nenhum. Ele falava a mil por hora, brincava e gracejava, ria aquela gargalhada de caubói garotão. Sempre fora assim. Continuava a gostar da companhia dos integrantes do Grupo como Wally Schirra e Jim Lovell. Muitos pilotos jovens eram caladões e desligados, possuídos do estranho fervor de só viver no ar. Mas Pete e Wally e Jim não eram reticentes; em nenhuma circunstância. Adoravam brincar. Pete chamava Jim Lovell de "apavorado", porque era o último nome que um piloto gostaria que o chamassem. Wally Schirra era expansivo a ponto de exagerar; adorava pregar peças e fazer piadas de mau gosto, e assim por diante. Os três — *mesmo em meio a esta maré de azar!* — adoravam abordar um assunto como a propensão a acidentes de Mitch Johnson. Esse Mitch Johnson, o desastrado, ao que parece, era um piloto naval cuja vida se achava nas mãos de dois anjos, um bom e um mau. O anjo mau o metia em acidentes que teriam liquidado um piloto comum, e o anjo bom o livrava dos acidentes sem um arranhão. Ainda no outro dia — esse era o tipo de história que Jane os ouvia contar —, Mitch Johnson fazia uma aproximação para pousarem um porta-aviões. Mas arredondou antes do tempo, errou o convés e se chocou com a popa, abaixo do convés. Houve uma fantástica explosão e a metade posterior do avião caiu dentro da água, em chamas. Todos no convés disseram: "Coitado do Johnson. O anjo bom estava de folga." Ainda discutiam a maneira de remover os destroços e os restos mortais quando tocou um telefone na ponte de comando. Uma voz meio atordoada falou: "Aqui é Johnson. Olha, estou aqui embaixo no porão de suprimentos e a escotilha está travada, não consigo encontrar as luzes, e não consigo ver merda nenhuma, e tropecei num cabo, e acho que machuquei a perna." O oficial na ponte bateu o telefone, e jurou descobrir que sacana mórbido seria capaz de passar um trote numa hora dessas. Então o telefone tornou a tocar, e o homem com a voz engrolada conseguiu comprovar que era, realmente, Mitch Johnson. O anjo bom não o abandonara. Quando colidiu com a popa, bateu em uns tambores de munição vazios, que amorteceram o impacto, deixando-o grogue, mas sem ferimentos graves. A fuselagem explodira em pedaços; assim ele simplesmente se desvencilhara e abrira a escotilha que levava ao porão de suprimentos. Dentro estava escuro feito breu, e havia cabos atravessados no chão amarrando os motores sobressalentes de avião. Mitch Johnson, o desastrado, esbarrou o tempo todo nos cabos até encontrar um telefone. E não deu outra, o único ferimento que sofreu foi uma contusão na canela tropeçando num cabo. O cara era um desastrado! Pete, Wally e Jim rebentavam de rir com essas histórias. Era assombroso. Grandes anedotas esportivas! Não passavam disso.

 Alguns dias mais tarde Jane fazia compras no reembolsável de Pax River na rua Saunders, próximo ao portão da base. Ouviu as sirenes começarem a tocar no campo, e em seguida os motores dos "faíscas" arrancarem. Desta vez, Jane estava decidida a manter a calma. Todos os seus instintos a faziam querer correr para casa, mas se forçou a permanecer no reembolsável e continuar as compras. Durante trinta minutos simulou completar a lista das compras que programara. Então voltou para casa em North Town Creek. Ao chegar em casa, viu uma pessoa caminhando pela calçadinha. Era um homem. Mesmo de costas não havia dúvidas de quem fosse. Usava um terno preto, e no pescoço um colarinho branco. Era o ministro da Igreja Episcopal. Ela arregalou os olhos, e a visão não se esfumou. A pessoa continuava a seguir pela calçadinha. Não estava dormindo agora, nem dentro de casa espiando para fora pela janela da frente. Estava do lado de fora em seu carro diante de casa. Não estava sonhando, nem tendo alucinações, e a pessoa continuava a caminhar em direção à porta da casa.

A AGITAÇÃO NO CAMPO SE DEVIA A UMA DAS COISAS MAIS extraordinárias que já se vira em Pax River, até mesmo para pilotos veteranos. Todos presenciaram, porque praticamente todo o pessoal se reunira no campo para tanto, como se fosse um show aéreo.

O amigo de Conrad, Ted Whelan, decolara com um caça, e na partida houve uma falha estrutural que causou um vazamento hidráulico. Acendeu uma luz de aviso vermelha no painel e Whelan se comunicou com a torre. Era óbvio que o vazamento inutilizaria os controles antes que pudesse regressar com o avião ao campo e pousar. Teria que saltar; a única dúvida era onde e quando, e, assim sendo, trocaram ideias sobre o problema. Decidiram que deveria saltar a uns 2.400 metros, a uma dada velocidade, diretamente sobre o campo. O avião cairia na baía de Chesapeake, e ele desceria de paraquedas no campo. Com toda a calma que se poderia esperar, Ted Whelan alinhou o avião para cruzar o campo exatamente a 2.400 metros, bateu o ponto e se ejetou.

Embaixo no campo todos tinham os rostos voltados para o céu. Viram Whelan se lançar no ar. Preso no assento ejetável Martin-
-Baker parecia uma pelota preta a 2.400 metros no azul do céu. Observaram-no começar a descer. Todos esperaram o paraquedas

se abrir. Esperaram mais alguns segundos, e depois esperaram mais um pouco. O pequeno vulto se tornava cada vez maior e ganhava uma velocidade espantosa. Então sobreveio um instante indizível no qual todos no campo que entendiam alguma coisa de salto de paraquedas perceberam o que ia acontecer. Mas até para eles era uma sensação pavorosa, pois ninguém nunca vira uma coisa dessas acontecer tão de perto, do princípio ao fim, de uma posição que equivalia a uma tribuna de honra. Agora o vulto se deslocava tão rápido e estava tão próximo que começava a confundir os olhos dos assistentes. Parecia se alongar. Crescia a olhos vistos e se arremessava para eles a uma velocidade fantástica, até que já não conseguiam distinguir os seus contornos verdadeiros. Finalmente havia apenas um borrão negro riscando o espaço diante de seus olhos seguido do que parecia uma explosão. Só que não foi uma explosão; foi o medonho *craque* produzido por Ted Whelan, seu capacete, seu macacão pressurizado e seu assento ejetável se despedaçando no meio da pista, precisamente no alvo, bem diante de todos; bem na mosca. Ted Whelan sem dúvida alguma vivera até o momento do impacto. Tivera uns trinta segundos para contemplar a base de Pax River, a península, o condado de Baltimore, o continente americano, e todo o mundo inteligível se aproximando para destroçá-lo. Quando recolheram seu corpo do concreto, parecia um saco de fertilizante. Pete retirou mais uma vez a sobrecasaca do closet, e ele e Jane e todos os soldadinhos foram ao enterro de Ted Whelan. Que não tivesse sido Pete não foi consolo suficiente para Jane. Que o pastor não tivesse realmente batido à sua porta no papel de Solene Amigo das Viúvas e dos Órfãos, numa visita pastoral... não lhe trouxera paz nem alívio. Que Pete continuasse a não dar a menor indicação de pensar que um destino infeliz o aguardasse já não lhe oferecia sequer um minuto de coragem. O próximo sonho e a próxima alucinação, e os próximos e os próximos, meramente pareciam mais reais. Porque agora ela *sabia*. Conhecia o tema e a essência dessa atividade, embora nem uma única palavra tivesse escapado dos lábios de ninguém. Sabia até mesmo por que Pete — o rapaz de Princeton que conhecera numa festa de debutantes no Gulph Mills Club! — nunca abriria mão, nunca se retiraria desse negócio sinistro, a não ser dentro de um caixão. E Deus sabia, e ela sabia, que havia um caixão à espera de cada soldadinho.

Sete anos depois quando um repórter e um fotógrafo da revista *Life* se encontraram de fato em sua presença na sala de estar e observavam seu rosto, enquanto do lado de fora, no jardim, uma quantidade de câmeras de televisão e repórteres de jornais aguardavam uma palavra, uma indicação, qualquer coisa — talvez um vislumbre por uma fresta na cortina! —, aguardavam algum sinal do que estava sentindo quando todos em uníssono perguntavam com os olhos ávidos e, ocasionalmente, com palavras: "Como se sente?" e "Está com medo?" — os Estados Unidos querem saber! —, Jane sentiu vontade de rir, mas na verdade não conseguiria nem sorrir.

"Por que perguntar *agora*?", queria dizer. Mas eles não teriam a menor ideia do que ela estava falando.

2. OS ELEITOS

Q UE PERCURSO EXTRAORDINARIAMENTE SINISTRO FORA aquele... Contudo, dali em diante, Pete e Jane não parariam de encontrar pilotos de outras bases navais, da Força Aérea, do corpo de fuzileiros, que tinham vivido percursos pessoais extraordinariamente sinistros. Havia um piloto da força aérea chamado Mike Collins, sobrinho do antigo chefe de estado maior J. Lawton Collins. Mike Collins fizera onze semanas de treinamento de combate na Base Aérea de Nellis, próxima a Las Vegas, e naquelas onze semanas vinte e dois de seus colegas de treinamento morreram em acidentes, o que era uma média extraordinária de dois por semana. Havia também um piloto de prova, Bill Bridgeman. Em 1952, quando Bridgeman voava na Base Aérea de Edwards, sessenta e dois pilotos da Força Aérea morreram nas trinta e seis semanas de treinamento, numa média extraordinária de 1,7 por semana. Esses números referiam-se apenas aos pilotos de caça em treinamento; não incluíam os pilotos de prova, colegas de Bridgeman, que morriam com bastante regularidade. Extraordinário, sem dúvida; exceto que todo veterano de voo de pequenos jatos de alta performance aparentemente experimentava estas marés de azar.

Em tempo, a Marinha coligiria estatísticas mostrando que para um piloto naval de carreira, um que pretendesse voar vinte anos, conforme Conrad fizera, havia vinte e três por cento de probabilidade de morrer em um acidente de avião. Isso nem mesmo incluía mortes em combate, porque os militares não consideravam acidentais as mortes em combate. Além disso, havia mais de cinquenta por cento de chance, uma probabilidade de cinquenta e seis por cento, para ser exato, de que em algum ponto da carreira um piloto naval teria que se ejetar de sua aeronave e tentar descer de paraquedas. Na era de caças a jato, ejetar-se significava ser projetado para fora da cabine por uma carga de nitroglicerina, como um homem-bala. A ejeção em si era tão arriscada — homens perdiam os joelhos, os braços, e as vidas na borda da nacele ou tinham a pele arrancada dos rostos quando atingiam "a parede" de ar externa — que muitos pilotos preferiam lutar para pôr o avião no chão a tentar se ejetar... e morriam pelejando.

As estatísticas não eram secretas, tampouco muito divulgadas, tendo sido liberadas para a imprensa um tanto obliquamente numa publicação médica. Mas nenhum piloto, e certamente nenhuma mulher de piloto, tinha a menor necessidade de estatísticas para conhecer a verdade. Os enterros se encarregavam disso da maneira mais dramática possível. Às vezes, quando a jovem esposa de um piloto de caça se reunia com as amigas com quem frequentara a escola, tomava consciência de um fato estranho: *elas* não tinham ido a enterros. Então Jane Conrad olhava Pete... Princeton, classe de 1953... Pete usara a pesada sobrecasaca escura e sepulcral mais vezes do que a maioria dos rapazes da classe de 53 tinham usado smokings. Quantos desses rapazes alegres tinham enterrado mais de uma dúzia de amigos, camaradas, colegas? (Falecidos de morte violenta na execução de tarefas diárias.) À época, década de 1950, os estudantes de Princeton tinham o maior orgulho de se dedicar ao que consideravam ocupações altamente competitivas e agressivas, empregos em Wall Street, na Madison Avenue, e revistas do porte da *Time* e da *Newsweek*. Havia muita conversa elegantemente bruta de "lobo devorar lobo" e "lei da selva" nesses lugares; nas raras ocasiões em que um desses rapazes morria no emprego, era provável que tivesse se engasgado com um pedaço de *chateaubriand*, enquanto beatificamente bêbado, num restaurante de Manhattan, às expensas da firma. Quantos teriam ido trabalhar, ou continuariam no emprego, na selva da Madison Avenue se houvesse uma probabilidade de vinte e três por cento, quase uma chance em quatro, de morrer no emprego? Senhores, estamos enfrentando um probleminha de morte violenta crônica...

Contudo, basicamente, Pete (ou Wally Schirra ou Jim Lovell ou qualquer um dos demais) seria diferente de outros universitários de sua idade? Aparentemente não, exceto pelo seu amor ao voo. O pai de Pete era um corretor da Filadélfia que, na infância de Pete, tinha uma casa em subúrbio de linha tronco, uma limusine e um chofer.

A Depressão liquidou o formidável negócio de corretagem, a casa, o carro e os criados; e, com o tempo, seus pais se divorciaram, e o pai se mudou para Flórida. Talvez porque o pai servira como balonista observador na Primeira Guerra Mundial — uma aventura arriscada, pois os balões eram um alvo cobiçado pelos aviões inimigos —, Pete era fascinado pelo voo. Frequentou Princeton graças ao Plano Holloway, um programa de bolsas de estudos, herdado da Segunda Guerra Mundial, em que o estudante treinava com aspirantes da Academia Naval durante os verões e se tornava oficial comissionado da Marinha regular. Com isso Pete se formou, recebeu sua patente, se casou com Jane e rumou para Pensacola, Flórida, para o treinamento de voo.

Olhando-se retrospectivamente, foi então que apareceu a diferença.

UM RAPAZ PODERIA ENTRAR NUM TREINAMENTO MILITAR DE voo acreditando estar ingressando em algum tipo de escola técnica em que iria simplesmente adquirir certo número de habilidades. Em vez disso, via-se quase imediatamente incluído numa fraternidade. E nessa fraternidade, embora militar, os homens não eram avaliados pelo seu posto oficial de segundo-tenente, primeiro-tenente, comandante, ou o que fosse. Não, ali o mundo era dividido entre aqueles que davam para a coisa e os que não davam. Essa qualidade, essa *coisa* porém nunca era nomeada nem, de maneira alguma, mencionada. Quanto à natureza dessa inefável qualidade... bom, obviamente incluía a bravura. Mas não era uma bravura na acepção comum de estar disposto a arriscar a vida. A ideia era que qualquer idiota seria capaz disso, se tal fosse a única exigência, da mesma forma que qualquer idiota seria capaz de desperdiçar a vida nesse processo. Não, a ideia aqui (na fraternidade toda abrangente) aparentemente era que um homem deveria ter a capacidade de levantar voo numa máquina vertiginosa, arriscar o couro e ter o peito, os reflexos, a experiência, o sangue-frio de chamar o avião no último instante — e subir de novo *no dia seguinte,* no outro, e em todos os outros, mesmo que essa sucessão se provasse infinita —, e em última instância, em sua melhor expressão, fazê-lo por uma causa que significa alguma coisa para milhares de pessoas, todo um povo, uma nação, a humanidade, Deus. Tampouco havia *um teste* que revelasse se um piloto tinha ou não a qualidade certa. Havia, em vez disso, uma série aparentemente infinita de testes. Uma carreira no voo se assemelhava à subida de uma daquelas antigas pirâmides babilônicas, formadas por uma progressão estonteante de degraus e terraços, um zigurate, uma pirâmide extraordinariamente alta e íngreme; e a ideia era provar a cada passo da subida daquela pirâmide que se era um dos eleitos e ungidos que possuíam *a fibra* e podiam subir cada vez mais alto e até — ao final, se Deus permitisse, um dia — talvez poder se juntar àqueles seres especiais lá no alto, aquela elite que tinha a capacidade de trazer lágrimas aos olhos dos homens, a irmandade dos eleitos.

Nada disso devia ser mencionado, porém era representado de tal forma que um rapaz não podia deixar de compreender. Quando uma nova revoada (isto é, uma classe) de estagiários chegava a Pensacola, era levada para um auditório para uma breve palestra. Um oficial lhes diria: "Deem uma olhada em seus vizinhos." Muitos chegavam a girar a cabeça para um lado e para o outro, querendo parecer aplicados. Então o oficial completava: "Um de vocês três não vai conseguir!" Querendo dizer não vai ganhar o brevê. Esse era o tema de abertura, o *motif* do treinamento básico. Já sabemos que um terço de vocês não tem a fibra necessária — só falta descobrir quem.

E o que é mais, era isso que acabava acontecendo. A cada etapa da subida daquela pirâmide assombrosamente alta, o mundo era mais uma vez dividido entre aqueles que possuíam a fibra para continuar a subir e aqueles que precisavam ser *deixados para trás* da forma mais óbvia. Uns eram varridos durante as aulas iniciais, ou por serem insuficientemente inteligentes ou insuficientemente esforçados, e ficavam para trás. Seguia-se a instrução de voo básico, aviões de treinamento a hélice, monomotores, e mais alguns — embora os militares tentassem facilitar este estágio — eram varridos, ficavam para trás. Então vinham etapas mais rigorosas, uma atrás da outra, voo em formação, voo por instrumentos, treinamento de jato, voo em intempéries, artilharia, e a cada etapa outros tantos eram varridos e ficavam para trás. A essa altura praticamente um terço dos candidatos iniciais tinha sido, realmente, eliminado... das fileiras dos que talvez provassem possuir a fibra necessária.

Na Marinha, além das etapas por que passavam os estagiários da Força Aérea, o calouro sempre tinha à sua espera, no oceano, uma certa laje cinzenta e sinistra; ou seja, o convés de um porta-aviões; e com ela talvez a rotina mais difícil do voo militar, o pouso em porta-aviões. Via filmes sobre o assunto, ouvia palestras sobre o assunto, e sabia que os pousos em porta-aviões eram arriscados. Primeiro ele praticava tocar apenas o convés pintado em um aeródromo e o instruíam para tocar o solo e arremeter em seguida. Isso era bastante seguro — pelo menos a pintura não se mexia —, mas podia produzir efeitos terríveis, digamos, no giroscópio da alma. *Aquela pintura! — era uma porcariazinha tão minúscula!* —, e mais candidatos eram varridos e ficavam para trás. Então chegava o dia, sem aviso prévio, em que aqueles que restavam eram mandados sobrevoar o oceano no primeiro dos muitos dias de familiarização com a laje. O primeiro dia era sempre um dia claro com pouco vento e o mar calmo. O porta-aviões estava tão imóvel que parecia, lá do alto, estar apoiado sobre estacas, e o candidato em geral era bem-sucedido em seu primeiro pouso num porta-aviões, com alívio e até elã. Muitos jovens candidatos pareciam tremendos pilotos até esse ponto — e somente quando estavam de pé no convés do porta-aviões é que começavam a se perguntar se afinal teriam a fibra exigida. Nos filmes de treinamento o convés era uma grande área de formas cinzentas, perigoso, sem dúvida, mas uma surpreendente forma abstrata olhando do alto na tela. No entanto, quando o novato tinha os dois pés plantados nela... *geometria* — nossa, cara, era uma... frigideira! *Arfava,* oscilava sob os pés, inclinava-se para cima e para baixo, jogava para bombordo (o bichão *jogava!*) e jogava para estibordo, quando o navio aproava o vento e portanto as ondas, e o vento varria o convés continuamente, a dezoito metros de altura em mar aberto, e não havia amuradas. Era uma *frigideira!* — uma chapa! — uma grelha de lanchonete! — não cinzenta, preta, manchada de marcas de derrapagem de uma ponta a outra, reluzindo com poças de fluido hidráulico e uma ocasional mancha de combustível, tudo ainda quente, pegajoso, gorduroso, escorrente, virulento com Deus sabe que traumas — ainda em chamas! — consumidos por detonações, explosões, labaredas, combustão, roncos, guinchos, rinchos, rajadas, tremores horríveis, impactos estilhaçantes, enquanto homenzinhos de camisas berrante verde, púrpura, amarelo, e vermelho, com capacetes pretos de Mickey Mouse cobrindo as orelhas, quicavam pelo convés como se quisessem salvar as próprias vidas (agora você acertou!), enganchando os caças na catapulta para detonarem os pós-combustores e serem lançados para longe da superfície numa fúria incandescente, num estrondo que percute o convés inteiro — um procedimento que parece absolutamente controlado, ordenado, sublime, porém comparado ao que não tardará a se observar quando o avião retornar ao navio, àquilo que é conhecido na estoica engenharia militar como "recolhimento e enganchamento". Dizer que um F-4 estava voltando do ar para esta churrasqueira balançante a uma velocidade de 250 quilômetros por hora... talvez fosse verdade na aula de treinamento, mas nem dava para começar a visualizar a imagem do que o novato via no convés em si, porque dava a impressão de que o avião estava planando. No convés a coisa era outra! Quando o avião se aproximava mais e o porta-aviões dava a proa ao mar e a velocidade do avião não caía e o convés não firmava — na realidade jogava de popa a proa de 1,5 metro a três metros a cada movimento pegajoso —, a pessoa experimentava uma apreensão nervosa para a qual nenhuma aula poderia tê-la preparado: isso não é um *avião* vindo na minha direção, é um tijolo que um pobre filho da puta está dirigindo (*alguém muito parecido comigo*), e que não está *planando,* está *caindo,* uma pedra de vinte e três toneladas, que não está mirando uma faixa num convés mas *a mim* — e com um terrível *impacto*! E bate na frigideira, deixando um rastro de imagens do comprimento de um trem de carga se precipitar para o outro extremo do convés — mais uma trovoada ofuscante!, mais um estrondo quando o piloto empurra os manetes para obter potência militar total e mais um borrão de borracha cantando na superfície da frigideira —, e isso não é nada! — perfeitamente normal! —, porque um cabo atravessado no convés engancha no avião quando ele pousou com a cauda embaixo, e o impacto que se ouviu era o resto das vinte e três toneladas brutas batendo no convés, ao se engatar, de modo que agora está forçando o cabo com o acelerador a pleno, para o caso de o cabo não aguentar e o avião desembestar pela pista e ter que alçar voo novamente, E já os capacetes de Mickey Mouse estão correndo para o monstro chamejante...

E o candidato, observando, começa a *sentir* o convés, aquela grande prancha funerária faiscante e instável jogando em seu próprio sistema vestibular — e repentinamente se vê forçado em seus próprios limites. Acaba indo parar no médico de esquadrão com os pseudossintomas de histeria de conversão. Da noite para o dia apresenta a visão turva, ou dormência nas mãos e pés, ou uma sinusite tão forte que não consegue tolerar as mudanças de altitude. Em um determinado nível o sintoma é real. Ele realmente não consegue ver muito bem nem mexer os dedos nem suportar a dor. Mas em algum ponto do subconsciente sabe que é uma apelação e uma desculpa; ele não demonstra a menor preocupação (são as anotações do médico) de que esse estado possa ser permanente e afetá-lo na vida que o espera fora da arena dos eleitos. Os que continuavam, os que se qualificavam para servir no porta-aviões — e mais ainda os que mais tarde se qualificavam para o serviço noturno —, começavam a se sentir um pouco como os guerreiros de Gedeão. *Tantos ficavam para trás!* Aos jovens guerreiros se oferecia agora uma visão mortalmente doce e quase indizível. Podiam contemplar demoradamente os párias consumidos e esmagados que foram varridos. Podiam examinar aqueles que não tinham a fibra exigida.

Os militares não possuíam instintos muito piedosos. Em vez de empacotar esses pobres coitados e mandá-los para casa, a Marinha, como a Força Aérea e o Corpo de Fuzileiros, tentaria utilizá-los em outra tarefa, tal como controlador de voo. Por isso os dispensados têm que continuar a assistir às aulas com o resto do grupo, embora já não possam pôr a mão em um avião. Senta-se ali nas aulas, encarando pilhas de papel, com cataratas de pura mortificação humana nos olhos, enquanto os outros lhe lançam olhares furtivos... a um homem reduzido a uma formiga, esse intocável, esse pobre filho da mãe. E em que teste ele se provou insuficiente? Ora, aparentemente em nada menos que na própria *virilidade*. Naturalmente, isso tampouco era jamais mencionado. Contudo era isso. *Virilidade, varonilidade, coragem máscula...* Havia algo antigo, primordial, irresistível no desafio dessa coisa, a despeito da era racional e sofisticada em que se poderia pensar que se vive.

Talvez porque não pudesse ser discutido, o assunto começou a assumir contornos supersticiosos e até místicos. Ou um homem tinha a coisa ou não tinha! Não havia a hipótese de ter *uma boa parte* da coisa. Além do mais, a coisa podia fazer água a qualquer momento. Um dia o sujeito poderia estar subindo a pirâmide a um passo fantástico, e no dia seguinte — pimba! — atingia os próprios limites da maneira mais inesperada. Conrad e Schirra conheciam um piloto da Força Aérea que tivera um grande companheiro na Base Aérea de Tyndall na Flórida. Esse sujeito fora o ás nascente do treinamento; voara o caça de treinamento mais quente, o T-38, como ninguém; então começou a etapa rotineira de verificação no T-33, que não era tão quente quanto o T-38; era essencialmente o velho caça a jato P-80. Tinha uma nacele excessivamente pequena. O piloto mal conseguia mexer os ombros. Era o tipo de avião do qual todos diziam: "A gente não entra nele, a gente *veste* ele." Uma vez na nacele do T-33 esse sujeito, esse ás nascente, arranjou uma claustrofobia do tipo mais paralisante. Tentou tudo para superá-la. Chegou a procurar um psiquiatra, o que era um grave erro para um oficial militar se seus superiores viessem a saber. Mas nada deu resultado. Transferiram-no para o voo de transportes a jato, do tipo C-135. Também eram aviões muito necessários e que muito exigiam, e continuaram a considerá-lo um excelente piloto. Mas como todos sabiam — e mais uma vez isso nunca era dito com todas as letras —, somente os que eram designados para as esquadrilhas de caça, os caçadores, conforme se chamavam uns aos outros com vaidosa ironia, permaneciam na verdadeira fraternidade. Os designados para os transportes não eram humilhados como os rejeitados — *alguém* precisava voar aqueles aviões —, contudo, eles também tinham *ficado para trás* por lhes faltar a fibra necessária.

Ou um sujeito poderia fazer um exame médico de rotina, se sentindo maravilhosamente, e ser retirado do voo por ter *pés chatos*. Aconteceu! — exatamente assim! (E tente arqueá-los.) Ou por ter quebrado o pulso e ter perdido apenas *parte* da mobilidade. Ou por ter uma ligeira deficiência visual, ou por quaisquer das centenas de razões que não fariam a menor diferença para um homem numa profissão comum. Em consequência, todos os caçadores começariam a encarar os médicos como seus inimigos naturais. Apresentar-se a um médico de esquadrão era uma furada; um piloto só podia aguentar firme ou perder no consultório médico. Ser retirado do voo por razões médicas não era humilhação, olhando-se a coisa objetivamente. Mas não deixava de ser uma humilhação! — pois significava não ter mais aquela qualidade integral, indizível, indefinível. (A coisa podia fazer água a *qualquer* momento.)

Todos os jovens ases que pilotavam caças começavam a testar os limites sozinhos de maneira supersticiosa. Pareciam presbiterianos crentes do século passado que costumavam testar a própria experiência para descobrir se realmente estavam entre *os eleitos*. Quando um piloto de caça estava em treinamento, fosse na Marinha ou na Força Aérea, seus superiores baixavam continuamente regras rígidas sobre o uso do avião e a disciplina no ar. Repetidamente proibiam acrobacias espetaculares tipo *loopings* invertidos, voos rasantes sobre áreas populosas, veículos e pessoas; saltar árvores, morrotes, voar sob pontes. Mas de alguma forma se captava a mensagem de que o homem que realmente tivesse fibra podia desprezar estas regras — não que devesse fazer questão disso, mas que *poderia* —, e que afinal de contas só havia uma maneira de descobrir — e de maneira estranha e oficiosa, espiando por entre os dedos, meio que se esperava que ele desafiasse todos os limites. Fariam uma preleção dizendo que um piloto nunca devia voar sem um bom café da manhã — ovos, toucinho, torrada, e assim por diante —, porque, se tentasse voar com o nível de açúcar no sangue demasiado baixo, poderia prejudicar a sua atenção. Naturalmente no dia seguinte todo acrobata na unidade acordaria e tomaria um café da manhã composto de uma xícara de café puro, decolaria, faria uma subida vertical até que o peso do avião cancelasse o empuxo vertical do motor e sua velocidade do ar fosse zero, e pararia ali um átimo marcado pelas glândulas adrenais, despencaria como uma pedra, até que uma das três coisas acontecesse: virasse de barriga para cima, o nariz primeiro, e recuperasse a aerodinâmica e tudo ficasse bem, entrasse em parafuso e brigasse para sair dele, ou entrasse em parafuso e tivesse que se ejetar ou se ferrar, o que era sempre extremamente possível.

Além disso, o combate fora das horas de treinamento era rigorosamente proibido, e, assim sendo, naturalmente os caçadores mal podiam esperar para decolar, digamos, num par de F-100s e começar a duelar atacando um ao outro a 1.300 quilômetros por hora, saindo vencedor o piloto que conseguisse passar para trás e encaudar o outro ("encerar-lhe o rabo"), e não era incomum um caçador ansioso tentar uma curva externa demasiado fechada, o motor morrera, incapaz de religá-lo, ter de se ejetar... e erguendo o punho cumprimentar o vencedor ao descer de paraquedas e seu avião, de meio milhão de dólares, fazer *bum!* no campo ou no deserto, e ele começar a pensar em um meio de se encontrar com o outro cara lá na base em tempo de acertarem as histórias antes do inquérito. "Não sei o que aconteceu, senhor. Estava chamando o avião depois de um mergulho no alvo, e o motor pifou." Combates simulados eram proibidos, e quando disso resultava a destruição de um avião constituíam ofensa passível de corte marcial, e os superiores do cara sabiam que o motor não tinha *simplesmente apagado,* mas todos os impulsos oficiosos na base pareciam dizer: "Pô, não daríamos um níquel por um piloto que nunca tivesse apostado uma corrida destas. Isso faz parte da tal fibra."

A outra parte deste impulso revelava-se na relutância dos jovens caçadores em admitir quando se metiam em uma enrascada de que não conseguiam se livrar. Havia duas razões para um piloto de caça detestar se declarar em emergência. Primeiro, disparava uma cadeia complexa de acontecimentos muito públicos na base: todos os outros voos que chegavam eram sustados, inclusive o de muitos de seus camaradas que provavelmente contavam com pouco combustível; os carros dos bombeiros corriam para a pista como brinquedinhos amarelos (vistos lá de cima), para melhor ilustrar a situação infeliz do cara; e a burocracia punha em atividade o monstro de papel para a investigação que sempre se seguia. E segundo, para alguém se declarar em emergência era preciso primeiro que chegasse a esta conclusão pessoalmente, o que para o jovem piloto era o mesmo que dizer: "Há um minuto eu ainda *tinha* o controle — agora preciso de sua ajuda!" Ter um grupo de jovens pilotos de caça no ar com essa mentalidade costumava deixar os controladores de voo doidos. Viam um avião começar a sair da tela do radar, e não conseguiam estimular o piloto ao microfone a dar mais que uns poucos resmungos sem sentido, e sabiam que provavelmente estava lá fora com uma pane de motor a baixa altitude, tentando dar nova partida com o gerador auxiliar, equipado com uma pequena hélice que deveria girar com o vento deslocado pelo avião como um cata-vento de brinquedo.

— Whiskey Kilo Dois Oito, quer declarar emergência?

Isso o estimularia a dizer:

— Negativo, negativo, Whiskey Kilo Dois Oito não está em emergência.

Bum! Os que creem na fibra preferem bater e queimar.

U M BELO DIA, DEPOIS DE TER INGRESSADO EM UM ESQUADRÃO de caça, o jovem piloto perceberia exatamente como os perdedores na grande competição fraternal iam ficando para trás. Ou seja, não por causa de seus instrutores, superiores ou falhas nos níveis exigíveis de competência, mas em razão da morte. Nessa altura começaria a perceber a essência daquela atividade. Gradualmente, passo a passo, a parada "no escuro" fora subindo até que ele se via participando daquilo que sem dúvida era o jogo mais sinistro e grandioso da masculinidade. Ser piloto de caça — no caso, meramente decolar num caça a jato monomotor da série Century, tipo F-102, ou qualquer dos maravilhosos tijolos militares com barbatanas — oferecia a um homem, num dia ensolarado, muito mais maneiras de se matar do que sua mulher e seus filhos poderiam imaginar em seus piores receios. Se estivesse correndo pela pista a 320 quilômetros por hora, completando a corrida da decolagem, e começassem a acender luzes vermelhas no painel, ele deveria (a) abortar a decolagem (e tentar domar o monstro, entupido de combustível, no areal do fim da pista) ou (b) se ejetar (e esperar que a merda do truque do homem-bala funcione à altitude zero e ele não estilhace um cotovelo ou uma rótula na saída) ou (c) continuar a decolagem e resolver o problema no ar (sabendo muito bem que o avião talvez esteja em chamas e portanto a segundos da explosão)? Teria um segundo para escolher a opção correta e agir, e esse tipo de decisãozinha rotineira ocorria o tempo todo. Ocasionalmente um homem examinaria friamente o problema binário que o confrontava todos os dias — fibra/morte — e decidiria que não valia a pena e voluntariamente se transferiria para o voo de transporte ou reconhecimento ou o que fosse. E seus camaradas se perguntariam, por uns dois dias, que vírus precioso lhe invadira a alma... ao deixarem-no para trás. Com maior frequência, porém, acontecia o inverso. Um universitário ingressava na aviação naval vindo da reserva, como simples alternativa à convocação do Exército, com a firme intenção de retornar à vida civil, a alguma profissão à sua espera ou aos negócios de família; se deixava envolver pela obsessão de subir o zigurate do voo; e, no fim do alistamento, surpreenderia a todos em casa, e muito provavelmente a si mesmo, realistando-se. Que teria dado nele? Não saberia explicar. Afinal, as palavras que poderiam fazê--lo tinham sido amputadas. Um estudo da Marinha revelava que dois terços dos pilotos de caça classificados entre os melhores de seus grupos — isto é, os jovens ases do espaço — se realistavam quando chegava a hora, e praticamente todos tinham completado a universidade. Nesse ponto o jovem caçador lembrava o pastor de *Moby Dick* que sobe ao púlpito por uma escada de corda e em seguida recolhe a escada; só que o piloto não sabia usar as palavras necessárias para expressar as lições vitais. A vida civil e até o lar e a lareira agora pareciam não só distantes, mas muito *abaixo,* muitos níveis abaixo da pirâmide dos eleitos.

UM PILOTO DE CAÇA NÃO DEMORAVA A DESCOBRIR QUE SÓ QUERIA conviver com outros pilotos de caça. Quem mais entenderia a natureza da proposiçãozinha (fibra/morte) que todos enfrentavam? E que outro assunto se lhe comparava? Era absorvente! Falar do assunto com todas as letras era proibido, naturalmente. As palavras *morte, perigo, bravura, medo* não deviam ser pronunciadas exceto na circunstância específica ocasional ou para obter um efeito irônico. Contudo, o assunto podia ser sugerido de leve em *código* ou *exemplificação*. Donde as noites intermináveis em que os pilotos se juntavam para falar de voo. Nessas noites longas e ébrias (a maldição de sua vida familiar) propunham e demonstravam certos teoremas — e tudo por *código* e *exemplificação*. Um dos teoremas era o seguinte: não há *acidentes* nem panes fatais nas máquinas; só há pilotos com qualidades erradas. (Isto é, o destino não pode me matar.) Quando Bud Jennings bateu e se carbonizou nos pântanos de Jacksonville, os outros pilotos da esquadrilha de Pete Conrad comentaram: *Como pôde ter sido tão burro!* Descobriu-se que Jennings ganhara altitude no seu SNJ com a capota da nacele aberta de forma expressamente proibida pelo manual. E respirara o monóxido de carbono da exaustão, perdera os sentidos e batera. Todos concordaram que Bud Jennings era um bom sujeito e um bom piloto, mas seu epitáfio no zigurate foi o seguinte: *Como pôde ser tão burro!* Isso parecia chocante a princípio, mas, na altura em que Conrad chegara ao fim da maré de azar em Pax River, já era capaz de acrescentar um corolário próprio ao teorema: ou seja, um único fator jamais matou um piloto; havia sempre uma cadeia de erros. Mas que dizer de Ted Whelan que despencou como uma pedra de 2.400 metros de altura quando seu paraquedas falhou? Bom, o paraquedas era apenas parte da cadeia: primeiro, alguém deveria ter descoberto o defeito estrutural que resultou no vazamento hidráulico causador da emergência; segundo, Whelan não verificou o seu assento-paraquedas, e o dispositivo de desengate não separou o paraquedas principal do assento; mas, mesmo depois destes dois erros, Whelan teve de quinze a vinte segundos, durante a queda, para se desvencilhar do assento e abrir o paraquedas manualmente. Por que simplesmente contemplar a paisagem avançar para lhe achatar a cara! E todos concordavam com a cabeça. (Ele errou — mas eu não erraria!) Uma vez que se compreendia o teorema e o corolário, as estatísticas da Marinha em que um em cada quatro pilotos morria não significavam nada. Os números eram médias, e médias se aplicavam àqueles dotados de qualidades médias.

Um assunto absorvente, principalmente se o seu couro estivesse em jogo. Todas as noites, nas bases de todos os Estados Unidos, havia pilotos militares reunidos em Clubes de Oficiais dissecando o tema em fatias codificadas para que pudessem comentá-lo. Que tópico mais irresistível havia no mundo? Na Força Aérea chegava a haver pilotos que pediam à torre prioridade de pouso para que pudessem chegar à roda de chope na hora, às quatro em ponto, no Clube dos Oficiais. Sem hesitar justificavam a pressa. As conversas de bêbados começavam às quatro e às vezes duravam de dez a doze horas. Que conversas! Picavam a tal fibra em pedacinhos, rendiam-lhe irônica homenagem, tropeçavam às cegas à sua volta, tateavam, desviavam, se atiravam, cambaleavam, vociferavam, cantavam, berravam e simulavam atacá-la num tom de reprovação. Mas nem assim! — nunca a chamavam pelo nome. Não, usavam os códigos aprovados do tipo: "Como um panaca me meti numa enrascada dos diabos hoje." Contavam a "sorte que tinham tido de escapar". Para explicar o extremo perigo desta aventura, usavam certas indiretas. Diriam: "Dei uma olhada no Robinson" — conhecido dos ouvintes como o oficial subalterno que por vezes ia no assento traseiro para ler o radar — "e ele tinha perdido a fala, estava olhando fixo para o radar, assim, parecendo um zumbi. Então percebi que estava numa fria!" Grande! Perfeito! Pois os ouvintes também sabiam que os oficiais subalternos aconselhavam uns aos outros *"nunca* voe com um tenente. *Evite* capitães e majores. Pô, cara, faça um favor a você mesmo: não voe com ninguém abaixo de coronel". O que por sua vez significava: "Esses garotões gostam de brincar com a morte!" Contudo, uma vez no ar o oficial subalterno tinha seus próprios padrões. Estava decidido a permanecer exteriormente tão tranquilo como o piloto, de modo que, quando o piloto fazia algo que realmente o estarrecia, não dizia nada; em vez disso, calava-se catatônico como um zumbi. Perfeito! *Zumbi.* Aí tem, contido em uma palavra, tudo o que se disse antes. Sou um piloto do caramba! Brinco com a morte! E agora todos vocês já sabem! E não falei daquilo que não se fala nem uma só vez!

A conversa e os drinques começavam na hora do chope, então os rapazes interrompiam para jantar e voltavam para dissipar mais energia e tagarelar mais ou então se ferrar mais um pouco, consumindo bebida boa e barata do reembolsável até as duas da manhã. A noite era uma criança! E por que não apanhar os carros e sair para fazer uma demonstraçãozinha de habilidades? Parecia que todo caçador se considerava um ás do volante, e faria qualquer coisa para obter um carro envenenado, particularmente um carro esporte, e, quanto mais bêbado, mais convencido estaria de sua destreza ao volante, como se a tal fibra, sendo indivisível, se transferisse para qualquer outra atividade, sob quaisquer condições. Uma corridinha de demonstração, rapazes! (Só há uma maneira de descobrir!) E disparavam em formação fechada, digamos, da Base Aérea de Nellis, pela estrada 15, entravam em Las Vegas, desembestados pela autoestrada, apostando corrida, às vezes quatro emparelhados, disputando uma posição melhor, se atropelando em qualquer curvinha dos descampados do deserto como se estivessem tentando erradicar uns aos outros da faixa preferencial na Rebel 500 — em seguida irrompendo pelo centro de Las Vegas com ronco violento e fraternal como o dos Hell's Angels —, e o povo da cidade debitava isso à conta da juventude, da bebida e dos maus elementos que a Força Aérea atraía. Naturalmente, não sabiam nada da tal fibra.

Mais pilotos de caça morriam em automóveis do que em aviões; felizmente, sempre havia uma alma caridosa na hierarquia para atestar a papelada de "cumprimento do dever", de modo que a viúva pudesse ter uma chance maior com a seguradora. Isso era aceito e nada mais que justo, porque de alguma forma o sistema em si havia muito tempo dissera *Skol!. E muito bem!* ao ciclo militar de Voos & Bebedeiras e Bebedeiras & Corridas como se não houvesse outro jeito. Todo jovem piloto de caça conhecia a sensação de dormir duas ou três horas, acordar às 5h30, tomar umas xícaras de café, fumar alguns cigarros e carregar seu pobre fígado palpitante até o campo para mais um dia de voo. Havia os que chegavam não apenas de ressaca, mas ainda bêbados, enfiando a máscara de oxigênio no rosto na tentativa de eliminar o álcool do organismo, em seguida decolando, para comentar depois: "Eu não *aconselho,* está entendendo, mas *pode* ser feito." (Desde que você tenha a fibra necessária, seu merda.)

O<small>S CAMPOS DA FORÇA AÉREA E DA MARINHA SITUAVAM-SE EM</small> geral em extensões de terra marginais ou inóspitas e teriam parecido particularmente desoladas e ordinárias a um indivíduo normal à luz fria do amanhecer. Mas para o jovem piloto havia uma inexplicável felicidade em chegar ao aeródromo quando o sol estava começando a corar na linha do horizonte, de modo que todo o campo continuava na sombra, os picos a distância apareciam em silhueta, e os pátios e prédios eram uma monocromia em azul-fumaça-de-exaustor, e todas as luzinhas vermelhas no alto das torres de água e dos postes de energia pareciam mortiças, murchas, congeladas, e as luzes das pistas que ainda estavam acesas pareciam desbotadas, e até mesmo as luzes de um caça que acabara de pousar e taxiava já não brilhavam como o fariam à noite e, em vez disso, lembravam uns filamentozinhos murchos de lâmpadas ao longe, porém eram uma beleza, uma exaltação!, pois ele estava acelerado com adrenalina, ansioso para levantar voo antes de o dia clarear, irromper pela claridade sobre os picos antes que os milhares de almas comatosas lá embaixo, ainda mortas para o mundo, aconchegadas em lares e lareiras, chegassem mesmo a despertar. Decolar num F-100F ao alvorecer e ligar o pós-combustor e se projetar 7.600 metros no espaço em trinta segundos, tão repentinamente que a pessoa não se sentia um pássaro mas sim uma trajetória, porém com o total controle de quatro toneladas de empuxo, tudo isso fluindo de sua vontade e de seus dedos, o possante motor sob o piloto, tão próximo que parecia estar a cavalgá-lo em pelo, até que inesperadamente se estava supersônico, um acontecimento registrado em terra por uma fantástica trovoada que sacudia as janelas, mas aqui no alto apenas pela constatação de agora se sentir absolutamente livre da terra — descrever isso até para a esposa, o filho, os familiares e as pessoas queridas parecia impossível. Então o piloto guardava-o para si junto com algo ainda mais indescritível... e ainda mais pecaminosamente inconfessável... o sentimento de superioridade, apropriado a ele e a seus pares, solitários possuidores da fibra exigida.

Daqui *do alto,* ao amanhecer, o piloto contemplava a pobre e desamparada Las Vegas (ou Yuma, Corpus Christi, Meridian, San Bernardino, ou Dayton) e começava a se perguntar: como podem todas as pessoas lá embaixo, aqueles pobres coitados que logo estarão acordando e saindo de seus retângulos minúsculos e se deslocando vagarosamente por aquelas estradinhas de espaguete em direção às ranhuras e sulcos que fazem parte do seu cotidiano — como poderiam viver assim, com tanta seriedade, se tivessem a menor ideia do que se sentia aqui em cima nessa zona de integridade? Mas é claro! Não só os pilotos dispensados, tirados do voo e mortos tinham ficado para trás — também todos aqueles milhões de sonâmbulos que nunca sequer tentaram o grande jogo. Todo o mundo lá embaixo... *deixado para trás.* Somente a essa altura se pode começar a entender o tamanho, o gigantismo, que poderia assumir o ego de um piloto militar. O mundo estava acostumado com os enormes egos dos artistas, atores, animadores de todos os tipos, políticos, desportistas e até jornalistas, porque estes tinham maneiras convenientes e familiares de exibi-los. Mas o jovem magro e fardado lá em cima com o enorme relógio no pulso e a expressão retraída no rosto, o jovem oficial tão tímido que é incapaz de abrir a boca a não ser que o assunto seja o voo — aquele jovem piloto, bom, meus amigos, o ego dele é ainda *maior*! Tão grande que é de *tirar o fôlego*! Mesmo na década de 1950 era difícil os civis compreenderem uma coisa dessas, mas *todos* os oficiais militares e muitos praças tendiam a se sentir superiores aos civis. Era na realidade bem irônico, considerando que, durante uns bons trinta anos, as classes empresariais urbanas em ascensão andaram afastando seus filhos dos militares, como de algo malcheiroso, e a oficialidade jamais gozara tão baixa estima. Bom, os oficiais de carreira retribuíam o desprezo com trunfos. Consideravam-se homens que viviam segundo padrões mais elevados de comportamento que os dos civis, homens que eram os portadores e protetores dos mais altos valores da vida americana, que conservavam um sentido de disciplina, enquanto os civis se abandonavam ao hedonismo, que conservavam um sentido de honra enquanto os civis viviam de oportunismo e cobiça. Oportunismo e cobiça: nisso se resumia o seu muito gabado mundo das grandes corporações. Kruschov estava certo em uma coisa: quando chegasse a hora de enforcar o Ocidente capitalista, o empresário americano lhe venderia a corda. Quando chegasse a hora do acerto de contas — e os acertos de contas sempre chegavam —, nem toda a riqueza do mundo, nem todas as armas nucleares e radares e mísseis sofisticados que ela pudesse comprar tomariam o lugar daqueles que tinham a disposição acrítica de enfrentar o perigo, aqueles que, em resumo, possuíam a fibra exigida.

Na realidade o sentimento era tão virtuoso, tão exaltado que poderia se tornar uma religião. Os civis raramente compreendiam isso tampouco, não havia ninguém para lhes ensinar. Deixara de ser moda os escritores sérios descreverem as glórias da guerra. Em vez disso, insistiam em seus horrores, muitas vezes com cinismo ou desgosto. Deixavam ao piloto ocasional com uma queda para a literatura oferecer um vislumbre da ideia que o piloto fazia de si mesmo em seu aspecto espiritual ou celestial. Quando um piloto chamado Robert Scott sobrevoou em seu P-43 o monte Everest, um grande feito à época, ele ergueu a mão e bateu continência para o adversário caído. Achou que *derrotara* a montanha, superando todas as forças da natureza, que a tinham feito formidável. E por que não? "Deus é o meu copiloto", disse — o que se tornou o título de seu livro —, e ele falava sério. O mesmo fez o mais talentoso de todos os autores-pilotos, o francês Antoine de Saint-Exupéry. Ao contemplar o mundo... lá do alto... durante voos transcontinentais, o bom Saint-Ex via a civilização como uma série de manchas frágeis e minúsculas presas ao que de outro modo seria a terra rochosa e estéril. Sentia-se uma sentinela solitária, um protetor daqueles oasisinhos, pronto a oferecer sua vida pelo bem deles, se necessário. Em suma, um santo, fiel ao nome, voando aqui na terra na mão direita de Deus. O bom Saint-Ex! E ele não era o único. Era apenas o único a pôr isto belissimamente em palavras, e com isso ungiu-se diante do altar dos eleitos.

Havia muitos pilotos trintões que, para consternação das esposas, filhos, mães, pais e patrões, se voluntariaram para passar da reserva à ativa e voar na frente de combate na Guerra da Coreia. Em Chosen, um lugar gelado onde Judas perdeu as botas! Mas era muito simples. Metade deles era pilotos treinados durante a Segunda Guerra Mundial e nunca tinham visto combate. Sabia-se muito bem — sem nunca dizê-lo, naturalmente — que ninguém poderia atingir o topo da pirâmide sem ter entrado em combate.

O moral dos soldados de infantaria na Guerra da Coreia era tão baixo que chegou ao ponto de os oficiais empurrarem seus homens para a frente com os canos e baionetas de suas armas. Mas no ar — era o Paraíso do Caçador! Usando principalmente F-86s, a Força Aérea estava produzindo ases, pilotos que tinham abatido cinco aviões ou mais com uma velocidade igual à que os coreanos e chineses conseguiam para pôr no ar os seus MiG-15s soviéticos para combatê-los. Quando suspenderam o combate, havia trinta e oito ases da Força Aérea, e contavam a seu crédito um total de 299,5 alvos destruídos. Só tinham perdido cinquenta e seis F-86s. Animação esses rapazes tinham. Faziam a crônica de suas aventuras com uma boa dose de romantismo cremoso do tipo que nenhum aviador usufruíra desde a época de Lufberry, Frank Look e Von Richthofen na Primeira Guerra Mundial. O coronel Harrison R. Thyng, que abateu cinco MiGs na Coreia (e oito aviões alemães e japoneses na Segunda Guerra Mundial), refulgia como Excalibur quando descrevia seu quarto grupo de caças interceptadores: "Como cavalheiros antigos, os pilotos do F-86 sobrevoavam a Coreia do Norte em direção ao rio Yalu, com o sol a faiscar nos aviões prateados, deixando atrás uma esteira de vapor, desafiando o inimigo numericamente superior a subir e lutar." Lanças e plumas! *Sou um cavalheiro!* Subam e venham lutar! Por que se deter? Cavalheiros da Ordem dos Eleitos!

Quando um piloto chamado Gus Grissom (que Conrad, Schirra, Lovell e os outros conheceriam mais tarde) foi pela primeira vez à Coreia, a Força Aérea costumava levar os caçadores do F-86 para o campo escuro antes do amanhecer, em ônibus, e os pilotos que não tinham sido atingidos no combate ar/ar por um MiG eram obrigados a viajar de pé. A princípio Grissom não conseguia acreditar e depois não conseguia aguentar — aqueles filhos da puta sentados eram *os únicos que possuíam a tal fibra!* Na manhã seguinte enquanto rodavam, atroando a escuridão, ele estava sentado. Voara para o norte em direção ao Yalu no primeiro dia e tirara satisfações com um ululante chinês supersônico só para poder andar sentado no ônibus. Até no nível do combate, o importante era não *ficar para trás*. O combate apresentava uma série infinita de testes próprios, e um dos maiores pecados era "tagarelar" ou "matraquear" pelo rádio. A frequência de combate devia ser mantida inteiramente livre, à exceção das mensagens essenciais estratégicas, e todos os comentários irrelevantes eram considerados uma prova de covardia, de qualidade negativa. Um piloto naval (pelo menos na lenda) começava gritando: "Tenho um MiG na mira! Um MiG cravado!" — querendo dizer que manobrara para se colocar atrás dele e estava colado em sua cauda. Uma voz irritada interrompia dizendo: "Cale a boca e morra como aviador." Era preciso ser piloto naval para apreciar a nuança final. Um bom piloto naval era um *aviador* de verdade; na Força Aérea existiam apenas pilotos, e não eram exatamente da qualidade exigida.

Não, os testes eram intermináveis. E nos períodos entre guerras os sucessos passados de um homem em combate não o mantinham obrigatoriamente no topo da pirâmide celestial. Em fins da década de 1950 havia mais um platô para alcançar. Nesse platô ficavam os homens que tinham voado em combate na Segunda Guerra Mundial ou na Guerra da Coreia e continuado a carreira como pilotos de provas na nova era de jatos e foguetes. Dois dos grandes ases da Segunda Guerra Mundial, Richard I. Bong e Don Gentile, tentaram fazer isso, mas não tiveram a paciência necessária. Só queriam ligar o pós-combustor e fazer furos no céu; e não tardaram a se tornar apenas parte da história do combate. Naturalmente, hoje, graças à idade, começava-se a encontrar rapazes que tinham alcançado o decantado nível de piloto de prova sem nunca ter tido oportunidade de voar em combate. Um desses era Pete Conrad, que acabava de se formar com os sobreviventes do Grupo Vinte, passando à condição de piloto de provas em Pax River. A exemplo de todo piloto de provas da Marinha, Conrad se orgulhava de Pax River e de sua reputação. Alto e bom som todo verdadeiro aviador naval insistia que Pax River era o máximo... mas intimamente sabia que de fato não era. Pois todo piloto militar sabia onde se encontrava o ápice do grande zigurate. Era capaz de apontá-lo no mapa. O lugar era a Base Aérea de Edwards em pleno deserto, 240 quilômetros a nordeste de Los Angeles. Todos sabiam quem morava lá, também, embora sua posição real nunca fosse expressa em palavras. E não só isso, todos sabiam o nome do indivíduo que ocupava o primeiro lugar no Olimpo, o ás de todos os ases, por assim dizer, entre os verdadeiros membros da Ordem dos Eleitos.

3. YEAGER

Qualquer um que viaje muito em companhias aéreas nos Estados Unidos não tarda a reconhecer a voz do *piloto comercial*... falando ao microfone... com um certo sotaque, um certo toque simplório, um certo à vontade caseiro tão exagerado que vira uma paródia da coisa em si (apesar de tudo! — é tranquilizante)... A voz que diz, quando o avião entra em turbulência e começa a corcovear trezentos metros de um salto, para verificar se os cintos estão apertados porque "talvez sacuda um pouquinho"... A voz que diz (num voo de Phoenix que se prepara para a aproximação final no aeroporto de Kennedy em Nova York ao amanhecer): "Bom, minha gente, hum... aqui fala o seu comandante... hummm... temos uma luzinha vermelha no painel de controles que está tentando nos avisar que o *trem* de pouso não está... hum... *travando* na posição correta quando o baixamos... Bom... *eu* não acredito que a luzinha vermelha saiba o que está *dizendo* — acho que essa *luzinha* vermelha é que não está funcionando direito..." — Uma risadinha, uma pausa longa, como se dissesse, *nem sei muito bem se vale mesmo a pena falar nisso — Talvez isso os divirta...* "Mas... acho que, para cumprir o regulamento, temos que fazer a *vontade* dessa luzinha... por isso vamos descer até uns, ah, quarenta ou sessenta metros sobre a pista de Kennedy, e o pessoal de terra lá embaixo vai ver se pode fazer uma inspeção *visual* do trem de pouso" — com o qual ele obviamente está em termos tão íntimos e camaradas quanto com qualquer outra peça desse possante avião —, "e se estou certo... eles vão nos informar que está tudo limpo em todos os sentidos e poderemos pousar"... e depois de umas passagens pelo campo a baixa altitude, a voz retoma: "Bem, gente, vai ver ainda é muito cedo para eles, o pessoal lá embaixo — imagino que ainda estejam *de pijamas*... porque estão informando que não sabem dizer se o trem de pouso desceu inteiramente ou não... Mas, sabem, aqui na cabine estamos convencidos de que está todo embaixo, por isso vamos simplesmente pousar... e ah"... (quase ia *esquecendo*)... "Enquanto damos um passeio sobre o oceano e esgotamos um pouco do combustível excedente de que não vamos mais precisar — isso é o que os senhores talvez vejam escorrendo pelas asas, as nossas simpáticas comissárias... se quiserem ter a gentileza... vão subir e descer os corredores e demonstrar o que chamamos de assumir a 'posição correta'."... Mais uma risadinha indiscreta (*fazemos isso tantas vezes e é tão divertido que inventamos até um nome engraçadinho para isso*)... E as comissárias um pouco mais sérias, a julgar pela cara, *do que aquela voz,* começam a dizer aos passageiros que tirem os óculos e tirem as esferográficas e outros objetos pontiagudos dos bolsos e mostram a todos *a posição,* com a cabeça baixa... enquanto lá embaixo no aeroporto Kennedy os carrinhos amarelos dos bombeiros começam a roncar pelas pistas — e embora no coração disparado e nas palmas suadas e na cuca fundindo se *saiba* que esse é um momento crítico da vida, ainda assim não se consegue realmente *acreditar,* porque se fosse crítico... como é que o comandante, o homem que conhece a situação real na intimidade... como poderia falar calmamente, dar risadinhas, divagar e ronronar naquela vozinha característica dele.

Bem! — quem não conhece aquela voz. E quem consegue esquecê-la — mesmo depois que sua decisão se prova correta e a emergência termina.

Aquele determinado jeito de falar pode parecer vagamente do sul ou do sudoeste, mas é originário dos Apalaches. Nasceu nas montanhas da Virgínia ocidental, na terra do carvão, no condado de Lincoln, naqueles vales tão profundos que se dizia que "precisavam encanar a luz do sol". Em fins da década de 1940, início da de 1950, essa voz que ecoou dos vales foi se espraiando, espraiando, espraiando do alto deserto da Califórnia, se espraiando, espraiando,

espraiando das altas esferas da Fraternidade dos Eleitos e permeou todas as fases da aviação americana. Era surpreendente. Era *Pigmalião* às avessas.

Pilotos militares e, pouco depois, pilotos civis, pilotos de Maine e Massachusetts, Dakotas e Oregon, de todo o resto do país começaram a falar com aquele sotaque montanhês da Virgínia ocidental, ou o mais parecido que conseguiam distorcendo os seus sotaques naturais. Era o sotaque do mais virtuoso de todos os possuidores da fibra exigida: Chuck Yeager.

Yeager começara na Segunda Guerra Mundial como o equivalente do lendário Frank Luke do 27º Esquadrão Aéreo da Primeira Guerra. O que vale dizer que era o forasteiro, o rapaz do interior, com o segundo grau apenas, sem credenciais, sem distintivo nem polimento de qualquer tipo, que despiu o macacão da loja de rações, vestiu a farda, subiu num avião e incendiou os céus da Europa.

Yeager criou-se em Hamelin, Virgínia ocidental, uma cidade às margens do rio Mud, não muito longe de Nitro, Hurricane Whirlwind, Salt Rock, Mud, Sod, Crum, Leat, Dollie, Ruth e Alamo Creek. O pai era perfurador de gás (perfurava gás natural nos campos de carvão), o irmão mais velho era perfurador de gás, e ele teria sido perfurador de gás se não tivesse se alistado na aviação do Exército em 1941, aos dezoito anos. Em 1943, aos vinte anos, tornou-se oficial aviador, isto é, oficial subalterno com permissão de voar, e partiu para a Inglaterra para voar caças nos céus da França e da Alemanha. Mesmo no tumulto da guerra, Yeager causava perplexidade a muitos outros pilotos. Era um sujeitinho baixo, magro, mas musculoso, com cabelos negros crespos e um rosto de poucos amigos que parecia dizer (aos estranhos): "É melhor não ficar me encarando no olho, seu bunda-suja, ou vou fazer mais quatro buracos no seu nariz. "Mas não era isso que causava perplexidade. O que causava perplexidade era a maneira de Yeager falar. Parecia empregar umas formas antigas de dicção, sintaxe e conjugação do inglês que tinham se preservado nos Apalaches.

Havia gente lá que nunca dizia que desaprovava alguma coisa e sim "não apoio isso". No presente do indicativo se dispunham a *ajudar,* como todo mundo; mas no passado não seguiam a regra. "Não é nada que eu apoie, mas o ajudarei assim mesmo."

Nas primeiras oito missões, aos vinte anos, Yeager abateu dois caças alemães. Na nona foi abatido sobre território francês ocupado pelos alemães e ferido pela artilharia antiaérea; saltou de paraquedas, foi recolhido pela resistência francesa, que o contrabandeou para a Espanha, fazendo-o atravessar os Pireneus disfarçado de camponês. Na Espanha foi momentaneamente encarcerado, em seguida liberado, ao que rumou de volta à Inglaterra e combateu na invasão aliada da França. Em 12 de outubro de 1944, Yeager enfrentou e abateu cinco caças alemães em sucessão. Em 6 de novembro, voando um Mustang P-51 convencional, abateu um dos novos caças que os alemães tinham desenvolvido, o Messerschmit-262, e danificou outros dois, e em 20 de novembro abateu quatro FW-190s. Era uma verdadeira demonstração à Frank Luke de fúria guerreira e destreza pessoal. No fim da guerra tinha treze e meio aviões abatidos. E vinte e dois anos de idade.

Em 1946 e 1947 Yeager treinou para piloto de provas no campo de Wright em Dayton. Surpreendeu os instrutores pela habilidade no voo acrobático em grupo, para não falar daquela história oficiosa de combate simulado. Isso somado ao seu sotaque montanhês fez com que todos comentassem: "Ele é pé e mão inatos." Apesar disso, havia alguma coisa extraordinária em que um homem tão jovem, com tão pouca experiência em provas de voo, fosse selecionado para o projeto X-1 na Base de Muroc na Califórnia.

Muroc ficava nos altiplanos do deserto de Mojave. Lembrava uma paisagem fossilizada que havia muito tivesse sido abandonada pelo resto da evolução terrestre. Era cheia de imensos lagos secos, o maior sendo o lago Rogers. Além de artemísias, a única vegetação eram as iúcas, anomalias retorcidas do mundo vegetal que pareciam uma cruza de cacto com bonsai japonês. De um verde escuro petrificado, tinham os galhos horrivelmente estropiados. Ao anoitecer as iúcas se destacavam em silhueta no deserto fossilizado como um pesadelo artrítico. No verão a temperatura atingia quarenta e três graus Celsius naturalmente, e os leitos dos lagos secos se cobriam de areia, e havia ventanias e tempestades de areia dignas de um filme de Legião Estrangeira. À noite a temperatura caía quase ao nível de congelamento, e em dezembro começava a chover, e os lagos secos se enchiam de uns poucos centímetros de água, e uma espécie de camarão pré-histórico e podre emergia daquele caldo, e as gaivotas vindas do oceano venciam as montanhas e penetravam no continente mais de 1.600 quilômetros, para devorar esses crustaceozinhos ancestrais. Era preciso ver para crer: bandos de gaivotas voando em círculos no meio do deserto, em pleno inverno, pastando os camarões antediluvianos no caldo primordial.

Quando o vento soprava os poucos centímetros de água de um lado para outro pelos leitos do lagos, eles se tornavam perfeitamente lisos e nivelados. E quando a água evaporava na primavera e o sol cozinhava o solo endurecendo-o, os leitos dos lagos se transformavam nos melhores campos naturais de pouso já descobertos, e também nos maiores, com quilômetros de margem de erro. Isso era uma vantagem das mais desejáveis, dada a natureza da atividade em Muroc. Além de vento, areia, mato rasteiro e iúcas, não havia mais nada em Muroc, exceto dois hangares metálicos pré-fabricados, lado a lado, umas bombas de gasolina, uma única pista de concreto, uns poucos barracos de papelão alcatroado e umas barracas de lona. Os oficiais moravam nos barracos marcados "alojamento", e os simples mortais usavam as barracas onde congelavam a noite toda e fritavam o dia inteiro. Todas as estradas de acesso à propriedade tinham uma casa de guarda com soldados. O projeto que o Exército implantara nesse lugar esquecido por Deus era o desenvolvimento de jatos supersônicos e aviões-foguetes.

Ao final da guerra o Exército descobrira que os alemães não só possuíam o primeiro caça a jato do mundo, como também um avião foguete que voara em teste a 953 quilômetros por hora. Pouco depois da guerra, um jato britânico, o Gloster Meteor, elevou o recorde mundial oficial de velocidade de 750 quilômetros por hora para 970 em um único dia. A próxima grande etapa seria a Mach 1, a velocidade do som, e a Força Aérea do Exército considerava crucial atingi-la primeiro.

Sabia-se (graças às pesquisas do físico Ernst Mach) que a velocidade do som, Mach 1, variava a diferentes altitudes, temperaturas e velocidades do vento. Num dia calmo de quinze graus Celsius ao nível do mar, Mach 1 era uns 1.200 quilômetros por hora, a uma altitude de 12.000 metros; onde a temperatura seria no mínimo quinze graus negativos, Mach 1 era uns 1.050 quilômetros por hora. Coisas intrigantes e ruins aconteciam na zona transônica, que começava por volta de Mach 0,7. Os aerofólios engasgavam nessa velocidade. Os pilotos que se aproximavam da velocidade do som em mergulho relatavam que os controles travavam ou "congelavam" ou até alteravam suas funções normais. Pilotos tinham se acidentado e morrido porque não conseguiam mover a alavanca de comando. Ainda no ano anterior Geoffrey de Havilland, filho do famoso construtor e desenhista inglês de aviões, tentara levar um dos DH108s de seu pai a Mach 1. O avião começou a corcovear e em seguida desintegrou-se e o rapaz morreu. Isto levou os engenheiros a especular se as forças gravitacionais se tornariam infinitas em Mach 1, provocando a implosão das aeronaves. Começaram a falar de "parede sônica" e "barreira do som".

Essa era a tarefa que um punhado de pilotos, engenheiros e mecânicos tinham em Muroc. O lugar era absolutamente primitivo, só o indispensável, lonas desbotadas e zinco enrugando sob o efeito das ondas calóricas; e para um jovem piloto ambicioso era perfeito. Muroc parecia um posto avançado no teto do mundo, franqueado apenas a uns poucos virtuosos, vedado ao resto da humanidade, inclusive aos figurões da Força Aérea do Exército no comando, que funcionava na Base de Wright. O oficial comandante em Muroc era apenas coronel, e seus superiores em Wright, para começo de conversa, não desperdiçavam confortos com a favelinha de Muroc. Mas para os pilotos esse aeródromo pré-histórico se tornou o... céu dos camarões! As planícies olímpicas dos favelados! A perfeição em casas de Baixa Renda com Fossa Séptica... sim; sem esquecer o que era tradicionalmente essencial aos jovens ases felizes: Voo & Bebedeiras e Bebedeiras & Corridas.

Um pouco além da base, para sudoeste, havia um estabelecimento desconjuntado e batido de vento, estilo 1930, chamado Pancho's Fly Inn, de propriedade, gerência e serviço de bar de uma mulher chamada Pancho Barnes. Pancho Barnes usava suéteres brancas colantes e calças também colantes, à moda de Barbara Stanwyck em *Pacto de sangue*. Contava apenas quarenta e um anos quando Yeager chegou em Muroc, mas seu rosto era tão maltratado, tinha uma quilometragem tão grande que ela parecia mais velha, especialmente aos jovens pilotos da base. E também os deixava barbaramente chocados com a sua língua mordaz. Todo mundo de quem não gostava era um filho da puta ou um sacana. As pessoas de quem gostava eram filhos da puta e sacanas também. "Disse àquele filho da puta para sentar o rabo aqui que eu lhe daria uma bebida." Mas Pancho Barnes não tinha nada de povo. Era neta do homem que projetara o velho teleférico de Mount Lowe, Thaddeus S.C. Lowe. Seu nome de solteira era Florence Leontine Lowe. Fora criada em San Marino, que confinava com Pasadena e era um dos subúrbios mais ricos de Los Angeles, e seu primeiro marido — fora casada quatro vezes — era o pastor da Igreja Episcopal de Pasadena, o reverendo C. Rankin Barnes. A sra. Barnes aparentemente tinha muito pouco dos interesses comunitários convencionais de uma matrona de Pasadena. Em fins da década de 1920, de barco e avião, contrabandeara armas para os revolucionários mexicanos e ganhara o apelido de Pancho. Em 1930 batera o recorde feminino de velocidade aérea de Amelia Earhart. Depois percorrera as fazendas do estado como artista principal do "Misterioso Circo Aéreo de Pancho Barnes". Sempre cumprimentava o público, vestindo culotes e botas de montaria, um blusão de voo, um cachecol branco e uma suéter branca que destacava o seu fantástico busto à Barbara Stanwyck. O Fly Inn de Pancho no deserto tinha uma pista de pouso, uma piscina, estábulo para turista ver, muito espaço para se andar a cavalo, uma velha e grande hospedaria, e um anexo onde funcionava o bar e o restaurante. No salão do bar, o soalho, as mesas, as cadeiras, as paredes, as vigas, o balcão eram do tipo conhecido como exageradamente rústico, e as portas de tela não paravam de bater. Ninguém que montasse um cenário desses para um filme de aviação nos velhos tempos teria se atrevido a fazê-lo tão dilapidado e tão descuidado quanto o era na realidade. Atrás do bar havia muitas fotos de aviões e pilotos, generosamente autografadas e dedicadas, mal emolduradas e penduradas tortas. Havia um velho piano que ressecara e rachara até uma irrecuperável dessecação. Numa boa noitada podia-se ouvir um grupo de aviadores bêbados tentando batucar, surrar e tatear as velhas canções de Cole Porter. Nas noites normais as músicas, para começar, não eram tão boas assim. Quando a porta de tela batia e um homem cruzava o portal do salão, todos os olhos do lugar o examinavam. Se não fosse conhecido por alguma ligação com o voo em Muroc, era encarado como um daqueles borra-botas que criavam ovelhas em *Shane*.

    O avião com que a Força Aérea queria quebrar a barreira do som chamava-se X-1. A Bell Aircraft Corporation o construíra sob contrato para o Exército. Na essência a aeronave era um foguete do tipo inicialmente desenvolvido pelo jovem inventor naval, Robert Truax, durante a guerra. A fuselagem tinha o perfil de uma bala calibre cinquenta — um objeto conhecido pela suavidade com que entrava em velocidade supersônica. Os pilotos militares raramente eram incumbidos de testes importantes; estes cabiam aos civis muitíssimo bem pagos que trabalhavam para as empresas construtoras de aviões. O primeiro piloto do X-1 era um homem que a Bell considerava o melhor do gênero. Esse homem parecia um astro de cinema. Lembrava um piloto saído do *Hell's Angels*. E ainda por cima tinha o nome apropriado: Slick Goodlin.

Nos testes do X-1 a ideia era levá-lo cuidadosamente à zona transônica, até sete, oito, nove décimos da velocidade do som (Mach 0,7, Mach 0,8, Mach 0,9) antes de tentar a velocidade do som em si, Mach 1, embora a Bell e o Exército já soubessem que o X-1 tinha potência de foguete para atingir Mach 1 e ultrapassá-la, se *houvesse* o que *ultrapassar*. O consenso entre aviadores e engenheiros, após a morte de Geoffrey de Havilland, é que a velocidade do som era um conceito absoluto, como a solidez da terra. A barreira do som era um sonho que se podia comprar no céu. Portanto, Slick Goodlin começou a sondar a zona transônica no X-1 atingindo Mach 0,8. Todas as vezes que pousava tinha uma história eletrizante para contar. O corcoveio era fortíssimo e os ouvintes, a imaginação em chamas, praticamente viam o pobre Geoffrey de Havilland se desintegrando em pleno ar. E a droga da aerodinâmica? — os ouvintes visualizavam um homem de sapatos de verniz deslizando sobre uma camada de gelo, perseguido por ursos. Surgiu uma controvérsia sobre o valor do abono que Slick Goodlin deveria receber por tomar de assalto a temível Mach 1. Os abonos para pilotos de prova sob contrato não eram incomuns; mas corriam boatos de um pagamento de US$150 mil. O Exército se esquivou, e Yeager ganhou o emprego. Aceitou US$283 por mês, ou US$3.396 por ano; equivalente, vale dizer, ao soldo regular de um capitão do Exército.

O único problema que tinham com Yeager era segurá-lo. No primeiro voo com potência no X-1 ele executou imediatamente, sem autorização, um tonneau com zero-g, os tanques cheios de combustível de foguete, em seguida pôs o nariz do avião para o alto e atingiu Mach 0,85 numa subida vertical, também sem autorização. Nos voos subsequentes, nas velocidades entre Mach 0,85 e Mach 0,9, Yeager deparou com a maioria dos problemas de aerofólio conhecidos — perda de controle do leme de direção, dos ailerons, dos lemes de profundidade, fortes pressões no equilíbrio longitudinal, meios-tonneaus, corcoveios e quedas súbitas, enfim tudo —, porém estava convencido, ao ultrapassar Mach 0,9, que isso melhoraria, ao invés de piorar, quando se atingisse Mach 1. A tentativa de ultrapassar Mach 1 — "quebrar a barreira do som" — foi marcada para 14 de outubro de 1947. Não sendo engenheiro, Yeager não acreditava que a "barreira" existisse.

O DIA 14 DE OUTUBRO CAIU NUMA TERÇA-FEIRA. A NOITE DE domingo, 12 de outubro, Chuck Yeager passou no Pancho's acompanhado da esposa. Era uma morena chamada Glennis, que conhecera na Califórnia quando recebia treinamento, uma garota tão fantástica que ele mandara escrever "A glamourosa Glennis" no nariz do seu P-51 na Europa e, havia poucas semanas, no próprio X-1. Yeager não foi ao Pancho's entornar uns tragos porque o grande teste seria dois dias depois. Nem entornou uns tragos porque era fim de semana. Não, entornou uns tragos porque anoitecera e ele era piloto em Muroc. Seguindo a tradição militar dos Voos & Bebedeiras, era isso que se fazia sem outra razão senão a de que o sol se pusera. Ia-se ao Pancho's, se entornava uns tragos e se escutava as portas de tela baterem e os outros aviadores torturarem o piano e desfiarem o repertório nacional de músicas favoritas, e forasteiros pés de chinelo e solitários passarem pelas portas que batiam, e entrarem no Pancho's, classificando-os a todos de filhos da puta e bundas-sujas miseráveis. Isso era o que se fazia quando se era piloto em Muroc e o sol se punha.

Assim sendo, por volta das onze, Yeager teve a ideia de que seria um grande barato se ele e Glennis selassem uns cavalos do Pancho's e saíssem para um galope, uma corridinha, ao luar. Isso estava de acordo com a tradição militar de Voos & Bebedeiras e Bebedeiras & Corridas, só que estavam na Muroc pré-histórica e usavam cavalos. Portanto Yeager e a mulher saíram a pleno galope numa corrida de habilidade pelo deserto, à luz do luar, por entre as silhuetas artríticas das iúcas. Depois dispararam de volta ao rancho, com Yeager na dianteira rumo aos portões. Dadas as condições existentes, sendo noite, no Pancho's, a cabeça assolada por uma tempestade de areia em que se misturavam canções mal cantadas e xingamentos, ele vê demasiado tarde que os portões estão fechados. A exemplo de muito pilotos que gostavam de correr à noite antes dele, não percebe que não é igualmente talentoso em todas as formas de locomoção. Ele e o cavalo se chocam com o portão, ele é atirado longe e aterrissa sobre o lado direito. O lado direito dói pra caramba.

No dia seguinte, segunda-feira, seu lado continua a doer pra caramba. Dói todas as vezes que ele se mexe. Dói todas as vezes que respira fundo. Dói todas as vezes que mexe o lado direito. Ele sabe que se procurar um médico em Muroc ou disser alguma coisa a alguém, mesmo remotamente ligado aos seus superiores, será riscado do voo de terça-feira. Talvez cheguem até a pôr outro bunda-suja infeliz em seu lugar. Então sobe na motocicleta, uma velharia que Pancho lhe dera, e vai ver um médico na cidade de Rosamond, perto de sua casa. Todas as vezes que a droga da moto bate numa pedrinha na estrada, seu lado dói que é uma merda, o médico em Rosamond o informa de que quebrou duas costelas, e as imobiliza, e diz que, se mantiver o braço direito imobilizado umas duas semanas e evitar qualquer esforço físico ou movimento súbito, não deverá ter problemas.

Yeager se levanta antes do nascer do sol na manhã de terça-feira, o dia em que supostamente tentará romper a barreira do som — e suas costelas ainda doem que é uma merda. Pede à mulher que o leve de carro até o campo e tem que manter o braço direito colado ao corpo para impedir as costelas de doerem tanto. Ao amanhecer, no dia do voo, podia-se ouvir o silvo do X-1 muito antes de chegar ao campo. O combustível do X-1 era álcool e oxigênio líquido, oxigênio liquefeito pela redução de sua temperatura a 147 graus Celsius abaixo de zero. E quando o oxigênio líquido, conforme o chamavam, jorrou das mangueiras para o bojo do X-1, começou a ferver, e o X-1 começou a fumegar e a apitar feito uma chaleira. Há muita gente por perto, pelos padrões de Muroc... talvez nove ou dez pessoas. Continuam a abastecer o X-1 com oxigênio líquido, e o monstro geme.

O X-1 parecia uma gorda andorinha laranja com letras brancas. Mas era na realidade apenas um pedaço de cano com quatro câmaras de foguete. Tinha uma cabine minúscula e um nariz de agulha, duas laminazinhas retas (nove centímetros de espessura na parte mais grossa) à guisa de asas, e uma cauda alta para evitar "o vácuo sônico" das asas. Embora o lado latejasse e ele sentisse o braço praticamente inútil, Yeager imaginou que podia cerrar os dentes e realizar o voo — exceto por um determinado movimento que precisava fazer. Nos lançamentos dos foguetes o X-l, que só carregava dois minutos e meio de combustível, era levado até 7.900 metros sob as asas de uma B-29. A 2.100 metros, Yeager deveria descer uma escada do compartimento de bombas da B-29 para uma abertura no X-1, engatar o sistema de oxigênio, o microfone, os fones de ouvido, pôr o capacete reforçado e se preparar para o lançamento que se daria a 7.600 metros. Esse capacete era um artigo feito em casa. Nunca existira um capacete protetor igual. Durante toda a guerra os pilotos tinham usado o antigo capacete de couro, justo, com óculos. Mas o X-l tinha um jeito de atirar o piloto de um lado para o outro com tanta violência que ele corria o risco de colidir com as paredes da cabine e perder a consciência. Assim, Yeager comprou um enorme capacete de couro próprio para futebol americano — não havia capacetes de plástico à época — e o retalhou com uma faca de caça até obter buracos do tipo certo para que pudesse ajustá-lo por cima do capacete de voo normal com os fones e o equipamento de oxigênio. Em todo caso, depois, o mecânico de voo Jack Ridley desceria pela escada, a céu aberto, e encaixaria no lugar a porta da cabine que seria baixada da barriga da B-29 por uma corrente. Em seguida, Yeager empurraria uma alavanca para travar hermeticamente a porta. Em razão da exiguidade da cabine era preciso empurrar a alavanca com a mão direita. E isso exigia um bocado de força. Não havia maneira de alguém se colocar em posição de acionar a alavanca com a mão esquerda.

No hangar, Yeager experimenta disfarçadamente os movimentos necessários e a dor é tão incrível que percebe que não há maneira de um homem com duas costelas quebradas conseguir fechar a porta. É hora de confiar em alguém e a escolha lógica é Jack Ridley, que não só é mecânico de voo como também piloto e, de quebra, um bom companheiro de Oklahoma. Ele compreenderá os problemas dos Voos & Bebedeiras e Bebedeiras & Corridas em meio às drogas das iúcas. Então Yeager puxa Ridley para um canto do hangar metálico e diz: Jack, estou com um probleminha aqui. Uma noite dessas no Pancho's eu meio que... dei uma porrada nas drogas das costelas. Ridley diz: Que está querendo dizer... *deu uma porrada?* Yeager retruca: Bom, acho que poderia dizer que quase que... *quebrei* umas duas sacanas. Ao que Yeager passa a esboçar o problema que prevê.

Não é à toa que Ridley é o mecânico desse projeto. Tem uma inspiração. Pede a um zelador chamado Sam para lhe cortar uns vinte e dois centímetros de cabo de vassoura. Quando não há ninguém olhando, põe o pedaço de cabo na cabine do X-1 e faz umas recomendações a Yeager.

Assim, com essa peça extra para voo supersônico, Yeager levanta voo.

A 2.100 metros desceu a escada para a cabine do X-1, engatou as mangueiras e fios, e conseguiu enfiar o capacete de voo, que parece uma abóbora, na cabeça. Em seguida, Ridley desceu a escada e baixou a porta até a moldura. Seguindo as instruções de Ridley, Yeager apanhou o pedaço de vassoura e o enfiou entre a alavanca e a porta. Isso lhe deu suficiente apoio para esticar a mão esquerda e de um golpe girar a alavanca. Travou assim a porta fechada com a vassoura de Ridley e estava pronto para voar.

A 7.900 metros a B-29 deu um ligeiro mergulho, cabrou e soltou Yeager e o X-1 como se fosse uma bomba. E como uma bomba ele caiu ao mesmo tempo que se projetava para a frente (à velocidade da nave-mãe). Yeager fora lançado bem na direção do sol. O astro parecia não estar a mais de dois metros à sua frente, ocupando todo o céu e ofuscando-o. Mas ele conseguiu se orientar e disparar os quatro foguetes um atrás do outro. Experimentou então algo que veio a ser conhecido como a sensação máxima em voo: *"booming* e *zooming"*. A aceleração dos foguetes foi tão formidável, forçou-o de encontro ao assento com tanta violência, que mal conseguiu esticar as mãos para adiante dos poucos centímetros necessários para alcançar os controles. O X-1 pareceu disparar para o alto em uma trajetória perfeitamente perpendicular, como se estivesse decidido a escapar da força da gravidade pela via mais direta possível. Na realidade, apenas subia a um ângulo de quarenta e cinco graus, previsto no plano de voo. Por volta de Mach 0,87 o corcoveio começou.

Em terra os engenheiros já não conseguiam ver Yeager. Só conseguiam ouvir... aquele sotaque cavernoso da Virgínia ocidental.

— Tive um ligeiro corcoveio há pouco... apenas a instabilidade de sempre...

Apenas a instabilidade de sempre?

Então o X-1 atingiu a velocidade de Mach 0,96, e aquele incrível sotaque descansado de quem não está nem aí:

— Ei, Ridley... toma nota aí — (*se não tiver nada melhor para fazer*) — ... eficiência do leme de profundidade *recuperada*.

Tal como Yeager predissera, à medida que o X-1 se aproximava de Mach 1 a estabilidade aumentou. Yeager tinha os olhos grudados no maquímetro. O ponteiro atingiu 0,96, oscilou e saiu fora da escala.

E em terra ouviram... aquela voz:

— Ei, Ridley... anote mais isso — (*se ainda não estiver de saco cheio*) — ... tem alguma coisa errada com esse maquímetro... — (risadinha) — ... parece que endoidou...

E naquele instante, em terra, ouviram um estrondo sacudir o deserto — exatamente como o físico Theodore von Kármán predissera muitos anos antes.

Então ouviram Ridley lá na B-29:

— Se endoidou, Chuck, a gente conserta. Pessoalmente, acho que você está vendo coisas.

Tornaram a ouvir o sotaque montanhês de Yeager:

— É, acho que estou, Jack... E continuo subindo como um morcego.

O X-1 rompera "a barreira do som" sem a menor sacudidela. Quando a velocidade ultrapassou Mach 1,05, Yeager teve a sensação de varar o topo do céu. O céu ficou roxo-escuro e instantaneamente as estrelas e a lua apareceram — enquanto o sol brilhava. Atingira uma camada superior da atmosfera onde o ar era demasiado rarefeito para conter partículas refletoras de poeira. Estava simplesmente contemplando o espaço. Quando o X-1 picou ao fim da subida, Yeager teve então sete minutos de... Céu de Piloto... à sua frente. Voava mais rápido do que qualquer homem na história da humanidade, e estava quase silencioso ali em cima, pois gastara o combustível de foguete, e estava tão alto num céu tão vasto que não havia sensação de movimento. Era senhor do céu. Sua era a solidão do rei, única e inviolável, acima do teto do mundo. Levaria sete minutos para descer planando e pousar em Muroc. Passou o tempo fazendo acrobacias enquanto o lago Rogers e as serras rodopiavam lá embaixo.

EM TERRA O PESSOAL ENTENDEU O CÓDIGO ASSIM QUE OUVIU A conversa de Yeager com Ridley. O projeto era secreto, mas as transmissões de rádio podiam ser ouvidas por qualquer um na área. A história do "Maquímetro doido" foi a maneira descarada de Yeager anunciar que os instrumentos do X-1 indicavam Mach 1. Assim que ele pousou, checaram os instrumentos de gravação automática do X-1. Sem dúvida alguma o avião fizera um voo supersônico. Imediatamente ligaram para os figurões da Base de Wright para contar a fantástica novidade. Em duas horas a Base de Wright retornava a ligação e dava ordens rigorosas. Estavam pondo uma rolha de segurança máxima nos acontecimentos daquela manhã. Nem precisavam dizer que a imprensa não devia ser informada. E tampouco deveriam contar a outros, quaisquer outros. A notícia do voo não devia passar do aeródromo. E mesmo entre as pessoas diretamente participantes — que estavam presentes e de qualquer modo sabiam — não devia haver comemorações. Exatamente o que se passava nas cabeças dos figurões em Wright é difícil dizer. Em grande parte, sem dúvida, era uma simples remanescência da guerra, quando qualquer progresso de possível importância estratégica era mantido em segredo. Era o que se fazia — calava-se a boca sobre o assunto. Outra possibilidade era que os chefões em Wright nunca tivessem sabido muito bem o que pensar de Muroc. Havia uma estranha e patusca esquadrilha aérea feita de papelão alcatroado e ascetas doidos nos altiplanos do deserto lá longe...

Em todo caso, lá pelo meio da tarde, o extraordinário feito de Yeager se transformara em uma trovoada sem reverberação. Um silêncio implausível e estranho desceu sobre o acontecimento. Bom... supostamente não devia haver comemorações, mas chegando a noite... Yeager e Ridley e alguns dos outros marcharam para o Pancho's. Afinal de contas, findava o dia, e eles eram pilotos. Portanto, entornaram uns tragos. E tinham que contar o segredo a Pancho, porque Pancho dissera que serviria um jantar de filé-mignon de graça a qualquer piloto que conseguisse fazer um voo supersônico e entrasse ali com as próprias pernas para contar o feito, e precisavam ver a cara que ela ia fazer. Assim sendo, Pancho serviu a Yeager um grande jantar e disse que eles continuavam a ser um bando de pés-rapados infelizes, e o deserto esfriou e o vento se levantou e as portas de telas bateram, e eles beberam mais um pouco e castigaram umas músicas no piano ressequido e cacarejante, e as estrelas e a lua surgiram e Pancho gritou palavrões que ninguém nunca ouvira, e Yeager e Ridley rolaram de rir, e o velho bar dilapidado ribombou e as fotos autografadas de centenas de pilotos falecidos sacudiram e matraquearam nos arames das molduras, e os rostos dos vivos se desintegraram nos reflexos, e pouco a pouco todos partiram tropeçando, cambaleando, dando gritos e uivos pela glória diante das silhuetas artríticas das iúcas. Merda! — Não havia ninguém a quem contar a não ser Pancho e as drogas das iúcas.

Nos cinco meses seguintes Yeager fez mais de uma dúzia de voos supersônicos no X-1, mas ainda assim a Força Aérea insistiu em manter o segredo. A *Aviation Week* publicou uma reportagem sobre os voos em fins de dezembro (sem mencionar o nome de Yeager), provocando um pequeno debate na imprensa sobre a circunstância de a *Aviation Week* ter ou não violado a segurança nacional — e *ainda assim* a Força Aérea recusou-se a divulgar o feito até junho de 1948. Somente então liberou o nome de Yeager. Ele recebeu apenas uma fração da publicidade a que faria jus se tivesse sido apresentado ao mundo imediatamente, em 14 de outubro de 1947, como o homem que "rompeu a barreira do som". Essa morosidade produziu efeitos curiosos.

Em 1952, um filme britânico, *Breaking the sound barrier*,* estrelado por Ralph Richardson, foi distribuído nos Estados Unidos, e seus promotores tiveram a brilhante ideia de convidar o homem que, na realidade, rompera a barreira, o major Charles E. Yeager da Força Aérea americana, para o lançamento do filme. A Força Aérea apoia a ideia e Yeager comparece à festa. Quando assiste ao filme, fica assombrado. Não consegue acreditar no que vê. Longe de se basear nas aventuras de Charles E. Yeager, *Breaking the sound barrier* era inspirado na morte de Geoffrey de Havilland no DH-108 do pai. No final do filme um piloto britânico soluciona o mistério da "barreira" *invertendo os controles* no momento crítico do mergulho com potência. O corcoveio está estraçalhando o avião, e todos os processos racionais de sua mente lhe dizem para chamar os comandos a fim de não bater — e, em vez disso, ele *afasta os comandos de si...* ultrapassa Mach 1, com a suavidade de um pássaro, e recupera o domínio do avião!

Breaking the sound barrier por acaso foi um dos filmes sobre aviação mais absorventes que já se fez. Parecia extraordinariamente realista, e as pessoas saíam do cinema convencidas de duas coisas: foi um inglês que rompeu a barreira do som, e o fez invertendo os controles na zona transônica.

---

* *Sem barreira no céu,* direção de David Lean.

Bom, após a exibição trazem Yeager para se encontrar com a imprensa, e ele não sabe por onde começar. Em sua opinião a droga inteira do filme é absurda. E não quer se exaltar, porque a coisa foi organizada pelo departamento de relações públicas da Força Aérea. Mas não está nada satisfeito. Da maneira mais calma com que consegue se expressar assim de improviso, informa a todos que o filme não vale nada do começo ao fim. Os promotores retrucam, um tanto melindrados, que o filme, afinal de contas, não é um documentário. Yeager calcula, bom, em todo caso, isso encerra o assunto. Mas à medida que as semanas se passam, descobre que uma coisa incrível está acontecendo. Depara o tempo todo com pessoas que acham que ele é o primeiro *americano* a romper a barreira do som... e que ele aprendeu a *inverter os controles* e atravessar a barreira com o inglês que fez isso primeiro. A última gota d'água foi quando recebeu um telefonema do Secretário da Força Aérea.

— Chuck — pergunta ele —, se importa de me responder a uma pergunta? É verdade que você rompeu a barreira do som invertendo os controles?

Yeager ficou perplexo. O Secretário — *o Secretário!* — da Força Aérea dos Estados Unidos!

— Não, senhor — responde. — Isto... não é correto. Qualquer um que invertesse os controles ao entrar na zona transônica estaria morto.

Yeager e os pilotos de foguete, que logo depois se reuniram a ele em Muroc, passaram um mau pedaço com a publicidade. Por um lado odiavam a coisa em si. Significava falar aos repórteres e a outros carrapatos que sempre rondavam, ansiosos, para chupar sangue... e invariavelmente torciam os fatos... *Mas o problema não era bem esse!* O verdadeiro problema era que os repórteres violavam os muros invisíveis da fraternidade. Faziam perguntas irrefletidas, diziam palavras grosseiras se referindo a... tudo que era indizível!

— o medo e a coragem (chegavam a dizer essas palavras!) e os *sentimentos* dos pilotos neste e naquele momento! Presumiam um conhecimento e uma intimidade que não possuíam e aos quais não tinham direito. Um redator de aviação desses se achegava furtivamente e falava "ouvi dizer que Jenkins enfunerou, que pena". Enfunerou! — Uma expressão que pertencia exclusivamente à Fraternidade! — Saindo da boca desse *inseto* que *ficou para trás* no momento em que Jenkins deu o primeiro passo na subida da pirâmide, há muito, muito tempo. Era repugnante! Mas por outro lado... o ego do piloto saudável amava a glória — espojava-se nela! — Lambia-a! Não havia dúvida! O Ego do Piloto — não existia ego maior! Os rapazes não teriam se importado com o seguinte: não teriam se importado de aparecer uma vez por ano numa sacada descortinando uma enorme praça em que metade do mundo estivesse reunida. Eles acenam. O mundo aprova com estrépito, aplaude, e prorrompe numa tempestade contínua de trinta minutos de vivas e lágrimas. (Comovido com a minha grandeza!) E chega. Agora é só a esposa colar os recortes no álbum.

Uma adulaçãozinha do gênero papal; é só o que os verdadeiros irmãos no topo da pirâmide realmente gostariam de receber.

YEAGER RECEBEU PRATICAMENTE TODOS OS TROFÉUS E PRINcipais condecorações existentes para pilotos de provas, mas a lenda Yeager não cresceu na imprensa nem junto ao público, mas no âmbito da fraternidade. A partir de 1948, depois que o voo de Yeager se tornou público, todo ás de pilotagem no país sabia que Muroc era o objetivo visado quando se queria chegar ao topo. Em 1947, o National Security Act, capítulo X, transformou a Força Aérea do Exército em Força Aérea dos Estados Unidos e, três anos mais tarde, a Base Aérea Militar de Muroc passou a ser a Base Aérea de Edwards, em homenagem a um piloto de provas, Glenn Edwards, que morrera testando uma nave sem cauda, a Asa Voadora. Portanto, agora a palavra mágica era *Edwards*. Não se conseguia manter um piloto realmente competitivo e talentoso afastado de Edwards. Os pilotos civis (quase todos treinados pelos militares) podiam voar para o Centro de Alta Velocidade do National Advisory Committee for Aeronautics (NACA) em Edwards, e alguns pilotos de foguetes faziam isso: Scott Crossfield, Joe Walker, Howard Lilly, Herb Hoover e Bill Bridgeman, entre outros. Pete Everest, Kit Murray, Iven Kincheloe e Mell Apt se reuniram a Yeager como pilotos de foguetes da Força Aérea. Havia uma rivalidade constante entre o NACA e a Força Aérea em termos de forçar os limites dos aviões-foguetes. Em 20 de novembro de 1953, Crossfield, pilotando o D-558-2, estabeleceu o recorde em Mach 2. Três semanas mais tarde, Yeager voou o X-1A em Mach 2,4. O programa de foguetes rapidamente esgotava as fronteiras da atmosfera; por isso o NACA e a Força Aérea começaram a estudar um novo projeto, com um novo avião-foguete, o X-15, para sondar altitudes até 80.000 metros, que ultrapassava de muito qualquer coisa que se pudesse ainda chamar de "ar".

Nossa! — fazer parte de Edwards em fins da década de 1940, início da de 1950! — até mesmo estar em terra e ouvir uma daquelas incríveis explosões vindas de algum ponto no azul do céu do deserto a 10.500 metros e saber que um verdadeiro Irmão iniciara o lançamento de seu foguete... no X-1, X-1A, X-2, D-558-1, no horrível XF-92A, no lindo D-558-2... e saber que logo atingiria uma altitude, no ar rarefeito dos confins espaciais, onde as estrelas e a lua brilhavam ao meio-dia, numa atmosfera tão rarefeita que as leis ordinárias da aerodinâmica já não se aplicavam e um avião podia deslizar em parafuso como uma tigela de cereal na bancada encerada de fórmica e em seguida começar a rolar, não é girar, nem mergulhar, mas rolar, ponta sobre ponta como um tijolo... Naqueles aviões que pareciam chaminés com asinhas de gilete, era preciso "ter medo de entrar em pânico", e essa expressão não era piada. Nos deslizamentos, nas rolagens, nos parafusos havia, é verdade, dissera Saint-Exupéry, apenas uma coisa que a pessoa podia se permitir pensar: *O que fazer a seguir?* Às vezes em Edwards costumavam tocar as gravações de pilotos entrando no mergulho final, o que os matara, e o sujeito rolando, ponta sobre ponta num pedaço de cano de quinze toneladas, toda a aerodinâmica há muito anulada, sem lhe restar uma prece, e ele consciente disso, e gritava pelo microfone, mas não era chamando por mamãe ou por Deus, ou pelo espírito indizível de Ahor, mas pedindo uma última informação inútil sobre o *loop:* "Já tentei A! Já tentei B! Já tentei C! Já tentei D! Diga-me o que mais posso tentar?" E em seguida o clique realmente mal-assombrado! A máquina. *O que fazer a seguir?* (Nesse instante em que o abismo está se abrindo?) E todos à volta da mesa se entreolhariam e balançariam quase imperceptivelmente a cabeça, e a mensagem intrínseca era: Que pena! Ali estava um homem com a fibra necessária. Não havia luto nacional em tais casos, é claro. Ninguém fora de Edwards sabia o nome do homem. Se fosse muito querido talvez um desses trechos poeirentos da estrada na base recebesse seu nome. Provavelmente era um segundo-tenente fazendo tudo isso por quatro ou cinco mil dólares por ano. Talvez possuísse uns dois ternos, um dos quais apenas se atrevesse a usar diante de desconhecidos. Mas nada disso importava! — não em Edwards — não na Fraternidade.

 O que fazia a coisa verdadeiramente bela (para um Verdadeiro Irmão) era que durante uns bons cinco anos Edwards conservou uma aparência primitiva e popular, uma lonjura sem nada a não ser o sítio dos camarões pré-históricos, os barracos, o sol causticante, o céu azul pálido e os foguetes dispostos ali, gemendo e guinchando antes do amanhecer. Nem mesmo o Pancho's mudou — a não ser para se tornar ainda mais gloriosamente popular. Por volta de 1949 as *garotas* começaram a aparecer no Pancho's em quantidade surpreendente. Eram jovens atraentes, interessantes, divertidas — e havia tantas, a todas as horas, todos os dias da semana! E não eram prostitutas, apesar das acusações que fizeram depois. Eram apenas... bom, apenas jovens atraentes em seus vinte anos com configurações fantásticas, seios perfeitos e coxas macias. Por vezes eram descritas pelo nome genérico de "aeromoças", mas apenas uma fração delas realmente o eram. Não, eram jovenzinhas atraentes que arribavam tão misteriosamente quanto as gaivotas que procuravam o camarão irrequieto. Eram pombinhas arrulhantes de lábios úmidos que de alguma maneira tinham descoberto que nesse estranho lugar nos altos do Monjave viviam os pilotos mais arrojados do mundo e que ali *é que as coisas estavam acontecendo*. Entravam saltitantes e alvoroçadas pelas portas de tela do Pancho's que não paravam de bater — completando assim a imagem do Paraíso do Piloto. Não havia outra maneira de expressar a ideia. Voos & Bebedeiras e Bebedeiras & Corridas e Corridas & Transas. Os pilotos começaram a chamar o velho rancho para turista Fly Inn de "Clube de Equitação Bumbum Feliz Pancho's", e isso dizia tudo.

Tudo isso era felicidade fraternal. Nenhum piloto era excluído por ter o público de olhos nele. Nem mesmo os ases dos foguetes eram isolados por serem astros. A maioria também executava as tarefas rotineiras das provas de voo. Algumas das aventuras lendárias de Yeager aconteceram quando ele era meramente um ator coadjuvante, voando um caça de apoio enquanto outro piloto voava o avião em teste. Certa vez, Yeager escoltava outro piloto de prova a 6.000 metros de altitude quando reparou que ele fazia manobras erráticas. Assim que conseguiu contatá-lo pelo rádio percebeu que o colega entrara em hipoxia provavelmente porque uma junta da mangueira de oxigênio se soltara. Alguns pilotos nesse estado se tornam bêbados belicosos antes de perder a consciência. Yeager disse ao rapaz para verificar o sistema de oxigênio, disse que passasse para uma altitude mais baixa, mas o homem não parava de sugerir que Yeager tentasse curiosas impossibilidades anatômicas em si mesmo. Então ocorreu a Yeager um estratagema que somente ele poderia ter realizado.

— Ei — chamou —, *tou* com um problema aqui, cara. Não consigo manter esse treco funcionando nem no sistema de emergência. O avião não responde. Me acompanha na descida.

E começou a descer, mas o homem continuava mais alto ainda, zanzando. Então Yeager fez uma coisa que não era de seu feitio. *Gritou* ao microfone! Gritou:

— Olha aqui, meu jovem cientista dedicado, *me acompanhe na descida!*

A mudança de tom (*Yeager berrando!*) penetrou no cérebro hipóxico do sujeito. *Nossa! O fabuloso Yeager! Está berrando! — Yeager está berrando! — me pedindo ajuda! puxa vida!* E começou a acompanhá-lo na descida. Yeager sabia que se conseguisse fazer o sujeito descer até 3.600 metros, o oxigênio do ar o faria voltar a si, o que aconteceu. *Ei! Que aconteceu?* Depois de pousar, ele percebeu que estivera a menos de dois minutos de desmaiar e fazer um buraco no deserto. Quando desceu do avião, um F-86 sobrevoou-o e fez um tonneau lento a dezoito metros da pista e em seguida desapareceu na travessia do lago Rogers. Era a assinatura de Yeager.

No outro dia, Yeager estava escoltando Bill Bridgeman, o melhor piloto de um dos melhores aviões-foguetes, o Douglas Sky Rocket, quando o avião entrou num parafuso de violento rolamento. Bridgeman pelejou para corrigir a situação e conseguiu recuperar a estabilidade, mas acabou com as janelas cobertas de gelo. Esse era outro perigo comum nos voos de foguete. Estava sem combustível, de modo que agora enfrentava a tarefa de pousar um avião sem potência e às cegas. Nessa altura, Yeager emparelhou o seu F-86 e se tornou seus olhos. Disse a Bridgeman todos os movimentos necessários a cada passo da descida... como se conhecesse o velho Sky Rocket como a palma da mão... e isso fosse apenas uma pescariazinha no rio Mud... E estivessem sozinhos, se divertindo com conversa-fiada ao sol... e aquela voz descansada, risonha e pusilânime continuava a ronronar... no exato momento em que Bridgeman tocava a pista a salvo. Quase se podia ouvir Yeager dizendo a Bridgeman conforme gostava de fazer:

— Que tal, apoia os foguetes agora, filho?

Isso era o que se pensava quando se via o F-86 fazer um tonneau lento a dezoito metros da pista e desaparecer para os lados do lago Rogers.

Yeager acabara de completar trinta anos. Bridgeman tinha trinta e sete e não lhe ocorreu senão muito mais tarde que Yeager sempre lhe chamava de filho. À época isto parecia perfeitamente natural. Por alguma razão, Yeager era uma espécie de paizão dos céus que formavam a abóbada do mundo. Segundo o código eterno, naturalmente, se alguém sugerisse tal coisa teria se exposto ao pior ridículo. Havia até outros pilotos com suficiente Ego de Piloto para acreditar que *eram* realmente melhores do que esse acrobata de sotaque arrastado. Mas ninguém contestaria o fato de que desde então, década de 1950, Chuck Yeager já se encontrava no topo da pirâmide, número um entre os Verdadeiros Eleitos.

E *aquela voz...* começou flutuar lá do alto. A princípio a torre de Edwards reparou que, de repente, havia uma quantidade incrível de pilotos de prova lá em cima com sotaque da Virgínia ocidental. E não tardou muito havia uma quantidade incrível de pilotos de caça lá em cima com sotaque da Virgínia ocidental. O espaço aéreo sobre Edwards estava ficando tão arrastado, quase parando, de dia para dia, que era um horror. E depois aquele espaço aéreo virginiense começou a se ampliar, porque os pilotos de prova e os pilotos de caça de Edwards eram considerados os melhores da ninhada e tinham uma característica própria, onde quer que fossem, e outras torres e outros controladores de voo começaram a reparar que estava ficando incrivelmente arrastado e familiar lá em cima, embora não soubessem exatamente o porquê. E então, porque as Forças Armadas são o campo de treinamento de praticamente todos os pilotos civis, a coisa se disseminou, até que todos os passageiros de linhas aéreas por toda a América começaram a ouvir aquela voz descansada, risonha e bubuiante vindo da cabine... "Bem, minha gente, hum... aqui fala o seu comandante... hummm... temos uma luzinha vermelha no painel de controle que está tentando nos dizer que o *trem de pouso* não está... hum... travando na posição correta..."

Mas e daí! Que poderia sair errado? Obviamente contamos com um homem lá na cabine que não tem um único nervo no corpo! É um bloco de gelo! É feito cem por cento daquela fibra superior e vitoriosa dos Verdadeiros Eleitos.

* * *

Y EAGER DEIXOU DE TESTAR AVIÕES-FOGUETES EM 1954 E voltou ao voo estritamente militar. Primeiro foi para Okinawa testar um MiG-15 soviético em que chegara um desertor norte--coreano, um piloto chamado Kim Sok No, oferecendo à Força Aérea sua primeira oportunidade de estudar esta aeronave fabulosa. Os pilotos americanos costumavam retornar do rio Yalu dizendo que o MiG-15 era tão fantástico que se podia meter o F-86 em um mergulho com potência que o MiG dava voltinhas em torno dele durante toda a descida. Yeager levou o MiG-15 até os 15.000 metros, em seguida desceu até 3.600 metros num mergulho com potência, sem nem ao menos ter um manual de instruções para consultar. Constatou que o avião era capaz de subir e acelerar mais rápido que o F-86, mas que o F-86 tinha uma velocidade máxima maior tanto em voo nivelado quanto em mergulho. O MiG-15 era bom, mas não chegava a ser um supercaça que pudesse infundir terror no coração do Ocidente. E Yeager teve que rir. Havia coisas que nunca mudavam. É só deixar um caçador discorrer sobre o avião inimigo e ele dirá que é a coisa mais avançada que já levantou voo. Afinal de contas isso o fazia parecer muito melhor quando "encerava o rabo" do bandido. Em seguida, Yeager foi para a Alemanha voar F-86s e treinar esquadrões de combate americanos em um sistema especial de alerta aéreo. Por volta de 4 de outubro de 1957, estava de novo nos Estados Unidos na Base Aérea de George, uns oitenta quilômetros ao sudeste de Edwards, comandando uma esquadrilha de F-100s, quando a União Soviética lançou o foguete que colocou na órbita da Terra um satélite artificial de 45 quilos, o Sputnik.

Yeager não ficou muito impressionado. O artefato era uma coisinha de nada. A ideia de um satélite artificial não era novidade para ninguém que tivesse participado do programa de foguetes em Edwards. A esta altura, dez anos após Yeager ter voado pela primeira vez um foguete a uma velocidade superior a Mach 1, o desenvolvimento de foguetes atingira um ponto em que a ideia de satélites não tripulados do tipo do Sputnik I era tida como certa. Dois anos antes, em 1955, o governo publicara uma descrição detalhada dos foguetes que seriam utilizados para lançar um pequeno satélite em fins de 1957, ou no princípio de 1958, como parte da contribuição norte-americana ao Ano Geofísico Internacional. Engenheiros da NACA, da Força Aérea e de diversas companhias construtoras de aviões já estavam projetando espaçonaves tripuladas como uma extensão lógica das séries X. A seção de projetos preliminares da North American Aviation já tinha plantas de fabricação e a maior parte das especificações para uma nave de quinze toneladas denominada X-15B, uma nave alada que seria lançada por três enormes foguetes, cada um com empuxo de 190.000 quilos, a partir do que os dois pilotos da nave passariam a controlá-la com o motor de 35.000 quilos do X-15B, fariam três ou mais órbitas em torno da Terra, reingressariam na atmosfera e pousariam no leito seco de um lago em Edwards, como quaisquer outros pilotos das séries X. Isso não era um mero sonho. A North American já estava produzindo uma nave quase tão ambiciosa: a X-15. Scott Crossfield andava recebendo treinamento para voá-la. A X-15 era projetada para atingir uma altitude de 85.000 metros, em geral considerada a fronteira em que todos os vestígios da atmosfera desapareciam e o "espaço" começava. Um mês depois do lançamento do Sputnik I, o engenheiro-chefe da North American, Harrison Storms, estava em Washington com uma proposta inteiramente detalhada para o projeto X-15B. A sua era uma das 421 propostas de espaçonaves tripuladas submetidas ao NACA e ao Departamento de Defesa. A Força Aérea estava interessada em um planador-foguete, semelhante ao X-15B, que receberia o nome de X-20 ou Dyna-soar, sigla correspondente a "planeio dinâmico"; um foguete da Força Aérea em desenvolvimento, o Titan, forneceria os 190.000 quilos de empuxo necessários. Naturalmente os pilotos do X-15B, ou do X-20 ou o que fosse — os primeiros americanos, e possivelmente os primeiros homens, a irem ao espaço — sairiam de Edwards. Em Edwards havia homens como Crossfield, Iven Kincheloe e Joe Walker que já tinham voado foguetes muitas vezes.

Então para que todo esse estardalhaço em torno do Sputnik I? O problema já se encontrava a caminho de uma solução.

Assim parecia a Yeager e a todos os envolvidos com as séries X em Edwards. Era difícil compreender a ideia que faziam do Sputnik no resto do país, particularmente os políticos, a imprensa... e outros analfabetos tecnológicos influentes... Era difícil compreender que o Sputnik I, e não o MiG-15, fosse infundir terror no coração do Ocidente.

Passadas duas semanas, porém, a situação era óbvia: havia um pânico colossal em crescimento. Congressistas e jornalistas lideravam uma numerosa matilha que uivava para o céu onde o satélite soviético de quarenta e cinco quilos sinalizava sua trajetória ao redor do mundo. Aos olhos deles o Sputnik I se tornara o segundo acontecimento mais importante da Guerra Fria. O primeiro fora a bomba atômica soviética em 1953. De um ponto de vista puramente estratégico, o fato de que os soviéticos possuíam foguetes com potência para lançar o Sputnik I significava que agora também tinham capacidade para despachar a bomba no míssil balístico intercontinental. Contudo, o pânico ultrapassou, e muito, a preocupação relativamente saudável com o arsenal tático. O Sputnik I assumiu proporções mágicas, principalmente entre pessoas em posição elevada, a julgar pelas pesquisas de opinião. Parecia trazer à tona superstições primordiais sobre a influência dos corpos celestes. Deu à luz uma astrologia moderna, isto é, tecnológica. Estava em jogo nada menos que o *controle dos céus*. Era o Armagedon, a batalha final e decisiva entre as forças do bem e do mal. Lyndon Johnson, que era o líder da maioria no Senado, declarou que quem controlasse o espaço controlaria o mundo. Esta frase por alguma razão pegou. "O Império Romano", dizia Johnson, "controlava o mundo porque era capaz de construir estradas. Mais tarde — quando o controle se deslocou para o mar —, o Império Britânico dominou porque possuía navios. Na era da aviação éramos poderosos porque tínhamos aviões. Agora os comunistas estabeleceram uma cabeça de ponte no espaço." *The New York*

Times dizia em um editorial que os Estados Unidos participavam agora de uma "corrida pela sobrevivência". O pânico se tornava cada vez mais apocalíptico. Nada menos que o juízo final aguardava o perdedor, agora que a batalha se iniciara. Quando os soviéticos dispararam um Sputnik chamado *Mechta* em órbita heliocêntrica, a Comissão Especial Parlamentar de Astronáutica, chefiada pelo líder da maioria na Câmara, John McCormack, declarou que os Estados Unidos enfrentavam a perspectiva da "extinção nacional" se não acompanhassem o programa espacial soviético. "Nunca será demais enfatizar que a sobrevivência do mundo livre — na realidade, de todo o mundo — está em risco nesta parada." O público, segundo uma pesquisa do Gallup, não estava nem um pouco assustado. Mas McCormack, como tantos outros poderosos, sinceramente acreditava na ideia de "controlar o terreno elevado". Estava sinceramente convencido de que os soviéticos lançariam plataformas espaciais das quais poderiam atirar bombas nucleares à vontade, como pedras de um elevado rodoviário.

O programa soviético irradiava uma aura de feitiçaria. Os soviéticos não divulgavam praticamente nenhum número, nem imagem, nem diagramas. Tampouco nomes; só revelavam que o programa soviético era dirigido por um misterioso indivíduo conhecido como "Projetista chefe". Mas seus poderes eram indiscutíveis! Todas as vezes que os Estados Unidos anunciavam uma grande experiência espacial, o Projetista-chefe a realizava primeiro, do modo mais espantoso. Em 1955, os Estados Unidos anunciam planos para lançar um satélite artificial na órbita da Terra no início de 1958. O Projetista-chefe surpreende o mundo fazendo isso em outubro de 1957. Os Estados Unidos anunciam planos de colocar um satélite na órbita solar em março de 1959. O Projetista-chefe consegue fazê-lo em janeiro de 1959. O fato de que os Estados Unidos não desistiram e conduziram tais experiências com sucesso e no prazo anunciado não impressionava ninguém — e menos ainda os americanos. Em um romance maravilhosamente sombrio sobre o futuro chamado *Nós* terminado em 1921, o escritor russo Eugene Zamiatin descreve uma nave gigantesca "elétrica e flamejante" lançada para "varar o espaço cósmico", a fim de "submeter seres desconhecidos de outros planetas, que ainda vivem em condições primitivas de liberdade" — tudo em nome do "Benfeitor", governante do "Estado Uno". Esta nave onipotente chama-se Integral e seu projetista é conhecido apenas por "D-503, Construtor do Integral". Em 1958 e início de 1959, à medida que um sucesso mágico se seguia ao outro, essa era a maneira com que os americanos, os líderes mais do que os seguidores, começaram a encarar o programa espacial soviético. Era algo de dimensões nebulosas, porém estupendas... a possante Integral... com um Projetista-chefe anônimo mas onipotente... Construtor do Integral. No governo federal e em todas as burocracias que tratam da educação ergueu-se um clamor, exigindo uma completa reforma da educação americana, a fim de acompanhar a nova geração, o novo alvorecer, de cientistas socialistas, entre os quais tinham saído gênios do quilate do Projetista-chefe (Construtor da Integral!) e seus assistentes.

O pânico foi grandemente exacerbado pela imagem de Nikita Kruschov, que agora emergia como o novo Stalin em termos de direção autocrática da União Soviética. Kruschov era um tipo que os americanos podiam facilmente compreender e temer. Era o camponês corpulento, sadio, rude, mas esperto, capaz de rir com humor ingênuo num momento e atormentar bichinhos no momento seguinte. Depois do Sputnik I, Kruschov tornou-se o mestre perverso na zombaria à incompetência dos Estados Unidos. Dois meses depois do Sputnik I, a Marinha tentou lançar o primeiro satélite americano com um foguete Vanguard. A primeira *contagem* nacionalmente televisada começou... "Dez, nove, oito..." e então... "Contato!" Um fantástico surto de ruídos e chamas. O foguete sobe — uns quinze centímetros. O primeiro estágio entupido de combustível explode, e o resto do foguete afunda na areia junto à plataforma de lançamento. Parece afundar muito devagarinho, como um velho gordo sentando-se numa poltrona estofada. A cena é absolutamente risível para alguém que esteja com disposição de brincar. Ah, Kruschov sem dúvida alguma se divertiu! Essa imagem — a grande expectativa, a contagem dramática, seguida da explosão do charuto — foi inesquecível. Tornou-se *a* imagem do programa espacial americano. A imprensa desatou num horrendo cacarejo de rejeição nacional, sendo a manchete Kaputnik! a tradução mais inspirada desse estado de espírito.

Os pilotos de foguetes em Edwards não conseguiam simplesmente entender que espécie de loucura se apoderara de todos. Observavam consternados o aparecimento de uma mentalidade de esforço de guerra. Tiremos o atraso! Em todas as frentes! Esse era o imperativo. Mal conseguiram acreditar na conclusão de uma reunião realizada em Los Angeles em março de 1951. Era uma reunião de emergência (*que* emergência?) do governo com os militares e os líderes da indústria de aviação, para discutir a possibilidade de colocar um homem no espaço antes dos russos. De repente, já não havia tempo para um progresso ordenado. Colocar um X-15B ou um X-20 em órbita com um piloto de foguetes de Edwards a bordo exigiria foguetes cuja entrega ocorreria dali a três ou quatro anos. Portanto, adotaram uma abordagem, por assim dizer, rápida e suja. Usando os foguetes existentes do tipo do Redstone (trinta e duas toneladas) e o recém-construído Atlas (166 toneladas), tentariam lançar não uma nave, mas uma casca, uma lata, uma *cápsula,* com um homem dentro. O homem não seria um piloto; seria uma bala-humana. Não teria capacidade de alterar o curso da cápsula em nada. A cápsula subiria como uma bala de canhão e desceria como uma bala de canhão, espalhando água ao mergulhar no mar, com o paraquedas para retardar a descida e poupar a vida do espécime humano em seu interior. A tarefa foi entregue ao NACA, National Advisory Committee for Aeronautics, depois convertido em NASA, National Aeronautics and Space Administration. O projeto chamou-se Mercury.

A ideia da cápsula foi fruto da imaginação de um físico da Força Aérea de grande prestígio, o general de brigada Don Flickenger. A Força Aérea batizou-a de projeto MISS (falha), significando "Man in Space Soonest" (homem no espaço já). O homem na cápsula MISS seria uma cobaia aeromédica e pouco mais. Realmente, nos primeiros voos, segundo Flickenger, a cápsula levaria um chimpanzé. O Mercury era uma versão ligeiramente modificada do MISS, e portanto era muito natural que Flickenger viesse a ser um dos cinco homens encarregados de selecionar os astronautas do Projeto Mercury, conforme seriam chamados. A informação de que a NASA em breve estaria escolhendo homens para irem ao espaço não fora divulgada, mas Scott Crossfield tomou conhecimento. Pouco depois do lançamento do Sputnik I, Crossfield, Flickenger e outros sete foram nomeados para uma comissão de emergência que estudaria "os fatores humanos e o treinamento" no voo espacial. Crossfield também trabalhara intimamente com Flickenger quando testava trajos pressurizados na Base Aérea de Wright-Patterson durante a preparação do Projeto X-15. Agora, Crossfield procurou Flickenger e lhe disse que estava interessado em ser astronauta. Flickenger gostava de Crossfield e o admirava. Respondeu:

— Scotty, nem se dê o trabalho de se candidatar porque vai ser rejeitado. Você é independente demais

Crossfield era o piloto de foguete mais destacado agora que Yeager não estava mais em Edwards, tinha igualmente desenvolvido um ego da dimensão de qualquer um dos outros fabulosos caçadores de Edwards, e era um dos pilotos mais brilhantes quando se tratava de engenharia. Flickenger parecia estar lhe dizendo que o Projeto Mercury não se ajustava de modo algum à fraternidade virtuosa do passado, os veteranos do tempo das vassouras voadoras e da favelinha do deserto, quando não havia líderes nem liderados e o piloto se juntava com o engenheiro no hangar, em seguida saía, decolava com a fera, acionava o pós-combustor e rumava para as estrelas, voava o seu pedaço de cano, pousava-o no leito do lago e chegava ao Pancho's em tempo para a roda do chope. Quando Flickenger lhe explicou que o primeiro voo do sistema Mercury seria feito por um chimpanzé... bem, Crossfield já não estava mais interessado. E tampouco a maioria dos outros pilotos na fila para voar o X-15. *Um macaco vai fazer o primeiro voo.* Foi isso que começou a se ouvir falar. Astronauta significava "viajante das estrelas", mas na realidade o pobre-diabo seria uma cobaia para o estudo dos efeitos da imponderabilidade no corpo e no sistema nervoso central. Conforme sabia a fraternidade, os requisitos exigidos originalmente pela NASA para o astronauta do Mercury nem mesmo pediam que o viajante das estrelas fosse piloto de coisa alguma. Praticamente qualquer jovem com curso superior e experiência em qualquer atividade fisicamente perigosa servia desde que tivesse menos de 1,80 metro e coubesse em uma cápsula Mercury. O anúncio chamando voluntários mencionava pilotos de provas entre aqueles que poderiam se candidatar, mas também mencionava tripulantes de submarinos, paraquedistas, exploradores árticos, alpinistas, mergulhadores de profundidade e até pescadores submarinos, veteranos em combate e até simples veteranos de treinamento de combate, homens que tinham servido de cobaia em testes de pressão atmosférica e aceleração, do tipo que a Força Aérea e a Marinha tinham andado realizando. Não se esperava que o astronauta *fizesse* nada; só precisava ser capaz de aguentar o voo.

A NASA estava pronta para publicar o anúncio quando o presidente Eisenhower em pessoa interveio. Previa uma confusão. Todos os doidos dos Estados Unidos se voluntariariam. Todos os excêntricos do Congresso Americano estariam recomendando um filho favorito. Seria o caos. O processo de seleção talvez levasse meses e os inevitáveis "nada consta" da segurança levariam outros tantos. Em fins de dezembro, Eisenhower ordenou à NASA que selecionasse os astronautas entre os quinhentos e quarenta pilotos de provas militares em serviço, embora fossem um tanto superqualificados para a tarefa. O principal é que as suas fichas estavam à mão, já possuíam os "nada consta" e podiam ser enviados a Washington a qualquer momento. Pelas especificações deveriam ter menos de 1,80 metro, idade inferior a trinta e nove anos, ser formados por escolas de pilotos de provas, com um mínimo de 1.500 horas de voo e experiência em jato, e "bacharelado ou o equivalente". Cento e dez pilotos correspondiam a este perfil. Houve membros do comitê de seleção da NASA que se perguntaram se a reserva seria suficiente. Imaginavam que teriam sorte se um piloto de provas em cada dez se voluntariasse. Mesmo isso não seria suficiente, porque estavam precisando de doze candidatos a astronauta. Só precisavam de seis para o voo em si. Mas presumiam que, no mínimo, metade dos candidatos desistiria em razão da frustração de treinar para se tornar futuras cobaias passivas em uma cápsula automatizada. Afinal, já conheciam o pensamento dos principais pilotos de provas de Edwards. A North American entregara os primeiros X-15 no outono de 1958, e Crossfield e seus colegas, Joe Walker e Iven Kincheloe, tinham se absorvido na tarefa. Joe Walker era o principal piloto da NASA no projeto, e Kincheloe o principal piloto da Força Aérea. Kincheloe estabelecera o recorde mundial de altitude em 42.000 metros num X-2 e a Força Aérea o via como um novo Yeager... Kincheloe era herói de combate e um piloto de provas de sonho, louro, bonitão, forte, inteligente, ambiciosíssimo, mas querido de todos que trabalhavam com ele, inclusive dos outros pilotos. Não havia absolutamente limite para o seu futuro na Força Aérea. Então, um lindo dia ensolarado, quando fazia uma decolagem de rotina em um F-104, luzes vermelhas acenderam no painel e ele teve *aquele segundo* no qual decidir se saltava ou não de uma altitude de 150 metros... uma escolha complicada pelo fato de que o assento do F-104 era ejetado para baixo, pela barriga do avião... e ele tentou virar o avião de barriga para cima e se ejetar de cabeça para baixo, mas foi lançado de lado e morreu. Seu reserva, o major Robert White, substituiu-o no projeto X-15. O reserva de Joe Walker era o antigo piloto de caça da Marinha, Neil Armstrong. Crossfield, White, Walker, Armstrong — já não tinham tempo nem para pensar no Projeto Mercury. O Projeto Mercury não significava o fim do Programa do X-15. De maneira alguma. Os testes do X-15 prosseguiriam, a fim de desenvolver uma verdadeira astronave, uma que o piloto pudesse levar ao espaço e reingressar na atmosfera e pousar. Considerou-se muito importante que o X-15 "pousasse com dignidade", em vez de espadanar água como a cápsula Mercury proposta. O interesse da imprensa pelo X-15 tornara-se fantástico, porque era a única "astronave" existente no país. Os repórteres tinham começado a chamar Kincheloe de "Sr. Espaço", pois era o detentor do recorde de altitude. Após sua morte, pespegaram o título em Crossfield. Era uma maçada... mas o cara podia aprender a conviver com ela... De todo modo, o Projeto Mercury, a proposta de uma bala-humana, parecia um esquema do tipo rudimentar de dar medo e desprendia um cheiro de pânico. Qualquer piloto que entrasse nele não seria mais piloto. Seria um bicho de laboratório ligado do crânio ao reto aos sensores médicos. Os pilotos de foguetes tinham combatido essas tolices médicas a cada centímetro do percurso. Scott Crossfield relutantemente permitira que lhe pusessem sensores para medir os batimentos cardíacos e a respiração nos voos de foguetes, mas recusara permissão para lhe inserirem um termômetro retal. Os pilotos que se voluntariaram para se enfiar na cápsula do Mercury — *cápsula,* todos enfatizavam, não *nave* — seriam chamados "astronautas", mas, na realidade, seriam cobaias de laboratório com fios pelo rabo acima e por todo o corpo. Ninguém em juízo perfeito arriscaria o couro durante dez ou quinze anos subindo a pirâmide para finalmente atingir o topo do mundo, Edwards... só para terminar assim: uma cobaia de laboratório encolhida e imóvel numa cápsula, o coraçãozinho bate-batendo e um fio no cu. Alguns dos membros mais merecedores da fraternidade não eram sequer elegíveis para a seleção preliminar do Projeto Mercury. Yeager era bem jovem — só tinha trinta e cinco anos —, mas nunca frequentara a universidade. Crossfield e Joe Walker eram civis. Não que nenhum deles ligasse a mínima... à época. O oficial comandante em Edwards fez circular que queria que os seus melhores rapazes, os pilotos de provas da operação de caças, evitassem o Projeto Mercury porque seria um ridículo desperdício de talento; iam virar "Presunto Enlatado". Essa expressão "Presunto Enlatado" tornou-se muito popular em Edwards como apelido do Projeto Mercury.

4. O RATINHO BRANCO

Pete Conrad, ex-aluno de Princeton e ex-morador de subúrbio de linha tronco em Filadélfia, tinha o charme e o domínio das regras de etiqueta padrão E.S.A. Esse era, em 1950, o código no clube de Princeton para os que eram "do leste e socialmente desejáveis". As qualidades E.S.A. eram muito úteis a um homem na Marinha, onde o refinamento ainda era valorizado nas fileiras de oficiais. Contudo, Conrad conservou-se, no fundo, o Caubói Garotão. Tinha a mesma combinação de maneiras elegantes e valentia de garoto de rua que a esposa, Jane, achara atraente quando o conhecera seis anos antes. Agora, em 1959, aos vinte e oito anos, Conrad ainda conservava o mesmo físico vigoroso, 1,68 metro e menos de sessenta e quatro quilos, os cabelos praticamente louros, e a mesma voz aguda e nasalada, a mesma gargalhada de colegial quando ria, o mesmo sorriso de Grande Fim de Semana que revelavam a falha entre os dois incisivos. Apesar disso, as pessoas lhe davam distância. Havia nele um traço antiquado de não-ultrapasse-essa-linha-ou-te-esquento-com-a-vara-de-marmelo de Huckleberry Finn. Diferentemente de muitos pilotos, tendia a dizer exatamente o que pensava quando provocado. Não suportava que não o levassem a sério. Consequentemente era raro que alguém fizesse isso.

Assim era Conrad. Acrescente-se o amor-próprio normal de um caçador jovem e sadio escalando o enorme zigurate... e a revolta do ratinho branco provavelmente já estava nas cartas desde o começo.

Os sobreviventes da *maré de azar* do Grupo Vinte tinham acabado de completar o treinamento de provas de voo quando as ordens chegaram. Conrad as recebeu e o mesmo aconteceu com

Wally Schirra e Jim Lowell. "Apavorado" Lowell — o apelido que Conrad lhe dera não o largou mais — terminara em primeiro lugar no treinamento. As ordens estavam marcadas "ultrassecreto". Isso já deixou metade da base em polvorosa, é claro. Não havia nada como despachar ordens ultrassecretas para uma batelada de oficiais no mesmo grupamento para fazer o telégrafo sem fio começar a pipocar como um fio elétrico. Deveriam se apresentar numa determinada sala do Pentágono disfarçados de civis.

Assim, na manhã da segunda-feira aprazada, 2 de fevereiro, Conrad chega ao Pentágono acompanhado de Schirra e Lowell, eles apresentam suas ordens e entram em fila numa sala com trinta e quatro outros rapazes, a maioria com cortes de cabelo militar e todos com rostos magros, sem vincos, e bronzeados, e o inconfundível andar gingado e arrogante dos caçadores, para não mencionar o ar patético dos ternos civis e os imensos relógios de pulso. Os relógios tinham umas duas mil marcas e ponteiros para registrar tudo exceto o som dos canhões inimigos. Esses fantásticos relógios eram praticamente um emblema de fraternidade entre os pilotos. Trinta e poucas alminhas vestindo roupas de Robert Hall que custavam um quarto do preço daqueles relógios: no ano de 1959 só podiam ser um bando de pilotos militares tentando se disfarçar de civis.

Uma vez dentro da sala, os rapazes percebiam que eram participantes de uma reunião secreta de pilotos de provas militares vindos de todo o país. Era bem coisa da fraternidade. Dois dos engenheiros mais graduados da NASA, Abe Silverstein e George Low, começaram a dar instruções. Tinham sido chamados a Washington, foram informados, porque a NASA precisava de voluntários para os voos orbitais e suborbitais fora da atmosfera no Projeto Mercury. O Projeto tinha a mais alta prioridade nacional, comparável à de um programa intensivo em tempos de guerra. A NASA pretendia colocar astronautas no espaço em meados de 1960, num prazo de quinze meses. Um piloto saberia, se escutasse cuidadosamente as instruções, que um astronauta no Projeto Mercury não faria nenhuma das coisas que compreendiam um voo em uma nave: não a levaria ao espaço, nem controlaria seu voo, nem a pousaria. Em suma, seria um passageiro. A propulsão, direção e pouso seriam todos determinados automaticamente, pelo pessoal de terra. Mas o engenheiro magro, Low, saiu de seu caminho para mostrar que o astronauta exerceria algum controle. Teria o "controle de atitude", por exemplo. Na realidade isto significava apenas que o astronauta podia fazer a cápsula guinar, mergulhar ou virar, por meio de pequenos propulsores de peróxido de hidrogênio, da mesma maneira que alguém poderia balançar uma cadeirinha numa roda-gigante, mas não poderia mudar sua órbita ou direção em nada. Mas quando a cápsula fosse colocada na órbita terrestre, disse Low, o controle da atitude seria essencial para trazer a cápsula de volta a reentrar na atmosfera. Caso contrário, o veículo se incendiaria com o astronauta dentro. Se o sistema de controle automático entrasse em pane, então o astronauta teria que assumir o controle manual ou direto. No sistema direto, o astronauta poderia comandar a aparelhagem do sistema automático a aceitar o controle manual. O astronauta poderia também ter que anular o sistema automático no caso de uma pane, disparar os retrofoguetes para reduzir a velocidade da cápsula e tirá-la de órbita. *Retrodisparar! Voar manualmente!* Era como se a pessoa estivesse realmente voando a coisa. O engenheiro corpulento, Silverstein, informou que obviamente os voos do Mercury talvez fossem arriscados. Os primeiros homens a irem ao espaço estariam correndo um risco enorme, portanto, os astronautas seriam escolhidos rigorosamente por voluntariado; e se um homem não se voluntariasse, isso não seria registrado em sua folha como demérito nem seria usado contra ele em hipótese alguma.

A mensagem parecia familiar; mas vinda, como vinha, de um civil, levou algum tempo para ser entendida.

Conrad e o resto do contingente de Pax River estavam hospedados no Marriott Hotel, próximo ao Pentágono, e depois do jantar se reuniram todos em um dos quartos e tiveram uma longa discussão. Schirra estava presente, e Lowell, e Alan Shepard, um piloto de provas veterano que recentemente fora transferido de Pax River para um posto de comando em Northfolk, e outros. O assunto da conversa não foi a viagem espacial, o futuro da galáxia e nem mesmo os problemas de voar um foguete e entrar na órbita terrestre. Não, falaram de assunto bem mais urgente: o efeito provável desse Projeto Mercury em sua carreira naval. Wally Schirra fazia muitas restrições à coisa, e Conrad e todos os outros escutavam. Schirra encontrava-se mais adiantado na subida da pirâmide do que qualquer outro no quarto. Alan Shepard tinha maior experiência em testes de voo, mas nunca estivera em combate. Schirra, com trinta e cinco anos, tinha uma folha de combates excepcional e era o tipo de homem que iria longe na Marinha. Era formado pela Academia Naval, e sua esposa, Jo, era enteada do almirante James Holloway, antigo comandante do Teatro do Pacífico na Segunda Guerra Mundial. Wally participara de noventa missões de combate na Coreia e abatera dois MiGs. Fora escolhido para o teste inicial do míssil ar-ar em China Lake, Califórnia, testara o F-4H para a Marinha em Edwards, tudo isso antes de ingressar no Grupo Vinte para completar seu treinamento de testes de voo. Wally era bastante popular. Era um sujeito corpulento com um rosto grande e franco, dado a brincadeiras, cochichos cósmicos, carros velozes e todas as formas de "manter a tensão uniforme", para usar um *schirraísmo*. Era um pregador de peças do tipo afável. Telefonava para alguém e dizia: "Ei, você tem que vir até aqui! Não vai nem adivinhar o que apanhei no mato... Um mangusto! Não estou brincando — um mangusto! Você precisa ver!" E a coisa parecia tão inacreditável que a pessoa ia até lá dar uma olhada. Em cima de uma mesa, Wally punha uma caixa que parecia ter sido transformada em uma gaiola e dizia: "Aqui, vou abrir um pouquinho a tampa, para você poder ver. Mas não ponha a mão porque ele a arranca. É um bichinho *ruim*." A pessoa se abaixa para dar uma olhada e — pimba! — a tampa se abre e esse enorme vulto cinzento lhe pula na cara — nossa, os aviadores veteranos recuavam aterrorizados e se precipitavam para o *deck* —, e só então percebiam que o vulto cinzento era um rabo de raposa e a coisa toda uma caixa de surpresas, à moda de Schirra. Era uma grande brincadeira, a rigor, mas o prazer de Wally nessas coisas vinha como uma onda, uma onda tão gigantesca que varria a pessoa junto mesmo que ela não quisesse. Um sorriso de uns trinta centímetros se espalhava em seu rosto e os malares estufavam como um par de barrigas de querubim, gênero Papai Noel, e uma inacreditável gargalhada de druida bamboleante saía sacudindo e roncando de suas costelas e ele exclamava: Puxa vida! — os "puxas vidas" de Schirra eram famosos. Wally era uma dessas pessoas que não se importava de revelar suas emoções, alegrias, raivas, frustrações, o que fosse. Mas no ar não havia ninguém mais calmo. Seu pai fora um ás na Primeira Guerra Mundial, abatera cinco aviões alemães, e tanto o pai quanto a mãe tinham sido pilotos de shows depois da guerra. Com toda essa brincadeira Wally era absolutamente sério em se tratando de sua carreira. E era com essa seriedade que ele agora os confrontava com essa história de astronauta.

Havia alguns problemas óbvios. Primeiro, o Projeto Mercury era um programa civil; segundo, a NASA ainda não desenvolvera os foguetes ou a cápsula para executá-lo; terceiro, não envolvia voo, pelo menos não no sentido em que um piloto usava essa palavra. A cápsula Mercury não era uma nave e sim uma lata. Não só não envolvia *voo,* mas não tinha sequer uma janela para se espiar para fora. Não havia sequer uma escotilha da qual se pudesse sair como homem; exigiria uma equipe de mecânicos com chaves de boca para tirar você daquela coisa. *Era uma lata.* Suponha que a pessoa se voluntariasse e ficasse amarrada no Projeto dois ou três anos, e então a coisa toda melasse? Era inteiramente possível. Porque esse sistema de foguete e cápsula era novidade e tinha muito de Robe Goldberg nele. Qualquer piloto de provas que já tivesse assistido a uma convenção da Sociedade de Pilotos de Provas Experimentais, a uma daquelas sessões em que passam filmes de Grandes Ideias que nunca saíram do estágio experimental, entenderia o que ele queria dizer... o Seadart, um caça a jato de dez toneladas que deveria decolar e pousar sobre esquis aquáticos (na tela o avião fica pulando de uma onda para outra, como uma pedrinha tirando sardinha em um lago, e a plateia rola de rir)... o avião monomotor, com hélice de 7,60 metros, que se apoiava na cauda para decolar verticalmente como um beija-flor (paira no ar suspenso a doze metros do solo, cauda embaixo, o motor girando furiosamente, sem perceber que o avião se transformou em um helicóptero de araque, e a plateia rola de rir)... na história do voo essas farsas bem-intencionadas aconteciam o tempo todo. E como é que se ficava então? A pessoa se atrasaria três anos nos testes de voo. Ficaria três anos afastada da corrida geral para promoção. Estaria abrindo mão de quaisquer pontos que tivesse acumulado nos últimos quatro ou cinco anos. Para alguém como Wally isso não era piada. Encontrava-se num ponto da carreira em que se começa realmente a subir — ou se sai numa tangente imprudente. Ele estava na fila para comandar a própria esquadrilha de caça. Esse era o caminho de um piloto naval para o topo, para a patente de almirante.

Conversaram durante muito tempo. Alguém da idade de Schirra tinha mais a perder do que Conrad, que contava apenas vinte e oito anos. Mas como qualquer oficial sabia, nunca era cedo demais para ferrar a carreira na Marinha deixando-se envolver por aquilo que se conhecia, com alguma ironia, pelo nome de "Missões Inovadoras".

Desde o início George Low e os outros na hierarquia da NASA tinham receado que os pilotos reagissem exatamente assim. Em consequência, ficaram surpresos. Tinham instruído trinta e cinco pilotos de provas na segunda-feira, 2 de fevereiro, entre eles Conrad, Schirra, Lowell e Alan Shepard, e mais trinta e quatro na segunda-feira seguinte; e dos sessenta e nove totais, cinquenta e seis tinham se voluntariado para ser astronautas. Contavam agora com tantos voluntários que nem sequer chamaram os quarenta e um homens que se enquadravam no perfil. Para que se incomodar? Já tinham cinquenta e seis voluntários mais que superqualificados. E não só isso, os homens pareciam tão fissurados no Projeto que a NASA imaginou que podia se virar com sete astronautas em vez de doze.

Pete Conrad acabara se voluntariando, e Jim Lowell também. De fato, todos os homens que estiveram naquele quarto de motel tinham se voluntariado, inclusive Wally Schirra, que fora o mais hesitante de todos. E por quê? Essa era uma boa pergunta. Apesar de todas as ponderações, todas as discussões, todas as lutas da carreira, todos os somatórios de prós e contras, nenhum deles poderia dar uma resposta muito clara. A questão não fora decidida por lógica. De alguma forma, durante a instrução naquela sala interna do Pentágono, Silverstein e Low tinham apertado os botões certos. Era como se possuíssem um diagrama da fiação dos caçadores.

"A mais alta prioridade nacional..." "Empreendimento arriscado..." "Rigorosamente por voluntariado..." Tão arriscado que, "se um homem não se voluntariasse, não seria considerado demérito...". E todos tinham recebido o sinal, subliminarmente, no plexo solar. Estavam sendo apresentados à versão Guerra Fria da *missão perigosa*. Uma das máximas inculcadas em todos oficiais de carreira era: *Jamais recuse uma missão de combate*. Além do mais, havia a história de ser "o primeiro homem no espaço". *O primeiro homem no espaço*. Bom... suponha que acontecesse isso mesmo? Os ases dos foguetes de Edwards, do alto de sua importância, talvez pudessem olhar com desprezo o esquema todo. Mas nas almas dos demais caçadores convidados ao Pentágono disparou uma motivação que anulou todas as considerações estritamente lógicas sobre a carreira: Não posso permitir que... *me deixem para trás*.

Esse sentimento foi intensificado pela reação do público. Nem bem o primeiro grupo de homens fora reunido e já a notícia de que a NASA estava procurando astronautas para o Mercury chegou aos ouvidos da imprensa. Desde o início os repórteres e locutores trataram o assunto em tom de assombro. Era o assombro que se sente diante da iminência de uma acrobacia mortal. Nem por um momento jamais entrou em questão se um astronauta era um mero porquinho-da-índia ou não, no que dizia respeito à imprensa. "Estão realmente procurando alguém para mandar para o espaço montado em um foguete?" Essa era a pergunta e a única que parecia importar. Para quase todos que tinham acompanhado pela televisão os esforços da NASA, as probabilidades contra o lançamento bem-sucedido de um americano ao espaço pareciam absolutamente pavorosas. Durante quatorze meses agora, o governo Eisenhower adotara a estratégia de divulgar francamente suas tentativas de alcançar os russos — com isso oferecia-se aos espectadores a imagem dos foguetes explodindo em Cabo Canaveral no lançamento da maneira mais ignominiosa, embora hilariante por alguns minutos, ou então saindo em trajetórias inesperadas em direção ao centro de Orlando em vez do espaço, caso em que precisavam ser explodidos por controle remoto. Bom, não foram todos, naturalmente, porque os Estados Unidos conseguiram enviar uns satelitezinhos, meras "laranjas", conforme Nikita Kruschov, à sua maneira pitoresca e cruel de camponês gostava de dizer, quando comparados aos Sputniks de 450 quilos que a possante Integral estava lançando para orbitar a Terra carregados de cães e outras cobaias. Mas o único talento óbvio americano eram as explosões. Tinham muitos nomes estes foguetes, Atlas, Navajo, Little Joe, Júpiter, mas todos explodiam.

Conrad, a exemplo de Schirra e outros pilotos de prova, porém, não encarava a metragem da televisão dessa maneira. O que as pessoas estavam vendo na televisão eram, na realidade, simples experiências. Máquinas que explodiam eram moeda corrente durante os testes de protótipos de aviões e eram inevitáveis quando se testava um sistema de propulsão inteiramente novo, tal como os motores de foguetes ou de jatos. Acontecera em Muroc quando testaram o motor do segundo caça a jato americano, o X-80. Obviamente não se mandava um homem levantar voo com um motor até que este tivesse atingido um certo nível de confiabilidade. A única anormalidade nos testes de motores de grandes foguetes do tipo do Navajo e do Atlas é que televisassem grande parte deles e que testes normais aparecessem como "fracassos" colossais. Nem eram motores finais. Os motores de foguetes que foram usados no projeto X-1 e todos os projetos X que se seguiram empregaram as mesmas fontes de energia básicas que o Atlas, o Júpiter e os outros foguetes com que a NASA estava trabalhando. Usavam o mesmo combustível, uma mistura de oxigênio líquido e álcool. Os foguetes do Projeto X tinham inevitavelmente explodido na fase de teste, mas no fim se tornaram confiáveis. Nenhum motor jamais explodira em voo na mão de um piloto de foguete, embora um deles, Skip Ziegler, tivesse morrido quando um X-2 explodira ainda preso à B-29 que deveria lançá-lo. Para pilotos que tinham atravessado *marés de azar* em Pax River ou Edwards, era difícil imaginar que o risco fosse maior do que nos testes da série Century de caças a jato. Pense num bichão como o F-102, ou no F-104... ou no F-105...

Quando Pete falou a Jane do Projeto Mercury, ela foi inteiramente a favor! Se ele queria se voluntariar, então, sem dúvida alguma, que o fizesse. A ideia de Pete voar um foguete da NASA não a horrorizava. Pelo contrário. Embora nunca tivesse dito em tantas palavras a Pete, achava que qualquer coisa seria melhor, mais segura, mais sensata do que continuar a voar jatos de alto desempenho para a Marinha. No mínimo, o treinamento de astronautas o afastaria daquilo. Quanto aos voos de foguete em si, como poderiam ser mais perigosos do que os voos de rotina em Pax River? Que mulheres de pilotos de foguetes tinham assistido a mais funerais do que as esposas do Grupo Vinte?

Albuquerque, terra da Clínica Lovelace, era uma tortilla de beira de estrada suja, vermelha, as casas construídas com tijolos de leiva, extraordinariamente desprovida de charme apesar do toque mexicano aqui e ali. Mas os oficiais de carreira estavam acostumados com casas sem graça. Era onde moravam nos Estados Unidos, principalmente se fossem pilotos. Não, foi a

Lovelace em si que começou a irritar todo mundo. Lovelace era uma clínica particular de diagnósticos razoavelmente nova, algo parecido com a Clínica Mayo, que fazia pesquisas em medicina "aeroespacial" para o governo, entre outras coisas. Lovelace fora fundada por Randy Lovelace — W. Randolph Lovelace II —, que servira com Crossfield e Flickenger na comissão de "fatores humanos" do voo espacial. O chefe da equipe médica de Lovelace era um general recém-reformado do corpo médico da Força Aérea, Dr. A. H. Schwichtenberg. Era o general Schwichtenberg para todos em Lovelace. A operação se levava muito a sério. Os candidatos a astronautas fariam seus exames físicos ali. E seguiram para a Base Aérea de Wright-Patterson para os testes de estresse e psicologia. Era tudo muito secreto. Conrad foi para Lovelace num grupo de apenas seis homens, mais uma vez com os ternos mal-ajambrados e relógios fantásticos, aparentemente para que pudessem se misturar aos pacientes civis da clínica. Foram prevenidos de que os testes em Lovelace e Wright-Patterson seriam os mais rigorosos e extenuantes a que já haviam se submetido. Não foram os testes em si, porém, que fizeram todos os caçadores que tinham amor-próprio, já no início do jogo, começarem a odiar Lovelace.

Os pilotos militares eram veteranos em exames físicos, mas além dos componentes usuais do "exame físico completo" os médicos de Lovelace tinham inventado uma série de testes novos que envolviam tiras, tubos, mangueiras, agulhas. Passavam uma tira em torno de sua cabeça, chapavam um instrumento qualquer em cima de seus olhos — e depois metiam uma mangueira em sua orelha e bombeavam água fria no seu canal auditivo. Isso fazia os olhos das pessoas estremecerem. Era uma sensação desagradável e desorientadora, embora não dolorosa. Se alguém queria saber do que se tratava, os médicos e técnicos de Lovelace, em seus inflexíveis jalecos, indicavam que a pessoa, na realidade, não precisava saber e fim de papo.

O que de fato fez Conrad, porém, sentir que havia alguma coisa *excêntrica* ocorrendo ali foi a história do eletrodo no músculo do polegar. Levaram-no para uma sala e amarraram sua mão a uma mesa com a palma para baixo. Então sacaram uma agulha de aspecto ameaçador ligada a um fio elétrico. Para começar, Conrad não gostava de agulhas, e essa parecia um monstro. Hum! — espetaram a agulha naquele músculo grande na base do polegar. Doeu pra caramba. Conrad olhou para cima como se perguntasse "que diabo está acontecendo?". Mas eles nem sequer o olhavam. Olhavam... o medidor. O fio da agulha estava ligado a algo parecido com uma campainha. Apertaram a campainha. Conrad baixou os olhos, e sua mão — a droga da sua mão! — estava se fechando e se abrindo e se fechando e se abrindo e se fechando e se abrindo e se fechando e se abrindo num ritmo absolutamente alucinado, mais rápido do que jamais poderia fazer por conta própria, e aparentemente não havia nada que ele, com o seu cérebro e seu sistema nervoso central, pudesse fazer para parar a própria mão ou mesmo retardá-la. Os médicos de Lovelace em seus jalecos brancos, refletores à testa, estavam se divertindo a valer... com a mão *dele*... liam o medidor e faziam anotações em suas pranchetas, animados.

Mais tarde Conrad perguntou:

— Para que foi isso?

Um médico ergueu os olhos, distraído, como se Conrad estivesse interrompendo uma importante cadeia de pensamentos.

— Receio que não haja uma maneira simples de lhe explicar. Não há nada com que se preocupar.

Foi aí que Conrad começou a perceber, primeiramente como uma sensação e não um pensamento coerente: "Cobaias."

A coisa continuou desse jeito. Os homens de jaleco branco deram a cada um deles um tubo de ensaio e disseram que fariam uma contagem de esperma. *Que quer dizer com isso?* Coloque o seu esperma no tubo. *Como?* Ejaculando. *Assim, sem mais nem menos?* A masturbação é o procedimento usual. *Quê?* Parece que se obtêm os melhores resultados fantasiando e simultaneamente se masturbando, ao que se segue a ejaculação. *Mas onde, cara?* Use o banheiro. Uns rapazes responderam coisas do tipo "tudo bem, faço se mandar uma enfermeira entrar comigo — para me ajudar se eu não conseguir". Os homens de jaleco branco olharam para eles como se fossem garotos de escola fazendo ruídos obscenos. Isso fez os pilotos se irritarem, e alguns se recusaram terminantemente. Mas aos poucos concordaram, e agora se tinha a nobilitante perspectiva de meia dúzia de pilotos de provas saindo um a um de cuecas para se masturbar em favor da Clínica Lovelace, do Projeto Mercury, e da batalha americana pela conquista dos céus. As contagens de esperma deviam determinar a densidade e a motilidade do espermatozoide. O que isso tinha a ver com aptidão de um homem para voar montado num foguete ou em qualquer outra coisa fugia à compreensão. Conrad começou a sentir que não era só ele e seus irmãos cobaias que não sabiam o que se passava. Suspeitava agora que os Cabeças de Refletor tampouco sabiam. Tinham de alguma maneira recebido *carta branca* para experimentar qualquer merda que conseguissem inventar — e era isso que estavam fazendo quer tivesse lógica ou não.

Todo candidato devia entregar duas amostras de fezes ao laboratório Lovelace em copos de papel, e os dias estavam se passando e Conrad não conseguira evacuar sequer uma, e o pessoal ficava atrás dele cobrando. Finalmente conseguiu produzir um único bolo, nada além de uma mísera bolinha dura de dois centímetros e meio de diâmetro salpicada de sementes, sementes inteiras não digeridas. Então ele se lembrou. Na primeira noite em Albuquerque fora a um restaurante mexicano e comera uma porção de pimentões *jalapeños*. Eram sementes de *jalapeño*. Mesmo no mundo fecal isso era um *objeto* de aparência bem infeliz. Então Conrad amarrou uma fita vermelha naquela porcaria, com laço e tudo, colocou-a no copo de papel e a entregou no laboratório. Curiosos com as fitas que saíam pela borda do copo, todos os técnicos espiaram dentro. Conrad desatou numa gargalhada, muito parecida com a que Wally daria. Mas ninguém entrou na brincadeira. O pessoal de Lovelace olhou para o bolo enfeitado, e em seguida para Conrad... como se ele fosse um inseto no para-brisa do carro veloz do progresso médico.

Um dos testes em Lovelace era um exame da próstata. Não havia nada exótico nisso, naturalmente; era padrão no exame físico completo para homens. O médico calça uma luva de borracha no dedo e o enfia no reto do paciente e comprime a próstata, procurando sinais de inchaço, infecção, e assim por diante. Mas diversos homens no grupo de Conrad tinham voltado do exame de próstata arquejando de dor e chamando o médico de pervertido, sádico e coisas piores. Cutucara a próstata com tanta força que dois deles tinham expelido sangue.

Conrad entra na sala, e não dá outra, o homem o espreme com tanta força que a dor o faz cair de joelhos.

— Porra!

Conrad se levanta armando o golpe, mas um ordenança, um cavalão de tão grande, imediatamente o agarra e Conrad não consegue se mexer. O médico o olha sem expressão, como se fosse um veterinário e, Conrad, um cachorro latindo.

As pesquisas dos intestinos pareciam infindáveis, repletas de exames proctossigmoidoscópicos, tudo. Essas coisas nunca eram agradáveis; na realidade, eram um tanto humilhantes, envolvendo, como envolviam, meter vários instrumentos pelo rabo adentro. A especialidade da Clínica Lovelace era aparentemente extrair o máximo de indignidade de cada exame. Os pilotos jamais tinham se deparado com nada parecido. E não era só isso, antes de cada sessão a pessoa tinha que se apresentar à clínica às sete horas da manhã e tomar um clister. *Vá tomar no cu!* parecia ser a palavra de ordem da Clínica Lovelace, e chegavam a forçá-lo a fazer isso sozinho. Assim, Conrad se apresenta às sete horas da manhã e aplica um clister nele mesmo. Devia se submeter a um exame do trato gastrintestinal inferior naquela manhã. No exame chamado G.I. inferior, injetam bário nos intestinos do paciente. Em seguida inserem no reto um tubo com um balão na ponta, e o balão infla e bloqueia o canal impedindo a saída do bário até que o radiologista termine o exame. Após o exame, como qualquer um que tenha passado por essa experiência, Conrad tem agora a sensação de carregar uns quarenta quilos de bário nos intestinos prestes a explodir. Os homens de jaleco informam-no que não há banheiro naquele andar. Deve apanhar o tubo que está saindo de seu reto e acompanhar um ordenança que o levará a um banheiro dois andares abaixo. Nesse tubo há um grampo e ele pode tirar o grampo e esvaziar o balão na hora certa. *É inacreditável!* Tentar caminhar com esta carga explosiva sacudindo de um lado para o outro da cintura pélvica é pura agonia. Ainda assim, Conrad apanha o tubo e acompanha o ordenança. Conrad só está vestindo a bata padrão para pacientes, a túnica de anjo, aberta atrás. O tubo que vai do seu rabo ao balão é tão curto que ele tem que se curvar até uns sessenta centímetros do chão para carregá-lo à frente. Sua bunda encontra-se agora à mostra, como se diz, fazendo bunda-lelê com um tubo pendurado. O ordenança usa botas de caubói vermelhas. Conrad está muitíssimo consciente desse fato, porque agora está tão curvado que seus olhos batem ao nível da canela do ordenança. Está todo dobrado, com a bunda à mostra, andando de lado feito um caranguejo atrás de um par de botas de caubói vermelhas. E saem por um corredor afora, um corredor público comum, o corcunda da lua cheia e as botas de caubói vermelhas, por entre homens, mulheres, crianças, enfermeiras, freiras, todo mundo. As botas de caubói vermelhas estão começando a trotar como loucas. O ordenança não é bobo. Já passou por isso antes. Já passou pelo desastre completo. Já viu as explosões. O tempo é essencial. Há uma banana de dinamite corcunda. Para Conrad, a coisa se torna mais inacreditável a cada passo. Têm até que descer de elevador — cheio de gente mentalmente sã — e dançar o seu tango maluco por mais um corredor público — apinhado de seres humanos normais — antes de chegarem finalmente à droga do banheiro.

Mais tarde naquele dia Conrad recebeu, mais uma vez, instruções para se apresentar à clínica às sete da manhã seguinte e tomar mais um clister. Quando o pessoal da administração da clínica deu por si, um rapaz franzino, mas furioso, irrompeu pelo escritório do próprio general Schwichtenberg agitando uma bolsa flácida de clister rosa-flamingo com uma mangueira que parecia um chicote obeso. Ao agitá-la, a bolsa gorgolejava.

A bolsa de clister abateu-se sobre a escrivaninha do general. Aterrissou com um formidável *plop* e começou a gorgolejar e a chiar.

— General Schwichtenberg — disse Conrad —, o senhor está olhando para um homem que tomou o último clister. Se quiser mais algum clister de mim, de agora em diante venha buscá-lo pessoalmente. Pode apanhar esta bolsa, entregar à enfermeira e mandá-la...

— Você...

— ... fazer as honras da casa. Tomei o meu último clister. Ou as coisas tomam jeito por aqui, ou dou o fora.

O general fixou a grande bolsa flamingo que jazia arfando e chiando sobre a mesa e, em seguida, encarou Conrad. O general parecia estupefato... ainda assim não faria bem a ninguém, e muito menos à Clínica Lovelace, se um dos candidatos se retirasse disparando os canhões contra a operação. O general começou por tentar acalmar essa visão de fúria clisterina.

— Bem, tenente — disse —, sei que isto não tem sido agradável. Provavelmente é o exame mais difícil por que terá que passar na vida, mas, como sabe, é um projeto da maior importância. O projeto precisa de homens como você. Você tem um físico compacto, e cada quilo que se poupe no Projeto Mercury pode ser crítico.

E por aí foi. Sempre jogando água na fervura de Conrad.

— Mesmo assim, general, foi o último clister que tomei.

A notícia da Queda de Braço da Bolsa de Clister espalhou-se rapidamente entre os outros candidatos que ficaram encantados de ouvi-la. Praticamente todos tinham querido fazer alguma coisa do gênero. Não era somente que os testes fossem desagradáveis; toda a atmosfera dos testes era uma afronta. Decididamente havia alguma coisa... *desarticulada* na coisa. Pilotos e médicos eram inimigos naturais, naturalmente, pelo menos do ponto de vista dos pilotos. O médico de esquadrão era mantido bem *no seu lugar* na corporação. Sua única finalidade era cuidar dos pilotos. De fato, encorajava-se os médicos de esquadrão a voarem no banco traseiro com os pilotos de caça de tempos em tempos, para compreenderem as tensões e as qualidades que a tarefa exigia. Por melhor imagem que tivesse de si, nenhum médico de esquadrão se atrevia a se colocar *acima* dos pilotos em sua esquadrilha pela maneira com que se conduzia diante deles: isto é, era difícil bancar o mandachuva, da maneira que o típico médico civil banca.

Mas em Lovelace, nos testes para o Projeto Mercury, a ordem natural fora subvertida. Essa gente não só não os tratava como pilotos por direito, simplesmente não os tratava como pilotos. Nunca sequer aludiam ao fato de serem pilotos. Um pensamento desagradável começava a se insinuar. Na competição para *astronauta* a fibra de que era feito um piloto não valia droga nenhuma. Estavam procurando um certo tipo de animal que registrasse a marca certa no medidor. Não se venceria esta competição no ar. Se a pessoa vencesse, seria bem ali, na mesa de exames, na terra dos tubos de borracha.

Sim, os rapazes ficaram encantados quando Conrad finalmente deu um basta no general Schwichtenberg. É isso aí, Pete! Ao mesmo tempo, não ficaram muito satisfeitos em conceder o crédito da revolta das cobaias a Conrad, e somente a ele.

Na Base Aérea de Wright-Patterson, onde os pilotos foram fazer os testes de estresse e psicologia, a atmosfera de segredo era ainda mais marcante do que em Lovelace. Em Wright-Patterson eram testados em grupos de oito. Ocupavam cômodos reservados só para eles no alojamento dos oficiais solteiros. Se tinham que ligar para a Base pedindo alguma coisa, não deviam se identificar pelo nome, em vez disso, cada um tinha um número. Conrad era "Número Sete". Se precisava de um carro para transportá-lo de um lugar a outro para comparecer a uma consulta, devia ligar para a seção de transportes e dizer apenas: "Aqui fala o Número Sete. Preciso de um carro..."

Por outro lado, os testes pareciam — a princípio — mais com aquilo que um caçador digno de respeito poderia esperar. Entregavam ao candidato uma máscara de oxigênio e um traje parcialmente pressurizado e o colocavam numa câmara de pressurização e reduziam a pressão até simular uma altitude de 22.000 metros. Isto produzia na pessoa a sensação de que o seu corpo inteiro estava sendo espremido por pinças, e ela precisava forçar a respiração a fim de que o oxigênio fresco pudesse entrar nos pulmões. Parte da tensão residia no fato de não dizerem quanto tempo teria que permanecer ali. Punham cada homem num pequeno quarto sem janelas, escuro como breu, à prova de som — uma "câmara de privação sensorial" —, e trancavam a porta, mais uma vez sem lhe dizer quanto tempo teria que permanecer ali. Ao todo, eram três horas. Amarravam cada homem num enorme liquidificador humano que vibrava o corpo numa amplitude fantástica e o bombardeavam com um som de alta potência, parte em frequências torturantes. Punham cada homem ao painel de uma máquina chamada "caixa dos débeis". Parecia um simulador de voo. Havia quatorze sinais diferentes aos quais o candidato devia reagir de diferentes maneiras, apertando botões ou ligando interruptores; mas as luzes começavam a acender em tal velocidade que não era somente um teste de velocidade de reação mas de perseverança ou capacidade de enfrentar frustrações.

Não, não havia nada errado em testes desse tipo. Contudo, a atmosfera que os cercava era um pouquinho... *estranha*. Os psiquiatras eram os donos da bola em Wright-Patterson. Durante todo o tempo havia psiquiatras e psicólogos por cima do ombro da pessoa tomando notas e lhe entregando testes do tipo marque-aqui. Antes de o colocarem no liquidificador humano, um funcionário de jaleco branco lhe apresentava uma série de pontinhos numerados num pedaço de papel preso em uma prancheta e a pessoa devia pegar o lápis e ligar os pontinhos de modo que os números ao lado de cada um, somados, perfizessem determinados valores. Então, quando se saía da máquina, o personagem de jaleco branco lhe dava o mesmo teste de novo, presumivelmente para verificar se a experiência física tinha afetado sua habilidade de calcular. E isso tampouco era errado. Mas também punham gente observando o candidato o tempo todo e tomando notas. Tomavam notas em bloquinhos de espiral. Cada gesto que se fazia, cada tique, contração, sorriso, olhar, careta, cada vez que a pessoa coçava o nariz — havia um jaleco branco do lado registrando o gesto em um bloco.

Um dos monitores mais assíduos era uma psicóloga chamada Dra. Gladys J. Loring — o que Conrad sabia pelo crachá no jaleco. Gladys J. Loring estava começando a incomodá-lo muitíssimo. Todas as vezes que se virava ela parecia estar postada ali observando-o, sem dizer palavra, observando com o absoluto distanciamento de um Jaleco Branco, como se ele fosse um sapo, um coelho, um rato, um gerbo, um porquinho-da-índia, ou uma outra cobaia de laboratório, rabiscando furiosamente no seu bloquinho. Havia dias que andava a observá-lo, e nunca sequer tinham sido apresentados. Um dia, Conrad encarou-a direto nos olhos e disse:

— Gladys! Que... é... que... está... escrevendo... no... seu... bloco?

A Dra. Gladys J. Loring olhou-o como se fosse uma lombriga. E só o que fez foi acrescentar mais uma anotação sobre o comportamento do espécime em seu bloco.

Para os caçadores já era bastante ruim terem médicos de qualquer tipo como seus juízes finais. Descobrir psicólogos e psiquiatras colocados acima deles dessa maneira era irritante ao extremo. Os pilotos militares, quase unanimemente, percebiam a psiquiatria como uma pseudociência. Encaravam o psiquiatra militar como uma versão moderna e anormalmente pirada do capelão. Mas podia-se lidar com o psiquiatra. Era só fazer charme — acender a auréola de eleito — e contar umas prudentes mentiras.

Nas entrevistas para esse emprego de "astronauta", a exemplo do que ocorria em outras situações, os psiquiatras entravam no assunto dos riscos da missão, nas incógnitas, no perigo potencialmente alto, e então avaliavam a reação do candidato. Como todos os pilotos espertos sabiam, isto exigia uma segunda circunvolução cerebral.

Era um erro dizer coisas do gênero: *Ah, até gosto dos riscos, gosto de me expor ao perigo, dia após dia, pois é isto que me faz superior aos outros homens.* Os psiquiatras sempre interpretavam isso como um amor irresponsável pelo perigo, um impulso irracional associado com o tardio conceito freudiano da "pulsão de morte". A resposta correta — ouvida mais de uma vez durante aquela semana em Wright-Patterson — era: "Ah, não considero o Projeto Mercury uma proposta particularmente arriscada, sem dúvida não se o compararmos aos testes de rotina que ando fazendo para (a Força Aérea, a Marinha, os Fuzileiros). Dado que esse projeto tem uma grande prioridade nacional, tenho certeza de que as precauções de segurança serão muito mais minuciosas e confiáveis do que eram em projetos do tipo (F-100F, F-102, F-104, F-4B), quando voei *aquele* no estágio de testes." (Sorriso muito ligeiro e revirada de olhos.) Uma beleza! Isto demonstrava que a pessoa era um piloto de provas racional, preocupado com a segurança como qualquer profissional sensível... enquanto, ao mesmo tempo, transmitia a ideia de que rotineiramente arriscava a vida e estava tão acostumado com isso, tinha tanta fibra que, em comparação, voar um foguete parecia um passeio. Isto criava o Efeito Auréola. Alusões passageiras a atos de coragem deixavam os psiquiatras com os olhos arregalados para a pessoa como se fosse um garotinho.

Conrad sabia disso tudo tão bem quanto os demais. Sabia exatamente de que maneira o oficial prudente devia lidar com essas pessoas. Era difícil não sabê-lo. Todas as noites a rapaziada se reunia no alojamento dos oficiais solteiros e se regalava mutuamente com as mentiras deslavadas que tinham pregado ou com as subversões nos questionários dos psiquiatras. O problema de Conrad é que em algum ponto da história o Caubói Garotão sempre assumia e acrescentava umas *piscadelas* a mais como garantia.

Em um dos testes o entrevistador entregou a cada candidato uma folha de papel em branco e pediu que a examinasse e descrevesse o que via. Não havia uma única resposta correta para este tipo de teste, porque se destinava a forçar o candidato a fazer uma livre associação e se verificar por onde vagava sua mente. O piloto desembaraçado em testes sabia que o principal era se manter em terra firme e não sair nadando por aí. Conforme descreveram com grande gosto mais tarde no alojamento, um bom número deles estudou a folha de papel e em seguida encarou o entrevistador no olho e disse: "Só estou vendo uma folha de papel em branco." Isso não era uma resposta "correta" porque os psiquiatras provavelmente registraram uma "capacidade imaginativa inibida" ou qualquer idiotice no gênero. Mas tampouco era uma resposta que os metesse em apuros. Um sujeito respondeu: "Vejo um campo nevado." Bom, a pessoa podia escapar com uma resposta dessas, desde que parasse por aí... desde que não começasse a ruminar sobre mortes por congelamento ou desorientação na neve e encontros com ursos ou coisas desse teor. Mas Conrad... bom, o homem está sentado à mesa diante de Conrad e lhe entrega uma folha de papel e pede que a estude e lhe diga o que vê. Conrad fixa a folha de papel e em seguida ergue os olhos para o homem e diz num tom desconfiado, como se receasse um truque: "Mas isso está de cabeça para baixo."

Isso espanta o homem de tal maneira que ele se debruça sobre a mesa e olha para a folha de papel absolutamente branca para verificar se é verdade — e só depois de esparramado na mesa é que percebe que foi gozado. Olha para Conrad e sorri, um sorriso de zero grau Celsius.

Não era assim que se produzia o Efeito Auréola.

Em outro teste mostraram aos candidatos fotos de pessoas em várias situações e pediram que inventassem histórias sobre elas. Uma das figuras que mostraram a Conrad foi uma cena de realismo americano, aparentemente da época da Depressão. Via-se um meeiro pobre opilado e abatido, de macacão, tentando empurrar um arado enferrujado em terreno erodido, muito mais barranco do que terra arável, ajudado por uma mula de costelas espetadas, enquanto a um lado sua mulher, devastada pela pelagra, pálida, os olhos encovados, o ventre estufado por oito meses de gravidez protegido por um vestido feito de saco de fertilizante, se encostava no barraco para tomar fôlego ou então para escorar a parede lateral. Conrad examina a cena e diz:

— Bom, vê-se logo que este homem é um amante da natureza. Não só ara o solo, mas aprecia a paisagem, o que se pode dizer pela maneira com que seu olhar se alonga até as montanhas, para melhor observar a harmonia do azul-claro da cordilheira, ao longe, com a névoa arroxeada das serras próximas à sua amada terra. — E por aí foi até que, finalmente, o entrevistador se dá conta de que esse sabidinho cheio de vida com uma falha entre os dentes incisivos que tagarela sem parar... está zombando dele, dele e do teste.

Isso tampouco criava o Efeito Auréola.

Ah, Conrad estava deitando e rolando agora. Começava a se divertir para valer. Mas ainda tinha um servicinho por terminar. Naquela noite ligou para a seção de transporte.

— Aqui é o Número Sete — disse. — O Número Sete precisa de um carro para ir ao reembolsável.

No dia seguinte, terminado o teste na câmara de aquecimento, em que passou três horas trancado em um cubículo aquecido a cinquenta e quatro graus Celsius, Conrad enxugava o suor na ponta do nariz quando levantou a cabeça — e não deu outra, a Dra. Gladys J. Loring estava mesmo ali, fazendo anotações em seu bloco de espiral sobre as ocorrências com uma esferográfica. Conrad meteu a mão no bolso das calças... e puxou um bloco de espiral e uma esferográfica iguaizinhos aos dela.

— Gladys! — falou. Ela ergueu os olhos. Demonstrava surpresa. Conrad começou a rabiscar o bloco e então tornou a observá-la. — Ah-ah! Você pôs a mão na orelha, Gladys! Chamamos a isso inibição do exibicionismo! — Mais rabiscos no bloco. — Ah-ah! Baixou os olhos, Gladys! Hipertrofiada latência reprimida! Sinto muito, mas isso vai ter que constar no relatório!

Notícias da reviravolta com o verme... da rebelião da cobaia de laboratório... de que o cachorro de Pavlov tocou a campainha de Pavlov e fez anotações sobre o ocorrido... ah, notícias disso tudo circularam rapidamente também, e todos do Número Um ao

Número Oito se sentiram encantados. Não houve qualquer sinal, porém, então ou mais tarde, de que a Dra. Gladys Loring tenha se divertido nem um pouquinho.

Q UANDO SCOTT CARPENTER TELEFONAVA DE WRIGHT- -Patterson para casa na Califórnia de noite — e ele sempre tinha o cuidado de aproveitar as taxas econômicas noturnas —, sua esposa, Rene, em geral atendia na sala de estar. Tinham uma casa em Garden Grove, uma cidade próxima da Disneylândia. O ponto central da sala de estar era um sofá de três peças moduladas que tinha uma ampla mesinha de centro de feijão-cru em forma de lágrima, e uma mesinha de feijão-cru de um lado e outra mesinha de feijão-cru do outro. Muita coisa estava resumida nessas três grandes e vistosas pranchas de feijão-cru com veios pardo- -amarelados volteando pra cá e pra lá. Todos os oficiais e esposas na Marinha dos Estados Unidos, no ano de 1959, compreendiam A Vida do Feijão-cru.

Scott era tenente, o que significava que seu soldo, incluindo as ajudas de subsistência e moradia, só chegava a uns US$7.200 por ano, e mais um pequeno extra por horas de voo. Os jovens oficiais e suas mulheres compreendiam desde o início, naturalmente, que um soldo abissal era uma das realidades da carreira militar. Havia outras formas de compensação: a oportunidade de voar, que Scott adorava; a posição de oficial da Marinha; a comunidade da esquadrilha (quando a pessoa estava com disposição para isso); um certo sentido de missão (se a pessoa estava de bem consigo mesma) que faltava aos civis — os extras, tais como o pagamento de horas de voo, a ajuda de moradia e as mordomias. Dado o soldo terrivelmente baixo, as mordomias, que eram geralmente modestas pelos padrões normais, tendiam a assumir uma importância exagerada. Era por isso que tantos jovens casais militares em fins de 1950 tinham salas de estar dominadas, governadas, oprimidas, escravizadas pela mobília mais bizarra que se pode imaginar: mesas chinesas *k'ang* com cenas inteiras de aldeias esculpidas em baixo-relevo nos tampos, grupos de cadeiras turcas de espaldar alto que teriam engolido um salão de baile, divãs coreanos com frisos de madeira tão incrustados de madrepérolas que a sala inteira parecia estar sorrindo medonhamente, armários espanhóis tão pesados, tão sombrios, tão soberbos que sua mera visão interrompia a conversa... e o aparatoso feijão-cru. Pois uma das mordomias era a oportunidade de comprar mobília de madeira esculpida barata, quando se era mandado para os confins da terra. Essa era a oportunidade de finalmente mobiliar a sala de estar — e os militares a despachavam de navio para os Estados Unidos gratuitamente. Naturalmente, a escolha era limitada pelo gosto local. Na Coreia se escolhia a madrepérola ou o barroco chinês. E no Havaí, para onde Scott e Rene tinham sido mandados, sempre havia o feijão-cru.

Em uma loja de departamentos no Havaí, uma mesa de centro de feijão-cru de excelente qualidade custava uns US$150. Uma soma modesta, poderia-se dizer; mas se seu soldo básico fosse apenas US$ 7.200 por ano, isso significava que se dispunha de quarenta e oito vezes tal soma para durar um ano inteiro. E Scott e Rene tinham quatro crianças! Mas pranchas no osso dessa fantástica madeira com veios flamejantes amarelos se encontravam à venda pela ninharia de nove dólares. Se a pessoa estivesse disposta a gastar vinte e quatro horas lixando, raspando, impermeabilizando e encerando, e mais dez ou vinte horas fazendo pernas ou armações, podia economizar 140 dólares. Felizmente, Rene tinha um bom senso artístico e foi até mesmo capaz de usar o feijão-cru com requinte — um feito raro na Vida do Feijão-cru.

Scott e Rene tinham sido criados em Boulder, Colorado. Scott pertencia à elite pelos padrões sociais de Boulder, fossem quais fossem. Descendia dos primeiros exploradores brancos no estado. O avô materno, Victor Noxon, era dono e editor de um jornal, o *Miner-Jornal,* de Boulder. Os pais de Scott tinham se separado quando o menino tinha três anos apenas, e a mãe contraíra tuberculose e passava longos períodos internada em um sanatório, de modo que Scott morava na casa de Victor Noxon e acabou sendo criado pelo avô. Rene conheceu Scott na Universidade do Colorado e abandonou os estudos no primeiro ano para se casar. Passaram rapidamente o primeiro ano todo nas pistas de esqui. Formavam um casal extraordinariamente bonito, os dois louros, cuidados, atléticos, decididos, espontâneos, o tipo do casal que na realidade raramente se vê fora dos anúncios de Lucky Strike. Muitas esposas de caçadores acabavam observando desalentadas os maridos se distanciarem cada vez mais, um fato que reconheciam em comentários presumidamente despreocupados do tipo: "Sou apenas a amante — ele é casado com um avião." Muitas vezes exageravam essa intimidade; a amante verdadeira seria alguém de quem nem tinham conhecimento. Scott, pelo contrário, era inteiramente dedicado a Rene e aos dois filhos e duas filhas. Muitas noites durante os testes do Projeto Mercury, Scott escreveu a Rene longas cartas, algumas com dez e vinte páginas, em vez de aumentar a conta dos telefonemas. Não cansava de procurar tranquilizá-la de que não estava se metendo em nada irresponsável. Uma noite escreveu: "E acima de tudo, não se preocupe. Você sabe que a minha maior preocupação é não arriscar desnecessariamente o que temos juntos." Estava decidido, dizia, a viver o bastante para "fazer amor com você quando for vovó".

Durante todo esse tempo, seus sentimentos a esse respeito eram tão profundos que fizera uma coisa extraordinária oito anos antes. Quando terminou o treinamento de voo básico em Pensacola e o treinamento avançado em Corpus Christi, escolhera voluntariamente voar os aviões de patrulha multimotores PBY-4s em lugar dos aviões de caça. Nem ao menos gostava dos PBY-4s, mal suportava voá-los. Quem suportaria? Eram carroças grandes, lentas e desajeitadas. Contudo, descera do grande zigurate, ali no primeiro platô importante. Se alguém levantasse o assunto, diria: "Agi assim por lealdade à minha família", querendo dizer que os aviões de patrulha não deixavam tantas viúvas. A Guerra da Coreia estava apenas começando, e Scott acabou voando aviões de patrulha P2V, subindo e descendo a costa continental do Pacífico. Naturalmente isso era algo completamente fora do primeiro time de pilotos navais durante a Guerra. Qualquer aviador que realmente tivesse fibra queria ser designado, por cessão, para uma esquadrilha de combate da Força Aérea em ação nos céus da Coreia do Norte. Mas o voo de reconhecimento tinha seus próprios riscos e provações e Scott era considerado extremamente eficiente nisso; tanto assim que, terminada a guerra, foi mandado para Patuxent River e treinado para ser piloto de provas.

Todavia, Scott abandonara a competição dos Eleitos. De livre e espontânea vontade! Por lealdade à família! Talvez isso se ligasse às lembranças do rompimento de sua família nos primeiros anos da infância. Bom, isso era assunto para as especulações dos psiquiatras, e sem dúvida era o que estavam fazendo. Na primeira entrevista psiquiátrica em Wright-Patterson, o próprio Scott abriu a sessão. Fez a primeira pergunta. Disse ao homem:

— Quantos filhos o senhor tem? Eu tenho quatro.

Scott se surpreendeu quando se viu entre os trinta e dois finalistas na competição dos astronautas. Despedira-se da competição do primeiro time, com uma mesura, havia muito tempo. Só tinha duzentas horas de voo em jatos; e a maioria acumulada durante o treinamento de provas de voo. Todos os outros candidatos pareciam ter de 1.500 a 2.500 horas. Contudo, ali estava. E não era só isso; à medida que os dias transcorriam, primeiro em Lovelace e agora em Wright-Pat, suas perspectivas começavam a parecer promissoras. Era fantástico.

Uma coisa que Scott tinha a seu favor era a soberba condição física, embora no início nunca teria acreditado que a simples condição física pudesse ter importância vital. Fora ginasta na Universidade do Colorado e possuía incríveis ombros com os deltoides em alto-relevo, um pescoço grosso e forte, um peito absolutamente livre de gordura, e de forma perfeita, como o de um pescador de pérolas dos mares do sul — e, de fato, praticara muito mergulho de profundidade —, e o tronco se estreitava para baixo como o do Capitão América nas histórias em quadrinhos.

Outros se queixavam o tempo todo, mas os exames em Lovelace e Wright-Patterson não incomodavam Scott nem um pouco. Cada um deles era um momento de triunfo.

Certa noite, Scott telefonou, e Rene percebeu que estava excepcionalmente satisfeito com o rumo dos acontecimentos. Aparentemente tinha havido um teste de capacidade pulmonar. O candidato sentava-se à mesa e soprava um tubo, que estava ligado a um instrumento com uma coluna de mercúrio. A ideia era verificar quanto tempo a pessoa era capaz de manter a coluna de mercúrio num determinado nível com a pressão do sopro. O recorde, informavam, era noventa e um segundos. Scott — conforme seu relato excitado a Rene naquela noite —, graças a anos de mergulho, sabia que quando se tem a sensação de que os pulmões estão completamente vazios e todos os indícios em seu sistema nervoso central predizem uma catástrofe, se a pessoa segurar a respiração mais um instante, terá ainda, na realidade, uma substancial reserva de oxigênio no sistema. É o acúmulo de dióxido de carbono nos pulmões, e não a falta absoluta de oxigênio, que indica a emergência. Scott se forçou a prender a respiração durante todos os sinais iniciais, enquanto contava lentamente até cem, com a ideia de superar a marca de noventa e um segundos. Contou muito devagar e no final conseguiu manter a coluna de mercúrio no nível exigido durante 171 segundos, quase dobrando o recorde.

Outro candidato do grupo de Scott também bateu o recorde anterior mantendo a coluna de mercúrio nesse nível durante 150 segundos. Era o piloto do Corpo de Fuzileiros chamado John Glenn. Scott conhecera Glenn superficialmente quando estavam em Pax River, durante o treinamento de provas de voo de Scott. Glenn estabelecera um recorde de velocidade transcontinental, Los Angeles-Nova York, de três horas e vinte e três minutos num avião de caça F8U, em julho de 1957. Os dois tinham se entrosado imediatamente em Wright-Pat, em parte, talvez, porque aparentemente eram os que impunham o ritmo aos testes. Scott quebrara um total de cinco recordes, e Glenn era, em geral, o segundo colocado. Um dia entreouviram um médico dizer ao outro: "Vamos ligar para Washington e falar desses dois caras."

A Dra. Gladys J. Loring e os outros estavam espantados com o desempenho de Scott, e isso não se restringia meramente a questões como capacidade pulmonar, tampouco; pois muitos testes não eram testes físicos no sentido comum, mas, em vez disso, testes de perseverança e força de vontade para superar os limites usuais de resistência humana.

Scott Carpenter não ligava nem um pouco para as anotações da Dra. Gladys J. Loring. Anote o que quiser! Scott estava em seu elemento.

CONRAD SE ENCONTRAVA DE VOLTA EM CASA EM NORTH TOWN Creek, de volta a Pax River, quando a carta da NASA chegou. Sabia que não tinha se comportado com muita serenidade durante os testes. Comparara seu desempenho com Wally Schirra e descobrira que quando o grupo de Wally passara por Lovelace ficara tão indignado com a maneira com que a clínica era dirigida quanto Conrad e seu grupo. Wally até liderara uma rebeliãozinha própria quando pediram a droga das amostras de fezes. Certa tarde, tinham instruído Wally e os rapazes para evitarem qualquer comida muito condimentada naquela noite, porque queriam amostras das fezes no dia seguinte. Por isso o grupo todo rumou para o bairro mexicano de Albuquerque, escolheu o restaurante mais sujinho que conseguiu encontrar e queimou as entranhas com todos os pratos alucinados de que tinha ouvido falar e regou a coisa toda com muita cerveja mexicana barata da pior qualidade. E até os pimentões *jalapeños* tinham entrado na história! Um dos rapazes descobrira uma tigela de molho de pimentões *jalapeños*, uma mistura picante marrom-avermelhada, despejara um pouco num copo de papel e o apresentara aos técnicos de laboratório como se tivesse tido um violento caso de diarreia — e rolara de rir quando a primeira nuvem úmida e quente do aroma de *jalapeños* quase os nocauteava. Mas só fora até esse nível — o dos técnicos de laboratório. Deixara o bom general Schwichtenberg continuar reservado e sereno. Era assim que o próprio Wally teria procedido. Sempre sabia onde estavam os limites da envoltória operacional, mesmo quando se tratava de brincadeiras.

Não, Conrad sabia que por vezes ultrapassara os limites da velha envoltória operacional... Ainda assim, dissera o que pensava antes e isso nunca lhe fizera mal. Sua carreira na Marinha descrevera uma curva contínua. Nunca ficara para trás. Portanto abriu a carta.

Desde a primeira linha adivinhou o resto. A carta informava que estivera entre os finalistas no processo de seleção e dizia que isso era digno de elogios. Infelizmente, continuava, não se encontrava entre os sete escolhidos para a missão, mas a NASA e todos lhe eram gratos por ter se voluntariado, e assim por diante.

Bom, ali estava a clássica carta de dispensa. Embora em seus momentos objetivos percebesse que talvez tivesse estragado a coisa aqui e ali, era difícil acreditar. Fora deixado para trás. Era algo que jamais lhe acontecera nos quase seis anos de caminhada pelo grande zigurate invisível acima.

Uns dois dias mais tarde descobriu que Wally conseguira. Wally era um dos sete. E também Alan Shepard, que estivera naquele quarto do Marriott.

Ora, droga, o próprio Wally expusera a todos razões bem sensatas pelas quais um homem não deveria se sentir demasiado azarado se *não* participasse nessa história da cápsula de Rube Goldberg. Provavelmente seria melhor assim. O Projeto Mercury era um empreendimento civil e meio maluco, quando se pensava bem. Não tinham sequer escolhido *pilotos,* pô. Jim Lovell, considerado número um do Grupo Vinte em Pax River, tampouco fora escolhido. Tinham sido cobaias de laboratório do princípio ao fim. Era uma boa coisa que alguém pusesse os pingos nos is...

Ainda assim! Era inacreditável! Fora deixado... *para trás!*

Algum tempo depois, contaram a Conrad que na folha de capa de sua pasta em Wright-Patterson alguém escrevera: "Inapto para voos de longa duração."

5. EM COMBATE SINGULAR

ELES BORBULHAM, FERVEM, FUMEGAM, SILVAM, RUGEM E fervem mais um pouco na maior agitação. Esse som de vozes em ebulição era exatamente igual ao som que um ator ouve na coxia antes de a cortina subir em uma peça que todos — *tout le monde* — devem assistir. Uma vez lá, todos começam a tagarelar, da pura excitação de estar presente, de estar onde *as coisas estão acontecendo*, até que os rostos radiantes de todos estejam fervilhando com palavras e sorrisos e risadas que explodem quer algo minimamente engraçado tenha sido dito ou não.

Mas, não sendo um grande ator, essa era a espécie de som que aterrorizava Gus Grissom. Apenas instantes o separavam do papel em que provavelmente se sairia pior, e essas pessoas todas estavam à espera do outro lado da cortina. Às 14h a cortina se abriu e ele teve que entrar no palco.

Um lençol de luz atingiu Gus e os outros, as vozes em ebulição baixaram para um rugido ou zumbido, e então se pôde distinguir as pessoas. Parecia haver centenas delas, comprimidas lado a lado, sentadas, de pé, agachadas. Umas se encontravam no alto de uma escada encostada na parede, sob uma das enormes luzes. Outras portavam câmeras com lentes salientíssimas, e tinham uma maneira de se agachar e de engatinhar ao mesmo tempo que lembravam os mendigos acocorados que se viam por todo o Extremo Oriente. As luzes estavam acesas para as equipes de televisão. O prédio era a Dolly Madison House, no canto nordeste da praça Lafayette, a uns cem metros da Casa Branca. Fora convertida no quartel-general da NASA em Washington, e este recinto era o salão de baile, usado para entrevistas coletivas, e não era suficientemente grande para toda aquela gente. As figurinhas de mendigo engatinhavam por todo o salão.

O pessoal da NASA conduziu Gus e os outros seis às cadeiras a uma mesa comprida no palco. A mesa tinha uma toalha de feltro. Puseram Gus numa cadeira ao centro da mesa, e erguendo-se do feltro bem à sua frente via-se o nariz pontiagudo de um foguete de escape em miniatura sobre um modelo da cápsula Mercury montada sobre um foguete Atlas. O modelo encontrava-se em destaque do lado oposto da mesa para que a imprensa pudesse vê-lo. Um homem da NASA chamado Walter Bonney se levantou, um homem com a voz jovial, e disse:

— Senhoras e senhores, gostaria de ter a sua atenção, por favor. As regras desta entrevista são muito simples. Dentro de sessenta segundos faremos o anúncio que todos estão aguardando; os nomes dos sete voluntários que formarão a equipe de astronautas do Mercury. Em seguida à distribuição do nosso material, que será feita o mais rapidamente possível, seria melhor que aqueles que têm problemas de fusos horários corressem para os telefones. Faremos um intervalo de dez ou doze minutos durante os quais os rapazes estarão à sua disposição para as fotos.

Uns homens apareceram pelas laterais e começaram a distribuir pastas, e as pessoas se precipitavam, agarravam essas pastas e corriam para fora da sala. Bonney apontou para os sete sentados à mesa e continuou:

— Senhores, esses são os voluntários astronautas. Tirem as fotografias que quiserem, senhores.

E agora teve início uma cena muito estranha. Sem dizerem palavra, todas essas figurinhas de mendigos agachados e soturnos começaram a avançar em direção à mesa, se acotovelando e se descadeirando para tirar uns aos outros do caminho, rosnando e resmungando, sem nunca se entreolhar, pois tinham as câmeras aparafusadas nas órbitas e se mantinham concentrados em Gus e nos outros seis pilotos à mesa da maneira mais obsessiva, como um exame de brocas que, indiferentes à energia que poderiam despender em todas as direções tentando abrir caminho à força, conservam os bicos ávidos apontados para a guloseima que o enxame inteiro farejou — até se apoderarem deles, chegarem a centímetros de seus rostos em alguns casos, enfiando seus bicos mecânicos em tudo, à exceção das braguilhas. Porém isto por si só não era o que tornava o momento tão estranho, era algo mais. Havia uma agitação tão frenética — e seus nomes nem sequer tinham sido mencionados! Mas isso não importava nem um pouco! Não estavam ligando se ele era Gus Grissom ou Joe Blow! Estavam famintos pela sua fotografia de todo jeito! Enxameavam-no e aos outros seis como se fossem criaturas de fantástico valor e interesse, verdadeiras presas.

Estavam famintos! — esse enxame de fotógrafos capazes de grunhir, mas não de falar, que se apoderou deles durante uns bons quinze minutos. Apesar disso, quem estava morrendo de vontade de começar a entrevista coletiva? Todas as vezes que Gus tinha que contar a completos estranhos o que sentia por alguma coisa, isto o deixava pouco à vontade; e a ideia de fazer isto publicamente, nesta sala, diante de algumas centenas de pessoas, deixava-o extremamente pouco à vontade. Gus vinha do tipo de família em que, para dizer o mínimo, não se incentivava a tagarelice. Lá em Mitchell, Indiana, o pai fora ferroviário. A mãe costumava levar a família à Igreja de Cristo, uma seita protestante tão fundamentalista que não permitia instrumentos musicais no templo, nem mesmo um piano. A voz humana erguendo graças a Deus era música suficiente. Não que Gus fosse um grande cantor tampouco. Suas manifestações públicas consistiam principalmente de roceirismos à Gus. Era um homem baixo, de ombros caídos, o corpo socado, corte militar nos cabelos negros, sobrancelhas espessas e negras, nariz largo e um rosto dado a expressões muito severas. A única hora que Gus tinha vontade de falar era quando estava com outros pilotos, principalmente à roda de chope. Então se transformava em outro ser humano. Os olhos sonolentos se iluminavam com duzentos watts. Um sorriso confiante e louco dominava sua boca. Começava falando pelos cotovelos e bebendo um barril. E, quando a loucura da meia-noite batia, pegava o carro envenenado e sugava a zona rural com os dois carburadores. Voos & Bebedeiras e Bebedeiras & Corridas, é claro. Gus era na realidade um desses rapazes bastante comuns nos Estados Unidos, que brigaria com alguém até o último osso inteiro por um insulto à cidadezinha cinzenta de onde vinha, ou à igrejinha soturna onde se impacientara todos esses anos — enquanto, ao mesmo tempo, em algum esconderijo da alma se prostrava diariamente dando graças às coisas que o libertaram daquela droga de lugar. No caso de Gus, tais coisas tinham sido os carros envenenados e, agora, os aviões.

Gus voara cem missões de combate na Coreia, recebera a Cruz de Mérito Aeronáutico após romper a formação para dar caça a um MiG-15 prestes a atacar um dos aviões de reconhecimento de sua unidade, embora por alguma razão, durante o grande festival de tiro aos patos nos céus da Coreia, para seu pesar, nunca conseguira abater um avião inimigo. Terminada a guerra, fizera testes com caças sob todas as condições meteorológicas em Wright-Patterson onde gozava excelente reputação. Por enquanto não atingira o primeiro time, que era ser piloto de provas de um caça novo, de preferência em Edwards. Mas Gus tinha total confiança em si mesmo; o que vale dizer que era um típico caçador em ascensão. Já sentia que vencer a competição para o Projeto Mercury era uma extraordinária realização, mesmo que ainda não soubesse qual era a influência disso no progresso de um homem a escalar o zigurate.

Só havia uma coisa estranha na situação. Na noite anterior, em Langley Field, perto de Newport News, Virgínia, Gus conhecera os outros seis pilotos que tinham vencido a competição. Dois dos pilotos da Força Aérea eram de Edwards. Isso era de esperar; Edwards era o primeiro time. Mas um deles, Gordon Cooper, era um homem que Gus conhecera em Wright-Pat num determinado momento, e Cooper não pertencia às operações de caça em Edwards. Os maiores ases da pilotagem em Edwards, naturalmente, se encontravam em projetos de aviões-foguetes, as séries X. Os melhores pilotos de provas se achavam nas operações de caça como primeiros pilotos nos testes de aviões do tipo dos jatos da série Century. Era isso que o outro piloto de Edwards, Deke Slayton, fazia. Mas Cooper — Cooper se formara na escola de pilotos de provas e oficialmente era piloto de provas, mas trabalhava principalmente em engenharia. E não ficava nisso, havia o tal sujeito da Marinha, Scott Carpenter. Parecia ser um tipo agradável — mas nunca pertencera a uma esquadrilha de caça. Andara voando aviões multimotores a hélice e só tinha duzentas horas nos jatos. Que queria dizer isso no contexto da seleção para astronauta do Mercury?

Finalmente, o pessoal da NASA começou a enxotar os fotógrafos da mesa, e o chefe da NASA, um homem com uma queixada lisa, chamado T. Keith Glennan, se levantou e disse:

— Senhoras e senhores, hoje apresentamos aos senhores e ao mundo estes sete homens que foram selecionados para iniciar o treinamento nos voos espaciais orbitais. Esses homens, os astronautas do Projeto Mercury do nosso país, chegaram aqui após uma longa série de avaliações, talvez sem precedentes, que confirmaram para os nossos cientistas e consultores médicos a sua soberba adaptabilidade ao próximo voo.

E provavelmente ninguém, a não ser os sete pilotos, reparou que ele mencionou apenas a sua *adaptabilidade*. Não teve nada a dizer, nem uma palavra, a propósito de sua perícia ou conceito como piloto.

— Tenho o prazer — disse Glennan — de apresentar, e considero isso realmente uma grande honra, senhores, Malcolm S. Carpenter, Leroy G. Cooper, John H. Glenn, Jr., Virgil I. Grissom, Walter M. Schirra, Jr., Alan B. Shepard, Jr. e Donald K.Slayton... os Astronautas do nosso Projeto Mercury!

Ao dizer isso, prorromperam aplausos, aplausos dos mais fervorosos, surpreendentes aplausos. Os repórteres puseram-se de pé, aplaudindo como se essa fosse a razão de sua presença ali. Sorrisos de lacrimosa e grata solidariedade perpassavam seus rostos. Engoliam em seco, davam vivas como se este fosse um dos momentos mais inspiradores de suas vidas. Até alguns dos fotógrafos se endireitaram saindo daquele agachamento de mendigos e deixaram as câmeras penderem das correias, para que pudessem usar as mãos batendo palmas.

Mas para quê?

Quando os repórteres e fotógrafos se recompuseram, os representantes da NASA, da Força Aérea e da Marinha se levantaram e atestaram a maneira fantástica com que os sete tinham completado os testes em Lovelace e Wright-Patterson — porém não disseram *nem uma palavra* sobre a capacidade ou experiência que pudessem possuir *como pilotos*. O tom da coisa, o ângulo, não melhorou com as perguntas dos repórteres. O primeiro repórter que ergueu a mão queria saber de cada um deles se a esposa e os filhos tinham "alguma coisa a dizer".

Esposa e filhos?

A maioria, Gus inclusive, respondeu a essa pergunta à maneira típica dos pilotos militares. Ou seja, conseguiram dizer algo breve, óbvio, abstrato, e sobretudo seguro e impessoal. Mas quando chega a vez do sujeito sentado à esquerda de Gus, John Glenn, o único fuzileiro do grupo — nem dá para acreditar. O tal sujeito começa a *fazer charme!* Tem até um discursinho sobre o assunto.

— Creio que nenhum de nós poderia realmente se lançar em uma coisa dessas — diz — se não tivéssemos um excelente apoio em casa. A atitude de minha mulher com relação a esse projeto tem sido a mesma que revelou durante toda a minha carreira no voo. Se é o que quero fazer, ela me apoia, e as crianças também, cem por cento.

Que droga de discurso era aquele? *Creio que nenhum de nós poderia realmente se lançar em uma coisa dessas...* Que possível diferença poderia a *atitude de uma esposa* fazer na oportunidade para um passo gigante na escalada do grande zigurate? Qual era a desse cara? E continuou nesse tom. Um repórter se levanta e pede a todos que falem de suas filiações religiosas (filiações *religiosas?*) — e Glenn dispara outra vez.

— Sou presbiteriano — diz —, protestante presbiteriano, e levo minha religião muito a sério. — E começa a discorrer sobre todas as escolas dominicais em que ensinou e os conselhos paroquiais em que serviu e todo o trabalho que ele e a mulher e os filhos têm feito para a igreja. — Fui criado acreditando que a pessoa vem à terra com uma chance de cinquenta por cento e continuo a acreditar nisso. Somos postos aqui com certos talentos e habilidades. Cabe a nós usar esses talentos e habilidades o melhor que pudermos. Quando se age assim, creio que há um poder maior que nós que colocará as oportunidades em nosso caminho e se usarmos nossos talentos corretamente estaremos vivendo o tipo de vida que deveríamos viver.

Caramba — segura esse cara. Dá para perceber os rapazes lançando olhares dos dois lados da mesa para esse beato voador sentado ao lado de Gus. Estão enfileirados em ordem alfabética com Scott Carpenter em uma ponta e Deke Slayton na outra e Glenn no meio. Que é que alguém pode dizer depois desse homem e suas tiradas sobre a Esposa e as Crianças e a Família e a Escola Dominical e Deus? O que fazer, dizer que, a propósito, você consegue se arranjar igualmente bem sem nada disso desde que o deixem voar? Isso não parecia muito prudente. (Acenda a auréola — e minta!) Dava para ver esses pilotos se virando para cobrir a aposta e continuar no jogo de Deus & Família como o piedoso fuzileiro chamado Glenn.

Quando chegou a vez de Gus, ele informou:

— Eu me considero religioso. Sou protestante e pertenço à Igreja de Cristo. Não sou realmente ativo no trabalho da igreja, como o Sr. Glenn — Sr. Glenn, é como o chama —, mas ainda assim me considero um bom cristão.

Deke Slayton declara:

— Quanto à minha fé religiosa, sou luterano, e vou à igreja periodicamente.

Um dos pilotos navais, Alan Shepard, diz:

— Não pertenço a qualquer igreja. Frequento a Igreja Ciência Cristã com regularidade. — E por aí foi. Uma batalha.

Deus... Família... a única coisa em que Glenn ainda não os metera era a pátria, e portanto se encarregou disso também. Fez um belo discursinho que começava com Orville e Wilbur Wright no alto do morrote de Kitty Hawk, na Carolina do Norte, tirando cara ou coroa para ver quem faria o primeiro voo de aeroplano, e em seguida ligou isso ao primeiro voo espacial.

— Creio que temos muita sorte — disse — em termos, digamos, sido abençoados com os talentos escolhidos para um projeto desses. — (Ninguém dissera uma palavra a respeito de talentos.) — Creio que ficaríamos aquém do nosso dever — prosseguiu — se não usássemos tais talentos em toda a sua amplitude nos voluntariando para algo tão importante para a nossa pátria e o mundo neste momento. E naturalmente isto pode significar muito para nosso país.

O cara trazia a auréola sempre acesa! Glenn possuía todo o talento verbal que faltava a Gus, contudo não parecia tagarela nem hipócrita. Parecia uma versão mais durona e calva do Menino de Interior mais engraçadinho e sardento que alguém já viu. Tinha nariz arrebitado, olhos castanho-claros esverdeados, cabelo louro-avermelhado, um sorriso fantástico e centenas de sardas. Tinha o rosto mais radioso de dez condados juntos. Era também um dos mais conhecidos pilotos no Corpo de Fuzileiros. Voara em combate tanto na Segunda Guerra Mundial quanto na Guerra da Coreia e ganhara muitas condecorações, inclusive cinco Cruzes de Mérito Aeronáutico, e dois anos antes, em 1957, realizara o primeiro voo supersônico costa-a-costa direto. Em razão desse feito, fora convidado para um programa de tevê, *Name that tune*, com um cantor infantil, Eddie Hodges, como parceiro, e abrira o sorriso sardento na tela e simplesmente deixara todo mundo encantado. Os dois apareceram no programa muitas semanas.

Bom... droga... talvez fosse sincero, afinal. Deus sabia que para um piloto se deixar envolver com tantas escolas dominicais, e tantos conselhos paroquiais e tantas obras beneficentes, teria que ser um verdadeiro crente e meio. Talvez até estivesse falando a sério sobre Esposa & Família... o que faria dele uma espécie ainda mais rara de piloto de caça. Se alguém perguntasse a Gus — como agora — se era religioso, vivia para a família, e era patriota, ele diria que sim, era religioso, e sim, era homem de família, e sim, era patriota. Mas a convicção mais sólida das três era quanto ao patriotismo. Quando Gus declarou que voaria satisfeito um foguete Mercury, pelo bem de sua pátria, falava sério. Alan Shepard fez a mesma declaração e não houve a menor dúvida de que falasse a sério. E não houve dúvida alguma de que Glenn falasse a sério, a despeito da maneira com que se expressou. Essa era uma das coisas indescritíveis em um oficial aviador militar. *Falavam a sério!* Contavam-se entre os poucos que tinham a disposição acrítica de enfrentar o perigo! Havia um regozijo nisso que poucos civis teriam possibilidade de compreender! Não, Gus era patriota, e tinha sua centena de missões de combate e suas condecorações para comprovar esse fato belo e simples. Agora, quanto a ser um homem de família... ora, droga... teve intenção de ser um homem de família, mas por alguma razão sua carreira, ou o que fosse, atrapalhara. Ele e a esposa Betty casaram assim que terminaram a escola secundária em Mitchell. Desde o comecinho deparou com situações em que precisou se separar dela. Não planejou a coisa assim, mas aconteceu o tempo todo. Logo depois do casamento, programara frequentar o primeiro ano em Purdue, e assim partiu para Purdue com o objetivo de procurar um lugar onde morarem. Bom... por alguma razão, o único lugar que conseguiu encontrar foi um quarto de porão. Ela disse que estava bem, que não se importava, que moraria num quarto de porão. Ele disse, bom, o problema era que ia ter que dividir o quarto com um colega — era a única maneira de enfrentar a despesa —, portanto voltaria a Mitchell sempre que pudesse, nos fins de semana. Foi assim que começaram, ele no campus em Purdue e Betty vivendo com os pais em Mitchell. O voo militar prejudicou a vida de família também. Gus se formou e começou seu treinamento na Força Aérea no campo de Randolph, no Texas. Betty estava grávida e ele em treinamento e, em todo caso, só ganhava cem dólares por mês, então por que a mulher não ficava em Seymour, Indiana, com a irmã Mary Lou, e Gus a visitaria quando pudesse? O único problema era que não podia visitá-la com muita frequência, em razão do alto custo da viagem do Texas a Indiana. Quando Betty deu à luz o primeiro filho, Scott, Gus fazia uma parte importante de seu treinamento de voo e não pôde ir a Indiana assistir ao nascimento. Pega o telefone e diz à mulher:

— Bom, então me diga o que quer realmente que eu faça...

E ela diz:

— Bom, acho que não deve interromper o seu treinamento.

Na verdade, ele só conseguiu ver o primeiro filho seis meses mais tarde. Ora, esse tipo de coisa podia acontecer na vida militar porque um sujeito talvez fosse mandado para o exterior de uma hora para a outra. Mas ele, Gus, não fora mandado a parte alguma a não ser ao Arizona, e à Base Aérea de Williams para o treinamento avançado. À época... bom, parecia cansativo à beça viajar do sudoeste dos Estados Unidos até Indiana quando se estava no meio de um treinamento de voo. Então a Força Aérea *realmente* o despachou para o exterior, para a Coreia, e Betty voltou mais uma vez para Indiana. Coreia! Ele *adorou*! Gostou tanto das missões de combate que, quando completou cem missões, se voluntariou para outras vinte e cinco. Queria *ficar* ali! Mas os filhos da mãe o mandaram de volta. De alguma maneira ele e Betty conseguiram atravessar tudo isso. Ele resmungava muitos indianismos para ela que lhe respondia com outros tantos. Não se metiam em muitas brigas. Na maioria dos fins de semana em que conseguia visitá-la, cruzava o país de avião, acumulando horas de voo. Mas que diferença havia entre ele e os outros pilotos à mesa se a verdade fosse conhecida — à exceção desse inacreditável fuzileiro, Glenn, sentado ali ao seu lado, pintando uma porra de um retrato surpreendente do piloto perfeito protegido por um casulo de Casa & Lareira e Deus & Bandeira.

Mas nem ele nem nenhum dos outros se dispôs a alterar essa imagem. A princípio foi difícil perceber o que estava acontecendo. Glenn jamais poderia ter saído nos seus fantásticos *loops* se não fosse o fato de praticamente todas as perguntas se referirem à família, à fé, à motivação e ao patriotismo e coisas que tais. Não houvera uma única pergunta sobre as realizações ou a experiência em pilotagem. Então um dos repórteres se levanta e pergunta:

— Será que poderia pedir àqueles que estão confiantes de que voltarão do espaço que levantem a mão?

Gus e os outros começaram por se entreolhar com os olhos baixos, e então todos começaram a erguer as mãos no ar. A pessoa se sentia realmente idiota erguendo a mão assim. Se não pensasse que "ia voltar", teria que ser deveras trouxa ou doido para chegar a se voluntariar. Enquanto os sete se entreolharam, sentados ali, com as mãos no ar como escolares, começaram a sorrir constrangidos e então perceberam o cerne da questão. A tal pergunta sobre "voltar" não passava de um eufemismo para a indagação: não têm medo de morrer? Essa era a pergunta que aquelas pessoas andaram contornando o tempo todo. Isso era o que realmente desejavam saber todos aqueles repórteres de olhos arregalados e fotógrafos que engatinhavam resmungando. Não se importavam nada se os sete astronautas do Mercury eram ou não pilotos. Infantes ou acrobatas teriam servido do mesmo jeito. O importante era: tinham se voluntariado para montar foguetes — *que sempre explodiam!* Eram rapazes corajosos que tinham se voluntariado para uma missão suicida! Eram camicases se apresentando para competir com os russos! E todas as perguntas sobre esposas e filhos e fé e Deus e motivação e bandeira... se referiam realmente a viúvas e órfãos... e à maneira pela qual um guerreiro se convence a aceitar uma missão em que está fadado a morrer.

E o tal John Glenn lhes dera uma resposta tão sentimental quanto a pergunta em si e Gus e os demais o tinham secundado. Donde seriam servidos como recheio do maior pedaço de Torta da Mamãe que se poderia imaginar. E tudo isso acontecera em uma hora. Os sete parados ali como idiotas com as mãos no alto, sorrindo constrangidos. Mas estava tudo bem; não tardariam a superar o constrangimento. Glenn, não se poderia deixar de notar, tinha as *duas* mãos no alto.

NA MANHÃ SEGUINTE OS SETE ASTRONAUTAS DO MERCURY eram heróis nacionais. Aconteceu da noite para o dia. Embora até aquele momento não tivessem feito nada, exceto comparecer a uma entrevista coletiva, ficaram conhecidos como os sete homens mais corajosos dos Estados Unidos. Acordaram e depararam com uma espantosa aclamação em toda a imprensa. Lá estava, tanto nas colunas mais sofisticadas quanto nos tabloides e na televisão. Até mesmo James Reston, do *The New York Times,* se comovera tão profundamente com a entrevista coletiva e a visão daqueles sete homens corajosos que seu coração, confessava, agora batia um pouco mais rápido. "O que os tornava tão eletrizantes", escreveu, "não é que tivessem dito nenhuma novidade, mas que tivessem dito todas as coisas velhas com uma convicção tão ardente... falaram de 'dever' e 'fé' e 'pátria' como os pioneiros de Walt Whitman... vivemos em uma cidade bastante cínica, mas ninguém se separou desses rapazes zombando de sua coragem e idealismo." Principalmente a coragem, a fibra — o Efeito Auréola, com o diácono Glenn comandando o coro de aleluias, tinha praticamente derrotado o cara completamente. Se Gus e alguns dos outros andaram preocupados de não estarem sendo vistos como ases da pilotagem, suas preocupações terminaram quando viram a cobertura da imprensa. Sem exceção, os jornais e as agências de notícias escolheram os pontos altos de suas carreiras e cuidadosamente os agruparam para criar um resplendor único de glória. Isto exigiu uma verdadeira capacidade jornalística. Significou citar muitos dados da carreira de John Glenn, suas missões de combate em duas guerras, suas cinco Cruzes do Mérito Aeronáutico com dezoito folhinhas de prata e cobre, e seu recorde de velocidade recente, e mais os combates que Gus e Wally Schirra tinham visto na Coreia, e as medalhas que receberam, uma Cruz do Mérito Aeronáutico por cabeça, e as missões de bombardeio que Slayton tinha executado na Segunda Guerra Mundial e um tópico sobre os caças a jato que ajudara a testar em Edwards e os que Shepard testara em Pax River, e passando de leve por Scott Carpenter e Gordon Cooper, que não tinham voado em combate (Shepard tampouco voava) nem realizado nenhum teste extraordinário. John Glenn se destacou como o máximo entre os sete rapazes muito louros. Tinha a folha de serviços mais quente como piloto, era o mais citável, o mais fotogênico e o único fuzileiro. Mas todos os sete, coletivamente, emergiram de uma névoa dourada como os sete melhores pilotos e os homens mais corajosos do mundo. Uma aura resplandecente envolvia a todos.

Era como se a imprensa nos Estados Unidos, apesar de toda a independência que alardeava ter, fosse um grande animal de colônia, um animal formado de incontáveis organismos agrupados respondendo a um único sistema nervoso. Nos fins da década de 1950 (como nos fins da década de 1970), o animal parecia decidir que em todas as questões de importância nacional deveria se estabelecer e prevalecer *a emoção correta, o sentimento decoroso, o tom moral adequado;* e toda a informação que toldasse o tom e enfraquecesse o sentimento deveria simplesmente ser atirada no fundo do buraco da memória. Num período posterior este impulso do animal assumiria a forma de uma indignação furiosa contra a corrupção, os abusos de poder e até os pequenos lapsos éticos, entre os servidores públicos; aqui, em abril de 1959, assumia a forma de uma paixão patriótica candente pelos sete pilotos de provas que se voluntariavam para ir ao espaço. Em cada um dos casos, o interesse fundamental do animal permanecia o mesmo: ao público, ao populacho, ao cidadão, deve-se oferecer os *sentimentos corretos!* Poder-se-ia ver neste animal o consumado hipócrita que era o cavalheiro vitoriano. Insiste-se nos pronunciamentos públicos em sentimentos em que raramente se pensa duas vezes na vida privada. (E esse grave cavalheiro continua a gozar excelente saúde.)

Ainda assim, por que a imprensa despertou para fazer desses sete homens heróis instantâneos? Esta é uma pergunta que nem James Reston, nem os pilotos, nem ninguém da NASA poderia ter respondido à época, porque até a linguagem desta proposta em si fora havia muito abandonada e esquecida. O termo esquecido, deixado no passado supersticioso, era *combate singular*.

Da mesma forma que os sucessos soviéticos de colocar Sputniks na órbita terrestre reviveram superstições há muito enterradas a respeito do poder dos corpos celestes e do medo do controle hostil dos céus, a criação de astronautas e de um "programa espacial tripulado" ressuscitou uma das antigas superstições de guerra. O combate singular fora comum no mundo durante a era pré-cristã e perdurara em alguns lugares por toda a Idade Média. Em combate singular o guerreiro mais possante de um exército lutava com o guerreiro mais possante do outro exército em substituição a uma batalha entre o conjunto das duas forças. Em alguns casos o combate opunha pequenas equipes de guerreiros umas contra as outras. O combate singular não foi considerado um substituto humanitário para um massacre geral até muito mais tarde. Isto foi uma reinterpretação cristã da prática. Originalmente teve um significado mágico. Na China antiga, primeiro, os guerreiros campeões se mediam em combate mortal para "experimentar a sorte" e em seguida os exércitos combatiam encorajados ou desmoralizados pelo resultado do combate singular. Antes da primeira batalha de Maomé na qualidade de profeta guerreiro, a batalha de Badr, três dos homens de Maomé desafiaram os habitantes de Meca a escolher três de seus soldados para enfrentá-los em combate singular, decididos a destruí-los com a devida cerimônia, após o que todas as forças de Maomé desbarataram as forças de Meca. Em outros casos, porém, o combate singular resolvia a questão e não havia batalha global, como quando os exércitos vândalos e alemães se defrontaram na Espanha no século V d.C. Acreditava-se que os deuses decidiam o resultado do combate singular; portanto, era inútil o lado perdedor travar uma batalha em grande escala.

A história de Davi e Golias no Antigo Testamento é exatamente isto: a história de um combate singular que desmoraliza o perdedor. O gigante Golias com seu elmo de metal, cota de malha e grevas enfeitadas é descrito como o "campeão" filisteu que se apresenta para desafiar os israelitas a mandarem um homem para enfrentá-lo; a proposta era que o povo daquele que perdesse se tornaria escravo do outro. Antes de sair para enfrentar Golias, Davi — um voluntário plebeu desconhecido — recebe do rei Saul sua armadura ornamentada, embora decline usá-la. Quando mata Golias, os filisteus veem nisso um sinal tão terrível que fogem e são perseguidos e exterminados.

Naturalmente os bravos rapazes escolhidos para combates singulares gozavam uma posição muito especial no Exército e entre o povo. (Davi foi instalado no palácio real e eventualmente substituiu os próprios filhos de Saul e se tornou rei.) Eram reverenciados e louvados, escreviam-se canções e poemas sobre eles, recebiam todas as honras e confortos possíveis, e as mulheres, crianças e até os homens adultos se comoviam às lágrimas em sua presença. Parte dessa efusão de emoção e atenção era a simples reação de um povo grato aos homens que se dispunham a arriscar suas vidas para protegê-lo. Mas havia também um certo cálculo por trás disso, a pressão constante da fama e da honra tendia a encorajar ainda mais os rapazes, lembrando-lhes constantemente que o destino de um povo inteiro estava em jogo no seu desempenho em batalha. Ao mesmo tempo — e isso não era pouco numa ocupação de alto risco —, a honra e a glória eram em muitos casos recompensas que *antecediam o fato*; por conta, por assim dizer. As culturas arcaicas predispunham-se a elevar seus guerreiros singulares à posição de heróis mesmo *antes* que seu sangue fosse derramado, porque isto era um incentivo muito eficaz. Qualquer jovem que ingressasse na carreira militar recebia sua recompensa aqui na terra adiantada, para usar a expressão corrente, acontecesse o que acontecesse.

Com o declínio da mágica arcaica, a crença no combate singular começou a morrer. O desenvolvimento do exército moderno e bem organizado e o conceito de "guerra total" parecem tê-lo enterrado para sempre. Mas então aconteceu uma coisa extraordinária: inventaram a bomba atômica e, em consequência, o conceito da guerra total se tornou nulo. A potência incalculável da bomba A e das bombas que se seguiram também estimulou o advento de uma nova forma de superstição fundada não no assombro perante a natureza, como fora a mágica arcaica, mas na tecnologia. Durante a Guerra Fria as competições em pequena escala mais uma vez assumiram a aura mágica do ato de "experimentar a sorte", da previsão fatídica do que inevitavelmente ocorreria se uma guerra nuclear total eclodisse. Isso, é claro, foi exatamente o impacto do Sputnik I, lançado na órbita terrestre pela misteriosa e possante Integral dos soviéticos em outubro de 1957. A "corrida espacial" transformou-se num teste fatídico e profético de toda a Guerra Fria entre as "superpotências", a União Soviética e os Estados Unidos. As pesquisas de opinião revelavam que as pessoas em todo o mundo viam desta maneira a competição no lançamento de veículos espaciais, isto é, como um teste preliminar para provar a potência irresistível e final de destruir. A capacidade de lançar Sputniks dramatizou a capacidade de lançar ogivas nucleares em mísseis balísticos intercontinentais. Mas nessa era neossuperticiosa isto veio a se dramatizar muito mais. Dramatizou toda a capacidade intelectual e tecnológica de duas nações e a força de vontade e o espírito nacionais. Donde... John McCormack se erguendo na Câmara dos Deputados para dizer que os Estados Unidos estavam diante da "extinção nacional" se não acompanhassem a União Soviética na corrida espacial.

A grande realização seguinte seria colocar, com sucesso, o primeiro homem no espaço. Nos Estados Unidos — ninguém saberia dizer o que se passava na terra da possante Integral —, os homens escolhidos para essa missão histórica assumiam os mantos arcaicos dos guerreiros singulares de tempos havia muito esquecidos. Não subiriam ao espaço para um combate real; ou, pelo menos, não de imediato, embora se presumisse que alguma coisa assim talvez ocorresse dentro de alguns anos. Mas de todo modo estavam engajados em um duelo mortal nos céus. (*Nossos foguetes sempre explodem.*) Começava a guerra espacial. Eles arriscavam as vidas pela pátria, pelo seu povo, "experimentando a sorte" contra a possante Integral soviética. E embora o termo arcaico em si tivesse desaparecido da lembrança, receberiam todas as homenagens, toda a fama, todas as honrarias e a posição de heróis... *antecipadamente*... de um guerreiro de combate singular.

Assim ecoava o tambor poderoso da superstição marcial em meados do século XX.

Era uma glória! Era uma loucura! No mês seguinte, maio, a comissão parlamentar de ciência e astronáutica, de que McCormack fazia parte, convocou os sete astronautas à sua presença em sessão secreta. Então os bravos rapazes compareceram ao Capitólio para a tal sessão. Foi uma época estranha e maravilhosa. Tornou-se imediatamente visível que do presidente da comissão, deputado Overton Brooks, para baixo ninguém tinha nada pertinente a lhes perguntar e nada a lhes dizer. Os parlamentares falavam coisas tais como "como sabem, os senhores são homens extraordinários em nosso país e na história do nosso país". Ou lhes faziam perguntas que suscitavam respostas em coro. O próprio Brooks perguntou:

— Todos os senhores já fizeram este tipo de trabalho, pilotar aviões experimentais, no passado, não fizeram? Conhecem bem isso. Sabem que pilotar qualquer veículo experimental envolve um certo risco. Compreendem isso, não é mesmo?

Então perscrutou, súplice, o rosto dos sete até que começaram a responder ao mesmo tempo com vivacidade:

Sim, senhor!

Certo, senhor!

Sem dúvida!

Correto, senhor!

Havia algo gloriosamente debiloide nisso. Os deputados na sala só queriam vê-los, usar seu prestígio para conseguir uma audiência pessoal, contemplá-los com os próprios olhos, à sua frente, à mesa da comissão, a menos de 1,20 metro de distância, apertar-lhes as mãos, ocupar o mesmo espaço que eles na terra durante uma hora ou pouco mais, cortejá-los, homenageá-los, banhar-se em sua aura mágica, sentir a radiação da tal fibra, saudá-los, desejar que Deus lhes sorrisse... e fazer sua parte na concessão de honrarias *antecipadamente...* aos nossos Davizinhos... antes que embarcassem em um foguete para enfrentar os russos, a morte, as chamas, a desintegração. (*Os nossos sempre explodem!*)

Chuck Yeager achava-se em Phoenix para uma de suas muitas aparições públicas representando a Força Aérea. A essa altura a Força Aérea não se cansava de divulgar Yeager, o piloto que rompera a barreira do som. A exemplo dos outros ramos do serviço público, a Força Aérea percebia agora que não havia nada como heróis e detentores de recordes para se obter uma boa cobertura da imprensa e verbas lucrativas. O único problema era que, em termos de publicidade, todos os outros tipos de pilotos estavam agora ofuscados pelos astronautas do Mercury. A propósito, hoje, em Phoenix, sobre o que era que os repórteres locais queriam perguntar a Chuck Yeager? Acertaram: os astronautas. Um deles teve a brilhante ideia de perguntar a Yeager se guardava alguma mágoa de não ter sido selecionado para astronauta.

Yeager sorriu e respondeu:

— Não, eles me deram a maior oportunidade da vida, que foi voar o X-1 e o X-1A, e isso é mais do que um homem poderia querer. Deram essa nova oportunidade a gente nova que está subindo e é assim que deve ser.

"Além do mais", acrescentou, "fui piloto a vida toda, e não haverá pilotagem no projeto Mercury."

— Não há *pilotagem?*

Isso bastou. Os repórteres ficaram estupefatos. De alguma forma não conseguiram compreender imediatamente, Yeager estava lançando dúvida sobre dois fatos indiscutíveis: primeiro, que os sete astronautas do Mercury foram escolhidos porque eram os sete melhores pilotos dos Estados Unidos, e segundo, que seriam os pilotos dos voos mais ousados da história americana.

O caso era, explicou, que o sistema Mercury era completamente automatizado. Uma vez que o piloto entrasse na cápsula, o assunto estava encerrado.

Hum!...

— Bom — explicou Yeager —, um macaco é quem vai fazer o primeiro voo.

Um macaco?

Os repórteres se sentiram chocados. Acontecia ser verdade que os planos previam mandar chimpanzés em voos suborbitais e orbitais, idênticos aos voos que os astronautas fariam, antes de arriscar os homens. Mas *dizer* isso dessa maneira!... Seria uma heresia nacional? Que merda era essa?

Felizmente para Yeager a história não deu em nada. A imprensa, o eterno cavalheiro vitoriano, simplesmente não conseguiu enfrentar o que ele dissera. Os serviços telegráficos nem quiseram tocar no comentário. Apareceu em um dos jornais locais, e ponto final.

Mas pô... Yeager só estava dizendo o que era óbvio para todos os pilotos de foguetes que voaram em Edwards. Aqui estavam as pessoas falando como se os astronautas do Mercury fossem os primeiros homens a voar foguetes. Yeager fizera exatamente isso mais de quarenta vezes. Outros quinze pilotos também o fizeram, e alcançaram velocidades superiores a três vezes a velocidade do som a uma altitude de 38.400 metros, e isso era só o começo. Agora mesmo no mês seguinte, junho de 1959, Scott Crossfield começaria os primeiros testes do X-15, projetado para um piloto (um *piloto*, e não um passageiro) penetrar mais de quarenta quilômetros no espaço a velocidades próximas de Mach 7.

Tudo isso deveria estar absolutamente óbvio para todos, até para as pessoas que não entendiam nada de voo — e certamente estaria claro que ninguém no projeto Mercury era uma cobaia maior do que o piloto. Duas das pessoas escolhidas nem sequer pertenciam a operações de caça. Contavam com um excelente piloto de provas de Edwards, Deke Clayton, mas ele nunca estivera bem colocado na lista dos cogitados para voar algo do tipo da série X. O outro piloto da Força Aérea, Grissom, estava servindo em Wright-Pat, onde fazia mais testes secundários do que testes essenciais. Dois dos mariscos, Shepard e Schirra, eram pilotos de prova experientes, gente sólida, embora nenhum dos dois tivesse realizado nada que fizesse o queixo de alguém cair em Edwards. Glenn ganhara fama batendo o recorde de velocidade no F-8U, mas não realizara muitos voos de provas, pelo menos não segundo os padrões de Edwards. Ora, porra, o que é que as pessoas esperavam? *Naturalmente* não tinham escolhido os sete maiores ases da pilotagem que se poderia encontrar. Não iam estar voando mesmo!

Sem dúvida tudo isso se tornaria óbvio com o correr do tempo... e, no entanto, não estava se tornando nada óbvio. Aqui, na prestigiosa Edwards, os rapazes sentiam a terra tremer. Estava ocorrendo um grande deslizamento de vigas no interior da pirâmide invisível. Sentia-se o terreno antigo desmoronar, e... ninguém sabia como sete novatos seriam alçados à posição de maiores ases da pilotagem do país — sem terem feito droga nenhuma ainda, exceto aparecer em uma entrevista coletiva.

6. NA SACADA

DESDE O INÍCIO ESSA HISTÓRIA DE "ASTRONAUTA" FOI UM negócio incrivelmente bom. Um negócio tão bom que parecia um desafio ao destino um astronauta se dizer astronauta, embora essa fosse a designação oficial de sua ocupação. Ele nem ao menos se referia aos outros como astronautas. Nunca diria uma frase como "vou conversar com os outros astronautas". Diria "vou conversar com os outros caras" ou com os "outros pilotos". Por alguma razão chamar-se "astronautas" era o mesmo que um ás de combate sair por aí descrevendo sua ocupação como "ás de combate". A coisa era tão inacreditavelmente boa, que "astronauta" se assemelhava a uma espécie de título honorífico, como "campeão" ou "superestrela", como se a palavra em si fosse um item na infinita variedade de *mordomias* que o projeto Mercury punha em seu caminho.

E não eram apenas *mordomias* no sentido comum, tampouco. Tinha *todas* as coisas que faziam a pessoa se sentir bem, inclusive as que faziam bem à alma. Durante longos períodos o sujeito se atolava em treinamento, em beatífico isolamento, isolamento bom e rústico, em instalações de baixa renda, em cenários que chegavam a lembrar a bendita Edwards na época dos X-1, e com aquele mesmo espírito pioneiro que o dinheiro não pode comprar, e com todas as pessoas cooperando e trabalhando horas infindas, de tal modo que a patente não significava nada, e as pessoas sequer tinham a inclinação, e muito menos tempo para ficar à toa e fazer as queixas usuais do serviço público.

Então, quase na hora em que se começava a entrar num saudável estado de exaustão em razão do trabalho, eles o tiravam do isolamento e o conduziam àquela sacada com que secretamente sonhavam todos os caçadores, àquela em que a pessoa aparecia diante das multidões como o papa, e... o sonho se tornava realidade! O povo dos Estados Unidos aplaudia enlouquecido durante uns trinta minutos, e, em seguida, o sujeito voltava para o seu nobre isolamento e mais trabalho... ou para experimentar os músculos definindo as sagradas coordenadas da vida de um caçador que eram, é claro, Voos & Bebedeiras e Bebedeiras & Corridas e todo o resto. Era possível plotar tais coisas no grande gráfico do Projeto Mercury da maneira mais espetacular, à exceção da primeira: voos. A falta de horas de voo era preocupante, mas os outros itens existiam em proporções tão extraordinárias que era difícil, a princípio, se concentrar no voo. Qualquer homem que não se importasse com um reagrupamentozinho de vez em quando, para impedir o mecanismo excepcionalmente treinado de se tensionar em demasia, para "manter uma tensão uniforme", no jargão de Schirra, sentia-se num perfeito paraíso de caçador. Mas até o raro piloto que se mantinha indiferente a tais emoções baratas, como o diácono John Glenn, encontrava suficientes mordomias para uniformizar a tensão do trabalho árduo e da adoração massiva.

Todos eles tinham os olhos postos em Glenn, é verdade. A conduta pessoal de Glenn era um lembrete constante da realidade do jogo. A todos, com exceção de Scott Carpenter, e talvez mais um, a maneira com que Glenn se comportava parecia irritante.

Os sete estavam lotados na Base Aérea de Langley na região de Tide Water, Virgínia, sobre o rio James, a uns 240 quilômetros ao sul de Washington. Langley fora a instalação experimental do antigo National Advisory Committee for Aeronautics e era agora o quartel-general do Grupo-Tarefa Espacial da NASA para o Projeto Mercury. Todas as manhãs podiam contar que veriam John Glenn já de pé cedo, bem no meio da propriedade, onde ninguém poderia deixar de notá-lo, fazendo sua corrida. Estaria lá fora à vista de todos, no caminho que rodeava o alojamento dos oficiais solteiros, metido em seu training, a caraça sardenta vermelha e reluzente de suor, dando voltas e mais voltas, correndo um quilômetro, dois, três, parecia nunca chegar ao fim, diante de todos. Era irritante por ser tão desnecessário. Tinha havido uma vaga instrução médica aconselhando que cada um se ocupasse no mínimo quatro horas por semana com "exercícios sem supervisão", mas ninguém nunca mais falou nisso. A equipe médica designada para o Projeto Mercury era formada principalmente por jovens médicos militares, alguns um tanto deslumbrados com a missão, e era pouco provável que chamassem um astronauta às falas e exigissem um relatório dessas quatro horas. Caçadores, como raça, colocavam o exercício físico lá no fim da lista das coisas que constituíam a tal fibra. Compraziam-se com a bruta saúde animal da juventude. Submetiam os corpos aos piores abusos, muitas vezes em forma de bebedeiras seguidas, falta de sono e ressacas mortais e, ainda assim, tinham um desempenho de campeões. ("Não aconselho, *tá* me entendendo, mas isto *pode* ser feito" — desde que se tenha a fibra necessária, seu merda.) A maioria concordava com Wally Schirra, em cuja opinião qualquer forma de exercício que não fosse divertida, tal como esqui aquático e handebol, fazia mal ao sistema nervoso. Mas ali estava Glenn, marchando pelo campo de visão de todo mundo em sua corrida matinal, como se estivesse se preparando para uma luta de campeonato.

O bom fuzileiro não dava apenas a corrida e deixava a coisa por aí, tampouco. Ah, não. Os outros rapazes tinham as famílias instaladas na Base Aérea de Langley, ou pelo menos nas vizinhanças de Langley. Gordon Cooper e Scott Carpenter e as famílias se espremiam em apartamentos na base no tipo comum de moradia militar muito depredada a que os segundos-tenentes tinham direito. Wally Schirra, Gus Grissom e Deke Slayton moravam em um loteamento de aspecto meio tristonho do outro lado do aeroporto de Newport News. Cercando o loteamento havia um muro de estuque da cor que atende pelo nome de ocre-lúgubre. Alan Shepard e a família moravam um pouco mais longe em Virgínia Beach, onde por acaso estavam vivendo quando ele foi escolhido para o Projeto Mercury. Mas Glenn... Glenn tinha a família alojada a 190 quilômetros em

Arlington, Virgínia, na periferia de Washington, e em Langley se hospeda no alojamento de oficiais solteiros, e corre na pista diante do prédio. Se isso fosse uma maquinação diabolicamente inteligente para ficar longe de casa e do aconchego da lareira e se regalar com Bebedeiras & Corridas & assim por diante, seria uma coisa. Mas ele não fazia o gênero. Morava em um quarto despojado que tinha apenas uma cama estreita e uma poltrona e uma pequena escrivaninha e um abajur e uma fileira de livros de astronomia, física e engenharia e mais uma Bíblia. Nos fins de semana tomava fielmente o rumo de casa, para estar com a esposa Annie e os filhos, num caquético Peugeot, um verdadeiro calhambeque surrado de mais ou menos um metro e vinte de comprimento e talvez quarenta cavalos, o automóvel mais sem potência e de figura mais triste ainda legalmente registrado em nome de um piloto de caça nos Estados Unidos. Um caçador com um mínimo de instinto natural, com um mínimo de devoção verdadeira às coordenadas sagradas, ou possuía ou estava morrendo de desejo de possuir o carro que Alan Shepard possuía, um Corvette, ou Wally Schirra, um Triumph, isto é, um carro esporte ou pelo menos envenenado, alguma coisa que lhe permitisse arriscar o couro com um pouquinho de classe quando chegasse à interseção das corridas nas tais coordenadas, diversas vezes por semana, situação inevitável para todos, exceto alguém como John Glenn.

O cara estava montando um incrível espetáculo! Rezava em público. Apresentava-se no meio deles como um frade voador ou seja lá qual for a versão presbiteriana de frade. Um santo, talvez; ou um asceta ou talvez apenas o louquinho da aldeia.

COMO UM BOM PRESBITERIANO, JOHN GLENN SABIA QUE REZAR em público não constituía violação da fé. A fé até encorajava isso: era um exemplo saudável para o público. John Glenn tampouco sentia o menor mal-estar porque agora, na América do pós-Segunda Guerra Mundial, a virtude andava fora de moda. Por vezes parecia sentir prazer em chocar as pessoas com sua vida impecável. Mesmo quando só tinha nove anos, fora o tipo de menino que interrompia um jogo de futebol para censurar outro garoto de nove anos que dissesse "Porra" ou "Merda" quando o jogo não corria bem. Isso era uma atitude pouco comum até mesmo no lugar onde cresceu, que foi New Concord, Ohio, mas não tão extraordinário quanto poderia ser em muitos outros lugares. New Concord era o tipo de cidade, outrora comum na América, cujas origens peculiares foram desaparecendo aos poucos na amnésia coletiva em que *tout le monde* se esforça para ser urbano. O que vale dizer que a cidade começou como uma comunidade religiosa. Há cem anos qualquer homem em New Concord com ambições a proprietário da loja de rações ou coisa melhor ingressava na Igreja Presbiteriana, e parte da assombrosa voltagem do presbiterianismo vivo ainda existia quando Glenn era garoto nas décadas de 1920 e 1930. O pai era bombeiro na B&O Railroad e um bom devoto, e a mãe uma mulher trabalhadeira e devota, e Glenn frequentava a Escola Dominical e a igreja, assistia a centenas de intermináveis orações presbiterianas, e a igreja e a fé e a vida impecável o satisfaziam. Não havia a menor contradição entre a fé presbiteriana e a ambição, até mesmo a ambição desmedida, até a ambição suficientemente grande para se ajustar ao ego invisível do caçador. Um bom presbiteriano demonstrava ser *eleito* de Deus e das hostes celestes pelo seu sucesso na vida. De certa forma o presbiterianismo era feito sob medida para as pessoas que pretendiam ter sucesso neste mundo, bem como nas planícies celestes; o que era uma boa coisa, porque John Glenn, com seu radioso rosto redondo e sardento de camponês, era tão ambicioso quanto qualquer piloto que tivesse guindado o seu agradável fardo de amor-próprio pela pirâmide acima.

Portanto, Glenn saía marchando pelo caminho do alojamento de oficiais solteiros da Base Aérea de Langley em seu training, fazendo o seu cooper, e francamente não ligava se a maioria não gostava. A corrida lhe fazia bem em diferentes níveis. Aos trinta e sete anos era o mais velho dos rapazes, e se sentia um pouco mais pressionado a demonstrar que estava em boas condições. Além disso, tinha propensão a engordar. Da cintura para cima aparentava um tamanho e uma musculatura comuns e, na realidade, possuía mãos surpreendentemente pequenas. Mas as pernas eram enormes, verdadeiras toras, ao mesmo tempo musculosas e carnudas a acumular peso nas coxas. Beirava os oitenta e quatro quilos quando foi selecionado para o projeto, e podia muito bem reduzi-los a uns setenta e sete ou menos. Quanto a viver no alojamento dos oficiais solteiros... por que não? Ele e a esposa, Annie, tinham comprado a casa em Arlington porque as crianças frequentavam excelentes escolas públicas ali. Por que transplantá-las de novo quando estaria viajando metade do tempo e provavelmente não as veria a não ser nos fins de semana?

Se parecia aos outros que levava uma vida monástica, isto pouco afetaria... competição era competição, e não adiantava fingir que ela não existia. Já levava uma vantagem sobre os outros seis por sua folha de voo como fuzileiro e sua tendência a dominar a publicidade. Estava disposto a oferecer 110% em todas as frentes. Se queriam quatro horas de exercícios sem supervisão por semana — ora, faria oito ou doze. As pessoas podiam pensar o que quisessem; ele era inteiramente sincero na maneira de se conduzir.

A meta no Projeto Mercury, como em todo novo projeto de voo importante, era ser o piloto designado para o primeiro voo. Em prova de voo isto significava que os superiores o consideravam o homem que tinha a fibra necessária para desafiar o desconhecido. No Projeto Mercury o primeiro voo também seria o voo mais histórico. Tinham-lhes dito que o primeiro voo seria suborbital. Talvez chegasse a haver uns dez ou onze voos suborbitais, que atingiriam uma altitude de uns 160 quilômetros, oitenta quilômetros acima da linha que normalmente separava a atmosfera terrestre do espaço. Esses voos não entrariam em órbita, porque o foguete que estariam usando, o Redstone, não era capaz de gerar suficiente potência para superar a força da gravidade. A cápsula subiria e desceria, descrevendo um grande arco, como um projétil de artilharia. Quando chegasse ao ponto mais alto da curva, o astronauta experimentaria uns cinco minutos de imponderabilidade. O início dos voos suborbitais estava programado para meados de 1960, e os sete pilotos teriam oportunidade de executá-los.

Outros homens sem dúvida iriam mais longe no espaço, entrariam na órbita da Terra e a ultrapassariam. Mas estes, por sua vez, seriam escolhidos entre os primeiros a voar suborbitalmente; com isso, o primeiro astronauta seria aquele de que o mundo se lembraria. Quando um homem realizava algo assim, não adiantava ser modesto a respeito da oportunidade que recebia. Glenn não chegara até ali em sua carreira ficando parado como um santo à espera de que reparassem na sua auréola. Quando chegou à Coreia, voando missões de bombardeio e reconhecimento armado em apoio às tropas de fuzileiros em terra, percebeu que as missões mais importantes eram atribuídas aos esquadrões de caça da Força Aérea, emprestados (como o de Schirra) para os combates ar-ar no rio Yalu. Então correra atrás dessa atribuição e a conseguira e abatera três MiGs durante os últimos dias da guerra. Assim que terminou a guerra, percebeu que as provas de voo eram a nova arena importante e se dirigiu diretamente a seus superiores pedindo para ser designado para a Escola de Piloto de Provas da Marinha em Patuxent River, e eles o mandaram para lá. Mal completara três anos de provas de voo quando sonhara com o voo transcontinental num F8U. Sonhara-o sozinho, como major do Corpo de Fuzileiros! Embora todos soubessem que era possível, ninguém nunca fizera um voo costa-a-costa direto, a uma velocidade média superior a Mach 1. Glenn imaginara o projeto todo, os *rendez-vous* no ar com três diferentes aviões-tanques AJI para reabastecimento, como desceria até 6.700 metros para encontrá-los, o voo todo. Realizou-o em 16 de julho de 1957, voando de Los Angeles ao Aeródromo de Floyd Bennett, perto de Nova York, em três horas e vinte e três minutos. Correu o boato de que havia alguns pilotos de provas irritados porque ele conseguira a missão. Aparentemente pensavam que já tinham feito a maior parte dos testes do F8U, *et cetera, et cetera*. Mas a ideia fora dele!

Ele é que a lançara! Se não tivesse se adiantado, o voo nem teria acontecido. No ano anterior, 1958, lhe pareceu óbvio que todos os militares estavam procurando resolver os problemas do voo espacial tripulado. Ainda não existia o Projeto Mercury e ninguém sabia quem estaria comandando o espetáculo quando começassem os voos tripulados. Ele só sabia que era pouco provável que fossem os fuzileiros, mas queria participar do programa. Então conseguiu ser designado para o Navy Bureau of Aeronautics. Voluntariou-se para as experiências com o centrifugador humano da Marinha, em Johnsville, Pensilvânia, que pesquisava as forças gravitacionais associadas ao voo de foguete. Por volta de maio desse ano, 1959, apenas um mês antes de selecionarem os sete astronautas, estivera na fábrica da McDonnell Aircraft em St. Louis na qualidade de representante do Bureau of Aeronautics em uma comissão da NASA que inspecionava os progressos na fabricação da cápsula Mercury. Não sabia exatamente de que maneira seriam escolhidos os sete... mas era óbvio que isso não afetava suas chances. E agora a parada no escuro subiria mais uma vez e ele atrás de ser nada menos que o primeiro homem no espaço. A NASA teria que derrotar os russos na corrida, é claro, para que ele ou qualquer americano fosse o primeiro. Mas isso era o que tornava a coisa estimulante, suficientemente estimulante até para suportar essa corrida suarenta por um caminho circular e coberto de agulhas de pinheiro, salgadas, em Tide Water, Virgínia. Havia a mesma espécie de *esprit* — em geral chamado de patriotismo, mas melhor descrito como *joie de combat* — que existira durante a Segunda Guerra Mundial e, entre os pilotos (e praticamente mais ninguém), durante a guerra da Coreia. O Projeto Mercury era oficialmente um empreendimento civil. Mas ocorreu a Glenn que parecia um novo ramo das Forças Armadas. Os sete continuavam na carreira militar, recebendo soldos, embora usassem trajes civis. Havia uma premência bélica e uma prioridade máxima no empreendimento todo. E nesse novo ramo militar *ninguém era superior a você*. Era quase bom demais para ser verdade.

No organograma os sete tinham superiores. Respondiam a Robert Gilruth, o chefe do novo Grupo-Tarefa Espacial, que por sua vez era subordinado a Hugh Dryden, o vice-administrador da NASA. Gilruth era um engenheiro soberbo e um excelente homem; literalmente *escrevera o livro de normas* sobre as características operacionais da nave, o primeiro tratado científico sobre o assunto, "Requisitos para a aeronavegabilidade satisfatória das aeronaves", Relatório NACA nº 755, 1937, que se tornara um clássico. Era um homem corpulento, careca e tímido, de voz esganiçada. Mais recentemente fora chefe da Pilotless Aircraft Research Division (Divisão de Pesquisas com Aeronaves Não Tripuladas) do NACA, que fizera experiências com foguetes não tripulados. Gilruth não estava acostumado a comandar tropas e muito menos um grupo de pilotos ambiciosos. Não era nenhum Vince Lombardi. Era um gênio entre os engenheiros, mas não era o tipo de receber sete estrelas colossais repentinamente transformadas nos mais famosos pilotos dos Estados Unidos e reuni-los no Astrotime de Bob Gilruth.

Eles eram tão famosos, tão reverenciados, tão exuberantemente paparicados, e considerados motivos de interesse de todas as horas que não havia iguais nesse novo ramo da carreira militar. Por toda parte onde passavam em viagem, as pessoas paravam o que estavam fazendo e lhes lançavam um certo olhar de assombro e solidariedade. Solidariedade... porque *todos os nossos foguetes explodem*. Era um olhar bondoso, simpático, caloroso, de fato, mas mesmo assim era estranho. Era o tipo de sorriso fulgurante tinto de lágrimas e alegria; lágrimas e alegria ao mesmo tempo. Na verdade, era um olhar antigo, de um passado primevo, nunca visto antes nos Estados Unidos. Era o sorriso de homenagem e admiração — diante de tanta bravura! — dado aos guerreiros de combates singulares, antecipadamente, por conta, antes do confronto, desde que o tempo existe.

Bom... Glenn estava preparado; preparado para a *eleição*; preparado para ser o primeiro a cortar os céus quando aquela conta de homenagem e honra e rostos fulgurantes vencesse.

* * *

UMA DAS PESSOAS QUE LHES LANÇOU AQUELE OLHAR RADIOSO com sincera devoção foi um advogado de Washington chamado Leo DeOrsey. Walter Bonney, o funcionário para assuntos externos que dirigira a entrevista coletiva, viu o frenesi de publicidade começar a se armar em torno dos sete homens e concluiu que precisavam de assessoria especializada em seu novo papel de celebridades. Procurou DeOrsey, que era advogado tributarista. Harry Truman, no passado, pensara nomeá-lo chefe do Serviço de Imposto de Renda. Representara muitas celebridades do mundo dos espetáculos, inclusive um amigo do presidente Eisenhower, Arthur Godfrey. Assim, os sete acabaram jantando com DeOrsey numa sala reservada do Colúmbia Country Club nos arredores de Washington. DeOrsey era um cavalheiro afável e barrigudinho. Usava roupas fantásticas. Fez uma cara séria e contou que fora procurado por Bonney. Disse que estava disposto a representá-los.

— Só insisto em duas condições — falou.

Glenn pensou de si para si: "Bom, aí vem."

— Primeira — disse DeOrsey —, não aceitarei honorários. Segunda, não receberei reembolso por despesas.

Conservou a expressão séria no rosto por um instante. E então sorriu. Não havia nem ganchos nem arestas. Estava sendo obviamente sincero. Achava que eram fantásticos e se sentia encantado só de estar envolvido com eles. Nada era demais para seus clientes. E foi assim que as coisas transcorreram com Leo DeOrsey daquela noite em diante. Não poderia ter sido mais correto nem mais generoso.

DeOrsey propôs que os direitos de suas histórias pessoais para publicação em livros e revistas fossem vendidos para quem pagasse mais. Bonney tinha certeza de que o presidente e a NASA permitiriam isso, porque diversos militares tinham fechado tais negócios desde a Segunda Guerra Mundial, sendo Eisenhower o caso mais notável. O argumento apresentado à NASA seria que, se os sete vendessem os direitos exclusivos a apenas uma organização, teriam um escudo natural contra os infindáveis pedidos e intrusões do restante da imprensa e também maior possibilidade de se concentrar em seus treinamentos.

De fato, a NASA aprovou a ideia, a Casa Branca aprovou, e DeOrsey começou a entrar em contato com as revistas, estabelecendo o piso em US$500 mil para as ofertas. A única oferta concreta — US$500 mil — veio da revista *Life*, e DeOrsey fechou o negócio. A *Life* tinha um excelente precedente para a sua decisão. Pouca gente se lembrava, mas o *The New York Times* comprara os direitos da história pessoal de Charles Lindbergh antes de seu famoso voo transatlântico em 1927. O acordo funcionara maravilhosamente para ambas as partes. Tendo comprado os direitos exclusivos, o *Times* dedicou as primeiras cinco páginas a Lindbergh no dia seguinte ao voo e as primeiras *dezesseis* no dia seguinte à sua volta de Paris, e todos os outros grandes jornais tentaram o possível para acompanhá-lo. Em pagamento dos direitos exclusivos da *Life* às suas histórias pessoais e às de suas esposas, os astronautas dividiriam igualmente os US$500 mil, a quantia montava a pouco menos de US$24 mil por ano para cada homem durante os três anos programados para o Projeto Mercury, e a uns US$70 mil no total.

Para segundos-tenentes com esposas e filhos acostumados a se arranjar com um soldo básico de US$5.500 a US$8.000 por ano, mais uma ajuda de custo para moradia e alimentação de uns US$8.000 e talvez uns US$1.750 de horas extras de voo, a princípio mal dava para imaginar aquela quantia. Não era real. Em todo caso, não veriam um tostão dela durante meses... Contudo, mordomias eram mordomias.

Um oficial militar de carreira negava a si e à família muitas coisas... mediante o acordo de que quando sobreviessem mordomias seriam aceitas e divididas. Fazia parte do contrato implícito. O negócio com a *Life* lhes oferecia até uma proteção a toda prova contra a possibilidade de suas histórias pessoais se tornarem demasiado pessoais. Embora escritas pela *Life,* as histórias apareceriam na primeira pessoa, indicando a autoria... "de Gus Grissom"... "de Betty Grissom"... e teriam o direito de suprimir qualquer material com que não concordassem. Além disso, a NASA teria o mesmo direito. Portanto não havia nada que impedisse os rapazes de continuarem a se apresentar com a imagem que haviam projetado na primeira entrevista coletiva: sete pais de família protestantes, interioranos, tementes a Deus, patriotas com excelente apoio no front nacional.

No verão de 1959, tal acordo estava ótimo para a *Life* e para o resto da imprensa também. Os americanos pareciam sentir profunda satisfação com o fato de os astronautas subverterem as ideias convencionais de glamour. Presumia-se — e o cavalheiro gentil não parava de enfatizar o argumento — que os sete astronautas eram os maiores pilotos e os homens mais corajosos dos Estados Unidos *precisamente em decorrência* das circunstâncias saudáveis de sua formação: cidadezinhas de interior, valores protestantes, famílias sólidas, a vida simples. Henry Luce, fundador da *Life* e chefão dos chefões, não desempenhara papel importante, exceto o de abrir mão do dinheiro, ao fechar o negócio dos astronautas, mas com o passar do tempo passou a considerá-los os *seus garotos.* Luce era um grande presbiteriano, e os astronautas do Mercury pareciam sete encarnações do presbiterianismo. Mas, isso não era nenhum milagre dos Estados Unidos rurais. John Glenn estabelecera o tom moral do astronauta na primeira coletiva com a imprensa. Diplomaticamente os outros tinham mantido as bocas fechadas desde então. Dos Luces e Restons para baixo, a imprensa, aquele cavalheiro de aparência sempre vitoriana, todos viam os astronautas como sete fatias da mesma torta, e da torta da mamãe, da torta da mamãe de John Glenn, vinda das vigorosas aldeias do coração dos Estados Unidos. O Cavalheiro achava que estava olhando para sete John Glenns.

* * *

Entre os sete heróis instantâneos, a luz de John Glenn brilhava mais.

Provavelmente o menos conspícuo, usando-se a mesma régua, era Gordon Cooper. Cooper era uma criatura magra, aparentemente sem malícia, simpático de um jeito caseiro. Vinha de Shawnee, Oklahoma. Tinha um sotaque autêntico de Oklahoma. Era também o mais novo dos sete, com trinta e dois anos. Nunca voara em combate, nem os seus voos de provas em Edwards tinham sido do tipo que chamasse a atenção. Scott Carpenter não estava mais adiantado no grande zigurate do voo, naturalmente, mas Carpenter não sentia a menor relutância em falar de sua relativa falta de experiência em jatos e no resto. O que parecia aborrecer alguns dos rapazes é que nada disso, por mais óbvio que fosse, desconcertava Gordon Cooper em nada.

Duas pessoas que por vezes pareciam se impacientar com Cooper eram os seus colegas de Força Aérea Gus Grissom e Deke Slayton. Grissom e Slayton tinham se tornado grandes amigos desde o dia em que foram selecionados para se tornarem astronautas. Eram feitos do mesmo barro cinzento. Slayton se criara em uma fazenda a oeste de Wisconsin, próxima à cidade de Sparta e do Parque Estadual de Elroy Sparta. Era mais alto que Grissom, mais parrudo, na verdade simpático e bem inteligente, uma vez que a pessoa penetrasse a tundra. Quando o assunto era o voo, sua expressão se iluminava, e ele irradiava confiança e todo o espírito, encanto e perspicácia que se poderia querer. Em outras situações, porém, tinha a impaciência de Grissom com as boas maneiras e a conversa fiada, e o jeito de Grissom de mergulhar em transes impenetráveis como se uma nuvem sombria e invernal de Pecado Original, vinda de um país nórdico luterano, estivesse passando diante de seu rosto. Deke começara a voar na Segunda Guerra Mundial, quando a Força Aérea ainda fazia parte do Exército. No Exército a pessoa gravitava continuamente em torno de gente que falava o jargão militar, uma língua em que havia uns dez substantivos, cinco verbos e um adjetivo, ou particípio passado, ou que nome tivesse. Parecia haver sempre uns camaradinhas de Valdosta ou de Oilville ou um lugar igual sentado à toa falando:

— Falei pro cara que se tentasse me ferrar, eu cobria ele de porrada, *tô* certo?

— É isso aí.

— Então eles continuaram a me sacanear e eu cobri eles de porrada, *tô* certo?

— É isso aí.

— E agora eles *tão* me dizendo que vão me pôr em *cana*! Sabe o que mais? Deixa eles virem!

— É isso aí.

Agora que, de repente, Deke virara uma celebridade, havia gente que o conhecia e que ficava de cabelos em pé todas as vezes que ele se aproximava de um microfone. Receavam que fosse usar jargão militar em cadeia nacional e fundir a cuca de metade da população dos Estados Unidos. A verdade é que Deke era demasiado arguto para tanto. Era um cara legal na opinião de Gus. Moravam a apenas duas portas de distância em Langley, e se estavam em casa no fim de semana, normalmente faziam alguma coisa juntos, tal como caçar ou descolar um T-33 da Base Aérea de Langley e atravessar o país, se revezando nos controles. Por vezes voavam ida e volta até a Califórnia, e era provável que, se trocassem um total de quarenta frases, transcontinentalmente, voltariam sentindo que tinham mantido uma conversa animadíssima e profunda.

Há uns dois anos em Wright-Patterson eles eram o Gus e o Gordo — o nome pelo qual Gordon Cooper era conhecido —, os grandes companheiros de voo de fim de semana. Então Gordo fora transferido para Edwards, onde por acaso Deke Slayton se encontrava. E agora que os três se reuniam na mesma unidade, essa extraordinária e nova unidade de astronautas, havia noites em que os outros ouviam o sotaque de Oklahoma de Cooper virando o motor... e dava engulhos... estavam todos tomando umas e outras na casa de alguém, num sábado desses, e ouviam Cooper começar a contar algo extraordinário que acontecera quando andava testando o F-106B ou o que fosse em Edwards... e o sangue subia aos olhos indignados de alguém que retrucaria: "Vou dizer o que é que Gordon fazia em Edwards. Estava na *Engenharia*." E pelo jeito com que dizia *engenharia,* a pessoa pensava que Gordo fora intendente ou primeiro tamborileiro ou capelão.

Deke Slayton sentia orgulho de pertencer à unidade quente de provas de voo em Edwards, as Operações de Voo. Os pilotos de Operações de Voo em Edwards forçavam os limites de voo dos aviões mais novos e quentes construídos, de que era o exemplo mais recente a série Century, e na qual se enquadrava o F-106B do Gordo. Mas pertencer à engenharia era ser um joão-ninguém. Gus e Gordo continuaram amigos e até apostaram algumas corridas de carro e, depois, de lanchas. Ele era tão simpático e camarada que era difícil não apreciá-lo. Mas por vezes Gus se encrespava com as histórias do Gordo, também.

Mas isso não incomodava Gordo nem um pouco! Parecia indiferente a tudo. Continuava na maior calma e com aquela fala arrastada como se estivesse o tempo todo no topo do mundo! Também era dado a reclamar de coisas que os outros não conseguiam compreender. Como aquela história do pagamento de horas extras!

A verdade é que nenhum deles, nem mesmo Gus, que o conhecia razoavelmente bem, compreendia o tipo de pessoa que Cooper era. Cooper podia ter os seus pontos cegos, mas se assim fosse, era a cegueira do caçador que resolutamente subia o maciço zigurate. Portanto que diferença fazia se, pelos padrões externos, não tivera a carreira mais brilhante dos sete astronautas? O dia amanhecia! Ele tinha apenas trinta e dois anos! O amor-próprio de caçador de Cooper parecia uma lâmpada PAR. Era como se onde quer que pousasse a luz brilhasse à sua volta, e ali fosse o lugar certo. Cooper sabia tão bem quanto os outros que era mais prestigioso servir em Operações de Caças do que na engenharia em Edwards. Mas uma vez que estava na engenharia, a luz brilhava ao seu redor, e a sua imagem naquele lugar era boa. Como piloto na engenharia via o projeto pelos dois lados, o projetivo e administrativo ao mesmo tempo que o do piloto. Era como ser um diretor de projeto que também voasse... era essa a sensação... Grande parte da confiança à prova de fogo que Cooper sentia decorria de ser um "pé e mão inato", como se dizia. Quando se falava de firmeza absoluta no controle de uma aeronave com asas, provavelmente não havia nenhum astronauta que pudesse superá-lo. Seu pai fora coronel na antiga Força Aérea do Exército, um oficial de carreira, e Cooper começara a voar antes dos dezesseis anos. Conhecera a esposa, Trudy, no Aeródromo de Hickam depois de se matricular na Universidade do Havaí. Ela também era piloto. Voar para Cooper era como respirar. Parecia se sentir absolutamente imune aos perigos comuns do voo; pelo menos, era absolutamente tranquilo quando se tratava de enfrentá-los. Em termos de carreira, nunca se mordera de dúvidas. Era apenas uma questão de tempo e as coisas viriam ter às suas mãos. Disso parecia convencido.

Quando começaram os testes para seleção de astronautas em Lovelace e Wright-Patterson... bom, era óbvio, não era? Tudo agora estava vindo ter às suas mãos. Nunca sequer duvidara de que seria escolhido. Sua relativa falta de credenciais não o incomodava nem um pouco. Seria escolhido! Era capaz de apostar! Na hora dos rigores dos testes físicos em Lovelace suportou tudo com uma piscadela de quem sabe das coisas. Situações como aquela de sair correndo pelo corredor com o bário prestes a explodir pelo rabo — ele imaginou que eram intencionalmente previstas como parte dos testes de tensão. Não tinha importância, uma vez que se compreendesse o exercício. Tensão? Estava tão descontraído que os psicólogos que aplicavam os testes de tensão em Wright-Patterson mal podiam acreditar. Tão logo se completaram os testes em Wright-Pat, Cooper disse a seu oficial comandante em Edwards que era melhor procurar alguém para substituí-lo. Ia ser escolhido para astronauta. Isso foi um mês antes de fazerem realmente a seleção. Cooper afinal não se mostrara nem tão ingênuo nem tão inocente quanto alguns pensavam. Desde o início, nas sessões de entrevistas, os psicólogos da NASA tinham feito aos candidatos a astronautas muitas perguntas a respeito de suas vidas em família. Independentemente de quaisquer considerações possíveis sobre relações públicas, havia uma teoria bastante conhecida na psicologia de voo segundo a qual a desarmonia conjugal era uma das principais causas do comportamento errático entre pilotos e frequentemente conduzia a acidentes fatais. Os instintos certos do oficial de carreira levaram Cooper a responder que sua vida familiar, com Trudy e as crianças, era realmente perfeita, fantástica; dentro dos conformes. Porém isto não resistiria a uma investigação, visto que Cooper e Trudy não estavam vivendo na mesma casa e nem ao menos na mesma latitude. Estavam separados; Trudy e as crianças moravam perto de San Diego enquanto ele permaneceu em Edwards. Sem dúvida, era hora de uma reconciliação. Cooper fez uma viagem rápida a San Diego... desfiou a meada inteira... um verdadeiro laço... a separação, seu futuro na NASA, e assim por diante... Em todo caso, Trudy e as duas filhas voltaram a Edwards e Cooper conseguiu retomar o sonho americano intacto, sob o mesmo teto, antes do último round do processo de seleção, e ninguém na NASA ficou sabendo de nada.

Após a seleção, um dos redatores da revista *Life* levantou a questão de que era menos experiente do que os outros astronautas. Cooper não se desconcertou nem um minuto. Respondeu que era também mais novo do que os outros e provavelmente seria o único a ir a Marte.

O único ângulo do negócio todo que parecia abalar a confiança de Cooper eram as relações públicas, a rotina publicitária, as viagens pra cá e pra lá, em que as várias personalidades locais o sentavam à cabeceira da mesa, lhe davam um tapa nas costas e lhe diziam para se levantar e "dizer umas palavrinhas". A maioria das viagens era a cidades em que se fabricavam as peças para o sistema Mercury, como St Louis, construtora da cápsula na McDonnell, ou San Diego, construtora do foguete Atlas na Convair. St. Louis, San Diego, Akron, Dayton, Los Angeles — alguém estava sempre sugerindo que a pessoa dissesse "só umas palavrinhas".

Era nessas ocasiões que se percebia com maior nitidez que os sete astronautas americanos não eram de modo algum idênticos. Glenn parecia gostar da coisa. Não se cansava dos sorrisos e apertos de mão, e tinha umas palavrinhas guardadas em todos os bolsos. Chegava ao ponto de regressar a Langley e escrever cartões para os trabalhadores que conhecera na linha de montagem, enviando pequenos "é isso aí, rapazes" como se estivessem todos metidos na mesma empreitada, parceiros na grande aventura, e ele, o astronauta, jamais esqueceria o rosto sorridente do inspetor de soldas. A ideia, muito aplaudida pela NASA, era que o interesse pessoal do astronauta infundiria em todos que trabalhavam para os fornecedores uma maior preocupação pela segurança, solidez e eficiência.

Curiosamente, a coisa parecia funcionar. Gus Grissom foi até a fábrica da Convair em San Diego, onde construíam o foguete Atlas, e Gus se sentiu tão pouco à vontade nessa história quanto Cooper. Pedir a Gus para dizer "só umas palavrinhas" era o mesmo que lhe entregar uma faca e pedir para cortar uma artéria principal. Mas centenas de operários estão reunidos no auditório da fábrica Convair para ver Gus e os outros seis, e sorriem para eles, e os chefões da Convair dizem umas palavras e depois esperam que os astronautas digam umas palavras, e de repente Gus percebe que é a sua vez de dizer alguma coisa, e fica petrificado. Abre a boca e jorram as palavras:

— Bom... façam um bom trabalho!

É um comentário irônico em que está implícito: "... porque é o meu rabo que vai estar no seu maldito foguete." Mas os operários começaram a aplaudir feito loucos. Começaram a aplaudir como se tivessem acabado de ouvir a mensagem mais inspiradora e comovente de suas vidas: *Façam um bom trabalho!* Afinal de contas, é o rabo do pequeno Gus que vai estar metido naquele foguete! Postaram-se ali uma eternidade e aplaudiram freneticamente enquanto Gus os contemplava aparvalhado da sacada do papa. E a coisa não parou por aí, os operários — os operários, não a direção, mas os operários! — mandaram uma firma especializada confeccionar um enorme pavilhão e o penduraram bem alto no vão central da área de trabalho, com os dizeres: FAÇAM UM BOM TRABALHO.

Toda essa gente com seus sorrisos de simpatia não pedia muito. Umas poucas palavras aqui e ali bastavam. *Façam um bom trabalho.* Todavia, para Cooper isso não melhorava nada as aparições públicas. Achava-se no mesmo barco que Gus e Deke, que também não eram nenhum Franklin D. Roosevelt quando se tratava de aparecer em público. Todo mundo grudava na pessoa durante essas viagens, congressistas e empresários, e diretores e presidentes disso e daquilo. Todo mandachuva da cidade queria estar perto do *astronauta.* Nos primeiros dez ou quinze minutos lhes bastava respirar o mesmo ar que o astronauta respirava e ocupar o mesmo espaço que o seu famoso corpo. Então começavam a olhar para você e esperar... Esperar o quê? Ora, seu burro! — esperar que diga umas palavrinhas! Queriam alguma coisa quente! Se você era um dos sete maiores pilotos e sete homens mais corajosos dos Estados Unidos, então, obviamente, devia ser fascinante escutá-lo. Umas histórias de guerra, cara! E você se sentava ali pressionado, procurando furiosamente pensar em alguma coisa, em qualquer coisa, e isso o deixava cada vez mais triste. Sua luz já não brilhava a toda volta.

Era nessas ocasiões que os três rapazes da Força Aérea, Cooper, Gus e Deke, não teriam se importado de serem iguais a Alan Shepard, que era legal. Não gostava dessas aparições públicas mais do que eles. Mas Alan era capaz de trocar de marcha quando precisava. Era um sujeito formado pela Academia Naval, e se tivesse que se mostrar caloroso, arejar a língua e trocar abobrinhas com todos esses congressistas e diretores-presidentes de empresas imobiliárias e produtores de uísque e se levantar e fazer comentários extemporâneos quando necessário, era capaz de fazê-lo. Wally Schirra era outro vindo da Academia Naval e capaz de transar as coisas como queria. Wally era um bom camarada, um caçador de quatro costados, mas também possuidor do dom de saber usar o charme da velha Academia no trato com estranhos. Quanto ao terceiro da Marinha, Carpenter, ele não frequentara a Academia, mas era o charme em pessoa. Sabia usar as boas maneiras.

Havia pouquíssima vida social na Força Aérea, e talvez essa fosse uma das razões por que Cooper gostava do terno de festas. A conversa de "oficiais e cavalheiros" era mantida em um nível mínimo. Na maioria das bases os únicos membros da classe abastada local que convidavam os oficiais da Força Aérea para festas eram os distribuidores de automóveis. Simplesmente adoravam o jeito com que esses sacanas de farda azul compravam carros e os destruíam e voltavam para comprar mais. Na Força Aérea havia uma simpática democraciazinha já incorporada. Até um oficial atingir a patente de tenente-coronel, só havia uma maneira de imprimir sua marca e progredir, e era testando-se como piloto. Se conseguisse demonstrar no ar que possuía a fibra necessária, não havia nada, a não ser um grave defeito de caráter, que o impedisse de ser promovido às patentes intermediárias. Na Força Aérea da Marinha um oficial também tinha que se testar no ar, mas no nível de piloto de provas a Marinha começava a insistir também nas "qualidades de liderança", referindo-se à educação e todo o resto.

Ali havia homens como Al Shepard, que provinham do que, por vezes, se chamava "aristocracia militar". O que valia dizer que Al era filho de um oficial de carreira. A essa altura a pessoa deparava com esses sujeitos, oficiais de segunda geração, em todas as armas. Pareciam somar metade dos graduados em West Point e Annapolis, como Al e Wally Schirra. O pai de Al era um coronel reformado do Exército. A família de Wally Schirra era na realidade uma família de militares. O pai fora piloto na Primeira Guerra Mundial, abandonara a carreira em seguida, mas se tornara engenheiro civil na Força Aérea após a Segunda Guerra Mundial, ajudando a reconstruir aeroportos japoneses. Era muito raro se encontrarem oficiais de carreira filhos de empresários, médicos ou advogados. Estes orientavam os filhos para evitar a carreira militar. Desprezavam-na. Portanto, o que se via eram, por um lado, os oficiais de segunda geração, como Schirra e Shepard, e, por outro, os filhos de operários e agricultores, gente como Gus, Deke e John Glenn. A rigor, rapazes como Shepard e Schirra (e Carpenter) talvez viessem de cidades pequenas, mas seria um engano chamá-los "interioranos", na acepção com que se aplicava o termo a Gus ou Deke, e isso se evidenciava na maneira com que se comportavam em público.

Não tardou muito para Cooper começar a sentir falta do voo, da vida a bordo, da pior forma possível. Começou a sentir falta como um outro homem poderia sentir falta de comida. A rotina diária de decolar com uma aeronave de alto desempenho e levá-la aos limites — esse era o cerne da vida de um caçador, embora eles nunca expressassem sua importância a não ser pelo termo "proficiência". Os pilotos acreditavam piamente que era necessário voar uma aeronave nos limites com regularidade a fim de manter a proficiência ou "capacidade de tomar decisões". De certa forma, era um equivalente bastante lógico da preocupação do atleta de se manter em forma; mas de outra, isto mantinha uma ligação com os mistérios da fibra e os prazeres inefáveis de mostrar ao mundo, e a si mesmo, que era um dos eleitos. Era muitíssimo estranho se acharem em treinamento de voo, os primeiros astronautas dos Estados Unidos, e contudo não voarem pessoalmente, a não ser como passageiros.

Não havia voo algum na agenda de treinamento! À medida que as semanas transcorriam, os sete homens começaram a inquietar-se com isso, mas foi Cooper quem verbalizou a reclamação publicamente. Os primeiros meses incluíam um pesado programa de palestras sobre astronomia, propulsão de foguetes, operações de voo, sistemas de cápsulas e ainda viagens aos empreiteiros, aos subempreiteiros e ao Cabo Canaveral, de onde seriam lançados os foguetes, a Huntsville, ao Alabama, onde Wernher von Braun e seus alemães estavam desenvolvendo os foguetes, a Johnsville, na Pensilvânia, onde se encontrava instalada a centrífuga humana. A coisa não tinha fim. Em todas essas viagens, Cooper e os outros iam em aviões comerciais. Parecia-lhe que passava metade de cada dia em aeroportos aguardando a bagagem ou revistando os bolsos para verificar quanto dinheiro tinha. Ei-lo ali voando metade do mês — como passageiro! E ainda por cima, perdendo a remuneração por horas de voo! Isso não era brincadeira! DeOrsey andava negociando o contrato com a *Life*, mas ainda não fechara nada. Se um capitão da Força Aérea mantivesse em dia o voo de adestramento, recebia um extra de US$145 por mês de horas de voo, e não havia um único piloto vivo e mentalmente são que não corresse atrás desse pagamento todos os meses a não ser que estivesse de cama ou proibido de voar. Os extras — nossa, era impossível explicar a alguém de fora, mas tais coisas eram princípios fundamentais da psiquê de um oficial de carreira. Além do mais, a família sempre precisava de dinheiro. Cooper, a exemplo dos outros seis, estava sendo pago pelos militares, e com isso perdia uma expressiva percentagem de seus proventos, que para começar já não eram grande coisa. E não parava aí, um oficial militar recebia meros nove dólares por dia de ajuda de custo para viagens diurnas e doze dólares por viagens com pernoite. Hospedar-se em hotéis, comer em restaurantes — não dava pé. Principalmente quando supostamente eram uma espécie de celebridades. Sentiam-se todos as maiores celebridades parasitas dos Estados Unidos. Digamos que fossem almoçar com cinco ou seis figurões em Akron, onde iam provar roupas pressurizadas na B. F. Goodrich. Nem ousavam puxar o talão de cheques. Suponha-se que, em razão do atraso na resposta psicomotora ou outro acidente igualmente horrível, os caras *os deixassem pagar*! A droga da despesa poderia custar trinta e cinco dólares — e lá se ia o dinheiro com que sua família comeria duas semanas... Ainda assim o pagamento por horas de voo em si era o de menos. Era mais uma evidência da curiosa situação de *não piloto* do astronauta. Cooper calculou que andava gastando quarenta horas mensais em voos comerciais nessa movimentação toda. Horas suficientes para ter acesso a um caça supersônico tipo F-104B... Gus e Deke estavam deslocando T-33s em Langley para dar umas voltinhas nos fins de semana. Mas o T-33 era um aviãozinho de brinquedo, um avião subsônico de treinamento. O F-104B era um avião com que o piloto podia se espalhar. Mas a Base Aérea de Langley nem ao menos se achava equipada para manter um avião desses. Por isso Cooper viajava até McGhee Tyson em Knoxville, onde tinha um camarada que conseguia requisitar um treinamento ocasional no F-104B. Com uma aeronave daquelas se podia *viver e respirar*... e manter o adestramento e o contato com o avião dos eleitos...

Tais pensamentos lhes acorriam mais uma vez à mente, certa ocasião em que se encontrava sentado para almoçar em Langley, quando um repórter do *Washington Star* chamado William Hines veio cumprimentá-lo. Bom, conversaram um pouco e uma coisa levou a outra, e logo, logo Cooper estava dando o serviço todo. Quando a reportagem apareceu no *Star* — pintando com exatidão que a queixa de Cooper seria algo comum a praticamente todos os astronautas —, os funcionários da NASA ficaram perplexos. A Comissão Parlamentar de Ciência e Astronáutica de Overton Brooks ficou perplexa. Os companheiros de Gordo nas vantagens e mordomias ficaram perplexos, embora a maioria concordasse inteiramente com ele. Passavam a impressão de serem um tantinho mesquinhos. Ali estavam os sete heróis, guerreiros celestes, estampados em toda a imprensa a reclamar o pagamento das horas de voo e oportunidades para voar...

Overton Brooks enviou um investigador da comissão a Langley para verificar que diabo andava acontecendo. O relatório que apresentou na volta foi um trabalho verdadeiramente modelar de diplomacia sobre o descontentamento dos primeiros guerreiros singulares de seu país. "Os astronautas", escreveu, "têm plena consciência de suas responsabilidades perante o projeto e o público americano, particularmente no que se refere ao papel heroico que estão começando a assumir aos olhos dos jovens deste país. Impuseram-se regras rigorosas de conduta e comportamento, o que lhes confere o crédito de avaliação madura e construtiva de sua posição, alvo da admiração de todos." O único problema é que continuam querendo o pagamento das horas de voo e uns aviõezinhos envenenados.

A EXEMPLO DA MAIORIA DAS OUTRAS ESPOSAS, BETTY GRISSOM estava presa em Langley com filhos pequenos para cuidar. A princípio pensara que ela e Gus iam finalmente gozar o sossego de uma vida caseira normal, mas por alguma razão Gus vivia ausente com a mesma frequência de sempre. Mesmo quando recebia folga nos fins de semana, acabava indo parar na casa de Deke, e antes que ela desse conta, os dois estavam rumando para a base para fazer um voo de "adestramento", e lá se perdia mais um fim de semana.

Se Gus ficava em casa no fim de semana, era dado a breves surtos de paternidade em benefício dos dois filhos, Mark e Scott. Isto tanto poderia assumir a forma de bons sermões sobre obediência e necessidade de atender à mãe quando o pai se achava ausente, quanto a forma de um cais flutuante. O loteamento em que moravam dava fundos para um laguinho. Um fim de semana desses Gus começou a construir um cais flutuante para que os meninos pudessem nadar no lago. O problema é que o mais velho dos meninos, Scott, tinha apenas oito anos, e Betty receava que fossem se afogar lá. Afinal não teve com que se preocupar. Os meninos jamais gostaram do velho laguinho. Preferiam muito mais a piscina do outro lado da rua, no clube do loteamento. Ela tinha um trampolim, borda de concreto e água limpa, e havia outras crianças com quem brincar. O cais flutuante continuou lá nos fundos apodrecendo dentro do lago como um lembrete do tipo de paternidade que a vida de astronauta começou a impor a todas as sete famílias.

Betty não se aborrecia tanto com as ausências prolongadas do marido quanto muitas outras esposas se aborreceriam. Quando estiveram baseados em Williams, as outras esposas chegaram a pressioná-la para não liberar Gus tantos fins de semana de folga, porque isso punha ideias na cabeça de seus maridos. Mas poucas esposas pareciam crer tão firmemente quanto Betty no pacto implícito das esposas militares. O pacto não era tanto algo entre o marido e a mulher quanto entre os dois e os militares. Era em função do pacto que uma esposa militar provavelmente diria *"fomos mandados de novo para Langley"... nós,* como se os dois estivessem na Força Aérea. Segundo os termos do pacto implícito, estavam mesmo. A mulher começava o casamento — com o marido e os militares — fazendo pesados sacrifícios. Sabia que o soldo seria miseravelmente baixo. Teria que se mudar com frequência e viver em casas deprimentes e dilapidadas. O marido talvez se ausentasse durante longos períodos, principalmente em caso de guerra. E, ainda por cima, se o marido fosse piloto de caça, teria que conviver com a ideia de que qualquer dia, na paz ou na guerra, havia uma surpreendente probabilidade de que o marido fosse morto, *num abrir e fechar de olhos.* Caso em que o código acrescentava: *Favor dispensar o choro em benefício dos que ainda estão vivos.* Em retribuição por tais concessões, a esposa tinha garantido o seguinte: um lugar na grande família da comunidade militar, uma situação de bem-estar social no melhor dos sentidos, e providências para que todas as suas necessidades básicas, da saúde à babá para as crianças, fossem atendidas. E a de esquadrão tendia a ser a mais firmemente cimentada de todas as famílias militares. Também lhe garantiam um casamento permanente, se o quisesse, ao menos pelo tempo que estivessem servindo. O divórcio — ainda em 1960 — era um passo fatal para o oficial militar de carreira; resultava em relatórios de eficiência prejudiciais por parte dos superiores, relatórios que poderiam arruinar as chances de promoção. E havia ainda uma garantia, algo de que raramente se falava exceto em termos cômicos. Sob a superfície, porém, não era nenhuma piada. Na carreira militar, quando o marido era promovido, a mulher era promovida. Se ele passava de tenente a capitão, ela se tornava a Sra. Capitão e passava a ser hierarquicamente superior a todas as Sras.

Tenentes e recebia todas as honrarias sociais previstas no protocolo militar. E se o marido recebia uma honra militar, então ela se tornava a Honorável Sra. Capitão — tudo isso independentemente de sua competência social. Naturalmente, todos sabiam que uma esposa graciosa, bem-falante, versátil, competente, sofisticada era de grande valor para a carreira do marido, precisamente porque formavam uma equipe e *os dois* estavam engajados na carreira militar. Em todos os chás, ocasiões sociais, cerimônias e festas obrigatórias na casa do comandante e em todas as horríveis funções no Clube das Esposas dos Oficiais, Betty sempre se sentia perdida, apesar de sua boa aparência e inteligência. Sempre se perguntava se não estaria atrasando a carreira de Gus por não conseguir ser a Feiticeira Sorridente & Versátil que se exigia.

Agora que Gus fora elevado a essa nova e extraordinária patente — astronauta —, Betty não hesitava em receber a parte que lhe cabia no contrato. Era como se... bem, precisamente porque suportara e se sentira deslocada em tantos chás e outros testes de trivialidades, precisamente porque se sentara em casa junto ao telefone durante toda a Guerra da Coreia e só Deus sabe quantas centenas de voos de prova, imaginando se os anjos esvoaçantes lhe telefonariam, precisamente porque suas casas durante esse tempo tinham sido típicas da cota de sacrifício de uma esposa de segundo-tenente, precisamente porque o marido se ausentara tanto — era como se precisamente porque as coisas eram assim, Betty tinha absoluta intenção de ser a Honorável Sra. Capitão Astronauta e de aceitar todas as honras e privilégio que disso decorriam.

Betty achou o negócio com a *Life* fantástico. Não teve que se debater com os anjos nem um instante. Iriam receber pouco menos de US$25 mil por ano, uma soma quase além da imaginação após todos esses anos ocre-lúgubres. Mas essa era apenas uma amostra da beleza dessas mordomias. No dia em que anunciaram que Gus passara na seleção para astronautas, Betty se sentira ainda mais aterrorizada que Gus. Gus só tinha que enfrentar uma entrevista coletiva controlada pela NASA. Betty, praticamente sem aviso prévio, fora cercada, atropelada pela imprensa, em sua casa em Dayton. Entraram rastejando pelas janelas como cupins vorazes, ou carrapatos, tirando fotografias, gritando perguntas. Sentiu-se praticamente engolfada pelo maior Chá de Trivialidades de todos os tempos, e o país inteiro simplesmente a veria como uma sulista sem sofisticação. Para seu grande alívio, todas as respostas que lhe ocorreram saíram em orações completas e coerentes, nem um pouco tolas, nos jornais do dia seguinte, e ela pareceu esplêndida nas fotografias. (Naturalmente desconhecia que a imprensa era um animal anacrônico e de colônia, um Cavalheiro vitoriano decidido a emprestar a todos os momentos importantes o tom correto.) Ainda assim, não gostaria de passar por aquele tipo de situação outra vez. E agora não passaria! Só teria que falar aos repórteres da *Life*, e eles se mostraram maravilhosos. Foram corteses, bem-educados, bem-vestidos, simpáticos, bondosos, damas e cavalheiros autênticos. Não tinham o menor desejo de fazê-la parecer mal. Betty e as outras esposas irromperam, à semelhança de grandes flores, perante os dez milhões de leitores da *Life* em uma matéria de capa no número de 21 de setembro de 1959. Seus rostos, brancos, redondos, lisos em meio a uma coroa de cabelos, foram dispostos na capa como um buquê de flores com o de Rene Carpenter ao centro — sem dúvida alguma porque os editores a consideravam a mais bonita. Mas quem é esta? Ah, é Trudy Cooper. E quem é *essa*? Ah, é Jo Schirra. E quem é *aquela*? Ah, é... Mal reconheciam umas às outras! Então perceberam por quê. A *Life* retocara os rostos de praticamente todas até os ossos. A menor sugestão de um cisto, espinha, marca de eletrólise, penugem sobre os lábios, bolsa, inchaço, rachadura no batom, cílio rebelde, lábios desiguais... tinham desaparecido na mágica do retoque fotográfico. Os retratos pareciam aqueles que as moças se lembram dos álbuns de classe em que a profusão de imperfeições, espinhas, cravos, mílias, caroços, cicatrizes, bexigas, trincheiras de acne, vulcões de furúnculos, placas de pústulas, marcas de urticária, volumes de aparelhos ortodônticos e outros senões foram erradicados pelo estúdio fotográfico, e a retratada lembrava alguém que acabava de convalescer de uma cirurgia plástica. A manchete dizia: SETE MULHERES CORAJOSAS POR TRÁS DOS ASTRONAUTAS.

Com ou sem intenção, a *Life* encampou a ideia que o companheiro presbiteriano de Luce, John Glenn, expressara na primeira coletiva com a imprensa: "Creio que nenhum de nós poderia realmente se lançar em uma coisa dessas se não tivesse um excelente apoio em casa." Excelente apoio em casa? Perfeito apoio é o que iam ter: sete impecáveis bonecas com rostos de camafeu, sentadas na sala íntima com os cabelos arrumadinhos; prontas para oferecer todo e qualquer apoio aos bravos rapazes. Havia uma certa loucura no esquema, mas era maravilhoso. Na semana anterior, no número de 14 de setembro de 1959, a *Life conduzira* Gus e os outros seis à sacada pontifícia com uma matéria de capa intitulada PRONTOS PARA FAZER A HISTÓRIA, a qual não deixava a menor dúvida de que eram os sete homens mais corajosos e os sete maiores pilotos da história americana, mesmo que para tanto não apurassem muito os detalhes. Agora a *Life* estava conduzindo Betty e as outras esposas à mesma sacada.

Quanto a Betty, não havia objeção alguma.

Tinham sido obrigadas a deixar os repórteres e fotógrafos da *Life* entrarem em casa e as acompanharem para onde quisessem, mas isso afinal não constituiu problema especial. Não tardou muito e todas perceberam que sequer precisavam se manter na defensiva. O pessoal da *Life* era muito simpático. Os homens obviamente sentiam um assombro masculino por Gus e os outros; podia-se até detectar uma pontinha de inveja de vez em quando, porque os repórteres da *Life* e os rapazes eram mais ou menos da mesma idade. Mas eram leais. De qualquer forma, estavam de mãos atadas, pois Gus, Betty e os outros rapazes e esposas tinham o direito de censurar qualquer coisa que fosse aparecer sob seu nome. E não pensem que eram tímidos nesse particular, tampouco! Nem por um minuto! Era certo se ouvir um deles ao telefone repassando um manuscrito com um redator da *Life* linha por linha, dizendo-lhe, com todas as letras, o que podia ficar e o que ia sair. Ah, os redatores da *Life* por vezes tinham ideias próprias do que era autêntico, colorido, "bom texto". Gostavam de discorrer sobre tópicos tais como rivalidades entre os rapazes e assuntos "coloridos" do tipo Corridas & Bebedeiras e as noções intrafraternais e implícitas de medo e coragem... Bom, pro inferno com isso! Não era tanto por os caras quererem parecer os *Hardy boys in outer space* — mas porque teriam de ser idiotas para deixar suas histórias pessoais se tornarem realmente pessoais. Todo oficial militar de carreira, e especialmente todo segundo-tenente, sabia que, quando se tratava de publicidade, só havia uma maneira de contornar a coisa: com uma continência grudada à testa. Deixar-se transformar em *personalidade,* tornar-se *colorido,* ser retratado como egoísta ou devasso, era dar margem a desgostos, como muita gente, inclusive o general George Patton, descobrira. Scott Carpenter era um caso ilustrativo. Era aberto e sincero por natureza, e lhe aconteceu comentar com um dos repórteres da *Life* que sua adolescência tinha sido tudo menos o padrão família do corpo de astronautas, principalmente depois que o avô falecera e ele andara perambulando por Boulder fazendo o diabo quando lhe dava na veneta — parte desse comentário apareceu na *Life,* sem que a NASA tivesse recebido o rascunho, e Scott recebeu fogo cerrado durante semanas... sob a alegação de que projetara uma luz desfavorável sobre o programa.

Quanto às esposas, sua visão era a mesma das mulheres de oficiais em geral, só que mais acentuada. O principal era não dizer nem fazer nada que refletisse mal no marido. Não havia muito com que se preocupar no caso da *Life.* Se por acaso Betty ou as outras dissessem alguma coisa errada, sempre podiam retirá-la antes da publicação. Com o passar do tempo, os repórteres da *Life* devem ter se desesperado de incluir qualquer coisa pessoal em suas histórias pessoais.

A esposa de Deke Slayton, Marge, fora divorciada, o que fazia parte de seu histórico, mas isso não corria perigo de aparecer na revista *Life*. *Uma ex-divorciada esposa de astronauta* era a essa altura uma concatenação impensável de palavras. Quando se iniciara o processo de seleção dos astronautas, Trudy Cooper, a esposa de Gordon Cooper, estava vivendo sozinha em San Diego. Talvez os repórteres da *Life* soubessem disso, talvez não. Era uma questão discutível, porque de qualquer forma não ia haver astronautas com casamentos lavados publicamente nas páginas da revista *Life* às vésperas da guerra espacial com os russos. Os direitos exclusivos sobre as "histórias pessoais" dos astronautas e suas famílias que a *Life* comprara não abrangiam complicações desse tipo.

E o fato não precisava ser tão pessoal assim para que brandissem a varinha de condão e o fizessem desaparecer. Vejam o que fizeram com a esposa de Glenn, Annie. Ela era uma mulher bonita e muito capaz, mas possuía também o que chamaram "ligeira dificuldade de fala" ou "hesitação quando fala". A verdade é que sofria de uma horrível gagueira, das clássicas, daquelas em que a pessoa tropeça em uma sílaba até forçá-la a sair ou perder o fôlego. Annie enfrentava a parada, e insistia até conseguir dizer o que queria, mas era uma deficiência real — em qualquer lugar menos na revista *Life*. Na revista *Life* não haveria atrozes gaguejos tartamudeantes de britadeira no front doméstico.

Quanto a Betty, ela apareceu na *Life* pensativa, bem-falante, competente e muito respeitada Honorável Sra. Capitão Astronauta. Não pedia muito mais que isso. Se fosse do seu agrado, o pessoal da *Life* podia ficar sentado removendo rugas e imperfeições até ganhar um lugar junto aos anjos do Paraíso dos Retocadores.

7. O CABO

O Cabo Canaveral era na Flórida, mas não em algum lugar da Flórida que alguém mencionasse em uma carta para casa, a não ser em um daqueles velhos cartões-postais de Tichnor Brothers nos quais há um desenho de dois cães sorridentes postados diante de um poste, cada qual com uma perna traseira erguida, e uma legenda:

ESTE LUGAR É MARAVILHOSO... MAS ISSO FICA ENTRE VOCÊ, MIM E O POSTE! Não, o Cabo Canaveral não era Miami Beach nem Palm Beach nem ao menos Key West. O Cabo Canaveral era Cocoa Beach. Essa era a cidade de veraneio no Cabo. Cocoa Beach era a cidade de veraneio do povão que não tinha dinheiro para usufruir as cidades praieiras mais ao sul. Cocoa Beach era tão "povão" que nada nesse mundo jamais poderia mudá-la. As casas de veraneio em Cocoa Beach eram cubinhos com avançados ou "varandas" pregadas na fachada e um cupê De Soto 1952, com persianas na janela traseira, enferrujando ao ar salino do quintal, junto à fossa séptica.

Até mesmo a praia em Cocoa Beach era "povão". Tinha uns noventa e poucos metros de largura na maré alta e era dura como pedra. Era tão dura que a juventude da Flórida do pós-guerra costumava ir às corridas de stock cars em Daytona Beach, e depois, com a imaginação inflamada por sonhos de glória nas pistas, rumava para Cocoa Beach e metia os carros naquela praia empedrada em alucinadas carreiras enquanto os pobres panacas que ali veraneavam juntavam os filhos e as geladeiras de piquenique com estamparia xadrez e corriam a se abrigar. À noite, uma espécie de micuim pré-histórico ou formiga-de-fogo — era difícil dizer, pois não era nunca visível — emergia da areia e da setária e atacava os tornozelos da gente com dentadas mais perversas que as da marta. Não havia nada de "hotéis cinco estrelas" nem "tapete vermelho com banda de música" em Cocoa Beach. O tapete vermelho, se alguém tivesse tentado estendê-lo, teria sido devorado pelos Insetos Invisíveis, como eram chamados, antes mesmo de tocar o chão implacavelmente duro.

E essa era uma das razões pelas quais a rapaziada a adorava! Até mesmo Glenn — até mesmo Glenn que não partilhava todas as suas glórias populares.

O lugar lembrava o que tinham ouvido falar de Edwards, ou de Muroc, na época lendária de fins dos anos 1940 e início dos anos 1950.

Era uma extensão calcinada, arenosa, árida, em que termina a terra que qualquer homem em seu juízo perfeito poderia querer... e o governo dela se apossa para testar máquinas perigosas e avançadas, e os reis da favela que daí resulta são os mesmos que vão testá-las. Logo ao sul de Cocoa Beach situava-se a Base Aérea de Patrick, quartel-general da área de testes de mísseis no Atlântico, usada para testar o arsenal da Guerra Fria: mísseis teleguiados, mísseis balísticos de alcance médio e mísseis balísticos intercontinentais. Ao norte de Cocoa Beach, na pontinha do cabo propriamente dito, havia uma enorme instalação secreta de lançamento de onde todos esses foguetes e naves não tripulados eram disparados, um fim de mundo pedregoso e cheio de dunas tendo o Oceano Atlântico de um lado e o rio Banana do outro, com o solo tão arenoso que os pinheiros raquíticos mal conseguiam atingir cinco metros de altura, porém tão impaludado e pantanoso que as cobras não cediam terreno e lhe lançavam um olhar de desprezo, o tipo de cafundó pedregoso e irrecuperável que os vertebrados abandonam e as lesmas e os Insetos Invisíveis invadem. As poucas construções existentes na base eram da Segunda Guerra Mundial e do tipo provisório. E a exemplo da Edwards de outrora, o Cabo, essa infeliz e miserável reflexão tardia na marcha da evolução terrestre, transformou-se no paraíso dos Voos & Bebedeiras e Bebedeiras & Corridas e Corridas & o resto, para os que se interessavam por tais coisas. Ou pelo menos das Bebedeiras & Corridas & o resto. Ainda não havia voos.

Langley continuou a ser o quartel-general dos astronautas, mas o Cabo seria o local de lançamentos futuros e eles viajavam para lá com frequência cada vez maior. Viajavam de avião comercial, pousando em Melbourne ou Orlando. A maioria alugava conversíveis e rumava para o Holiday Inn na Estrada A1A ao norte de Cocoa Beach, um motel dirigido por um homem chamado Henry Landiwirth, que logo se viu transformado em hoteleiro dos astronautas. Uma faixa comercial no estilo favela americana anos 1960 começava a florescer na Estrada A1A, próxima ao Holiday Inn: restaurantes de hambúrgueres com paredes de vidro e forte iluminação fúcsia, bares noturnos com telhados Kontiki e lojinhas dispostas ao longo da rodovia, lajes de concreto encimadas por telheiros e divididas em boxes com cartazes ESPAÇO PARA ALUGAR.

As unidades militares sempre foram exímias em criar "tradições" instantâneas, no ato, e essa corporação oficiosa de astronautas não era exceção. A tradição era: o Cabo é proibido às esposas. Isso ocorreu muito naturalmente. O Cabo não era um bom lugar para esposas e filhos, porque não havia cozinhas nos motéis, tampouco havia as amenidades comuns nos balneários, e para começar nenhum deles tinha dinheiro para pagar viagens familiares à Flórida. Além disso, as horas de treinamento dos rapazes eram muito longas, por vezes dez ou doze por dia. Não faziam nada no Cabo além de se arrebentar de trabalhar o dia inteiro e cair na cama, muito embora isso fosse uma questão sujeita a interpretações.

O treinamento dos rapazes no Cabo não era tão árduo como tedioso. Até sedentário. Não envolvia voo. Havia dias em que recebiam instruções sobre procedimentos de lançamento. Ou seguiam de carro até a base de lançamento e entravam em um velho hangar convertido, Hangar S, e se sentavam o dia todo em um simulador conhecido pelo nome de "simulador de procedimentos", que por dentro era uma réplica da cápsula que iriam tripular no voo. Ou tecnicamente se sentavam ali o dia todo: na realidade ficavam deitados. Era como se a pessoa pegasse uma cadeira e a virasse para trás, de modo a apoiar o espaldar no chão, e em seguida se sentasse nela. Essa era a posição em que estaria o astronauta durante o lançamento no foguete, e a posição em que estaria ao descer em direção à água, ainda na cápsula, ao fim do voo.

Era difícil para Glenn ou qualquer outro explicar exatamente o que fazia durante dez ou doze horas nessa coisa. Mas é claro que um homem submetido a um dia cheio desse regime tedioso estava pronto para esticar as pernas, pôr o sangue novamente a circular, sacudir um pouco o rabo. Para Glenn era suficiente ir até a praia dura de Cocoa Beach e correr de três a cinco quilômetros. Era a maior pista de corrida de longa distância que poderia desejar, com ar marinho puro para ajudar o coração a funcionar eficientemente. E lá estaria John Glenn, a imagem do astronauta dedicado, correndo pela mesma praia de onde um dia seria arremessado aos céus. John Glenn Correndo para Conquistar o Prêmio Máximo em Cocoa Beach era uma figura ainda melhor do que a que se exibira em Langley. Glenn reparara que alguns de seus confrades estavam se descontraindo de maneira bem diversa, porém. Ou seja, estavam reiterando as coordenadas sagradas. Após um longo dia fazendo de conta que voavam em um simulador... uma amostrinha das Bebedeiras & Corridas & do resto da verdadeira vida de piloto.

As corridas eventualmente assumiram proporções extraordinárias no Cabo. Gus Grissom e Gordon Cooper, e depois Al Shepard e Wally Schirra, descobririam Jim Rathmann. Rathmann era um personagem grande e forte que possuía uma das maiores representações de automóveis na área, uma agência da General Motors, a uns trinta quilômetros ao sul de Cocoa Beach, próxima a Melbourne. Era bem típico da Força Aérea que Gus e alguns dos outros viessem a se tornar grandes amigos dele.

Rathmann não era um representante comum, porém. Descobriram que era piloto de corridas; o melhor que havia. Em 1960 vencera a Indianápolis 500 e a terminara três vezes em segundo lugar.

Rathmann era um grande amigo de Ed Cole, o presidente da Chevrolet. Cole ajudara Rathmann a abrir a agência. Quando soube que Rathmann conhecia os astronautas do Mercury, tornou-se o maior astro fã de todos os astro fãs. Os Estados Unidos pareciam pulular de empresários como Cole, que exerciam considerável poder e importante liderança, mas que jamais exerceram o poder e a liderança em sua forma primeva: a coragem viril diante do perigo físico. Quando encontravam alguém que a possuía, queriam travar amizade com tal virtude. Após conhecer os astronautas, Cole, que acabara de completar cinquenta anos, decidiu aprender a voar. Enquanto isso, Rathmann fizera um contrato de arrendamento pelo qual os rapazes poderiam arrendar qualquer tipo de Chevrolet que quisessem, pagando praticamente uma ninharia por ano. Eventualmente, Gus e Gordo arranjaram Corvettes como a de Al Shepard; Wally progrediu de uma Austin-Healy para uma Maserati; e Scott Carpenter arrendou uma Shelby Cobra, um autêntico carro de corridas. Al procurava Rathmann continuamente para mandar modificar a razão de transmissão. Gus queria para-lamas incrementados e rodas de magnésio. A febre acometeu todos, mas particularmente Gus e Gordo. Estavam decididos a mostrar ao campeão Rathmann, e um ao outro, que tinham jeito para a coisa. Gus fazia pegas na noite do Cabo, disparando até a curva mais próxima, enfrentando os faróis em sentido contrário por telecinesia, rodopiando nos acostamentos e voltando aos solavancos para a estrada para mais uma rodada da mesma coisa. Isso fazia a pessoa tampar os olhos e rir nervosa, tudo ao mesmo tempo. Os rapazes eram destemidos ao volante, estavam dispostos a arriscar o couro e não faziam ideia de sua real mediocridade como motoristas, ao menos pelos padrões profissionais de corridas. O que vale dizer que eram iguais a todos os grupos de pilotos em treinamento em todas as bases dos Estados Unidos que já chegaram àquela hora enlouquecida da noite quando chega o momento de provar que a fibra funciona em todas as áreas da vida.

Cocoa Beach começara a se investir daquela excitação crua da cidade em rápida expansão e do elenco variado e doido que a acompanha. Nas cidades que devem seu crescimento à descoberta de petróleo ou de ouro, a excitação sempre decorrera da simples cobiça. Mas Cocoa Beach se parecia mais com as cidades que prosperaram durante a Segunda Guerra Mundial. Havia suficiente cobiça no ar para apimentar as coisas, mas a verdadeira paixão era a *joie de combat*. As pessoas que vinham trabalhar no Cabo para a NASA, empreiteiros particulares ou quem fossem, sentiam-se participantes da alucinada corrida para enfrentar os soviéticos pelo domínio dos céus. Em Edwards, ou Muroc, antigamente, os valorosos guerreiros costumavam acorrer à noite ao Pancho's que, embora teoricamente um lugar público, era mais um clube para os aventureiros em pleno deserto. No Cabo, por volta de 1960, os guerreiros usavam os motéis ou a faixa comercial ao longo da Estrada A1A. À noite, as áreas das piscinas dos motéis pareciam o salão exuberante da fraternidade do Projeto Mercury. Muito pouca gente, independentemente da posição que ocupava no projeto, dispunha de um lugar tão grande, e muito menos tão atraente, para se reunir. Mas todas as noites os salões da fraternidade se abriam, à luz das estrelas, ao ar salino, próximo da praia, e a festa começava, e todos desafiavam os bichinhos da setária e os Insetos Invisíveis e comemoravam o fato de estarem no palco onde a grande aventura da Guerra Fria se desenrolava. Naturalmente nada concedia à festa tanto encantamento quanto a presença de um astronauta.

E Glenn via que, depois de oito, dez, doze horas encerrados em decúbito num simulador de procedimentos no Hangar S, a maioria de seus irmãos estava pronta para oferecer o encantamento. Não importava que hora fosse, era hora da roda de chope, segundo o jargão da Força Aérea, e pulavam nos carros e corriam velozes por

Cocoa Beach rumo à festa inconsútil e infindável. E que gritos e risos alegres se erguiam por todos os lados quando o luar prateado se refletia ebriamente no cloro azul das piscinas dos motéis? E que convivas animados se viam! Havia o pessoal da NASA e os empreiteiros e o seu pessoal, e havia os alemães. Embora escrupulosamente evitassem publicidade, muitos especialistas da equipe de Wernher von Braun ocupavam cargos importantes no Cabo e se alegravam em encontrar uma atmosfera fraternal em que podiam se despir das expressões sérias e deixar aflorar a veia engraçada em um sapateadozinho. E muitas eram as noites estivais em Cocoa Beach, noites tão quentes e salinas que os Insetos Invisíveis se tornavam apáticos, quando a efervescente *glühwein* se materializava como que egressa de outra dimensão e se ouviam alemães martelando o piano do bar e cantando o *Horst Wessel*! Parecia um eco improvável do Pancho's ao longo do litoral empedrado da Flórida. Ora se não parecia! Como no Pancho's, as jovens mais animadas e maravilhosas iam se materializando, e estavam bem *ali*, esperando à beira das piscinas dos motéis, quando o cara chegava, garotas atraentes com seios e coxas bem desenvolvidos e corpos tão firmes e sedosos que a sua mera visão praticamente levava um homem ao delta do delírio priápico. Algumas tinham vindo trabalhar para os empreiteiros, outras para a NASA, outras ainda para este ou aquele negócio que se abria na cidadezinha em expansão — e outras, por fim, simplesmente *pintavam lá, se materializavam*. E quando um astronauta chegava, era como se elas caíssem do céu ou emergissem do gramado. Em todo caso, estavam sempre presentes e dispostas.

E até mesmo Glenn provavelmente sabia que bastava *ser* astronauta, fosse um rapagão como Scott Carpenter ou um carinha intratável como Gus Grissom. Assim que Gus chegava ao Cabo, punha roupas consideradas ordinárias até pelos padrões de Cocoa Beach. Gus e Deke adotavam esse figurino. Podiam ser vistos passeando pela faixa comercial em Cocoa Beach de camisas banlon e calças largas.

A atmosfera era informal em Cocoa Beach, mas Gus e Deke sabiam espremer a informalidade até ela pedir misericórdia. Lembravam, de certa maneira, aqueles sujeitos que todo mundo que foi criado nos Estados Unidos já viu algum dia, aqueles sujeitos do bairro que usam camisa esporte estampada com flores estranhas e pinceladas de azul-tísico e amarelo-gema, esparramada para fora das calças cor de charuto de quinze centavos, com quadris e pregas bufantes e bocas estreitas a sete e meio, dez centímetros, acima do chão, para melhor mostrar as meias verde-oliva reco e os sapatos pretos de sola grossa e bico arredondado, saindo em direção à loja de peças de automóvel para buscar um conjunto de amortecedores e poderem colocar o Hudson Hornet 1953 sobre calços e passar o sábado e o domingo debaixo dele reforçando a suspensão. Gus e Deke formavam um par perfeito, até nos nomes. E nem ao menos a visão dos rapazes com suas banlons gênero Mecânicos & Comerciários conseguia deixar as moças indiferentes à presença de astronautas.

Havia garotas atraentes dizendo por ali "bom, com esse são quatro, faltam só três!" ou quantos fossem — os números variavam —, e riam como loucas. Todos sabiam a que estavam se referindo, mas não acreditavam muito. Não havia dúvida de que as tentações ao Caçador Longe de Casa eram enormes. Era tudo tão fácil e descontraído naquelas noites de verão. Antes da chegada dos mísseis ao Cabo, Cocoa Beach era um baluarte inflexível dos batistas, onde havia mais igrejas do que postos de gasolina, e praticamente quase todas incluíam-se na variedade pietista da dissidência protestante. Mas a nova Cocoa Beach, a cidade florescente do Projeto Mercury, fazia parte da nova cara da década de 1960: a cidadezinha cuja vida era inteiramente estimulada pelo automóvel. Naturalmente, ninguém construía hotéis em Cocoa Beach, somente motéis; e quando construíam edifícios de apartamentos, construíam-nos à semelhança de motéis, de modo que a pessoa pudesse ir de carro até a porta de casa. Nem nos motéis nem nos edifícios a pessoa precisava passar pelo saguão comum para chegar aos seus aposentos. Um detalhe arquitetônico insignificante, poderíamos dizer — contudo, em Cocoa Beach, como em muitas outras cidades da nova era, esse fato isolado contribuiu mais do que a *pílula* para incentivar o que mais tarde se chamaria um tanto puritanamente "a revolução sexual".

Sempre houvera uma cláusula no Contrato da Esposa Militar que tacitamente concedia ao oficial uma certa latitude nessa área. Naturalmente, haveria ocasiões em que um militar seria mandado para longe de casa, talvez por períodos dilatados, e talvez achasse necessário satisfazer seus saudáveis desejos masculinos em terras distantes. Havia até uma implicação de que tais desejos eram um bom sinal da virilidade do guerreiro. Assim, a esposa e o militar olhariam para o outro lado e se calariam — desde que o oficial não causasse qualquer escândalo e não fizesse nada que pudesse afetar a solidez de seu casamento e de sua família. Essa tradição se originara, é claro, muito antes que o avião tornasse possível um oficial transpor longas distâncias em duas ou três horas para passar em casa um longo fim de semana ou uma noite. As tradições muitas vezes começavam de uma hora para outra entre os militares; mas levavam muito tempo para desaparecer, e essa não corria o menor risco de desaparecimento em Cocoa Beach.

Isso também John Glenn era capaz de discernir... e esse era o pano de fundo da Sessão Konakai.

VEZ POR OUTRA OS SETE PILOTOS TRANCAVAM A PORTA DE SUA sala em Langley, e nem mesmo a secretária podia entrar. Se alguém queria saber o que se passava ali dentro, informavam que os astronautas estavam em sessão. Uma *sessão*? Ah, apenas um nome que inventaram para uma reunião em que tentam chegar a uma posição comum, um consenso, com relação a determinados problemas. A implicação era serem os problemas, em sua maioria, de natureza técnica. Wally Schirra mencionaria que tinham realizado uma sessão antes de procurar os engenheiros e insistirem mudanças no projeto do painel de instrumentos da cápsula Mercury. E a ideia era dar ao corpo de astronautas algo da solidez de um esquadrão. Os sete podiam ter suas rivalidades, suas diferenças de criação, temperamento e atitude com relação à tarefa em pauta, mas deveriam ser capazes de chegar a firmes decisões como grupo, por mais áspero que fosse, e em seguida cerrar fileiras e se unir, um por todos e todos por um. Se a sessão em Konakai classificava-se como sessão pelos padrões usuais era difícil dizer. Mas Deus sabe que tratava de um problema recorrente... e que o debate foi acrimonioso...

Certa ocasião os sete estavam em San Diego para visitar a fábrica Convair e verificar os últimos progressos do foguete Atlas. A Convair queria agir corretamente e oferecera a todos quartos separados em Konakai, um hotel pretensioso construído em estilo polinésio na ilha Shelter, descortinando o Pacífico. Aconteceu que Scott Carpenter recebeu um quarto com cama de casal. Naquela noite um dos rapazes o procurou na camaradagem e contou que seu quarto tinha duas camas de solteiro, quando na realidade precisaria de uma cama de casal para aquela noite. Será que Scott se importaria de trocarem os quartos? Não fazia diferença para Scott, por isso trocaram. Scott mencionou o caso ao amigo John Glenn com um sorriso, como uma passagem cômica local, e não pensou mais no assunto.

No dia seguinte os sete se encontravam na sala de estar de uma suíte destinada a seu uso quando Glenn desatou em um sermão, nos seguintes termos: a diversão com as garotas, as gatinhas, ultrapassara os limites. Ele sabia, e eles sabiam, que isso poderia acabar mal. Estavam inteiramente visíveis ao público. Tinham a oportunidade de suas vidas, e ele sentia muito, mas não ia ficar parado olhando outras pessoas comprometerem a coisa toda só porque não conseguiam manter as calças abotoadas.

Não restou a menor dúvida de que Glenn falava absolutamente sério. Quando se zangava tornava-se temível. Não estava para brincadeiras. Em seus olhos ardiam quatro séculos de fervorosa Dissidência Protestante consolidada pelos dois milhões de passos que suas pernas correram no caminho que contornava o Alojamento de Oficiais Solteiros.

Mas havia mais de um queixo duro na sala. Al Shepard sustentou sem medo o olhar de Glenn, volt a volt. Os outros, inclusive Glenn, entendiam Shepard menos ainda, porque parecia haver dois Al Shepards, e ninguém nunca sabia com certeza com qual dos dois estava lidando. Em Langley, sua terra natal, via-se um Alan Shepard, o oficial da Marinha absolutamente e, se necessário, glacialmente correto. O pai de Shepard, coronel Alan Shepard, Sênior, era uma figura imponente que pouca gente gostava de desafiar. Shepard sempre fora bom filho. O coronel o mandara a escolas particulares, e no devido tempo ele seguiu o modelo de carreira militar do coronel, formou-se na Academia Naval e tornou-se piloto; e embora nunca tivesse participado de combates, era considerado um dos melhores pilotos de prova da Marinha, tendo recebido importantes missões nos testes dos F3H, F8U, F4D Skyray, F11F Tigercat, F2H3 Banshee e FSD Skylancer, inclusive o risco de testar alguns desses monstros em seus primeiros pousos nos novos conveses em ângulo dos porta-aviões. Era visto como um excepcional aviador naval, firme, sagaz e um líder. Casara com uma mulher bonita de grande charme e dignidade — "uma verdadeira aristocrata", as pessoas sempre comentavam — chamada Louise Brewer.

Era cientista cristã. Shepard era de New Hampshire, e na Nova Inglaterra os cientistas cristãos gozavam considerável destaque, pois eram em média os protestantes mais ricos dos Estados Unidos e possuíam uma tradição intelectual semelhante à dos unitários. Embora esse lado da vida cientista cristã não fosse, em geral, conhecido nos Estados Unidos, não passava despercebido à Marinha, onde o almirantado tradicionalmente se mantinha a par das filiações religiosas. Ser egresso da Academia era o mais importante, mas pertencer a uma seita protestante socialmente correta era a segunda melhor coisa. A Igreja Episcopal vinha em primeiro lugar, extraoficialmente, em todas as armas (Schirra e

Carpenter eram episcopais). Bom, os cientistas cristãos, embora menos numerosos, eram até mais requintados. Tais eram os contornos gerais da correta vida do comandante Shepard, o glacial oficial de carreira. Mas no armário ele guardava... o Sorridente Al do Cabo! Na realidade, Shepard pessoalmente nunca se filiara à Igreja Ciência Cristã e sequer se acercara dela. Lá no íntimo era provavelmente um ateu empedernido. Na coletiva inicial com a imprensa ele contornara habilmente a questão dizendo que não pertencia a qualquer igreja, mas frequentava a Igreja Ciência Cristã regularmente. De alguma forma ficou a impressão de que Shepard era um cientista cristão que satisfizera todos os requisitos, exceto assinar na linha pontilhada. (A imprensa, o sempre correto Cavalheiro, ficou satisfeita em ver a questão por esse prisma.) Sempre que estava em casa, porém, Shepard poderia ter passado por um marido cientista cristão modelar, se quisesse. De fato ia à igreja com Louise regularmente. Não bebia, não fumava, não xingava, nem deixava seus lábios — os olhos e os lábios eram suas feições mais marcantes — se abrirem em um sorriso caloroso e conquistador de caçador quando passava uma garota bonita.

Não, ele não faiscava aquela famosa expressão de Sorridente Al Shepard até descer do avião em que partira de casa — e muito particularmente no Cabo. Então Al parecia outro ser humano, como se tivesse removido a máscara glacial. Desembarcava do avião com os olhos cintilando. Um largo sorriso cúmplice iluminava seu rosto. Quase se esperava vê-lo estalar os dedos, porque tudo à volta parecia estar fazendo a pergunta: "Onde é a festa?" Se entrava na Corvette — bom, então, lá estava ela: a imagem do perfeito Caçador Longe de Casa.

Mas agora, nessa sala do Hotel Konakai, era o Frio Comandante que sustentava o olhar de Glenn. O comandante Al, o filho do coronel, sabia envergar a armadura completa da correção militar, à severa moda antiga. Informou a Glenn que ele estava se excedendo e muito. Disse-lhe para não tentar impingir sua visão de moralidade a mais ninguém no grupo. Nas semanas seguintes a posição Glenn e a posição Caçador começaram a tomar corpo, com os vários integrantes contribuindo com as próprias emendas. Segundo a posição Caçador: os sete tinham se voluntariado para uma tarefa e estavam dedicando longas horas de treinamento preparando-se para isso e cumprindo tarefas que iam muito além do rigoroso cumprimento do dever, tais como visitar fábricas para levantar o moral dos operários, abrindo mão do pagamento de horas de voo, de gozar férias ou de qualquer simulacro de vida doméstica organizada — e portanto o que quer que fizessem como tempinho que lhes sobrava não era da conta de ninguém, desde que usassem o bom senso.

Shepard empregara o tom do comandante padrão. Parecia inteiramente convincente e correto à sua moda na mesma medida que Glenn parecia à dele. O comandante Al era capaz de uma retórica bastante formal em discussões desse tipo, completa ao ponto de incluir litotesinhos.

Não havia razão alguma para alguém ter aversão à companhia de mulheres, desde que as novas conhecidas não prejudicassem o seu desempenho no programa ou refletissem adversamente sobre o mesmo.

John Glenn, porém, não se deixou convencer. Retribuiu o olhar dos dois, o do Sorridente Al do Cabo e o do Frio Comandante, com os próprios olhos de João Calvino. Com o tempo a posição de Glenn tornou-se a seguinte: olhe aqui, quer gostemos ou não, somos figuras públicas. Quer mereçamos ou não, as pessoas nos veem como modelos. Portanto temos uma fantástica responsabilidade. Não basta não nos deixarmos apanhar. Nem mesmo basta saber para nossa satisfação pessoal que não fizemos nada de mal. Temos que ser como a mulher de César. Temos que nos colocar até mesmo acima da aparência do mal.

E a coisa continuou nesse pé, nenhum dos dois cedia um centímetro. A citação da "mulher de César" não seria esquecida. Todos perceberam que havia alguma razão no que o sujeito estava dizendo... Contudo... Dá para acreditar? Dá para acreditar que chegaria o dia em que realmente se veria um piloto, um par entre pares, fazer um sermãozinho a seus camaradas exortando-os a manterem as mãos limpas e os passarinhos dentro das cuecas? Onde é que ele caía fora colocando-se acima dos outros dessa forma, e qual era a sua verdadeira jogada?

Glenn sabia que não estava conquistando amigos com tal atitude. No entanto, havia momentos-chave na carreira militar em que um homem tinha que assumir a liderança. Essa era a essência da medida da liderança, e sem dúvida isso seria apreciado — senão pelos próprios pilotos, certamente por... outros que viessem a saber. Afinal, a competição para tripular o primeiro voo não era um concurso de popularidade na tropa. Bob Gilruth e seus delegados no Grupo-Tarefa Espacial fariam a escolha. Glenn nunca tivera medo de se alienar de seus pares quando sabia ter razão; talvez isso, também, sempre tivesse impressionado seus superiores — e ele *nunca* ficara para trás. A fé no que era certo fazia parte de sua fibra.

Glenn contava com um grande aliado entre os seis, que era Scott Carpenter. Carpenter se emulava nele e o apoiou no debate. Wally Schirra e Gordon Cooper tendiam a apoiar Shepard, argumentando que quando a pessoa estava em serviço devia ser um modelo de correção, mas quando estava de folga sua vida pessoal era problema dela. Schirra achava Glenn cada vez mais irritante. Que merda pensava que era? Decorrido algum tempo, os dois mal se falavam a não ser que o trabalho os forçasse a tanto.

Grissom e Slayton, um tanto agastados, apoiaram Glenn nesse ponto específico. Já que estava criando um caso federal, reconheciam o acerto de sua lógica. Mas isso não significava que gostassem dele mais do que Schirra ou Shepard. Criava-se uma divisão básica no grupo. Eram os outros cinco contra o beato louro e seu amiguinho, Carpenter. Alguns pareciam sentir uma certa satisfação em misturar Carpenter com Glenn. Que é que Carpenter fazia ali? Não conseguiam digerir a ideia de que Scott e a mulher, Rene, tinham coloridos almofadões no chão da sala de estar e que até sentavam neles enquanto Scott tocava violão e Rene cantava. O fato de que a moça tinha uma voz educada não fazia diferença. Era coisa de *beatnik*. E não era só isso, Carpenter era amicíssimo dos médicos. Ele e Glenn faziam o mesmo gênero. Saíam do caminho para cooperar com o pessoal da *Life Sciences* também.

Glenn e Carpenter de boa vontade serviam de cobaia para os dois psiquiatras que tinham acabado de embarcar no programa, Sheldon Korchin da Universidade da Califórnia e George Ruff, encarregado dos testes psiquiátricos em Wright-Pat. Como indivíduos os dois eram bastante estimáveis, mas essa história de se submeter a um estudo psiquiátrico parecia dispensável para alguns dos rapazes, particularmente Schirra e Cooper. Os dois psiquiatras continuamente mandavam urinar em frascos para poder analisar o teor de corticosteroides na urina, o que era supostamente um índice de tensão. Mas Carpenter também achava isso uma grande ideia. Chegava a conversar com eles sobre o assunto!

O que alguns dos outros cinco achavam excêntrico em Carpenter era o que Glenn, assim como os médicos, achava interessante. Scott era praticamente o único com quem podiam sentar e abordar os aspectos mais amplos e mais filosóficos do Projeto Mercury e da exploração espacial. Scott era o único com algo de poeta nele, na medida em que a ideia de ir ao espaço excitava sua imaginação. Chegava até a sair de noite e armar um telescópio sobre um tripé no teto do carro e ficar mirando as estrelas e se deixando embalar pela mais profunda especulação de astronomia: Qual o meu lugar no cosmo?

Imagine só Grissom fazendo a mesma coisa! Se Gus tivesse um telescópio talvez usasse o lado mais fino para desalojar um pedaço de osso de peru do bocal do triturador se o mecanismo emperrasse, mas a coisa terminaria aí. Gus e Deke formavam o duo no extremo oposto do espectro. O importante era voar a garça até o espaço, cumprir a missão e regressar, e manter a palhaçada no nível mínimo.

Shepard e Wally Schirra se agrupavam entre os dois. Não que fossem companheiros inseparáveis e nem mesmo amigos. Shepard não tinha íntimos, ao que se sabia, e Schirra provavelmente gastava tanto tempo quanto os outros imaginando qual era a psicologia de Shepard. Era apenas que tinham vindo para o corpo de astronautas com formações semelhantes.

Não havia qualquer vantagem especial em criar uma panelinha nesse corpo de sete homens, porque apenas um homem poderia vencer a competição, isto é, fazer o primeiro voo, e de qualquer maneira, não era uma situação a ser decidida pelo voto. Contudo, se tal ocorresse, Al e Wally provavelmente se inclinariam a aderir a Deke e Gus... Quanto a Gordon Cooper, pareciam considerá-lo indiferente. Tinha-se a impressão de que não participava da competição. No que tocava ao próprio Gordo, porém, ele tomava o partido de Gus, Deke, Al e Wally nas questões mais pertinentes, desde a história das experiências médicas até a vida depois do expediente.

Todos estavam começando a perceber que o prêmio em jogo era fantástico. Com o primeiro voo ao espaço, o sagrado primeiro voo, um deles se tornaria não somente o *astronauta* primaz... como também o Verdadeiro Eleito no topo da pirâmide. O primeiro americano a penetrar o espaço — que poderia muito bem ser o primeiro ser humano no espaço — teria uma eminência de que nem mesmo Chuck Yeager jamais gozara, porque pertenceria não apenas à história da aviação senão à história mundial.

E quem seria esse homem? Bom... quem mais a não ser John Glenn? Glenn estava se esforçando ao máximo. Chegava até a assumir o papel de líder natural do grupo — pregando sermõezinhos morais durante as sessões!

O consenso relutante atingido a partir da sessão no Konakai era que, vá lá, Glenn tinha razão; precisavam se cuidar um pouco mais. Mas Al Shepard, por exemplo, não era homem de deixar Glenn escapar ileso. Al não parava de dar alfinetadas. Se havia mais alguém por perto para apreciar, Al diria a Glenn:

— John, acho que você precisa se descontrair um pouco, rapaz. Precisa é de um carro esporte. Por que não se livra daquele calhambeque que anda dirigindo e faz um pegazinho? Lhe faria bem, John.

Al nunca perdia uma oportunidade de atacar Glenn falando de seu horroroso Peugeot sem potência, da necessidade de arranjar um carro mais transado e se descontrair. Fez disso um refrão. Glenn sabia como deixar passar esse tipo de gozação com um sorriso. Ao mesmo tempo era visível que a brincadeira começava a irritá-lo. Não se podia evitar a impressão de que o equipamento no qual Al realmente dizia que Glenn deveria se descontrair e pôr para quebrar não era um automóvel.

Certa manhã, quando entraram na sala dos astronautas, havia um grande letreiro no quadro:

CARRO ESPORTE É UM SINTOMA DE MENOPAUSA MASCULINA.

8. OS TRONOS

Aos olhos dos engenheiros designados para o Projeto Mercury, o treinamento dos astronautas seria a tarefa fácil da lista. Naturalmente era preciso um homem de coragem para sair montado em um foguete, e estavam gratos que tal homem existisse. No entanto, seu treinamento não era uma coisa muito complicada. O astronauta não teria muito que fazer em um voo do Mercury a não ser aguentar a tensão, e os engenheiros tinham concebido aquilo a que os psicólogos se referiam por "série gradual de exposições" para resolver o problema. Não, a parte difícil, o desafio, o drama, o pioneirismo do voo espacial, na visão dos engenheiros, era a tecnologia.

Era somente graças a uma invenção recente, o computador eletrônico de alta velocidade, que o Projeto Mercury se tornara possível. Havia aqui uma analogia com o grande Almirante dos Mares desconhecidos, Colombo. Fora somente graças a uma invenção recente da época, a bússola magnética, que Colombo ousara atravessar o Atlântico. Até então os navios se conservavam próximos às grandes massas de terra até nas viagens mais longas. Da mesma forma, colocar um homem no espaço de maneira rápida e suja sem computadores de alta velocidade era impensável. Tais computadores não entraram em produção até 1951, e, no entanto, vejam, estávamos em 1960, e os engenheiros já inventavam sistemas para orientar os foguetes no espaço, mediante o uso de computadores embutidos no engenho e ligados aos acelerômetros, para monitorar a temperatura, a pressão, o suprimento de oxigênio e outras condições vitais da cápsula Mercury, e disparar automaticamente os procedimentos de segurança — o que significava que estavam criando, com computadores, sistemas em que as máquinas poderiam se comunicar entre si, tomar decisões, agir, tudo isso com fantástica velocidade e precisão...

Oh, gênios da engenharia!

Ah, sim, havia amor-próprio entre engenheiros. Talvez não fosse tão grandioso quanto o dos caçadores... contudo, muitas foram as noites estivais, de calor encefalítico, em Langley, em que um engenheiro da NASA começava a virar aquele doce *bourbon* Virgínia da A.B.C. no pátio e a liberar um pouco seu ego como um cão vermelho a rosnar.

O endeusamento dos astronautas realmente ultrapassara os limites! No mundo da ciência — e o Projeto Mercury era supostamente um empreendimento científico —, os cientistas vinham em primeiro lugar e os engenheiros em segundo e os objetos de suas experiências vinham tão lá embaixo que raramente alguém pensava neles. Mas aqui esses objetos experimentais... eram heróis nacionais! Criavam uma zona de assombro e reverência onde quer que pusessem os pés! Todos os demais, fossem físicos, biólogos, médicos, psiquiatras ou engenheiros, eram meros atendentes.

De início ficara entendido — nem era preciso comentar que os astronautas seriam simplesmente isto: objetos de uma experiência. O Mercury era uma adaptação do conceito proposto pela Força Aérea do Homem no Espaço Já, em que prenderiam biossensores no objeto humano, trancariam-no em uma cápsula e o lançariam no espaço balisticamente — isto é, como uma bala de canhão — e o trariam de volta à Terra teleguiado, e veriam como se comportava. Em novembro de 1959, seis meses após escolherem os sete astronautas, Randy Lovelace e Scott Crossfield apresentaram uma comunicação em um simpósio de medicina espacial em que declaravam que a pesquisa biomédica era "o único objetivo da viagem", no que se referia à presença de astronautas a bordo. Acrescentavam que um veículo espacial aerodinâmico, do tipo dos X-15B ou X-20, exigiria "um piloto extraordinariamente bem treinado". Visto estar participando do projeto X-15, Crossfield puxava brasa para sua sardinha, mas o que ele e Lovelace estavam dizendo era perfeitamente óbvio para qualquer engenheiro que soubesse a diferença entre veículos espaciais balísticos e aerodinâmicos. Em suma, o astronauta do Projeto Mercury não seria um piloto por quaisquer definições convencionais.

Até o verão de 1960, em uma conferência que reuniu as Forças Armadas e o Conselho Nacional de Pesquisas em Woods Hole, Massachusetts, sobre o treinamento de astronautas, vários engenheiros e cientistas alheios à NASA não hesitavam em descrever o veículo cápsula-foguete do Mercury como um sistema totalmente automatizado em que "o astronauta não precisava nem se mexer". "O astronauta foi acrescentado ao sistema como um componente supérfluo." Um *componente supérfluo*! Se o sistema automático entrasse em pane, ele poderia interferir como mecânico ou condutor manual. E claro que, acima de tudo, estaria ligado a biossensores e a um microfone para se ver a maneira com que um ser humano respondia à tensão do voo. Essa seria a sua principal função. Havia psicólogos que desaconselhavam inteiramente a utilização de pilotos e isso ocorria mais de um ano após a escolha dos famosos Sete do Mercury. A principal salvaguarda psicológica do piloto, particularmente do ás em pilotagem, era a sua certeza de que controlava a aeronave e sempre podia fazer *alguma coisa...* ("Já tentei A! Já tentei B! Já tentei C!"...) Essa obsessão pelo controle ativo, argumentavam, somente contribuiria para causar problemas nos voos do Mercury. Precisavam era de um homem cujo principal talento fosse *não* fazer *nada* sob tensão. Alguns sugeriram usar uma nova raça de piloto militar, o homem do radar, o observador de radar do Strategic Air Command (Comando Aéreo Estratégico) ou o interceptador de radar da Marinha, um homem experiente em voar no banco de trás em aviões de alto desempenho sob condições de combate sem fazer nada exceto ler o radar, acontecesse o que acontecesse, deixando todo o controle do avião (e a proteção da própria vida) a cargo de outrem, o piloto. ("Dei uma olhada no Robinson — ele estava olhando fixo para o radar, assim, parecendo um zumbi.") Um zumbi experiente serviria muito bem. De fato, dera-se considerável atenção a um plano para anestesiar ou tranquilizar os astronautas, não para impedi-los de entrar em pânico, mas para garantir que ficariam ali deitados em sossego com os seus sensores sem fazer *nada* que estragasse o voo.

Os cientistas e engenheiros tinham como certo que o treinamento dos astronautas seria diferente de qualquer outra coisa a que normalmente se chamaria treinamento de voo. O treinamento de voo consistia em ensinar um homem a fazer determinados movimentos. Aprendia a controlar uma aeronave desconhecida ou a dirigir uma aeronave conhecida em manobras desconhecidas, tais como voos de bombardeio ou pousos em porta-aviões. Por outro lado, os únicos movimentos que os astronautas precisariam aprender eram dar início aos procedimentos de emergência no caso de um lançamento de foguete que falhasse ou de um pouso crítico e entrar em ação como substituto (componente supérfluo) se o sistema de controle automático não conseguisse manter o escudo antitérmico na posição correta antes da reentrada na atmosfera. O astronauta não seria capaz de controlar em nada o curso ou a velocidade da cápsula. Uma considerável parte do seu treinamento seriam as etapas conhecidas por descondicionamento, dessensibilização ou adaptação dos temores. Havia um princípio na psicologia que sustentava que os "maus hábitos, inclusive a emotividade exagerada, podem ser eliminados por meio de uma série de exposições graduais aos estímulos causadores de ansiedade". Disso é que trataria uma grande parte do treinamento para astronauta. O lançamento do foguete era encarado como acontecimento novo e possivelmente desorientador, em parte *porque* o astronauta não teria controle algum sobre o foguete. Por isso criaram uma "série de exposições graduais". Levaram os sete homens para a centrífuga humana da Marinha instalada em Johnsville, Pensilvânia. A centrífuga lembrava uma cavalgada em Wild Bolo; tinha um braço de quinze metros com uma cabine, ou gôndola, na ponta, capaz de girar a velocidades assombrosas, suficientemente altas para produzir quarenta-g de pressão sobre o indivíduo no interior da gôndola, sendo um-g igual à força da gravidade. As elevadas forças gravitacionais geradas por aviões de combate nos mergulhos e curvas durante a Segunda Guerra Mundial faziam por vezes os pilotos verem preto, vermelho, cinzento, ou os impossibilitava de levarem as mãos aos controles; a gigantesca centrífuga em Johnsville fora construída a fim de pesquisarem esse novo problema do voo de alta velocidade. Por volta de 1959 a máquina fora computadorizada e transformada em um simulador capaz de duplicar as forças gravitacionais e as acelerações de qualquer tipo de voo, até mesmo de foguetes. O astronauta recebia ajuda para entrar em seu traje pressurizado completo, com os biossensores ligados e o termômetro inserido, e era colocado na gôndola, em um assento moldável ao corpo, ao qual conectavam todos os fios, mangueiras e microfones que haveria num voo real, e despressurizavam a gôndola até 2,2 quilos por 6,4 centímetros quadrados, reproduzindo a condição do voo espacial. O interior da gôndola fora convertido em uma réplica do interior da cápsula Mercury, com todos os interruptores e painéis. A gravação do lançamento real de um foguete Redstone tocava nos fones do astronauta e a máquina entrava em funcionamento. Mediante o uso de computadores, os engenheiros faziam o cara experimentar o perfil completo de um voo na Mercury. A centrífuga produzia as forças gravitacionais exatamente na mesma razão em que ocorreriam em voo, chegando a seis-g, ou sete-g, ponto em que repentinamente cairiam, conforme fariam em voo quando a cápsula ultrapassasse o vértice de seu arco, e o astronauta experimentasse uma sensação de cambalhotamento, como presumivelmente ocorreria em voo. Durante todo o tempo deveria apertar alguns botões, como faria em um voo real, e falar com um controlador de voo simulado, forçando as palavras a chegarem ao microfone, por maior que fosse a pressão das forças gravitacionais em seu peito. A centrífuga também era capaz de reproduzir as pressões de desaceleração que o homem experimentaria durante a reentrada na atmosfera terrestre.

A fim de habituar os sete homens à ausência de peso, levavam-nos em voos parabólicos nos porões dos transportes C-131 ou no assento traseiro dos F-100Fs. Quando o jato atingia o vértice da parábola, o sujeito experimentaria de quinze a quarenta e cinco segundos de imponderabilidade. Esse era o único voo programado durante todo o treinamento dos astronautas; e eram, naturalmente, meros passageiros a bordo, como o seriam nos voos da Mercury.

A única maneira de o astronauta poder mexer um pouquinho a cápsula seria na hora de disparar os propulsores de peróxido de hidrogênio durante o intervalo de imponderabilidade, tombando ou girando a cápsula pra cá ou pra lá, a fim de apreciar uma determinada vista pelas vigias, por exemplo. A NASA construiu uma máquina, o simulador ALFA, para acostumar cada homem em treinamento à sensação. Ele se sentava em uma cadeira sobre rolamentos pneumáticos e usava um controle manual para fazê-la cabrar e picar ou guinar para um lado e para o outro. Numa tela diante dele, onde estaria a tela do periscópio da cápsula, sucediam-se fotografias aéreas e filmes do Cabo, do oceano Atlântico, de Cuba, das Bahamas, de Abaco, todos os marcos passavam e se desviavam quando o astronauta manobrava, como faria durante um voo real. A ALFA chegava até a produzir um ruído semelhante ao dos propulsores de peróxido de hidrogênio quando o astronauta empurrava o manche.

Por volta de 1960 os engenheiros tinham desenvolvido o "simulador de procedimentos". Havia simuladores de procedimentos idênticos no Cabo e em Langley. No Cabo o simulador se encontrava no Hangar S. Era ali que o astronauta passava o seu longo dia de treinamento. Subia para dentro de um cubículo e se acomodava em um assento que apontava diretamente para o teto. O encosto do assento era inteiramente apoiado no piso do cubículo, de modo que o astronauta descansava em decúbito dorsal. Olhava para uma réplica do painel que seria usado na cápsula Mercury.

Era como se estivesse na ponta do foguete com o rosto apontando para o céu. O painel se achava ligado ao banco de computadores. A uns seis metros às costas do astronauta, no piso do Hangar S, estava sentado a um segundo painel um técnico, que alimentava o sistema com os problemas simulados.

O técnico começava dizendo:

— A contagem está em T menos cinquenta segundos e em regressão.

Do interior do simulador, pelo microfone, o astronauta respondia:

— Ciente.

— Verifique o seu periscópio, totalmente recolhido?

— Periscópio recolhido.

— Botão de partida ligado?

— Botão de partida ligado.

— T menos dez segundos. Menos oito... sete... seis... cinco... quatro... três... dois... um... Já!

No interior do simulador os mostradores diante do astronauta começavam a indicar que estava a caminho, e deveria começar a ler os instrumentos e reportar as leituras a terra. Diria:

— Cronômetro funcionando... ok, vinte segundos... trezentos metros (altitude)... um-vírgula-cinco g. Trajetória boa... Três mil e seiscentos metros, um-vírgula-nove g... Pressão interna da cabine cinco psi... Altitude 12.200 metros, g em dois-vírgula-sete... 30.500 metros a dois minutos e cinco segundos...

O instrutor talvez escolhesse esse momento para apertar em seu painel um botão marcado "oxigênio". Uma luz vermelha marcada O_2EMERG acenderia e o astronauta diria:

— Pressão da cabine caindo! Provável vazamento de oxigênio!... Continua vazando... Trocando para reserva de emergência... — O astronauta poderia acionar um botão que injetasse mais oxigênio no sistema do simulador, ou seja, nos cálculos de seu computador, mas o instrutor acionaria de novo o botão "oxigênio", e isso significaria que o vazamento perdurava, e o astronauta diria: — Continua vazando... Próximo a fluxo zero... Abortar em razão de vazamento de oxigênio! Abortar! — Então o astronauta acionaria um botão, e um botão marcado MAYDAY acenderia uma luz vermelha no painel do instrutor. No voo real o foguete de escape deveria funcionar a essa altura, desligando a cápsula do foguete e fazendo-a descer de paraquedas.

Os astronautas gastavam tanto tempo acionando o botão de "abortar" no simulador de procedimentos que chegou a um ponto em que parecia que estavam treinando para um aborto e não para um lançamento. Havia muito poucas decisões que um astronauta podia tomar em uma cápsula Mercury, salvo abortar o voo e salvar a própria vida. Portanto não estava sendo treinado para *voar* a cápsula. Estava sendo treinado para se transportar nela. Em uma "série gradual de exposições", ia sendo apresentado a todas as vistas, sons e sensações que concebivelmente poderia experimentar. E reapresentado a eles, dia após dia, até que a cápsula Mercury e todos os seus ruídos, forças gravitacionais, paisagens nas vigias, mostradores, luzes, botões, interruptores e esguichos de peróxido se tornaram tão familiares, tão rotineiros quanto um dia de trabalho em um escritório. Todo o treinamento de voo trazia no bojo uma certa dessensibilização. Quando um piloto da Marinha praticava pousos em um convés pintado na pista do aeródromo, esperava-se que a manobra também dessensibilizasse seu temor natural de pousar uma máquina em alta velocidade em um espaço tão exíguo. Contudo, ele estava ali principalmente para aprender a pousar a máquina. Até o Projeto Mercury, nunca houvera um programa de treinamento de voo tão longo e detalhado, tão sofisticado, e, no entanto, tão maciçamente dedicado a dessensibilizar o piloto em treinamento, a adaptar os temores comuns do homem, e a capacitar alguém a pensar e a usar as mãos normalmente em um ambiente novo.

Ah, sabiam muito bem disso desde o início!... tanto assim que o primeiro comitê de seleção da NASA receara que os pilotos militares de provas que estavam entrevistando pudessem achar a função tediosa ou desagradável. Tendo calculado que precisariam de seus astronautas para o Mercury, consideraram treinar doze — pressupondo que a metade se demitiria quando compreendesse a passividade do papel a desempenhar. E agora, em 1960, começavam a perceber que tinham agido acertadamente; ou em todo caso, quase. Os rapazes estavam, de fato, achando o papel de passageiros biomédicos em uma cápsula automatizada, isto é, o papel de cobaias humanas, desagradável. Esta parte se provara verdadeira. A reação dos rapazes, porém, não fora se demitir ou qualquer coisa parecida. Não, os engenheiros agora observavam, de sobrancelhas erguidas, enquanto as cobaias se dispunham a... *alterar o experimento*.

A DIFERENÇA ENTRE PILOTO E PASSAGEIRO EM QUALQUER veículo aéreo resumia-se em uma palavra: controle. Os rapazes conseguiram apresentar alguns argumentos práticos e criativos sobre esse tema. Mesmo que programassem o astronauta como um componente supérfluo, um observador e mecânico, ele deveria ser capaz de se sobrepor a qualquer dos sistemas automáticos da cápsula Mercury manualmente, ainda que fosse apenas para corrigir panes. Assim argumentavam. Mas havia outro argumento impossível de resumir em tão poucas palavras, uma vez que era proibido enunciar a premissa em si: a fibra.

Afinal de contas, a fibra não era a bravura no sentido comum de se dispor a arriscar a vida (viajando em um foguete Redstone ou Atlas). Qualquer idiota seria capaz disso (e muitos idiotas sem dúvida se voluntariariam para tanto, se houvesse oportunidade), da mesma maneira com que qualquer idiota poderia jogar a vida fora no processo. Não, a ideia (segundo entendiam todos os *pilotos*) era que um homem deveria ter a capacidade de voar em uma estrovenga velocíssima e arriscar o couro e ter o peito, os reflexos, a experiência, a tranquilidade de interromper a trajetória no último instante — mas como, em nome de Deus, poderia continuar ou regressar se o astronauta era apenas uma cobaia sentado em uma cápsula?

Todos os sinais que recebiam informavam aos rapazes que os verdadeiros eleitos em Edwards os consideravam "palermas" endeusados para se usar a frase de Wally Schirra, que conhecia muito bem o ponto de vista de Edwards sobre tais assuntos. Realizara para a Marinha, em 1956, importantes testes no F-4H em Edwards. Mas era Deke Slayton quem mais sentia a condescendência da fraternidade. Fora transferido para o Projeto Mercury diretamente das Operações de Caças em Edwards, e os companheiros de lá caçoavam dele sem piedade. "Um macaco vai fazer o primeiro voo." Esse era o refrão típico. Quando os rapazes foram para Edwards receber instruções sobre o programa do X-15 e suas parábolas com gravidade zero — voando para trás, para os pilotos de Edwards —, perceberam um toque de... desprezo... Não adiantara nada Scott Carpenter e outros terem assumido os controles dos F-100Fs, tentarem voar as parábolas no lugar do piloto... e fracassarem. Não foram capazes de voar o perfil correto e produzir o intervalo sem gravidade. Naturalmente, com um pouquinho de prática poderiam sem dúvida dominar a técnica... Mas!... Com ou sem razão, alguns rapazes achavam que os pilotos de foguetes como Crossfield andavam esnobando-os. E a Society of Experimental Test Pilots (Sociedade de Pilotos de Provas Experimentais)? A SETP era a principal organização no âmbito da fraternidade. Muitos rapazes nem ao menos se qualificavam para ingressar nela. A SETP exigia que o sócio possuísse no mínimo doze meses de experiência nos primeiros voos de novas aeronaves, pesquisando os limites do envelope de voo. A SETP não se dispunha a aceitar os astronautas até que tivessem feito muitíssimo mais do que se voluntariar para o Projeto Mercury e assinar um contrato com a *Life*. Nas alturas da pirâmide os corajosos rapazes — eles sentiam isso — eram vistos como sete novatos; e todo o tempo havia ainda a questão enfurecedora: "E os astronautas são *pilotos*?"

Deke Slayton, que era membro da Sociedade de Pilotos de Provas Experimentais, fora convidado a falar à conferência anual em Los Angeles, em setembro de 1959, exatamente sobre este assunto: o papel do astronauta no Projeto Mercury. A reunião aconteceu apenas duas semanas após a *Life* começar a sua florada de histórias categorizando os sete astronautas como os melhores e mais corajosos pilotos da história americana. Nenhum leitor da *Life* teria reconhecido o Deke Slayton que subiu ao pódio no salão de convenções do hotel para se dirigir à fraternidade. Desde o início seu tom foi defensivo. Disse que tinha alguns comentários "obstinados, francos" sobre o papel do *piloto* no Projeto Mercury. Havia militares, disse, que se perguntavam "se um chimpanzé com curso superior ou o bobo da aldeia não se sairiam tão bem no espaço quanto um piloto de provas experiente". (*Um macaco vai fazer o primeiro voo!*) Ele sabia que esse era o papo que andava rolando e isso o aborrecia. Essa gente andava confundindo o Projeto Mercury com "os programas da Força Aérea Homem no Espaço Já e o Adam do Exército, que eram essencialmente concepções do tipo homem-dentro-de-um-barril". A plateia olhava para ele sem entender, pois essa fora precisamente a origem do programa Mercury.

— Detesto ouvir alguém argumentar que o piloto de hoje não tem lugar na era espacial e que os não pilotos podem se desincumbir eficientemente de uma missão espacial — disse. — Se isso fosse verdade, daqui a uns anos o condutor de aviões poderia se incluir entre os dinossauros.

Isso era muito pouco provável, continuou. Um não piloto talvez fosse capaz de fazer parte do trabalho. Mas nos momentos críticos em que era necessário manter a cabeça fria e fazer observações e registrar dados pendurado sobre o abismo infinito... quem mais poderia enfrentar o desafio a não ser alguém feito da mesma fibra que o piloto de provas profissional?

Slayton possuía uma veemência que as pessoas, por vezes, não se davam conta de imediato. Seus comentários podem não ter convencido muitos céticos na Sociedade de Pilotos de Provas Experimentais. Contudo, tornaram-se efetivamente a tônica da campanha que se iniciou na NASA.

A essa altura, setembro de 1959, Slayton e os demais perceberam que, conforme Glenn adivinhara no início, o corpo de astronautas parecia uma nova arma e que nessa nova corporação ninguém lhes era hierarquicamente superior. Certamente, Robert Voas não era. Voas era um tenente da Marinha que fora designado oficial de treinamento dos astronautas. Voas não era nem instrutor de voo nem engenheiro aeronáutico e sim um psicólogo industrial que fora escolhido precisamente porque não se considerava o treinamento de astronautas uma forma de treinamento de pilotagem, senão uma forma de adaptação psicológica. Voas, além de não ser mais velho, era seu inferior hierárquico mesmo na carreira regular, por isso uma das primeiras medidas dos rapazes foi providenciar para que Voas, como oficial de treinamento, funcionasse mais como um treinador de time esportivo e, em todo caso, diferente do técnico. Começaram a dizer a *ele* qual ia ser a programação do treinamento. Voas se tornou coordenador e porta-voz dos astronautas em termos de treinamento.

Tinham desaprovado Gordon Cooper havia alguns meses porque se queixara da falta de caças supersônicos para voos de "adestramento", mas agora os rapazes retomaram sua reclamação nos corredores da NASA, com Slayton e Schirra liderando, e Voas defendendo a causa. Não tardaram a receber dois F-102s emprestados pela Força Aérea. As aeronaves, porém, estavam em péssimas condições — de fato, perfeitos calhambeques aos olhos dos sete pilotos. A Força Aérea largara essa sucata nas mãos deles como uma espécie de esmola. Mas a precariedade dos F-102s não era o pior. Exasperante era que o F-102, um dos primeiros da série Century, estava a essa altura obsoleto. Operava mal e mal na faixa supersônica, sendo Mach 1,25 sua velocidade máxima. Wally Schirra sabia como argumentar essa questão. Wally não era apenas um piadista emérito; também era capaz de ficar sério e dar murros na mesa e conjurar a aura dos que possuíam a fibra, seus privilégios e pré-requisitos sem mencionar uma só vez as coisas indizíveis. Wally diria aos chefões: os senhores estão nos apresentando ao povo americano como os sete melhores pilotos de provas dos Estados Unidos, e estamos *entre* os melhores, mesmo descontando o trabalho promocional, porém os senhores não estão nos dando nem mesmo a oportunidade de manter em dia o nosso adestramento! Antes de ingressar neste programa eu pilotava caças capazes de voar Mach 2 ou mais. E agora querem que mantenhamos a nossa proficiência com duas patas-chocas velhas que mal atingem Mach 1 até quando estão em condições razoavelmente decentes? Isso não faz sentido! É como se decidissem preparar um time de primeira divisão para disputar o campeonato mundial mandando-os tirar um ano para jogar contra um bando de coroas na Divisão de Parques e Jardins. Wally era fantástico em momentos assim; e dali a pouco os rapazes recebiam uns dois F-106s, que eram F-102s de segunda geração capazes de voar Mach 2,3. Enquanto isso, tentavam se virar com os F-102s. Mas, pô, voar um F-102 já era um grande passo considerando a agenda de treinamento inicial — que presumia que os voos de adestramento de qualquer tipo não teriam utilidade para o astronauta no Projeto Mercury. Tampouco essa presunção morrera ainda, fosse com Wally e Deke ou sem Wally e Deke.

Na conferência de Woods Hole, Voas descreveu as vantagens dos voos de F-102 para sustentar a "capacidade de tomar decisões" dos astronautas, e um psicólogo de aviação da Universidade de Illinois mal conseguiu acreditar no que ouvia.

— Francamente — disse —, não consigo entender como a tomada de decisões, ou mesmo qualquer outro tipo de reação, no F-102, possa se transferir de maneira expressiva para a resposta comparativamente única exigida do astronauta em um veículo Mercury. — E acrescentou: — A tarefa do astronauta na verdade parece mais com a do observador de radar do que com a do piloto.

Outro psicólogo de aviação, Judson Brown, da Universidade da Flórida, mostrou-se igualmente perplexo:

— Menciona-se com frequência que é preciso usar pilotos experimentados nos projetos Mercury, X-15, e Dyna-Soar. É evidente que o uso de pilotos experimentados parece ter uma importância muito menor no Mercury do que nos outros dois. Existem sérias dúvidas quanto à possibilidade de ocorrer uma transferência positiva do treinamento em pilotagem para a operação da cápsula Mercury.

Dentro da NASA, porém, essa posição já não se sustentava.

De um ponto de vista puramente político ou de relações públicas, *o astronauta* era o troféu mais valioso da NASA, e os sete astronautas do Mercury foram apresentados ao público e ao Congresso como grandes pilotos e não como cobaias. Se agora insistiam em ser *pilotos,* grandes ou não — quem ia interferir e dizer não? Os rapazes sentiram isso; ou, nas palavras de Wally Schirra, perceberam que gozavam "uma boa parcela de prestígio no país". Portanto, o próximo passo foi começar a reduzir o número de experiências médicas e científicas e que deveriam participar — o lado cobaia da coisa —, simplesmente caracterizando-as como inúteis ou imbecis e suprimindo-as de suas programações. Nesse ponto havia a tendência de receberem o apoio do chefe de operações de Gilruth, Walt Williams. Ele era um engenheiro de ar enérgico, cordial e forte que fora um dos verdadeiros gênios da série X em Edwards, o homem que transformara o voo de provas supersônico em uma ciência racional e precisa. Williams era engenheiro de operações; não tinha muita paciência com problemas de voos de provas que não fossem *operacionais.* O único engenheiro que não se importava que se soubesse que o *astropower,* como veio a ser conhecido, estava fugindo ao controle era um dos tenentes de Williams, Christopher Columbus Kraft, Jr. Chris Kraft era um rapaz dinâmico, de trinta e seis anos, urbano e espirituoso, em termos de engenheiros aeronáuticos, e de acordo com a programação seria o diretor de voo do Mercury; mas ainda não tivera força para fazer muita coisa com relação aos astronautas. Os sete homens mantinham a pressão. Estavam cansados da designação "cápsula" para o veículo do Mercury. O termo praticamente declarava que o homem dentro dela não era um piloto e sim uma cobaia dentro de uma cápsula. Gradualmente, todos começaram a insinuar o termo "espaçonave" nas publicações e resumos da NASA.

Em seguida os homens levantaram a questão de uma janela para a cabine da espaçonave. No seu desenho atual, a cápsula Mercury não possuía janela, apenas uma pequena vigia de cada lado da cabeça do astronauta. A maneira predominante de verem o mundo exterior seria usando um periscópio. A janela fora considerada um convite desnecessário à ruptura provocada por alterações de pressão. Agora os astronautas insistiam em uma janela. Então os engenheiros se voltaram para a tarefa de projetar uma janela. Em seguida os homens insistiram em uma escotilha que pudessem abrir sozinhos. A escotilha, segundo o desenho atual, seria trancada pela equipe de terra. A fim de abandonar a cápsula após a amerissagem, o astronauta teria que se espremer para fora pelo gargalo, como se estivesse saindo de uma garrafa, ou esperar a chegada de outra equipe para destrancar a escotilha por fora. Então os engenheiros se voltaram para a tarefa de projetar uma escotilha com trancas explosivas de modo que o astronauta pudesse destruí-la, acionando um detonador. Era tarde demais para incorporar os novos itens na cápsula — na *espaçonave* — que seria usada no primeiro voo do Mercury. O veículo já estava muito atrasado. Mas estariam em todas as naves dali para a frente...

E por quê? Porque pilotos tinham janelas em suas cabines e escotilhas que podiam abrir sozinhos. Era essa a questão: ser piloto em contraposição a ser porquinho-da-índia. Os homens não pararam na janela e na escotilha, tampouco. Nem por um instante. Agora queriam... *o controle manual do foguete*! E não estavam brincando! Isso deveria se concretizar com um sistema *override* (de sobreposição): se e quando o astronauta na função de comandante da espaçonave (e não *cápsula*), julgasse que os propulsores do foguete não estavam funcionando bem, poderia assumir os controles e dirigi-la pessoalmente — como qualquer piloto normal.

Como podiam estar falando a sério!, exclamaram os engenheiros. Qualquer chance de um homem poder dirigir um foguete do interior de um veículo balístico, um projétil, era tão remota a ponto de ser risível. A proposta era tão radical que os engenheiros sabiam que poderiam bloqueá-la. Mas não era motivo de riso para os sete pilotos. Eles também queriam o controle total do procedimento de reentrada. Queriam estabelecer o ângulo de ataque da cápsula manualmente e disparar os retrofoguetes sozinhos sem nenhuma ajuda do sistema de controle automático. Essa sugestão fez os engenheiros estremecerem. Slayton quis até redesenhar o controle manual que acionaria os propulsores de peróxido de hidrogênio para fazer a cápsula picar, arfar e guinar. Queria que o controle manual operasse apenas os propulsores para picar e arfar; o guinar seria controlado por pedais que o astronauta acionaria com os pés. Essa era a disposição convencional nos aviões: um manche controlando dois eixos e mais os pedais. Era assim que os *pilotos* estabeleciam o controle de atitude.

A revista *Life* e o público reverente e os políticos reverentes e todos os demais que já tinham exaltado os astronautas não davam a menor importância se eles funcionavam ou não como pilotos.

Era bastante que estivessem dispostos a apenas subir em um foguete em nome da batalha com os soviéticos pela supremacia espacial e se deixarem explodir no espaço ou onde quer que fosse. Mas não era o bastante para os homens em si. Todos eram pilotos militares veteranos, e cinco já haviam atingido as alturas do zigurate invisível quando o Projeto Mercury começara, e estavam decididos a penetrar o espaço como pilotos e nada mais.

O controle, no mínimo sob a forma de sistemas *override,* era a única coisa que neutralizaria a gozação recorrente no seio da fraternidade: *Um macaco vai fazer o primeiro voo.* Em seu discurso perante a fraternidade, Slayton expusera a maledicência com a sua piada do "chimpanzé com curso superior". Isso parecera uma incursão de Slayton no reino da ironia e da hipérbole. Ele não fez referência alguma ao fato de que tal faculdade realmente existia.

* * *

MAS NOS DESERTOS DO NOVO MÉXICO, A UNS 128 QUILÔMEtros de El Paso e da fronteira mexicana, na Base Aérea de Holloman, que fazia parte do complexo de lançamento de mísseis de White Sands, a NASA fundara a colônia de chimpanzés do Projeto Mercury. Não tinha nada de secreta, mas atraiu pouca atenção. O programa de chimpanzés fora concebido principalmente para satisfazer as "cassandras médicas". Desde o instante em que uma comissão mista de bioastronáutica formada pelo Conselho Nacional de Pesquisas e as Forças Armadas visitara as instalações de Langley em janeiro de 1959, tinha havido médicos alertando que a ausência de peso ou a intensidade das forças gravitacionais, ou ambas, poderiam ter um efeito devastador e que os voos com animais deviam ser obrigatórios. Por isso a NASA pôs vinte veterinários a treinarem chimpanzés em uma área do Laboratório de Pesquisas Aeromédicas em Holloman. Eventualmente um dos animais seria escolhido para o equivalente de um ensaio formal do primeiro voo tripulado. A ideia era não só verificar se o chimpanzé suportaria a tensão como também se seria capaz de usar normalmente o cérebro e as mãos durante o voo.

Os chimpanzés foram escolhidos tanto pela inteligência quanto pela semelhança fisiológica com os seres humanos. Podiam ser treinados a executar tarefas manuais razoavelmente complexas quando solicitados, particularmente se iniciassem aprendizado ainda jovens. Uma vez que aprendessem as tarefas em terra, seria possível estimulá-los a executar as mesmas tarefas durante um voo espacial e ver se a condição de imponderabilidade os afetava. Logo no início do programa, os veterinários concluíram que as recompensas, mero reforço positivo, não seriam suficientes para a tarefa em pauta. A única técnica de treinamento à prova de falha era o *condicionamento operante*. O princípio aqui era evitar a dor. Ou, em outras palavras, se o macaco não fizesse a tarefa direito, era punido com choques elétricos nas solas dos pés.

Os veterinários de Holloman, a exemplo da maioria dos veterinários, eram homens compassivos que estavam interessados em aliviar as dores dos animais e não em infligi-las. Mas isso era guerra! O programa dos chimpanzés era parte essencial da batalha pela supremacia espacial! Não era hora para meias medidas! Como diziam os congressistas todos os dias, a sobrevivência nacional estava em jogo! As instruções dos veterinários eram realizar a tarefa com o máximo de rapidez e eficiência. Havia diversas maneiras de se treinar animais, mas somente o *condicionamento operante*, baseado em conceitos desenvolvidos por B. F. Skinner, parecia aproximadamente à prova de erros. Em todo caso, colocaram as "chapas de estímulo psicomotor" nos pés dos animais e estes foram por sua vez amarrados às cadeiras, e o processo começou... E quando os macacos iam bem os veterinários lhes davam abraços e carinhos, porém primeiro tomando a precaução de se certificar de que não estavam com vontade de lhes arrancar o nariz a dentadas.

Ah, os macacos não eram tão bobos assim! Sua inteligência era apenas ligeiramente inferior à do homem. Possuíam memória; eram capazes de analisar uma situação. Nos primeiros anos da infância tinham sido capturados na África Ocidental e separados das mães por essa nova espécie, os seres humanos, e afastados de todo ambiente familiar, postos em jaulas e despachados de navio para essa paisagem alienígena esquecida de Deus, o deserto do Novo México, onde permaneciam em jaulas... quando não estavam nas mãos de um bando de torturadores de jaleco branco que os amarravam, aplicavam choques e os faziam executar exercícios e rotinas insanas. Os bichos tentaram tudo que conseguiram imaginar para escapar. Abocanhavam, rosnavam, cuspiam, mordiam as correias, se debatiam e tentavam fugir. Ou davam tempo ao tempo e usavam a cabeça. Acompanhavam a tarefa de treinamento, dando a impressão de cooperar, até que o jaleco branco parecia baixar a guarda — e então faziam sua tentativa. Mas a resistência e as artimanhas não adiantavam nada. Só o que recebiam por seus esforços eram mais choques elétricos e faíscas azuis. Alguns macacos mais inteligentes eram também os mais intratáveis e criativos; recebiam os choques elétricos e em seguida pareciam desistir e se submeter ao destino — e *então* tentavam apavorar os jalecos brancos e fugir. Nesses sacaninhas implacáveis por vezes era necessário dar umas duas borrachadas com uma mangueira, ou o que fosse.

Então, finalmente, a parte sofisticada do treinamento podia começar. Assumia duas formas principais: a dessensibilização ou adaptação dos temores que um voo de foguete ordinariamente apresenta para o animal (só o confinamento de um chimpanzé não treinado em uma cápsula Mercury seria suficiente para enlouquecê-lo de medo); e a colocação do animal no simulador de procedimentos, uma réplica da cápsula em cujo interior estaria durante o voo, para aprender a reagir às luzes e campainhas e a acionar os interruptores corretos quando solicitado — e repetir esses movimentos dia após dia até que a cápsula se tornasse um ambiente inteiramente familiar, tão familiar, rotineiro e cotidiano quanto um escritório. Os veterinários levaram os chimpanzés de avião a Wright-Patterson para darem voltas na centrífuga que a Força Aérea mantinha ali. Amarravam cada macaco na gôndola, fechavam a escotilha, ligavam o som do lançamento de um foguete Redstone e começavam a girá-lo, gradualmente, apresentando-o a forças gravitacionais mais intensas. Levaram-nos a fazer voos parabólicos no banco traseiro dos caças para familiarizá-los com a sensação de imponderabilidade. Metiam-nos no simulador durantes horas infindas e dias infindos para o treinamento de tarefas manuais com estímulo. Uma vez que o chimpanzé não estaria usando um traje pressurizado durante o voo, era colocado dentro de um cubículo pressurizado, que por sua vez seria embarcado na cápsula Mercury. O painel de instrumentos do macaco ficava nesse cubículo. Ali, dia após dia, mês após mês, o macaco aprendia a operar certos botões em diferentes sequências quando estimulado por luzes que piscavam. Se executasse a tarefa incorretamente, recebia um choque elétrico. Se a executasse corretamente, recebia cubinhos com sabor de banana e palavras e carinhos de incentivo dos veterinários. Gradualmente os bichos foram vencidos pelo cansaço. Eram tratáveis agora. O *condicionamento operante* estava em andamento. Uma vida em que se evitam as faíscas azuis e se aceitam com gratidão as palavras e petiscos de incentivo tornara-se o lado melhor da coragem. A rebelião provara ser um beco sem saída.

Os macacos começaram o treinamento ao mesmo tempo que os astronautas, isto é, em fins da primavera de 1959. A esta altura, 1960, tinham passado por quase todas as fases do treinamento para astronauta, exceto as sequências de abortamento, reentrada de emergência e controle de atitude.

Alguns macacos eram capazes de operar o simulador de procedimentos às mil maravilhas, quase tão rapidamente quanto um homem. Os veterinários tinham todas as razões para sentir orgulho do que realizaram. Exteriormente os animais eram mansos, tratáveis, inteligentes e amáveis como o melhor garotinho das vizinhanças, embora internamente... alguma coisa andasse crescendo como a pressão na sala das caldeiras.

A UNS 1.200 QUILÔMETROS A OESTE DA BASE AÉREA DE HOLLOman, na mesma latitude do grande deserto americano, situava-se Edwards. O programa X-15 começara a ganhar um certo ímpeto. Havia até jornalistas vindo a Edwards — no meio disso, a Era do Astronauta — para conversar sobre o X-15, como se fosse "a primeira espaçonave dos Estados Unidos". Havia dois homens presentes na base escrevendo livros sobre o projeto; um deles era Richard Tregaskis, autor do *bestseller Guadalcanal Diary*. O X-15, *a primeira espaçonave americana*... seria? Há um ano isso teria parecido impossível. Mas agora o programa da Mercury começava a atrasar. A NASA falara em fazer o primeiro voo tripulado em meados de 1960; bom, estávamos agora em meados de 1960, e nem mesmo tinham a cápsula pronta para testes não tripulados.

O principal piloto da NASA para o projeto X-15 era Joe Walker. Lembrava uma versão mais jovem do louro Chuck Yeager, o menino do campo que adorava voar. Falava como Yeager. Ora, bolas, quem não falava por aqui? Mas com Walker a coisa saía naturalmente.

Da mesma forma que Yeager vinha da terra do carvão na Virgínia ocidental, Walker era da terra do carvão na Pensilvânia e gostava de fazer o mesmo que Yeager, ou seja, misturar uma porção de expressões rústicas — "Mãe gostava de me dar umas coças" — com o jargão de engenharia do pós-guerra sobre parâmetros, inputs e extrapolações. Na realidade, Yeager andara anunciando para todos que achava Walker o melhor espécime atual da ninhada de Edwards.

Sem dúvida, Walker se parecia com e falava como uma versão mais jovem de Yeager — mas de fato era dois anos mais velho. Yeager só tinha trinta e sete e Walker, trinta e nove. Walker era sete meses mais velho que Scott Crossfield. Por isso, excluindo-se todo o resto, Walker não tinha tempo para esfriar os calcanhares. Se os programas do X-15 e X-20 em Edwards se atrasassem enquanto todo o dinheiro e as atenções convergiam para o Projeto Mercury, seria péssimo.

Edwards crescera até atingir vinte vezes o tamanho que tinha no apogeu de Yeager. O Clube de Equitação Bumbum Feliz de Pancho Barnes há muito desaparecera. A Força Aérea desapropriara a propriedade por *necessidade e utilidade públicas* para a construção de uma nova pista. Houve uma batalha acirrada no tribunal, durante a qual o comandante da base acusou Pancho de dirigir uma casa de prostituição, e Pancho contou ao tribunal que sabia de fonte segura que o velho imprestável instruíra os pilotos a acidentalmente bombardearem o rancho com napalm. Pancho se aposentara, com o quarto marido, o antigo capataz do rancho, na cidade de Baron, a nordeste da base.

Havia agora uns três mil integrantes da Força Aérea em Edwards e uns sete mil civis, alguns da NASA, incluindo o próprio Walker. No entanto, o deserto era tão vasto e tão aberto que engolia os dez mil sem o menor problema, e o lugar não parecia excepcionalmente diferente, exceto durante o congestionamento de tráfego, à tarde, quando os funcionários públicos encerravam o expediente e corriam para os condicionadores de ar que os aguardavam em suas casas padronizadas. Walker, a esposa e dois filhos moravam em Lancaster, uma cidade no deserto a uma meia hora de carro de Edwards. Walker construíra uma casa em um terreno que algum loteador inspirado — inspiração era a coisa mais rara na expansão imobiliária daquele período — chamara de Fazendas das Cercas Brancas. O comprador tinha que construir uma cerca branca em torno da casa para poder viver ali. E isso ele fez. Quanto à designação de Fazenda — aqui o comprador deparava com um problema, a não ser que cultivasse iúcas. A ideia do loteador, no auge das vendas, era que o comprador construísse galinheiros no fundo do lote e produzisse um rendimento suplementar.

Sem aprofundar, a casa de Walker parecia um pedacinho do céu comparada à de Bob White. Por outro lado, superficialmente Walker e White eram muito diferentes em tudo. White, que tinha a patente de major, era o principal piloto da Força Aérea no projeto X-15. Era o oficial da Força Aérea eternamente correto e reservado. Não bebia. Exercitava-se como um atleta universitário em treinamento. Era religioso. Ajudava na capela católica da base e nunca, nunca mesmo, faltava à missa. Era magro, os cabelos negros, bonitão, inteligente — e até culto, para falar a verdade. E era extraordinariamente sério. Não era um caçador de roda de chope. Muito pouca gente escolhia Bob White só para jogar conversa fora. White e a família moravam na própria base, na rua Treze, 116, num miserável arruamento de casas militares conhecido por bairro residencial de Wherry. Ou fora conhecido por Wherry no início. Por volta de 1960 as pessoas normalmente se referiam ao conjunto pelo nome de vila Weary*. As crianças eram criadas ali pensando que Weary fosse o nome verdadeiro. Estacionado diante da casa de White havia um Ford, modelo A, sem pintura. A Força Aérea, por ser a arma mais nova das Forças Armadas, era firme em tradições instantâneas. Esse velho calhambeque Ford era presenteado, à guisa de irônico monumento à Fibra, a quem fosse

---

* Trocadilho indicando o cansaço que é morar num lugar desses. (N. da T.)

piloto de provas número um da Força Aérea em Edwards. Scott Crossfield, principal piloto do construtor, a North American, completara a primeira fase de testes do X-15, verificando o sistema de energia e a aerodinâmica básica. White e Walker foram escolhidos para levar o avião-foguete aos limites da envoltória operacional, que imaginavam ser as velocidades superiores a Mach 6, ou cerca de 6.400 quilômetros por hora, e, o mais importante, a uma altitude de 85.300 metros. Exatamente onde começava "o espaço" era um problema de definição que nunca ficara inteiramente resolvido. Mas em geral aceitava-se que a fronteira se situasse acima de oitenta quilômetros. Não havia atmosfera nem ar a essa altitude; de fato, uma vez que uma nave atingisse 30.500 metros, não restava ar suficiente para prover aerodinâmica. A meta do X-15 de 85.300 metros ultrapassava aquela altitude de quase cinquenta e cinco quilômetros.

White e Walker começaram a voar o X-15 com o chamado Motorzinho. Que era, na realidade, dois motores X-1 construídos dentro de uma única fuselagem. Produziam 7.250 quilos de empuxo. O X-15 era o bichão de aspecto mais maligno que já se pôs no ar. Era uma chaminé negra de 7,5 toneladas com aletas e uma enorme cauda maciça. A pintura preta fora criada para suportar o calor gerado pela fricção quando a nave subisse a mais de 30.500 metros e reentrasse na atmosfera mais densa abaixo dessa altitude. Todos estavam aguardando a entrega do Motorzão, o XLR-99. Era um foguete com 25.800 quilos de empuxo, ou quatro vezes o peso básico da nave. Uma vez que instalassem o XLR-99... bom, era bem possível que Walker se tornasse o primeiro homem a cruzar as fronteiras do espaço. Os 25.800 quilos de empuxo do motor eram apenas 9.500 quilos menos do que os do foguete Redstone que — no futuro — deveria levar os astronautas nos primeiros voos. Na realidade, fora o desenvolvimento do Redstone como míssil balístico intercontinental que dera pela primeira vez aos engenheiros da NASA, como Walt Williams, a ideia do X-15, no início da década de 1950.

Como poderia, então, haver tanto estardalhaço em torno do Projeto Mercury e tão pouco com o X-15? Essa era uma coisa que ocorria aos rapazes depois de algum tempo, por mais indiferentes que tentassem parecer: os astronautas do Mercury eram heróis nacionais sem nunca terem saído do chão — só porque se voluntariaram para andar montados em foguetes. Bom... Walker, White e Crossfield, a exemplo de Yeager antes deles, *já* tinham andado de foguetes, do X-1 ao X-15. E andado neles *pilotando*. O seu cérebro era o sistema de orientação do X-15, e suas mãos manobravam a nave. No sistema Mercury-Redstone, um banco de computadores era o piloto, e o astronauta ia de passageiro. Por que todos não compreendiam um fato tão simples? Seria porque os astronautas eram vistos como os fundistas americanos na corrida com os russos? Bom, se fosse assim, era uma grande ironia. Nessa altura, meados de 1960, os astronautas teriam supostamente feito seus primeiros voos balísticos. Esse era o argumento para a escolha do sistema Mercury. Era um jogo sujo — mas rápido; supunha-se. Mas a cápsula Mercury nem ao menos estava pronta. Houvera um atraso atrás do outro. Começava a parecer improvável que houvesse um lançamento tripulado antes de 1961. O projeto X-15 encontrava-se agora *à frente* do Projeto Mercury na tentativa de chegar ao espaço.

Em 7 de maio, Walker soltara o X-15 no primeiro voo real com o Motorzinho em velocidade máxima, e atingira Mach 3,19 ou 3.396 quilômetros por hora, um tantinho mais rápido do que o recorde mundial de Mel Apt no X-2. Em 19 de maio, Bob White voou o X-15 na primeira tentativa para chegar à altitude máxima com o Motorzinho e marcou 33.200 metros, ficando 5.200 metros abaixo do recorde de Iven Kincheloe no X-2. E isso era mais um dado que as pessoas deveriam conhecer e... não conheciam. Kinch e Mel estavam mortos agora. Mel Apt morrera poucos minutos após estabelecer o seu recorde mundial de velocidade, vitimado por um demônio que vivia à espreita principalmente de aviões--foguetes que atingiam ou superavam Mach 2 no ar rarefeito em torno de 21.300 metros: a instabilidade nos eixos longitudinal e lateral... seguida de um incontrolável cambalhotamento. Por vezes a coisa assumia a forma de um "acoplamento por inércia", que em geral ocorria quando um piloto tentava inclinar lateralmente um avião-foguete e ele entrava num tonneau completo e em seguida punha-se a picar e a guinar — e a arfar violentamente. Isto fazia o avião dar cambalhotas. Alguns pilotos achavam que o termo formal "acoplamento por inércia" não acrescentava praticamente nada à compreensão do fenômeno. A nave simplesmente "desarrolhava" (conforme Crossfield gostava de dizer) e perdia qualquer aparência de aerodinâmica e despencava pelo céu como uma garrafa ou um pedaço de cano. Não havia maneira de tirá-la de uma cambalhota hipersônica. O piloto levava uma tremenda surra das forças gravitacionais e das paredes da cabine às quais era atirado. Quanto mais experimentava os controles, tanto pior a embrulhada em que se metia. Yeager fora o primeiro piloto de foguetes a atravessar esta brecha no envelope hipersônico, durante o voo no X-1A em que estabeleceu o recorde de velocidade em Mach 2,42. Contundiu-se a ponto de perder a consciência e caiu onze quilômetros antes de atingir a atmosfera mais densa aos 7.600 metros, recuperar a consciência e meter o avião em parafuso. O que foi ótimo; de um parafuso simples ele sabia sair, e com isso sobreviveu. Kinch entrou em cambalhota hipersônica, durante o voo em que estabeleceu um recorde, e saiu dela ao atingir uma altitude mais baixa, conforme Yeager fizera. Isso foi só uns vinte dias antes de Mel Apt se enfunerar. Mel entrou em violento cambalhotamento e tentou se ejetar, mas não foi capaz de completar a sequência no X-2. Yeager sempre calculara que era inútil tentar saltar de um avião-foguete. Crossfield chamava isso de "cometer suicídio para evitar ser morto". O acoplamento por inércia quase matara Kit Murray em 1954, quando ele estabeleceu um recorde de altitude de 28.650 metros no X-1A, e acontecera a Joe Walker duas vezes, uma no XF-102 e novamente no X-3.

Quando falava do ocorrido, Joe Walker dizia que nas duas vezes escapara graças à "manobra J.C.". Explicava:

— Na manobra J.C., a gente tira as mãos dos controles e põe o sacana no colo de um poder so-bre-na-tu-ral. — E, com efeito, essa era a única opção que o piloto tinha.

Do jeito que Walker falava, com o seu grande sorriso de garotão das montanhas, parecia que estava falando de esportes... Mas todo futuro piloto de X-15 vira o filme registrado a bordo do voo de Mel Apt, e não era nada engraçado assistir àquele filme. A câmera fora montada logo atrás de Apt na cabine. Era uma câmera que filmava uma cena por segundo. Em uma delas Apt e seu capacete branco apareciam aprumados na cabine. Na seguinte via-se a cabeça, o corpo e capacete virados, colidindo com a parede da cabine. Na primeira via-se uma cadeia de montanhas emoldurada pela janela da cabine, como se ele estivesse entrando em mergulho, e na seguinte se via o céu vazio: cambalhotava como uma bola de futebol americano num passe longo. O filme parecia não ter fim. Era o mesmo que ver uma fantasmagoria, porque a pessoa sabia que, ao fim, o vulto de capacete branco quicando na cabine morreria.

A revista *Life* estava escrevendo uma matéria sobre a experiência de Deke Slayton em um parafuso invertido no F-105. Não era nenhum piquenique e, no entanto, os pilotos de foguetes encaravam os parafusos invertidos como amigos para sair da instabilidade hipersônica. As pessoas se impressionavam porque os sete astronautas estavam dispostos a correr o risco de verem os foguetes Redstone explodirem na cara deles. Nossa! Os foguetes já tinham explodido na cara de muita gente boa! O X-2 de Skip Ziegler explodiu quando ainda se achava ligado à nave-mãe, uma B-29, matando Skip e um tripulante da B-29. O mesmo quase acontecera com Pete Everest no X-1D — e com o próprio Walker no X-1A. Walker estava amarrado no X-1A, sob o compartimento de bombas da B-29, a 10.600 metros, a setenta segundos do lançamento, quando um tanque de combustível explodiu na traseira do avião-foguete. Walker saiu, subiu de volta à B-29, desmaiou por falta de oxigênio, foi reanimado por uma carga de oxigênio portátil, voltou ao X-1A em chamas e tentou alijar o restante do combustível para impedir que os dois aviões, o X-1A e o B-29, ardessem. O avião-foguete foi finalmente lançado, como uma bomba, sobre o deserto. Walker recebeu a Medalha de Mérito Militar por sua volta ao avião em chamas.

Isto fora nos idos de agosto de 1955, e os jornais ventilaram o assunto durante um tempinho, mas agora ninguém se lembrava, nem compreendia que todas essas coisas tinham sido aventuras em *voos de foguetes pilotados*. Com o Motorzão já a caminho, o XLR-99 — bom, era provável que, se a NASA ao menos investisse dinheiro, pessoal e ênfase no projeto X-15 e no projeto X-20, os Estados Unidos colocassem naves em órbita em tempo relativamente curto. *Naves*, veículos com um piloto que os levava ao ar e os trazia de volta reentrando na atmosfera pelas próprias mãos e os pousava... no topo do mundo, em Edwards. Não era apenas que o Plano Mercury de encerrar um homem em uma cápsula e fazê-lo espadanar no meio do oceano sob um paraquedas fosse uma maneira "suja", primitiva e embaraçosa de um piloto pousar, aos olhos dos pilotos de Edwards. Era também uma maneira desnecessariamente perigosa. O menor erro na trajetória ou na cronometragem, e ele talvez batesse na água — a milhares e milhares de quilômetros do alvo; e qualquer homem que tivesse voado um avião de buscas conhecia o desespero de localizar um pequeno objeto em alto-mar, particularmente com mau tempo.

Podia-se até argumentar que os pilotos do X-15 estavam mais de um ano à frente dos astronautas em termos de treinamento para voos espaciais. O programa de treinamento Mercury copiara muita coisa do treinamento para o X-15 — exceto o voo. Cada voo do X-15 era tão caro — uns US$100 mil se se incluíssem o tempo e o custo de todo o pessoal de apoio — que era pouco prático deixar um piloto usar o próprio X-15 para o treinamento básico. Usando a nova possibilidade tecnológica, o computador, a NASA construiu o primeiro simulador de voo completo. Seu realismo era fantástico. Naturalmente, não conseguiam simular as forças gravitacionais do voo em foguete — então tiveram a ideia de usar a centrífuga humana da Marinha em Johnsville.

Mais acima do braço da centrífuga havia uma sacada, e essa sacada era conhecida por Sala do Trono, porque nela havia uma fileira de cadeiras de espaldar alto com assentos de plástico verde. Cada uma delas fora feita sob encomenda, ajustando-se aos contornos dos troncos e pernas de um piloto de foguete. Cada uma trazia o seu nome impresso: "A. Crossfield" (O nome de Scott Crossfield era Albert), "J. Walker", "R. White", "R. Rushworth", "F. Petersen", "N. Armstrong", e assim por diante. Lembravam múmias reais alinhadas, e já se encontravam ali na Sala do Trono quando as conchas de "J. Glenn", "A. Shepard", "W. Schirra" e os quatro outros entraram em cena. Os astronautas fizeram o treinamento na centrífuga que fora inicialmente concebida para Walker e os pilotos do X-15. O simulador de procedimentos dos astronautas era uma versão modificada do simulador do X-15. A NASA chegou a montar um simulador de acoplamento por inércia para os astronautas, um aparelho chamado O Mastim Raivoso, que girava a pessoa simultaneamente nos três eixos, longitudinal, vertical e lateral; mas a experiência era tão pavorosa que não era muito usado. Joe Walker & Cia. tinham passado por essa experiência na vida real... em altitude... E aonde iam os astronautas fazer voos parabólicos nos F-100Fs, a fim de experimentar a ausência de peso? A Edwards. Chuck Yeager em pessoa voara as primeiras parábolas imponderáveis para a Força Aérea, e depois Crossfield as voara para a NASA. Os pilotos de Edwards decolavam levando os astronautas de saco.

De modo geral, os homens que participavam do programa X-15 eram realistas face à situação. Tecnicamente não havia razão para o X-15 não conduzir ao X-15B ou ao X-20 ou outra nave espacial aerodinâmica. Politicamente, porém, as probabilidades não eram boas e não tinham sido boas desde outubro de 1957, quando o Sputnik I subiu. A política da corrida espacial exigia um pequeno veículo tripulado que pudesse ser lançado o mais brevemente possível com a potência de foguete existente. E como bem sabia a fraternidade de Edwards, não adiantava tentar desejar que não houvesse a política da situação.

Mas agora, meados de 1960, a realidade política em si começara a mudar. Os primeiros indícios surgiram em maio. Por acaso o mesmo mês em que Walker e White começaram a destrinchar o X-15 e o Motorzinho. Mas a mudança estava sendo provocada por acontecimentos inteiramente alheios ao seu controle.

O PONTO DE PARTIDA FOI O CHAMADO INCIDENTE COM O U-2. Um míssil terra-ar soviético — ninguém nem mesmo sabia que os soviéticos haviam criado tal arma — abateu um "avião-espião" americano da CIA, o U-2, dirigido por um antigo piloto da Força Aérea chamado Francis Gary Powers. Kruschov usou o incidente para humilhar o presidente Eisenhower em uma conferência de cúpula em Paris. Estávamos em ano de eleição, é claro, e os dois principais competidores democráticos, Lyndon Johnson e John F. Kennedy, começaram a citar a superioridade soviética em foguetes como um meio de atacar a administração Eisenhower. Enquanto isso, os soviéticos e sua possante Integral passaram a se esforçar ao máximo. Levaram ao espaço uma série de enormes Sputniks Korabls ("Cósmico") de cinco toneladas, carregando bonecos cosmonautas ou cães ou ambos; obviamente possuíam um sistema suficientemente possante e sofisticado para pôr um homem em órbita. A NASA não só não conseguia manter a sua programação original de fazer um voo balístico tripulado em 1960, como tampouco era capaz de entregar uma cápsula pronta — e seus lançamentos de foguetes em teste, todos ocasiões públicas, iam de mal a pior.

Em 29 de julho, a NASA levou os sete astronautas e centenas de VIPs ao Cabo Canaveral para um muito anunciado primeiro teste do veículo Mercury-Atlas, uma cápsula Mercury montada em um foguete Atlas. O Atlas, com os seus 166.000 quilos de empuxo, seria usado em voos orbitais tripulados; os primeiros voos da Mercury, que seriam suborbitais, empregariam o Redstone, de menor porte. O dia 29 de julho foi escuro e chuvoso, o que tornou a saída do poderoso foguete tanto mais espetacular. A terra roncou sob os pés dos circunstantes, e o foguete ergueu-se lentamente sobre três colunas de fogo. Foi um espetáculo fantástico. Sessenta segundos depois ele parecia estar diretamente acima das cabeças e gradualmente iniciando o longo arco em direção ao horizonte, e os astronautas e todos os demais tinham os pescoços esticados e as cabeças curvadas para trás, observando o advento do Ahura-Mazdâ quando — bum! — ele explodiu. Assim, bem em cima da cabeça deles. Por um instante pareceu que fosse cair em milhares de enormes pedaços flamejantes, bem no crânio de todos. Na realidade, não havia perigo; o embalo do foguete carregou os destroços para longe da área de lançamento. Foi uma ducha de água fria, porém, com o gogó dele espetado como o de um pássaro... E foi uma péssima notícia para o Projeto Mercury.

Contudo, não foi o maior dos fiascos. O maior fiasco sobreveio mais tarde, no ano em que a NASA marcou um teste em Cabo Canaveral destinado a mostrar a todos os políticos que o sistema Mercury de cápsula e foguete encontrava-se agora quase pronto para o voo tripulado. Transportaram de avião até o Cabo quinhentos VIPs, inclusive muitos parlamentares e destacados democratas, para o grande acontecimento. O foguete, o Redstone, não era suficientemente possante para colocar a cápsula em órbita, mas deveria impeli-la a mais de 160 quilômetros, oitenta quilômetros para além da atmosfera terrestre, e em seguida reingressaria na atmosfera e amerissaria no Atlântico com impacto, presa a um paraquedas a uns 480 quilômetros do Cabo, próximo às Bermudas. Tudo, exceto um astronauta, se encontrava na área de lançamento. Os dignitários estavam sentados em tribunas especiais, e a contagem foi transmitida pelo sistema de alto-falantes: "Nove... oito... sete... seis...", e assim por diante, e então: "Fogo!"... e um poderoso jorro de chamas irrompe do foguete em uma fantástica exibição de força... O possante charuto branco ronca e dá a impressão de se mexer — em seguida o sistema nervoso central computadorizado parece mudar de ideia sobre o lançamento, porque as chamas repentinamente se apagam, e o foguete torna a assentar na plataforma e se ouve um *toque*. Solta-se uma tampa na extremidade superior do foguete. Sai voando pelos ares uma coisinha minúscula com o nariz em agulha. Na realidade é a torre de fuga da cápsula. Enquanto a multidão assiste atordoada num silêncio tumular, o objeto sobe 1.200 metros e desce preso a um paraquedas. Parece uma prenda de festa infantil. Aterrissa a uns trezentos e tantos metros do foguete nas margens inertes do rio Banana. Quinhentos VIPs tinham vindo até a Flórida, a esse paraíso arenoso do povão, onde insetos que nem se conseguia enxergar invadiam o quarto de hotel e picavam os tornozelos da gente até o sangue escorrer e avermelhar o tapete felpudo de acrílico — transpuseram toda a distância até esse fim de mundo pedregoso, para ver as labaredas do Armagedon e ouvir a terra tremer com o trovão —, e em vez disso ouvem esse... esse *toque*... e uma rolha salta fora de uma garrafa de espumante. Era o fiasco do primeiro Projeto Vanguard de novo, só que de certa maneira pior. Pelo menos com o Vanguard, em dezembro de 1957, o pessoal viu muitas chamas e explosões. Pelo menos se assemelhava muito a uma catástrofe. Além do mais, ainda era cedo nesse jogo, nessa competição pelos céus. Mas isso era ridículo! Era patético! Kennedy venceu as eleições, e durante a campanha fizera tanta questão de atacar a inépcia da NASA que era uma conclusão previsível que o chefe da NASA, T. Keith Glennan, que além do mais era republicano, seria substituído. A pergunta agora era quantas outras cabeças iriam rolar. Que tal Bob Gilruth? Afinal, era o encarregado do Projeto Mercury, que não revelava progresso algum. Ou Von Braun, o pretenso gênio alemão dos foguetes? Entrava muito sarcasmo no debate, e até mesmo Von Braun estava na mira de ataque. E que tal os sete corajosos rapazes...

Quando esse tipo de fofoca começou a rolar, o pessoal de Edwards iniciou a sintonizar o radar... Durante meses o comentário na NASA fora de que o projeto X-15 seria o último viva dado aos "rapazes do voo". Agora tudo estava mudando. Ninguém ainda o dissera em público, mas o impensável era agora possível: pela primeira vez, o Projeto Mercury em si estava sendo considerado sacrificável. O assessor de Kennedy em assuntos científicos, Jerome Wiesner, do M.I.T., preparara um relatório para Kennedy que com efeito dizia o seguinte:

O Projeto Mercury fora vendido ao governo Eisenhower, durante o pânico inicial face ao Sputnik, em termos de uma solução "rápida e suja" para enviar um homem ao espaço antes dos russos. Provara ser apenas sujo, ou sem esperanças, como no caso da Rolha Saltadora, o qual demonstrara que a NASA não aprontara nem mesmo o primitivo sistema Mercury-Redstone. Ainda que o sistema funcionasse, o Redstone só conseguiria colocar um homem em uma trajetória suborbital, com uma permanência no espaço de apenas quinze minutos. A possante Integral soviética já lançara uma série de pesados Korabls e provavelmente se achava em vésperas de colocar um homem não só no espaço como também na órbita terrestre. Mas em uma área, informava Wiesner a Kennedy, os Estados Unidos se encontravam à frente dos soviéticos: os satélites científicos não tripulados. Por que não concentrar neste programa por ora e minimizar — na verdade, desistir — da corrida perdida para enviar um homem ao espaço? Por que não abandonar todas essas tentativas frenéticas de conversão dos Redstone e Atlas pouco potentes em foguetes espaciais e, em vez disso, desenvolver um programa cuidadoso e sólido de longo prazo usando foguetes maiores, do tipo Titan, que poderiam estar prontos em dezoito meses?

E lá estava ele! Como Joe Walker e todos em Edwards sabiam, o "programa sólido de longo prazo" que usava o Titan era o X-20 ou Programa Dyna-Soar, a ser deslanchado em Edwards assim que se completasse o Projeto X-15. A Força Aérea, encarregada do projeto X-20, nunca perdera as esperanças de dirigir todo o programa espacial tripulado. O tempo todo lhe parecera injusto que a NASA pudesse se apropriar de toda a pesquisa e todo o planejamento que entraram no programa de Flickenger, Homem no Espaço Já, para convertê-lo no Projeto Mercury. Talvez com a mudança de governo a situação pudesse ser corrigida.

Joe Walker sentia-se bem. Em agosto, levara o X-15 à velocidade mais alta que o Motorzinho permitia, atingindo um novo recorde mundial de velocidade de Mach 3,31, ou 3.533 quilômetros. Depois de pousar o avião no lago Rogers, extravasou soltando um grito de caubói que assustou a todos no circuito rádio: — Iuppiiiii!

Isso foi Joe Walker. Uma semana depois, Bob White decolou em um X-15 e estabeleceu um novo recorde de altitude de 41.600 metros, quase quarenta e dois quilômetros. Fora um voo perfeito. Era o máximo que se poderia esperar do Motorzinho. As condições foram quase exatamente as de um voo espacial. Ele subiu com o avião descrevendo um arco balístico, o mesmo tipo de arco que o veículo Mercury-Redstone supostamente faria... um dia... Sentiu cinco-g durante o impulso dos foguetes na subida. Um astronauta na Mercury deveria experimentar seis-g. Tornou-se imponderável durante os dois minutos em que se deslocou pelo vértice do arco. Um astronauta ficaria imponderável durante cinco minutos. A 41.600 metros o ar era tão rarefeito que White não tinha o menor controle aerodinâmico. Era absolutamente silencioso lá em cima. Podia ver centenas de quilômetros à sua volta, de Los Angeles a San Francisco.

Tudo parecia muito com o que deveriam ser os voos do Mercury — exceto que Bob White *era o piloto* do começo ao fim! Exercia o controle! Subia com o avião e o trazia de volta através da pesada atmosfera e o pousava em Edwards! Não amerissava com impacto parecendo um macaco dentro de um balde! A foto de Bob White acabou na capa da *Life*. Havia Justiça, havia Lógica no universo, afinal. Bob White na capa da *Life*! Durante um ano inteiro a *Life* fora o boletim da fraternidade dos astronautas do Mercury. Mas agora até Henry Luce e aquele pessoal tinham acordado para a verdade. Talvez andassem apostando nos cavalos errados! Certo?

Walker e White e Crossfield podiam se dar o luxo de sentir um ciuminho agora... mútuo para variar. Repórteres do programa de televisão *Essa é sua vida* apareceram em Edwards e andaram conversando com todos que conseguiam encontrar que conhecessem Joe Walker. Tratava-se de um dos mais populares programas de televisão do país, e era conduzido como uma festa-surpresa; o retratado, nesse caso Walker, não tomava conhecimento até o momento do programa em si, depois de terem montado uma biografia sua em filme. Scott Crossfield tinha um contrato editorial para escrever sua autobiografia, e a *Time-Life* andava discutindo com Bob White um contrato parecido com o dos astronautas.

Bob White era legal. Podia-se ler a matéria de capa que já tinham escrito a seu respeito na *Life,* e era visível que White não perdera a severidade para a ocasião. Percebia-se que se esforçaram para produzir um daqueles "perfis de personalidades" com White, e só o que ele conseguiu lhes transmitir foi a farda azul e uma linha reta. Isso era Bob White. Um Verdadeiro Eleito!

9. O VOTO

ATÉ A PAISAGEM ERA DEPRIMENTE. NÃO HAVIA NADA À VISTA além da neve caindo na estrada e o campo mirrado que passava em câmera lenta. Entre Langley e Arlington até os bosques pareciam raquíticos. Houvera uma nevasca no dia anterior, mas a paisagem era tão irregular que nem a neve a melhorava. Pelo rádio do carro ele ouvia John F. Kennedy fazendo o discurso de posse. A recepção era ruim, e a transmissão não parava de oscilar em meio à estática. O locutor, que falava em tom baixo como se estivesse descrevendo uma partida de tênis, dissera que fazia oito graus negativos em Washington, soprava um vento no morro do Capitólio e Kennedy trazia a cabeça descoberta e dispensava o sobretudo. Kennedy tinha a voz colocada em um tom estranho. Parecia estar gritando para se manter aquecido. Gritava muitas figuras retóricas sonoras. As palavras somente deslizavam por John Glenn sem se fixar enquanto ele dirigia, como a neve e os pinheiros raquíticos lá fora.

Isso era irônico, porque a princípio Loudon Wainwright pensou que Glenn se achava totalmente absorto no discurso de posse do novo presidente. Não parava de manusear o botão do rádio, neutralizando a estática, procurando captar melhor a transmissão. Quando Wainwright fez um comentário ocasional, Glenn não lhe deu resposta. Wainwright era um dos redatores da *Life* designados para as histórias pessoais dos astronautas, e viera a conhecer Glenn razoavelmente bem. Nesse exato momento, Glenn estava lhe dando uma carona até o Aeroporto Nacional antes de seguir para casa. Se John estivesse decidido a digerir cada palavra e nuança do discurso de Kennedy, isso não constituiria surpresa.

John era uma dessas raras celebridades que se parecia muito com o que diziam dele. Realmente era sério a respeito de Deus, país, lar e família. Provavelmente também era de sua natureza levar a sério um discurso presidencial de posse. Mas então Wainwright reparou que John não só não estava reagindo ao que ele dizia, mas tampouco reagindo ao que Kennedy dizia. Achava-se a quilômetros de distância, como se diz, e não demonstrava muita alegria em estar lá.

O curioso, à luz do que acontecera ontem, era que durante uns três meses o intenso sentimento de competição entre os sete homens desaparecera. Todo o Projeto Mercury, inclusive os astronautas, tinha passado por um sério — não, *pavoroso* — apuro. Após os fiascos do MA-1 e da Rolha Saltadora, já não entrava em questão qual deles ia fazer o primeiro voo, e sim se algum deles chegaria a ir ao espaço, ou até mesmo continuaria a ostentar o título de *astronauta*.

Naturalmente teria sido mortificante para Bob Gilruth, Hugh Dryden, Walt Williams, Christopher Kraft e todos os chefões da NASA que o Mercury fosse cancelado por inépcia ou o que fosse. Mas não tão mortificante quanto teria sido para os astronautas do Mercury! Ah não! Serem declarados os sete rapazes mais corajosos dos Estados Unidos, os destemidos desbravadores do espaço, aparecer na capa da *Life*, ver os operários de San Diego vibrarem com a sua figura e cada gatinha Konakai nas costas atlântica e pacífica os desejarem... e em seguida alguém dizer "muito obrigado, mas cancelamos a coisa toda"... Eles se transformariam em repeteco de bandejão! Voltariam a envergar a farda, na Marinha, na Força Aérea e nos Fuzileiros, bateriam continência e perderiam a compostura como os sete otários mais ridículos das Forças Armadas!

Bastava imaginar... e era fácil imaginar algo assim no fim de 1960. Todos, astronautas, administradores, engenheiros, técnicos, encontravam-se repentinamente em tal apuro que teve início a fase comboio. Todos, de alto a baixo, começaram a se juntar como pioneiros cercados no desfiladeiro. Era agora de suprema importância levar avante o programa Mercury-Redstone antes que o novo presidente e seu assessor de ciências, Wiesner, tivessem tempo de mexer na NASA. A esperança desesperada era completar alguns testes que levassem o programa tão próximo ao primeiro voo tripulado que Kennedy não pudesse se dar o luxo de desmontar o Projeto Mercury sem deixá-los ao menos fazer uma última tentativa. Assim, todos dispararam rumo ao topo da próxima montanha e para o inferno com as precauções normais. O número de voos não tripulados foi drasticamente cortado.

Programaram-se testes uns após outros, de forma que se pudesse programar o primeiro voo tripulado para dali a três meses. Prontificaram-se a experimentar coisas que nunca teriam pensado fazer antes... Em vez de prepararem um novo foguete para o teste seguinte, usaram o que tinha sido abandonado no local depois do fiasco da Rolha Saltadora. Afinal, o foguete não explodira; somente recusara-se a sair do chão.

Esse era o espírito do momento — avante! *más allá!* galgando a montanha seguinte! não olhem para trás! — quando Bob Gilruth convocou Glenn e os outros seis para uma reunião no escritório de Langley, pouco antes do Natal. Gilruth sempre sentira simpatia pelos sete; e agora que se deslanchara a corrida dos caubóis, sua preocupação com os rapazes estava estampada em seu rosto. A mensagem parecia ser: "É lastimável, mas talvez tenha que mandar um de vocês ao espaço sem tomar todas as precauções que gostaria de tomar." Quando se achavam todos reunidos em sua sala, disse que gostaria que fizessem uma votação "entre pares" para decidir o seguinte: "Se não puderem fazer o primeiro voo pessoalmente, quem acham que deveria fazê-lo?" A votação entre pares não era desconhecida na carreira militar. Fora usada entre os alunos mais antigos em West Point e Annapolis durante algum tempo. Aliás, durante o processo de seleção de astronautas, o grupo de finalistas em Lovelace e Wright-Patterson fizera uma votação entre pares. Mas a votação entre pares nunca tinha sido mais do que parecia *prima facie*: uma indicação da opinião que homens do mesmo nível tinham uns dos outros, por razões profissionais, de amizade, de inveja ou do que fosse. Os pilotos consideravam a votação entre pares uma perda de tempo, porque ou o sujeito possuía a fibra necessária no ar ou não a possuía, e uma carreira militar, particularmente entre aqueles com "disposição acrítica de enfrentar o perigo", não era um concurso de personalidade. Mas havia alguma coisa na profunda preocupação de Bob Gilruth... Deviam repensar a coisa toda e registrar suas escolhas em um pedaço de papel e deixá-lo na sala de Gilruth. A expressão no rosto de Bob Gilruth disparou um alarme neural.

Apesar dos pesares, a animação por toda a NASA era fantástica naquele Natal. Todos trabalhavam como fanáticos. O Natal em si era uma mera síncope na alucinada corrida dos caubóis. Os trâmites burocráticos já não significavam nada. Qualquer um no Projeto Mercury podia entrar na hora para ver qualquer um por qualquer problema que surgisse. Em Langley, se algum funcionário menor quisesse falar pessoalmente com Gilruth, só precisava esperar na cafeteria a hora do almoço e se dirigir a ele enquanto esperava na fila, empurrando a bandeja pelo aparador de aço inoxidável. O dia não tinha horas suficientes para se fazer todas as coisas que precisavam ser feitas.

Em 19 de janeiro, na véspera da posse de Kennedy, Gilruth mais uma vez reuniu os sete na sala dos astronautas. Avisou que o que ia dizer devia ser mantido em absoluto segredo. Como era do conhecimento de todos, falou, o plano original era escolher o piloto para o primeiro voo na véspera do próprio voo. Mas pensara melhor, porque agora parecia óbvio que o primeiro piloto deveria ter acesso máximo ao simulador de procedimentos e outras instalações de treinamento durante as semanas finais antes do voo. Portanto havia decidido quem seria o primeiro piloto e quem seriam os dois reservas para o primeiro voo. No devido tempo, a imprensa receberia os nomes dos três homens, mas o fato de que o primeiro piloto já fora escolhido não seria revelado. A imprensa e o público só seriam informados de que seria um dos três. Todos os três passariam pelo mesmo treinamento, e pareceria que continuavam a obedecer ao plano original, e poupariam ao primeiro piloto a pressão pública que de outra forma se abateria sobre ele.

Fora uma decisão muito difícil, continuou, porque os sete tinham trabalhado com tanta dedicação, e ele sabia que qualquer deles seria um piloto capaz para o primeiro voo. Mas fora necessário chegar a uma decisão. E a decisão era que o primeiro piloto seria... Alan Shepard. Os pilotos de reserva seriam John Glenn e Gus Grissom.

As palavras atingiram Glenn como um raio. A causa, o efeito e os resultados inomináveis que daí adviriam ocorreram-lhe num clarão, aturdindo-o. Al tinha o olhar fixo no chão. Em seguida olhou para ele e para os outros, com os olhos cintilando, resistindo à tentação de se abrir num sorriso de triunfo. Contudo Al triunfara! Era inacreditável, porém estava realmente acontecendo. Glenn sabia o que tinha de fazer e obrigou-se a fazê-lo. Obrigou-se a sorrir, o sorriso sério do corredor, e a congratular Al e a apertar sua mão. Agora os outros cinco faziam a mesma coisa, dirigindo-se a Al e sorrindo, sorrisos sérios, e apertando sua mão. Era chocante, no entanto, acontecera — Glenn estava absolutamente seguro disto. A fim de contornar a agonia de ter de designar alguém para montar no primeiro foguete — *uma votação entre pares!* Depois que ele, Glenn, passara vinte e um meses fazendo tudo que era humanamente possível para impressionar Gilruth e os demais chefões, a coisa se transformara em um concurso de popularidade entre os rapazes.

Uma votação entre pares! — era inacreditável! Todos os movimentos que Glenn fizera tinham, sem dúvida, trabalhado contra ele como se fosse uma arma apreendida na votação entre pares. Na votação entre pares ele era o puritano que se levantara na sessão parecendo o próprio João Calvino para dizer a todos que mantivessem as calças abotoadas e os pavios secos. Ele era o caxias que se levantara todas as manhãs ao alvorecer e fizera toda aquela corrida ostensiva tentando deixar mal os outros. Era o santarrão que vivia como um mártir do início do cristianismo no alojamento dos oficiais solteiros. Era o pai operário que andava por aí num Peugeot sucateado, como um farol solitário de austeridade e sacrifício em meio a uma tempestade de carros loucos.

Mas o Sorridente Al Shepard — o Sorridente Al Shepard era o caçador dos caçadores, se só estivesse em questão uma votação entre pares. Era o Senhor de Langley e o Rei do Cabo. Irradiava uma *aura* de ás da pilotagem. E uma vez que praticamente não tinham voado durante vinte e um meses, não houvera oportunidade de Glenn ou qualquer outro impressionar os demais no ar — então a questão se resumiu em qual outro que não ele, Glenn, o Santo ofensor, *parecia* mais com um ás da pilotagem. Não se tratava apenas de um concurso de popularidade, mas de um concurso *cosmético* de popularidade. De que outra maneira poderia encarar a coisa? Era como se os últimos vinte e um meses de treinamento nunca tivessem acontecido.

Portanto, agora Glenn estava rumando para casa, pela paisagem mirrada da Virgínia e os farrapos de neve, para contar a Annie as más notícias secretas. E o novo presidente gritava pelo rádio do carro: "Juntos exploraremos as estrelas..." Shepard seria o primeiro! Era inacreditável. Shepard seria... *o primeiro homem a penetrar o espaço*! Seria famoso por toda a eternidade! E aqui estava algo ainda mais inacreditável: ele, John Glenn, pela primeira vez em sua carreira, seria um daqueles que *eram deixados para trás*.

O QUARTEL-GENERAL DOS ASTRONAUTAS NA BASE DO CABO estava localizado em um edifício conhecido por Hangar S. O hangar fora reconstruído internamente para abrigar o simulador de procedimentos, uma câmara de pressão, e a maioria das outras instalações de que um astronauta precisaria nas preparações finais para um voo. Havia um apartamento para pernoite, uma sala de jantar, um consultório médico, uma sala de tripulantes em que o astronauta vestiria seu traje pressurizado, uma porta especial por onde ele embarcaria em um furgão para ser levado à plataforma de lançamento, e assim por diante. Os rapazes, porém, raramente pernoitavam ali, preferindo muito mais os motéis de Cocoa Beach — e naturalmente ainda teriam que usar o Hangar S para um voo real. Na realidade, os primeiros seres a usarem o Hangar S inteiramente, desde o simulador de procedimentos até o lançamento do foguete, foram os chimpanzés, que já se encontravam no Hangar S na véspera da posse, quando Gilruth informou aos sete homens que Alan Shepard ganhara a competição para o primeiro voo. Estavam ali, prontos para o primeiro voo, havia quase três semanas. Os veterinários da Base Aérea de Holloman tinham reduzido o campo de quarenta chimpanzés para dezoito e, finalmente, para seis, dois machos e quatro fêmeas, que transportaram de avião para o Cabo e instalaram nos fundos do Hangar S em um recinto cercado. No centro havia duas unidades de trailers compridas e estreitas, cada uma composta de dois trailers de 2,40 metros atrelados um ao outro. À volta destes havia uma variedade de outros trailers e furgões, inclusive um furgão especial para transferir um chimpanzé do Hangar S para a plataforma de lançamento. A imprensa não foi convidada a visitar o pequeno acampamento de trailers, nem o bom Cavalheiro estaria interessado. O teste com chimpanzés parecia ser apenas mais uma tediosa preliminar do acontecimento principal. Nem mesmo o pessoal da base tinha uma ideia muito boa do que ocorria nos fundos do Hangar S. Os bichos passavam a maior parte do dia nas duas unidades de trailers. Os trailers eram casa e escritório, jaula e cubículo de condicionamento para os bichos. No interior de cada unidade havia três jaulas, dois simuladores de procedimentos e um simulacro da cápsula Mercury. Os veterinários com os seus jalecos brancos e os atendentes com suas camisetas e calças brancas tinham uma unidade de trailers própria; encontravam-se presentes, em turnos, vinte e quatro horas por dia. Dentro daqueles trailers compridos e estreitos estava em andamento a maior contagem regressiva da breve história do Projeto Mercury. Todos os dias, durante vinte e nove dias, no coração da base espacial americana, nos fundos de um grande hangar velho, em um fim de mundo pedregoso coberto de pinheiros raquíticos na ponta do Cabo Canaveral, uma tribo de seis macacos magricelas e vinte seres humanos de branco se levantava cedinho e punha-se em movimento, sem descanso, empenhados, afincados, atarantados, a ricochetear pelas entranhas dos trailers, reclamando da sorte e dos outros. Os humanos faziam exames físicos nos macacos, ligavam fios neles dos pés à cabeça, metiam termômetros de vinte centímetros em seus retos, embutiam sensores em suas caixas torácicas, grampeavam chapas de estímulo psicomotor nas solas de seus pés, enfiavam-nos em camisas de força, amarravam-nos em seus cubículos do simulador de procedimentos, fechavam as escotilhas, pressurizavam os cubículos com oxigênio puro, metiam os cubículos nos simulacros de cápsulas e por fim piscavam as luzes. Os macacos tinham que acionar botões ao ouvir o comando ou receber a temida dose de volts nas solas dos pés. Como seus dedos ossudos voavam! Os seis macacos tinham um físico magro mas musculoso, parecendo aqueles lutadores universitários peso-pulga supertreinados que correram tantas voltas completas e tomaram tantas vitaminas B-12 e diuréticos na mesa de treinamento que lembram pedaços secos de cartilagem, nódulos e gânglios nervosos. Mas lá nos fundos do Hangar S os sacaninhas sabiam manipular os seus painéis Mercury às mil maravilhas.

    Os humanos de jalecos brancos aplicaram choques nos macacos durante os treinos até o último instante. Em 30 de janeiro, na véspera do voo, fizeram a seleção final. Originalmente o primeiro astronauta seria escolhido nessa mesma etapa. Escolheram um chimpanzé para primeiro piloto e uma chimpanzé de reserva. A Força Aérea comprara o macho de um fornecedor nos Camarões, África ocidental, dezoito meses antes, quando ele contava apenas dois anos de idade. Durante todo esse tempo os animais tinham sido conhecidos por números. Ele era a cobaia Número 61. No dia do voo, porém, seu nome foi anunciado à imprensa como sendo Ham. Ham era um acrônimo de Holloman Aerospace Medical Center.

    Antes do amanhecer de 31 de janeiro eles acordaram o Número 61, tiraram-no da jaula, alimentaram-no, fizeram-lhe um exame físico e ligaram seus biossensores — e colocaram as placas de choque em seus pés —, depois o puseram no cubículo, fecharam a escotilha e o despressurizaram. Mais uma merda de dia com aqueles humanos de jalecos brancos esforçados que dão choques e fraturas no saco. Os veterinários carregaram o cubículo no furgão de transferência, e o chimpanzé foi levado para a plataforma de lançamento, próxima ao mar. O sol se levantava agora, e um foguete branco com uma cápsula Mercury refulgia sob a torre de lançamento. Subiram o Número 61 e seu cubículo por um elevador na torre de montagem ao lado do foguete e instalaram o cubículo na cápsula. Havia mais de cem engenheiros e técnicos da NASA por perto, trabalhando no voo, monitorando painéis, e uma equipe completa de veterinários monitorando os mostradores que indicavam os batimentos cardíacos, a respiração e a temperatura do macaco. Mais uma centena de pessoas da NASA e da Marinha se achavam distribuídas pelo Atlântico, na direção das Bermudas, formando uma rede de comunicações e resgate. Esse era o teste mais crucial em toda a história do programa espacial e estavam empenhando tudo que tinham.

Gastaram quatro horas até conseguir disparar o foguete. O maior problema foi um inversor, um dispositivo que deveria impedir oscilações perigosas de potência no sistema de controle da cápsula Mercury. O inversor não parava de superaquecer. Todo o tempo, durante a "espera", que era como chamavam o atraso, Chris Kraft, diretor do primeiro voo com macaco, e o seria também do primeiro voo humano, não parava de perguntar como ia o macaco, aparentemente supondo que o longo confinamento deixaria o animal ansioso. Os médicos verificavam os mostradores. O bicho parecia não ter um único nervo no corpo. Estava deitado lá no alto em seu cubículo como se morasse ali. E por que não? Para o macaco cada hora de atraso parecia um feriado. Nada de luzes! Nada de choques! Paz... bem-aventurança! Fizeram dois treinos de quinze minutos com as luzes, só para mantê-lo alerta. Sob outros aspectos foi fantástico. "Esperem" uma eternidade! Não deixem que nada os interrompa!

Quando dispararam o foguete, pouco antes do meio-dia, ele subiu descrevendo um ângulo ligeiramente mais alto do que deveria, e empurrou o Número 61 contra o assento com uma força de dezessete-g, ou seja, dezessete vezes o seu peso, cinco-g acima do previsto. Seu ritmo cardíaco acelerou com o esforço para reagir à força da gravidade, mas o macaco não entrou em pânico nem um instante. Já experimentara essa mesma sensação muitas vezes na centrífuga. Desde que aguentasse passivamente, eles não dispariam todas aquelas drogas de faíscas azuis nas solas de seus pés. Havia coisas muito piores nesse mundo do que forças gravitacionais... Estava sem peso agora, deslocando-se velozmente em direção às Bermudas, e eles piscaram as luzes em seu cubículo, e a pulsação do macaco voltou ao normal, em nada diferente do que era no chão. Era a merda usual rolando. O principal era se manter à frente daquelas faíscas azuis nos pés!... Começou a comprimir botões e a acionar interruptores como o maior organista de Wurlitzer elétrico que jamais existiu, sem perder um sinal... Então dispararam os retrofoguetes da Mercury, automaticamente, e a cápsula reingressou na atmosfera no mesmo ângulo em que subira. Outras l4,6-g atingiram o Número 61 na descida, fazendo-o sentir que os olhos estavam saltando das órbitas. Já passara pelas gravidades de arrancar olhos das órbitas, também, muitas vezes, na centrífuga. Podia ser muito pior. Havia coisas piores do que sentir os olhos saltando das órbitas... As drogas das placas elétricas nos pés, para começar... No que dizia respeito a voos simples espaciais, Número 61 era impávido. O bicho fora operantemente condicionado, aeroespacialmente dessensibilizado.

O maior ângulo do lançamento também fez a cápsula ultrapassar a área de amerissagem prevista para 212 quilômetros. Por isso levou duas horas para a tripulação de um helicóptero da Marinha encontrar a cápsula no Atlântico e levá-la para bordo de um navio de resgate. A cápsula e o macaco estavam cavalgando ondas de cinco metros. A água começara a entrar por onde o protetor de amerissagem se rompera em mar alto. A cápsula guinchava e gorgolejava com a água, jogando para cima e para baixo nas ondas como uma bola. Não teria permanecido à superfície por muito mais tempo. Trezentos e sessenta quilos de água já tinham entrado. Para o ser humano prudente e normal teriam sido duas horas de terror aberrante. Levaram a cápsula para o navio de resgate, o *Donner*, abriram-na e retiraram o cubículo do macaco e abriram a escotilha. O macaco estava deitado lá com os braços cruzados. Ofereceram-lhe uma maçã e ele a agarrou e comeu com considerável deliberação, como se estivesse gloriosamente entediado. Aquelas duas horas em que foi arremessado para cima e para baixo em alto-mar em vácuos de dois metros dentro de um cubículo fechado que mais parecia um caixão foram... talvez as melhores horas da vida nessa terra miserável de jalecos brancos! Nada de vozes! Nada de choques! Nada de faíscas, nem pedaços de mangueira, nada de escorná-lo de trabalhar...

Houve grande júbilo entre os astronautas e quase todos os participantes do Projeto Mercury. Parecia não haver maneira de Kennedy e Wiesner intervirem para impedi-los de tentar ao menos um voo tripulado. A mortalha do Dia da Rolha Saltadora fora retirada.

Tarde no dia seguinte levaram o Número 61 de avião de volta ao Cabo e ao Hangar S, onde uma multidão de repórteres e fotógrafos agora o aguardava no recinto ao lado da cápsula Mercury usada para treinamento. Os veterinários retiraram o macaco do furgão. Quando os jornalistas avançaram e os flashes começaram a espocar, o animal — o corajoso pequeno Ham, como passara a ser conhecido — enfureceu-se. Arreganhou os dentes. Ameaçou morder os sacanas. Foi só o que os veterinários conseguiram fazer para contê-lo. Isso foi imediatamente — na hora! — interpretado pela imprensa, o decoroso Cavalheiro, como uma reação compreensível à extenuante experiência por que acabara de passar. Os veterinários reconduziram o macaco para dentro do furgão até que ele se acalmasse. Depois tornaram a retirá-lo, tentando levá-lo para perto de um simulacro da cápsula Mercury, onde as redes de televisão haviam instalado câmeras e luzes fortíssimas. Os repórteres e fotógrafos avançaram mais uma vez, gritando, berrando, explodindo mais flashes, empurrando, gemendo, xingando — em suma, o tumulto usual —, e o animal se descontrolou de novo, pronto para torcer o pescoço do primeiro em que conseguisse deitar a mão. Isso foi interpretado pelo Cavalheiro como uma manifestação do medo natural de Ham ao ver mais uma vez a cápsula, que tinha aparência idêntica àquela que o lançara no espaço e o sujeitara a tensões físicas tão rigorosas.

As tensões a que o macaco estava reagindo provavelmente eram do tipo muito diferente. Lá se via ele, de volta ao recinto em que lhe haviam aplicado choques durante os treinos um mês inteiro. Há apenas dois anos fora capturado nas selvas da África, separado de sua mãe, despachado em uma jaula para uma droga de deserto no Novo México, mantido prisioneiro, recebido choques de um bando de humanos de jalecos brancos, e ali estava, de volta ao recinto onde não pararam de eletrocutá-lo durante umas porras de treinos o mês inteiro, e de repente havia uma nova corja de humanos presentes! Ainda piores do que os jalecos brancos! Mais barulhentos! Mais alucinados! Totalmente pirados! Gritando, rugindo, brigando, explodindo luzes pelas laterais do crânio, com olhos esbugalhados! Suponha que o entregassem a esses babacas! *Vão todos à merda...*

Em um determinado ponto dessa cena de hospício, nos fundos do Hangar S, tiraram uma fotografia em que Ham ou estava sorrindo ou fazia uma careta que lembrava um sorriso. Naturalmente, foi essa a foto que os serviços telegráficos transmitiram e que apareceu publicada nos jornais de todo o país. Era a reação do feliz chimpanzé por ser o primeiro macaco a ir ao espaço... Um sorriso rechonchudo e satisfeito... Tal era a perfeição com que o Correto Cavalheiro observava as conveniências.

BOM, HOUVE LARGOS SORRISOS, SIM, EM PLENO DESERTO, EM Edwards, entre os membros da fraternidade. Ali se encontravam alguns homens que tinham do que sorrir. Agora toda a história do Projeto Mercury sem dúvida se esclareceria para todos. Ninguém, nem mesmo o público, poderia deixar de entender agora. Tão óbvia era. O primeiro voo — o cobiçado *primeiro voo da nova garça,* aquele primeiro voo glorioso pelo qual todo piloto de provas lutava — acabara de ser realizado no Projeto Mercury. *E o piloto de provas era um macaco!* "Um macaco fizera o primeiro voo! Um macaco com curso superior!" — para usar as mesmas palavras que tinham ouvido do Astronauta Deke Slayton em pessoa perante a Sociedade de Pilotos de Provas Experimentais. E o macaco se desincumbira impecavelmente, agira tão bem quanto seria possível um homem agir — pois não havia nada para um homem fazer no Sistema Mercury exceto acionar maquinalmente uns poucos botões e interruptores. Isso qualquer chimpanzé com curso superior também podia fazer! Ele não perdera uma. Davam o sinal e ele acionava um interruptor! Para entender — e certamente agora o mundo todo entendia — só se precisava imaginar o envio de um macaco no primeiro voo do X-15. Teriam uma cratera de vinte milhões de dólares no chão e um macaco pulverizado. Mas no Projeto Mercury um macaco bastava! Ótimo! Na realidade... o macaco *era* um astronauta! O primeiro! Talvez a macaca que fora o seu piloto de reserva merecesse o próximo voo. Deixem-*na* voar, droga! Ela merece tanto quanto os sete humanos — passou pelo mesmo treinamento!... e por aí adiante... A fraternidade dava asas à imaginação nas rodas de chope. Talvez o macaco fosse à Casa Branca e recebesse uma medalha. (Por que não!) Talvez o macaco falasse à Sociedade de Pilotos de Provas Experimentais na reunião de setembro, em Los Angeles. (Por que não! — outro *astronauta* já o fizera, Deke Slayton, sem nem precisar voar!) Ah, a coisa toda rendeu muitas risadas. Pois agora a verdade surgira — era de certa maneira óbvio que ninguém no mundo podia deixar de vê-la.

E nos dias que se seguiram, os primeiros dias de fevereiro de 1961, a fraternidade esperou que essa revelação arrebatasse a imprensa, o público e a administração Kennedy e os chefões militares. Mas, é estranho dizer, não houve o menor sinal disso em parte alguma. Com efeito, começavam a perceber sinais de algo inteiramente oposto. Era inacreditável, mas o mundo agora estava cheio de gente que dizia:

— Nossa, você quer dizer que existem homens bastante corajosos para experimentar isso por que o macaco acabou de passar?

J OHN GLENN SE VIU EM UMA SITUAÇÃO RIDÍCULA. ERA NADA menos que uma charada. Precisava fingir que participava da corrida para o primeiro voo — e em seguida leria nos jornais que era o fundista. Desde que era o menino louro de sete anos, era assim que as coisas aconteciam. Ele e Gus Grissom tinham que acompanhar Shepard no treinamento exaustivo a fim de manter a ficção de que a decisão ainda não fora tomada. Na realidade, Shepard era agora o rei — e Al sabia *agir* como um rei. Sua Majestade, o Primeiro Piloto — e Glenn era apenas o lanceiro.

Contudo a charada, na qual o próprio Gilruth insistia, também oferecia a Glenn uma última chance. Apenas um punhadinho de pessoas sabia que Shepard fora escolhido para o primeiro voo. Portanto, não era demasiado tarde para mudar a decisão, corrigir o que Glenn considerava a incrível e absurda história da votação entre pares. Mas isso significava passar por cima da cabeça de alguém de uma forma ou de outra... bom, entre os militares isso era um grave erro, uma séria violação de tudo que era mais sagrado, passar por cima da cabeça de um superior a não ser que: (1) a situação fosse crítica e a pessoa tivesse razão e (2) a sua jogada atrevida funcionasse (isto é, os que estavam acima o apoiassem). Por outro lado, não havia nada na religião presbiteriana, outro código que Glenn conhecia muito bem, que dissesse que a pessoa tinha que ficar quieta e obediente, enquanto os fariseus se equivocavam e vacilavam, criando bolas de neve imaginárias. E a NASA não era um órgão civil? (Deus sabia que não era dirigida como o Corpo de Fuzileiros.) Glenn parecia favorecer o curso de ação presbiteriano. Começou a conversar com as pessoas da hierarquia, perguntando o que achavam da decisão.

Ele não argumentava que deveria ser o escolhido, não com todas as letras. Argumentava que a escolha não poderia ser feita de uma perspectiva estreita. O primeiro astronauta dos Estados Unidos não seria apenas um piloto de provas com uma missão a cumprir: seria um representante histórico dos Estados Unidos, e o seu caráter seria visto nessa luz. Se não estivesse à altura do teste, seria uma infelicidade não só para o programa espacial como também para a nação.

O novo administrador da NASA, nomeado por Kennedy para substituir T. Keith Glennan, foi James E. Webb, um antigo executivo de uma companhia de petróleo e um grão-mestre político no Partido Democrata. Webb pertencia a uma raça valiosa muito conhecida em Washington: o político diletante. O político diletante, em geral, tinha ar de político, falava como político, andava como político, adorava se misturar aos políticos, se movia e convivia com os políticos, piscava com os políticos, suspirava arrependido com eles. Era o tipo de homem de quem um deputado ou um senador provavelmente diria: "Ele fala a minha língua." Os mais capazes e mais destacados políticos diletantes, como Webb, provavelmente terminavam com nomeações para o primeiro escalão. Webb fora Diretor do Departamento de Orçamento e Subsecretário de Estado no governo Truman. Era também um grande amigo de Lyndon Johnson e do senador Robert Kerr, de Oklahoma, que, por sua vez, era presidente da Comissão de Aeronáutica e Ciências Espaciais do Senado. Durante seis anos, Webb dirigira uma subsidiária do império petrolífero da família Kerr. Webb era o tipo de homem que as grandes empresas que prestavam serviços ao governo, tais como a McDonnell Aircraft e a Sperry Gyroscope, gostavam de ter em suas diretorias. E ele possuía a *figure du rôle*. Bochechas grandes e lisas como as de Glennan e cabelos ainda melhores, ondulados, bastos, como se as mechas fossem presas uma a uma, escuros, mas agrisalhando com elegância, e penteados para trás no estilo preferido por todos os homens sérios da época. Tinha o tipo de folha de serviços que o tornava o candidato ideal para comissões tais como a Comissão Municipal de Recursos Humanos, que ocupara a maior parte de seu tempo desde 1959. Era conhecido como um homem que fazia a burocracia andar. Estava acostumado a escritórios de quina com fantásticas paisagens. Não era nenhum tolo. Que medidas teria tomado nesse caso da insatisfação do Astronauta Glenn com a escolha do Astronauta Shepard para o primeiro voo Mercury? Gilruth informara que fizera a escolha pessoalmente; e se baseara em uma ampla gama de critérios, muitos bastante objetivos. Shepard se saíra melhor no simulador de procedimentos, por exemplo. Quando Gilruth considerara todos os critérios, e não apenas a votação entre pares, Shepard se classificava em primeiro lugar e Glenn em segundo. Então qual era a objeção de Glenn? Era um tanto frustrante. Mas uma coisa era certa: não era provável que Webb iniciasse seu mandato como administrador da NASA saltando com impulso no meio de uma briga incompreensível entre os sete rapazes mais corajosos na história dos Estados Unidos. As objeções do Astronauta Glenn — e sua última oportunidade de se tornar o primeiro homem do mundo a ir ao espaço — simplesmente afundaram certo dia sem ao menos borbulhar, e fim de assunto.

A ESSA ALTURA, FINS DE FEVEREIRO DE 1961, GLENN NÃO ERA o único astronauta supremamente ofendido. Gilruth finalmente publicara os nomes dos homens que fariam os três primeiros voos — Glenn, Grissom e Shepard, sempre em ordem alfabética —, insinuando que ainda não se havia decidido qual deles faria o primeiro voo, marcado para se realizar dentro de noventa dias. Assim, a *Life* publicara uma grande reportagem com fotografias de Glenn, Grissom e Shepard na capa, com o título: OS TRÊS PRIMEIROS. A *Life* andava realmente eletrizada com a coisa toda. Tentaram fazer com que a NASA rotulasse os três de "a Equipe de Ouro" e os demais de "Equipe Vermelha". A Equipe de Ouro e a Equipe Vermelha. Nossa! Só as possibilidades de retratá-las eram fabulosas.

Sendo a *Life* o boletim da fraternidade, essa ideia de "os três primeiros" pareceu a Slayton, Wally Schirra, Scott Carpenter e Gordon Cooper uma humilhação. Em suas mentes sentiam-se agora rotulados de "os Outros Quatro". Havia agora os Três Primeiros e os Outros Quatro. Tinham sido... *deixados para trás*! De maneira um tanto difícil de definir, era o mesmo que ser varrido do mapa.

A *Life* fez a coisa toda no melhor estilo *Life*. Levaram os Três Primeiros e as Esposas dos Três Primeiros e os Filhos dos Três Primeiros até o Cabo, de avião, e tiraram uma quantidade de fotos do tipo Inseparável Família Astronauta em Cocoa Beach. Os resultados constituíram uma bizarra evidência da determinação do Correto Cavalheiro de divulgar tudo de maneira decorosa. Para começar, os horários de viagem dos astronautas tinham feito um perfeito picadinho de sua vida doméstica normal. Mostrar três astronautas passeando com as famílias ao mesmo tempo, mesmo em locais diferentes, seria forçar consideravelmente a verdade. Apresentar tal espetáculo no Cabo — que era na realidade um território proibido às mulheres — era uma mancada daquelas. E para coroar, se alguém fosse juntar famílias de astronautas para uma folia na praia, não poderia ter imaginado uma combinação mais improvável do que os Glenns, os Grissoms e os Shepards — os clãs do Beato, do Sulista sem sofisticação e do Frio Comandante. Eles teriam passado como navios na escuridão até nos tempos mais calmos, e estes não eram os tempos mais calmos. Nem mesmo a *Life*, com todos os seus poderes de orquestração (e eram fenomenais), podia fazer a ideia funcionar. Publicaram uma enorme fotografia de página inteira com os Três Primeiros, as esposas e as ninhadas, a gloriosa tribo dos Três Primeiros, nas areias pedregosas de Cocoa Beach, absortos (a legenda queria fazer crer) com a cena do lançamento de uma sonda, desde a base, a quilômetros de distância. Na realidade, semelhavam três famílias de países litigantes de nosso inquieto planeta, que nunca tivessem posto os olhos uns nos outros até serem lançados juntos nessa praia esquecida de Deus, após um naufrágio, tremendo, mal-humorados, em suas fatiotas de lazer, contemplando a distância, esquadrinhando desesperadamente o horizonte à procura de navios de socorro, de preferência três, navegando sob diferentes bandeiras.

Quanto aos Outros Quatro, era o mesmo que terem desaparecido por um buraco na terra.

G LENN SE ESFORÇAVA PARA SER ASTRONAUTA DE RESERVA E mestre em enigmas como se estes tivessem sido os papéis que o Deus presbiteriano escolhera para ele desempenhar. Deu "cem por cento de esforço" para se usar uma de suas frases preferidas. Além disso... se na misteriosa escrita de Deus... acontecesse de Shepard não poder fazer o primeiro voo, por qualquer razão, estaria cem por cento preparado para substituí-lo. A verdade é que, por volta de abril, tornara-se abençoadamente, saudavelmente possível, um caçador como Glenn engolir suas ambições pessoais e se entregar à missão em si. Um real *sentido de missão* se apoderara do Projeto Mercury. A possante Integral soviética acabara de colocar em órbita mais dois enormes Korabls com bonecos astronautas e cães a bordo, e ambos os voos tinham sido bem-sucedidos do começo ao fim. A corrida se aproximava do fim. Gilruth chegara até a considerar o envio de Shepard em março, mas Wernher von Braun insistia em um último teste do foguete Redstone. O teste saiu perfeito e todos agora se perguntavam, *a posteriori*, se não teriam perdido um tempo valioso. O voo de Shepard estava marcado para 2 de maio, embora ninguém se referisse ao evento publicamente pelo nome de voo de Shepard. O enigma continuava em pleno vigor, com Glenn lendo nos jornais que era uma escolha provável. No Hangar S havia gente da NASA que falava em trazer os três, Glenn, Grissom e Shepard, até o local de lançamento em 2 de maio com os trajes pressurizados e os capacetes encobrindo a cabeça, para que ninguém soubesse quem faria o primeiro voo até que o astronauta estivesse dentro da cápsula. A razão da importância disso há muito fora esquecida.

Os engenheiros e técnicos da NASA no Cabo estavam dando tanto de si nas semanas finais que precisavam ser mandados para casa descansar. Foi um período estafante, mas, ao mesmo tempo, o gênero de interlúdio eufórico de que os homens se lembram a vida inteira. Foi um interlúdio de dedicação de corpo e alma da ordem que os homens normalmente só experimentam durante uma guerra. Bom... isso *era* uma guerra, embora ninguém tivesse dito com todas as letras. Sem saber, tinham sido envolvidos pelo espírito primordial do combate singular. Dentro de apenas dias, um dos rapazes estaria montado em um foguete para valer. Todos sentiam que tinham a vida do astronauta, qualquer que fosse o escolhido (apenas uns poucos sabiam), em suas mãos. A explosão do MA-1 ali no Cabo nove meses antes fora uma experiência enregelante até para os veteranos em voos de prova. Tinham reunido os sete astronautas para o acontecimento, em parte para lhes infundir confiança no novo sistema. E seus pescoços estavam esticados para o céu como os de todo o mundo, quando a montagem explodira em pedacinhos sobre suas cabeças. Dentro de poucos dias um daqueles mesmos rapazes estaria deitado na ponta de um foguete (talvez um Redstone, em vez de um Atlas) quando ligassem a ignição. Praticamente todo mundo vira os rapazes se retraírem. Nesse sentido, a NASA era como uma família. Desde o fim da Segunda Guerra Mundial a frase "burocracia governamental" invariavelmente provocara risotas. Mas uma burocracia era nada mais nada menos que uma máquina de trabalho comunitário, e naquelas sombrias e maravilhosas semanas da primavera de 1961 os homens e mulheres do Grupo-tarefa Espacial da NASA, Projeto Mercury, sabiam que a burocracia, quando aliada à motivação espiritual, neste caso a um verdadeiro patriotismo e profunda preocupação pela vida do combatente singular em si — a burocracia, a pobre, imperfeita, barbaramente ridicularizada burocracia do século XX —, podia assumir a aura, e até o êxtase da comunhão. A paixão que agora animava a NASA se ampliava até abarcar a comunidade circundante de Cocoa Beach. Aqueles sulistões do tipo caçador ilegal de crocodilo que agora trabalhavam nos postos de gasolina da Estrada A1A diziam aos turistas, enquanto abasteciam: "Bom, aquele tal

Atlas já nos fez dar mais saltos do que besouro em lâmpada de varanda, mas confiamos, de verdade, nesse Redstone, e acho que dessa vez vamos conseguir." Todos que sentiam o espírito da NASA naquela época queriam fazer parte dela. A coisa assumiu uma dimensão religiosa que os engenheiros, não menos que os pilotos, resistiam à ideia de colocar em palavras. Mas todos a sentiam.

Quem quer que tivesse alimentado dúvidas sobre os poderes de liderança de Gilruth as esquecia agora. Fizera todas as fases do Projeto Mercury se juntarem em uma coda. Sua tranquilidade era inesperadamente a de um vidente. Wiesner, que se tornara assessor de Kennedy em ciências em nível ministerial, mandara fazer uma avaliação ampla do programa espacial e seus progressos, aludindo, é claro, à falta de progressos do mesmo, e ele e uma comissão especial sob sua jurisdição não paravam de mandar pedidos de informação e memorandos à NASA sobre o planejamento desleixado, a indiferença pelas precauções e a necessidade de uma série completa de voos com chimpanzés antes de arriscar a vida de um dos astronautas. Em Langley e no Cabo tratavam Wiesner e seus sequazes como se fossem alienígenas. Não ligavam para a sua papelada nem retribuíam as chamadas telefônicas. Finalmente, Gilruth lhes disse que, se queriam mais tantos voos com chimpanzés, deviam transferir a NASA para a África. Gilruth raramente dizia alguma coisa ríspida ou mesmo irônica. Mas quando o fazia as pessoas paravam na hora.

Os procedimentos de lançamento eram agora ensaiados infinitamente e com grande fidelidade. Os três, Shepard, Glenn e Grissom, hospedavam-se em motéis de Cocoa Beach, mas se levantavam cedinho pela manhã, antes de o sol nascer, rumavam de carro até o Hangar S na base, tomavam café na mesma sala de jantar em que Shepard comeria na manhã do voo, ocupavam a mesma sala de tripulantes que ele usaria naquela manhã para se submeter aos exames físicos e vestir o traje pressurizado, esperavam ligar os biossensores e pressurizar a roupa, entravam no furgão à porta e seguiam para o local de lançamento, subiam pelo elevador, embarcavam na cápsula acoplada ao foguete e repassavam o treinamento de procedimentos — "Abortar! Abortar!", a coisa toda —, usando o painel de instrumentos verdadeiro que seria utilizado no voo e os circuitos de rádio reais. Tudo isso era repetido sem parar. Usavam agora a cápsula do voo para a simulação — como fizeram os chimpanzés. A ideia era descondicionar o animal completamente, de modo que não houvesse uma única sensação nova no dia do voo propriamente dito.

Todos os três participavam, mas, naturalmente, Shepard, na qualidade de primeiro piloto (nenhuma outra palavra era usada agora), tinha precedência. E *usava* desta precedência. O grupinho no Hangar S agora via Al em seus dois aspectos... rei e rei, tanto o Frio Comandante quanto o Sorridente Al. Em geral deixava o Frio Comandante em Langley e trazia apenas o Sorridente Al para o Cabo. Mas agora mandara instalar os dois no Cabo. À medida que a pressão crescia, Al estabelecia um padrão de tranquilidade e competência que era difícil superar. Nos exames médicos, nas sessões na câmara de temperaturas e na câmara de altitudes, mantinha-se calmo como sempre. A essa altura a Casa Branca se tornara extremamente nervosa — temendo o que a queda de um Astronauta Morto faria ao prestígio norte-americano —, por isso fizeram alguns ensaios gerais na centrífuga de Johnsville, com Al e os dois coadjuvantes no enigma, Glenn e Grissom, e Al continuava imperturbável. O mesmo ocorreu nas simulações de décima primeira hora montado no foguete no Cabo. Al revelou apenas um sinal de tensão: os ciclos — Sorridente Al/Frio Comandante — agora sobrevinham sem intervalo, no mesmo local, e se alternavam tão inesperadamente que as pessoas à volta não conseguiam acompanhá-los. Descobriram um pouco mais sobre o misterioso Al Shepard ali na décima primeira hora. O Sorridente Al era um homem que queria muito ser apreciado, e até amado, por aqueles que o cercavam. Não queria apenas o seu respeito, mas também a sua afeição. Agora, em abril, às vésperas da grande aventura, o Sorridente Al estava mais jovial e alegre que nunca. Fazia uma interpretação pessoal de José Jiménez. Seu largo sorriso alargava-se ainda mais e seus grandes olhos de roda de chope brilhavam como jamais o fizeram. O Sorridente Al era louco pelo personagem criado por um comediante chamado Bill Dana. Apresentava o Astronauta Medroso e era um grande sucesso. Dana retratava o Astronauta Medroso como um mexicano imigrante burro chamado José Jiménez, cuja língua enrolava a língua inglesa como um *taco*. A ideia era entrevistar o Astronauta Jiménez como um repórter de telejornal.

Diria coisas assim:

— Qual foi a parte mais difícil no treinamento para astronauta, José?

— Conseguir o dinheiro, señor.

— O dinheiro? Para quê?

— Para o ônibus de volta ao México, claro, e depressinha, señor.

— Entendo. Bom, e agora, José, que pretende fazer quando chegar ao espaço?

— Acho que vou me acabar de chorar.

O Sorridente Al costumava se divertir muito com esse quadro. Gostava de fazer o papel de José Jiménez; e se conseguisse alguém para lhe dar as deixas corretas, sentia-se no Sétimo Céu, versão Sorridente Al. Era alguém lhe dar a deixa para sua interpretação de José Jiménez, e ele o tratar como o melhor companheiro de roda de chope que já teve. Naturalmente o quadro do Astronauta Medroso era também uma maneira perfeitamente aceitável de trazer à baila de forma oblíqua, por assim dizer, o assunto da fibra que o primeiro voo ao espaço exigiria. Mas isso provavelmente era inconsciente por parte de Al. O principal parecia ser a brincadeira, a camaradagem, a intimidade e a fanfarronice afetuosa da esquadrilha na véspera da batalha. Nesses momentos via-se o Sorridente Al reinar supremo. E no momento seguinte...

... algum pobre tenente da Força Aérea, pensando que este fosse o mesmo Sorridente Al com quem andara brincando e abusando na noite anterior, gritava:

— Ei, Al! Alguém está o chamando ao telefone! — E repentinamente lá estava Al, espumando de gélida fúria, sibilando em resposta:

— Se tiver alguma coisa a me dizer, tenente... se dirija a mim corretamente! — E o coitado não saberia dizer que bicho o mordera. De onde viera aquela maldita avalanche ártica, droga? E então percebia que... de repente o Frio Comandante estava de volta.

Naturalmente aqueles poucos que sabiam que ele seria o primeiro homem a ir ao espaço se puseram num estado de ânimo de tudo lhe perdoar... bom, exceto uns dois astronautas... Quanto aos técnicos da NASA e os militares designados para a missão, estes estavam num estado de ânimo de absoluta adoração pelos guerreiros do combate singular, pelos três, pois um deles iria largar o couro no foguete. (E os nossos foguetes sempre explodem.) Já próximo do fim, quando os três entravam em uma sala para algum teste... os técnicos e operários paravam o que estavam fazendo e prorrompiam em aplausos e se abriam em sorrisos, um sorriso caloroso e úmido de solidariedade.

Sem saber, prestavam honras e aplausos à maneira clássica: antes do fato. Essas pequenas cenas pressionavam ao limite os poderes de Glenn como mestre do enigma. Um número maior desses calorosos sorrisos era dirigido a ele do que aos outros dois. Era ele que a imprensa mencionava como a escolha mais provável. E não só isso, era o mais caloroso dos três, o mais coerentemente simpático com um e com todos ao encontrá-los. A coisa passava dos limites. Tinha que continuar sorrindo, demonstrando timidez e bancando o modesto, como se houvesse de fato possibilidade de ser o escolhido para voar no foguete em 2 de maio como o primeiro homem no mundo a arriscar o possante arremesso rumo ao espaço.

E ENTÃO A ONIPOTENTE INTEGRAL INTERVEIO... UMA PIADISTA até o fim! Bem cedo na manhã de 12 de abril, o fabuloso, mas anônimo, Construtor da Integral, Projetista-chefe dos Sputniks, vibrou mais um de seus cruéis, mas dramáticos, golpes. Vinte dias antes do primeiro voo programado para o Mercury ele lançou um Sputnik de cinco toneladas, chamado *Vostok 1*, na órbita da Terra com um homem a bordo, o primeiro cosmonauta, um piloto de vinte e sete anos de idade, chamado Yuri Gagarin. O *Vostok* completou uma órbita, e em seguida trouxe Gagarin são e salvo até o solo, próximo à aldeia soviética de Smelovka.

A onipotente Integral! A NASA realmente acreditara — e os astronautas realmente acreditaram — que, de alguma forma, na maré religiosa *da missão,* o voo de Shepard seria o primeiro. Mas não havia como levar a melhor com a Integral, havia? Era como se o Projetista-chefe dos soviéticos, aquele gênio invisível, estivesse brincando com eles. Ainda em outubro de 1957, apenas quatro meses antes do lançamento do supostamente primeiro satélite artificial da Terra, o Projetista-chefe lançara o Sputnik I. Em janeiro de 1959, dois meses antes da data em que a NASA programara lançar o primeiro satélite artificial na órbita do Sol, o Projetista-chefe lançara o *Mechta 1*, que fizera exatamente isto. Mas este último, o *Vostok 1*, em abril de 1961, fora a sua *pièce de résistance*. Dados os enormes foguetes a seu dispor, ele parecia capaz de pregar tais pecinhas em seus adversários à vontade. Havia a estranha sensação de que ele continuaria a deixar a NASA pelejar furiosamente para acompanhá-lo — e em seguida fazer uma nova e surpreendente demonstração de que realmente estava muito mais adiantado.

Os soviéticos persistiam em não oferecer a menor informação sobre a identidade do Projetista-chefe. Aliás, não identificaram nenhum dos participantes do voo de Gagarin além do próprio Gagarin. Nem tampouco ofereceram qualquer fotografia do foguete nem mesmo dados elementares, tais como o seu comprimento e capacidade de empuxo. Longe de lançar qualquer dúvida sobre o alcance do programa soviético, essa política parecia apenas inflamar a imaginação. A Integral! O segredo era a essa altura aceito como "o modo russo de agir". Por mais que a CIA pudesse fazer em outras partes do mundo, na União Soviética a agência não conseguia nada. As informações secretas sobre o programa espacial soviético permaneceram inexistentes. Apenas dois dados eram conhecidos: os soviéticos eram capazes de lançar um veículo de fantástico peso, cinco toneladas; e qualquer que fosse a meta que a NASA se propusesse, a União Soviética a alcançava primeiro. Usando essas duas informações, todos no governo, do Presidente Kennedy a Bob Gilruth, pareciam experimentar um voo involuntário de imaginação semelhante ao dos antigos... que costumavam observar o céu e ver um grupo de estrelas, pontinhos luminosos na noite, e deduzir daí os contornos de... uma enorme ursa!... a constelação da Ursa Maior!... Kennedy mandou chamar James E. Webb e Hugh Dryden, o vice administrador de Webb e o engenheiro mais graduado da NASA, à Casa Branca; reuniram-se na sala do ministério e todos fixaram o olhar na superfície de nogueira polida da grande mesa de reuniões e viram... a possante Integral!... e o Construtor! — o Projetista-chefe!... rindo para eles... e foi terrível!

Em Washington, em Langley e no Cabo, a NASA sofreu um dilúvio de telefonemas de jornais, agências de notícias, revistas, estações de rádio — e a maioria dos que ligavam queria saber qual era a reação dos astronautas ao voo de Gagarin. Então os Três Primeiros, Glenn, Grissom e Shepard, todos prepararam declarações. Shepard produziu algo que praticamente não dizia nada; uma declaração oficial padrão. Particularmente estava aborrecido com Gilruth, Von Braun e todo o resto por não o terem mandado ao espaço em março, como agora parecia que poderiam ter feito.

Como sempre, foi Glenn que a imprensa mais citou. Ele só faltou dizer: "Bom, eles acabaram de nos passar a perna, só isso, e não adianta nos enganarmos. Mas agora que começou a era espacial haverá muito trabalho para todos." Glenn foi considerado especialmente direto, educado e magnânimo. Teve grandeza, como se diz — e isso parecia particularmente elogiável, pois continuava a ser visto como o fundista americano para o voo que teria feito dele "o primeiro homem a ir ao espaço". Engolira o seu desapontamento como homem.

10. A PRECE DO ELEITO

Chegou finalmente a vez de Alan Shepard em 5 de maio. Ele foi posto na cápsula, acoplada a um foguete Redstone, mais ou menos uma hora antes do amanhecer, com vistas a um lançamento assim que o dia clareasse. Mas, como no caso do macaco, houve um atraso de quatro horas na contagem regressiva, causado principalmente pelo superaquecimento de um inversor. Agora o sol nascera, e por toda a metade oriental do país as pessoas faziam o de sempre, ligavam os rádios e os televisores girando os botões à procura de algo que fornecesse um estimulozinho aos terminais nervosos — e que suspense as aguardava! Um astronauta estava sentado na ponta de um foguete, preparando-se para explodir.

Mesmo na Califórnia, onde era muito cedo, os patrulheiros rodoviários reportavam uma cena estranha e preocupante. Sem qualquer razão aparente os motoristas, hordas deles, estavam saindo das pistas e parando nos acostamentos, como se controlados por Marte. Os patrulheiros levaram tempo para entender, porque não possuíam rádios AM. Mas os cidadãos possuíam e foram ficando tão excitados à medida que a contagem regressiva progredia no Cabo Canaveral, tão vorazmente curiosos quanto ao que aconteceria ao couro mortal de Alan Shepard quando disparassem o foguete, que foi demais. Até o simples ato de dirigir sobrecarregava o sistema nervoso. Pararam; aumentaram o volume; paralisaram com a perspectiva do voluntário solitário prestes a se desintegrar em pedacinhos.

Esse rapaz miúdo, lá em cima na ponta daquele enorme projétil branco, parecia ter apenas uma probabilidade em dez de sobreviver à experiência. Nas últimas três semanas desde o grande triunfo soviético do voo de Gagarin, um desastre se seguira ao outro. Os Estados Unidos mandaram um exército de títeres formado por exilados cubanos conquistar o governo de títeres soviéticos em Cuba, e, em vez disso, sofrera a humilhação que se tornou conhecida por episódio da Baía dos Porcos. Isso não afetava diretamente o voo espacial, mas intensificava a sensação de que não era hora de tentar feitos corajosos e desesperados na competição com os soviéticos. A triste verdade era: *os nossos rapazes sempre fazem merda*. Oito dias depois, em 25 de abril, a NASA realizou mais um grande teste com o foguete Atlas. O foguete deveria colocar um boneco astronauta em órbita, mas se desviou do curso e tiveram que explodi-lo por controle remoto após quarenta segundos. A explosão quase matara Gus Grissom, que acompanhava a subida do foguete como ala em um F-106. Passados três dias, em 28 de abril, o foguete conhecido por Little Joe acoplado a uma cápsula Mercury descreveu mais uma trajetória maluca e seu voo teve de ser abortado trinta e três segundos depois. Os dois eram testes do sistema Mercury-Atlas, que seriam usados para voos orbitais, e não tinham a menor relação com o sistema Mercury-Redstone que Shepard usaria, mas era tarde demais para esclarecer filigranas. *Nossos foguetes sempre explodem e nossos rapazes sempre fazem merda.*

Por isso, agora, na manhã de 5 de maio, milhares, milhões, paravam do lado da estrada, paralisados pelo drama. Essa era a maior acrobacia mortal jamais irradiada, uma acrobacia patriótica, uma acrobacia explosiva ligada ao destino do país. As pessoas estavam fora de si.

Que estaria se passando na cabeça do homem? Dele e da sua pobre mulher... Então o locutor contava como a esposa de Shepard, Louise, acompanhava a contagem regressiva pela televisão em casa, em Virgínia Beach, na Virgínia. Em que estado estaria a pobre mulher! E daí por diante. Rapaz corajoso! Ainda não pediu demissão!

* * *

Quanto a Shepard, o que lhe passava pela cabeça naquele momento, e por grande parte de seu corpo, do cérebro à sela pélvica, era um constante e crescente desejo de urinar. Não era piada. Passara por 120 simulações completas deste voo, simulações que incluíam os mínimos detalhes que alguém poderia imaginar: ser acordado de madrugada pelo médico oficial dos astronautas, Dr. William Douglas, o exame físico, a ligação de todos os biossensores, a inserção do termômetro no reto, a colocação do traje, a ligação do tubo de oxigênio e dos fios de comunicação, a ida ao local de lançamento, a inserção, como era conhecida, na cápsula, o fechamento da escotilha, tudo. Chegaram até a passar pelo processo de sugar o ar da cápsula com uma mangueira e pressurizar o interior com oxigênio puro. Depois Shepard ainda passaria por mais voos simulados e abortos, usando a própria cápsula como se fosse um simulador de procedimentos.

Três dias antes, se veio a saber, até *a atmosfera mental* do lançamento real foi simulada. Originalmente o lançamento de Shepard estava marcado para três dias antes, 2 de maio. O tempo tornou a proposta duvidosa, mas prosseguiram com a contagem regressiva, e Shepard jantou no alojamento da tripulação na noite que antecedeu o voo, em meio a grande camaradagem, e o Dr. Douglas entrou pé ante pé em seu quarto na manhã seguinte e o acordou, e então ele tomou o café da manhã pré-lançamento, bife lardeado com bacon e ovos — na verdade, Shepard passou por tudo, até o ponto em que teria subido no furgão e rumado para o foguete, na crença de que seria a coisa real. Então o lançamento foi adiado em razão do mau tempo. Somente neste ponto é que a NASA revelou que Shepard fora designado para o voo e estava pronto, aguardando atrás da porta do Hangar S. Shepard passara até pela sensação real de... *chegou o dia*. Mas ninguém jamais imaginara seriamente o problema com que agora deparava.

Não havia saída fácil quando a bexiga da pessoa não parava de crescer e a cápsula não parava de encolher. As dimensões dessa capsulazinha tinham sido mantidas as menores possíveis a fim de baixar o peso. Uma vez que os vários tanques, tubos, circuitos elétricos, painéis de instrumentos, circuitos de rádio, e assim por diante, fossem atulhados ali dentro, e mais o paraquedas de emergência do astronauta, o espaço restante não seria maior do que um coldre em que se podia meter as duas pernas e o tronco, deixando um espacinho mínimo para os braços. A palavra que usavam, *inserção,* não estava muito longe da verdade. O assento era literalmente uma forma das costas e pernas de Shepard. Tinham moldado o gesso diretamente sobre o seu corpo no Aeródromo de Langley. Encontrava-se agora no assento, mas deitado sobre as costas. Era como se um homem estivesse sentado em um minúsculo carro esporte apoiado sobre a traseira de modo que agora olhava diretamente para o céu. Nos ensaios Shepard chegara ao ponto em que conseguia escorregar para o seu lugar em uma série contínua de movimentos. Mas desta vez, para o voo real, trazia calçado um par de botas brancas, e a bota escorregou no braço da cadeira quando ele esgueirava a perna direita para dentro da cápsula.

Isso o desequilibrou e ele acabou com o corpo todo dentro exceto o braço esquerdo. A cápsula era tão exígua que puxar o braço esquerdo para dentro tornou-se uma operação fantástica, em que ele se torcia pra lá e pra cá e a equipe na ponte oferecia sugestões. Agora estava tão mal instalado que o punho da manga direita, no ponto em que a luva emendava com a manga do traje pressurizado, não parava de prender no paraquedas. Ele olhou o paraquedas e de repente se perguntou de que lhe serviria. Técnicos se espichavam para dentro e o prendiam ao assento passando correias pelos joelhos, barriga e peito, e atarraxando mangueiras ao seu traje pressurizado no intuito de manter a pressão e o controle da temperatura, ligando fios para os sensores biomédicos e o circuito de rádio, prendendo e selando uma mangueira à chapa anterior do capacete, para o oxigênio. Com toda probabilidade, se por acaso viesse a precisar do paraquedas, ele seria um buraco no chão até conseguir desligar tudo isso. Então fecharam a escotilha, e ele sentiu o pulso acelerar. Mas logo tornou a se normalizar, e se viu metido naquele dedalzinho, deitado de costas, praticamente imóvel, com as pernas dobradas e presas.

Era como se fosse um cossaco de porcelana embalado em uma caixa cheia de isopor. Seu rosto apontava direto para o céu, mas ele não o via porque não havia janela. Só o que tinha eram duas vigiazinhas, uma de cada lado, acima da cabeça. A janela e a escotilha dignas de um *verdadeiro piloto* não ficariam prontas até o segundo voo da Mercury. Se estivesse dentro de uma caixa não seria diferente. Uma luz fluorescente e esverdeada iluminava a cápsula. Só conseguia ver o exterior pelo óculo do periscópio no painel diante dele. A janela era redonda, com uns trinta centímetros de diâmetro, centrada no painel. Do lado de fora, no escuro, a equipe de lançamento na ponte podia ver a lente do periscópio se ele a apontasse em sua direção. Não paravam de circular diante dela lançando-lhe largos sorrisos. Seus rostos enchiam o óculo. Havia uma grande distorção, de modo que os narizes avançavam quase dois metros e meio com relação às orelhas. Quando sorriam, pareciam ter mais dentes do que uma perca. Quando o dia rompesse ele poderia espiar pelo periscópio, virá-lo para aqui e ali, ver o Atlântico deste lado... e algumas pessoas no chão... embora as perspectivas fossem um tanto estranhas, porque se achava deitado de costas e o óculo do periscópio não era tão grande assim e os ângulos eram anormais. Mas logo o sol foi ganhando cada vez maior intensidade e a toda hora a luz explodia no óculo do periscópio atingindo-o, deitado de costas daquele jeito com o rosto virado para cima, e então esticou a mão esquerda e colocou um filtro cinzento em posição. Isso resolveu o problema em grande parte, embora neutralizasse a maioria das cores. Agora que a escotilha fora trancada, Shepard não conseguia ouvir praticamente nada do mundo exterior, exceto as vozes que vinham pelos fones dentro do capacete. Passou parte do tempo, a exemplo de qualquer voo de prova, repassando a lista de checagem. Pelos fones chegava a voz do líder da equipe de lançamento, dizendo:

— Botão de retroalijamento automático. Ligado?
E Shepard respondia:
— Positivo. Botão de retroalijamento automático. Ligado.
— Botão de retroaquecimento. Desligado?
E Shepard dizia:
— Botão de retroaquecimento. Desligado.
— Botão do protetor de amerissagem. No automático?
— Botão do protetor de amerissagem. No automático.
E prosseguiu lendo toda a lista. Passado algum tempo, porém, à medida que os atrasos se sucediam, as pessoas entravam no circuito para lhe fazer companhia e descobrir se estava suportando bem. Ouvia Gordon Cooper, que servia de "capcom", o comunicador da cápsula, na blocausse próxima à plataforma de lançamento, e Deke Slayton, que seria o capcom no centro de controle de voo durante o lançamento propriamente dito. Cooper tinha um circuito de telefonia para falar com a cápsula, e de vez em quando Bill Douglas ou outro médico entrava na linha, aparentemente tanto para avaliar seu estado de ânimo quanto todo o resto. Num dado momento, Wernher von Braun conversou com ele. A contagem regressiva prosseguia muito lentamente. Shepard pediu a Slayton que mandasse alguém ligar para sua mulher para ter certeza de que ela compreendia as razões da demora. E então voltou para o mundinho da cápsula. Havia um som irritante, muito alto na faixa audível, entrando pelos fones de cabeça o tempo todo, aparentemente algum tipo de *feedback*. Ouvia o zumbido dos ventiladores de cabine e dos ventiladores do traje pressurizado, usados para refrigeração, e ouvia os inversores gemerem mais alto e mais baixo. Então ali estava, metido em seu dedalzinho cego, entrançado no circuito por todo tipo concebível de fio e mangueira que saíam de seu capacete e de seu traje a ouvir zumbidos, gemidos e acústica... e os minutos e as *horas* começaram a passar... e ele girava as articulações do joelho e do tornozelo alguns centímetros pra cá e pra lá para ativar a circulação... e dois pontinhos de tensão aborrecidos começaram a se fazer sentir na altura em que seus

ombros pressionavam a cadeira... e então a maré começou a subir na bexiga.

O problema era que não havia no que urinar. Uma vez que o voo só iria durar quinze minutos, nunca ocorrera a ninguém incluir um recipiente para urina. Algumas das simulações tinham se arrastado portanto tempo que os astronautas acabavam urinando nos trajes pressurizados. Fora o jeito, a não ser que quisessem passar horas desvencilhando o homem de todas as ligações, da cápsula e do próprio traje. O principal perigo de introduzir um líquido num ambiente de oxigênio puro, tal como o da cápsula e do traje pressurizado, era provocar um curto-circuito elétrico que poderia desencadear um incêndio. Felizmente, os únicos fios com os quais a urina provavelmente entraria em contato dentro do traje pressurizado eram os condutores de baixa voltagem ligados aos sensores biomédicos, e o procedimento parecera bastante seguro. Havia até mesmo um mecanismo esponjoso no interior do traje para remover o excesso de umidade, que normalmente se formaria com a sudação. Contudo, ninguém estudara seriamente a possibilidade de que *no dia* em si, o dia do primeiro voo espacial tripulado dos Estados Unidos, o astronauta pudesse acabar na ponta do foguete, metido dentro de uma cápsula, com as pernas praticamente imobilizadas durante mais de quatro horas... tendo que prestar contas de sua bexiga. Não havia a menor possibilidade de um astronauta simplesmente urinar no forro de seu traje pressurizado e isto passar despercebido. O traje possuía um sistema de refrigeração próprio, e a temperatura era monitorada por termômetros internos, ligados a painéis, e diante desses painéis encontravam-se técnicos, a essa altura ligadíssimos, cuja única missão era observar os mostradores e registrar cada oscilação. Se uma bela torrente quente e subdérmica de trinta e sete graus Celsius penetrasse no sistema sem aviso, o fluxo de freon aumentaria repentinamente — freon era o gás usado para resfriar o traje —, e, bom, Deus sabe qual seria o resultado. Será que interromperiam toda a produção? Fantástico. Então o Astronauta Nº 1 poderia explicar, ao microfone, enquanto toda a nação aguardava, enquanto os russos se preparavam para o segundo round da batalha pelos céus, que ele simplesmente fizera pipi dentro do traje pressurizado.

Contraposto à perspectiva de tal vexame, por menor que fosse, na fase final da contagem regressiva, qualquer perigo possível de explodir na plataforma de lançamento ocupava um dos últimos lugares na lista de preocupações do astronauta. Para um piloto de provas, a frase correta no departamento de preces era "Por favor, meu Deus, não me deixe explodir". Não, a súplica numa hora dessas era "Por favor, meu bom Deus, não me deixe fazer merda".

Chegar tão longe... *e fazer merda...*

Todo o tempo o temor constante de um piloto eleito não era morrer e sim terminar onde John Glenn se encontrava nesta manhã: posto de lado como um mero lanceiro no espetáculo. Tinha-se que reconhecer a superioridade de Glenn, porém. Ele realmente se dedicara e trabalhara como um troiano na função de piloto reserva durante o último mês de treinamento. Realmente se mostrara valioso. Até surpreendera com uma brincadeira camarada nesta manhã. Shepard se achava no estado de espírito próprio para tanto. Desde que acordara andava no ciclo do Sorridente Al do Cabo. Na saída para o furgão pedira a Gus Grissom para representar o papel de interlocutor no número de José Jiménez. Shepard gostava de imitar o sotaque mexicano que Dana usava.

— Se ustê me prognunta o que faz um bom astronauta, digo que precisa tener corárrem, una boa pressión e quatro piernas.

— Quatro pernas? — perguntou Gus obedientemente.

— Bién, eles quieren mandar um catchorro, más acham que es cruel demás.

Sem dúvida, se lembrariam dele completamente descontraído a caminho do foguete. Quando subiu pelo elevador da torre de montagem e desembarcou para entrar na cápsula, Glenn já se encontrava lá, vestido de branco como os técnicos. Sorria. Quando Shepard finalmente se espremeu na cápsula e olhou o painel de instrumentos, havia um avisinho pregado PROIBIDO JOGAR

HANDEBOL NESTE LOCAL. Era brincadeira do Glenn, e ele sorriu e meteu a mão na cápsula e retirou o aviso. Na realidade, era bem engraçado...

Tarde demais, John! Shepard não ia ser atropelado nem partir a perna, nem ser aniquilado por um Deus colérico. Achava-se na cápsula e estavam trancando a escotilha, e todos os outros tinham... *ficado para trás...* lá fora... para além do portal... Não havia maneira de um piloto ter explicado para alguém a não ser outro piloto que sentimento era esse, e naturalmente não teria se atrevido a tentar explicá-lo nem mesmo a um piloto. O sagrado *primeiro voo!* — e ele estaria lá em cima, no ápice de toda a pirâmide, se sobrevivesse.

E se não sobrevivesse? Isto teria sido ainda mais difícil de explicar: as probabilidades de se dar mal eram essenciais ao empreendimento.

Aquela fibra não mencionável, afinal, incluía um homem arriscar o couro na superação dos limites em uma máquina veloz arremessada ao espaço. E que vantagens indizíveis isto lhe trazia!

A primeira, que começara a receber *antes* mesmo desta manhã, era o olhar. Era um olhar de admiração fraternal, de admiração na presença da *honra máscula,* que se estampava nos rostos dos outros homens na base quando um piloto de provas ou um piloto combatente rumava para o avião em uma missão cujas probabilidades eles sabiam ser más. Shepard merecera aquele olhar antes, principalmente quando testara caças a jato superpossantes com excesso de peso, em seus primeiros pousos em porta-aviões. Era o olhar que aparecia no rosto de outro homem quando a fibra por si só estimulava a *sua* adrenalina. E nesta manhã, durante todo o percurso, desde os alojamentos da tripulação no Hangar S até o deck da torre de montagem fora da cápsula, onde Glenn e os técnicos tinham se postado à espera para ajudá-lo a entrar, os homens tinham lançado aquele olhar diretamente para ele — e em seguida *prorromperam em aplausos.* Tinham no rosto aquele sorriso caloroso e úmido, e lágrimas brilhavam em seus olhos, e batiam palmas e gritavam coisas para ele. Shepard estava usando o capacete, com o visor selado, e carregava a própria unidade de oxigênio portátil, que bombeava sem parar, e assim tudo acontecia em muda pantomima, mas não havia engano de que estava acontecendo. Ofereciam-lhe o aplauso e as homenagens... ali na frente... acontecesse o que acontecesse!... pagável adiantadamente!

De um ponto de vista puramente analítico, sabia-se que as probabilidades negativas neste voo, embora bastante grandes, não eram piores do que as probabilidades que enfrentara antes testando aeronaves com asas. Wernher von Braun informara repetidamente que o recorde de confiabilidade do foguete Redstone era da ordem de noventa e oito por cento, o que era superior ao de alguns caças supersônicos da série Century durante a fase de testes. Mas a verdade é que, a essa altura, Shepard teria aceitado probabilidades muito piores. Aceitara um grande número de recompensas ali na frente. Ele e seus colegas já tinham sido celebrizados, como poucos pilotos na história. Os melhores pilotos, com a fibra mais indiscutível, se contentavam em receber aquele indizível olhar cintilante dos aviadores e do pessoal de apoio de sua própria base. Shepard já vira lançarem a ele esse olhar todo tipo de deputado, distribuidor de enlatados, presidente de associação de floristas e especulador imobiliário, para não mencionar as cocadinhas com seus pudinzinhos tremelicantes que simplesmente se materializavam em torno do astronauta no Cabo. Já aceitara o pagamento... *adiantado!* — e milhões de olhos arregalados e úmidos fixavam-se agora nele. O primitivo instinto de um povo, a sua chamada sabedoria tradicional, na questão dos cuidados, preparação e recompensa dos guerreiros singulares era de fato sensata. À semelhança de seus predecessores no passado distante, alcançara a abençoada condição em que a pessoa tinha muito mais receio de não comparecer com a sua parte na barganha — fora paga adiantadamente — do que de ser morta. *Por favor, meu bom Deus, não me deixe fazer merda.* Encontrava-se agora em seu lugar e onde se esforçara por estar: no ponto exato da arremetida perigosa. Precisamente na elevação crítica que separava os grandes pilotos, carregando suas gigantescas e talvez invisíveis imagens de si mesmos, dos simples mortais no terreno embaixo. Ninguém jamais saberia se outro tipo humano teria enfrentado esse dia com a mesma imperturbabilidade — neste dia em que ele se tornava o primeiro ser humano a se sentar no topo de um projétil da altura de oito andares e ver dispararem um foguete Redstone de 29.900 quilos debaixo de seu rabo. Todos os pilotos de corridas, alpinistas, mergulhadores, corredores de trenós e praças de engenharia naval que tinham cogitado usar — qual teria sido o seu estado de espírito neste momento? Bom, a essa altura era inútil perguntar. Só se podia dizer uma coisa: para o típico piloto militar competitivo, possuindo o amor-próprio heroico do gênero que era praxe, pulsando de rude saúde animal, convencido de sua absoluta fibra e faminto de glória — ou seja, para um homem como Alan Shepard —, estar ali onde estava era a sua vocação, sua missão, seu sagrado *Beruf*. Sentia-se em casa, nos cumes mais elevados da eleição.

Acima de tudo, o descondicionamento do organismo era quase total. Após todos os ensaios formais e simulações deste voo, completo com ruídos e forças gravitacionais e até fios saindo de seu corpo, após mais de cem pré-criações deste momento, após subir pelo elevador da torre de montagem repetidamente e se enfiar no coldre humano e vê-los fechar a escotilha e começar a contagem regressiva, após se deitar nesta mesma cápsula dia após dia, com a voz do comunicador da cápsula a lhe chegar pelos fones, e os sinais de voo piscarem no painel de instrumentos, até que cada centímetro e cada segundo da experiência lhe eram familiares e a cápsula se tornara mais parecida com um escritório do que com um veículo... ficava difícil para um homem sentir desta vez qualquer diferença em seu sistema nervoso, embora intelectualmente soubesse que este era o dia. De quando em vez sentia a adrenalina se acumular, e suas pulsações aumentarem e a respiração acelerar e o coração palpitar um pouquinho, e se forçava a se concentrar na lista de checagem, no painel, nas conexões do equipamento, no circuito de rádio, e a onda passava, e voltava mais uma vez a habitar sua oficina, o seu simulador de procedimentos.

Não, a única coisa que sentira a manhã inteira e que não era uma situação da natureza foi a dor na bexiga. Aquilo se tornara a primeira terra incógnita. *Por favor, meu bem-amado Deus, não me deixe fazer merda.*

Shepard esperou mais uma interrupção na contagem regressiva — desta vez até que umas nuvens passassem sobre a área de lançamento — e anunciou seu problema pelo circuito fechado de rádio. Disse que queria aliviar a bexiga. Finalmente lhe mandaram ir em frente e "fazer no traje espacial mesmo". E ele fez. Porque a cadeira, ou assento, estava ligeiramente inclinada, a inundação rumou para o norte, para a sua cabeça, carregando com ela consternação.

A inundação disparou o termômetro do traje e o fluxo de freon saltou de trinta para quarenta e cinco. Avante rolou a inundação até atingir o sensor inferior esquerdo do peito, que era usado para registrar seu eletrocardiograma, e danificou parcialmente o sensor, e os médicos ficaram perplexos. A notícia da inundação correu pelos mundos dos especialistas da *Life Science* e dos técnicos do traje, como a destruição do Cracatoa, a oeste de Java. Não havia como fazê-la parar agora. A onda continuou rolando, por cima de borracha, fio, costela, carne e dez mil intrigados terminais nervosos, finalmente empoçando no vale bem no meio das costas de Shepard. Gradualmente o líquido esfriou, e ele sentiu um lago frio de urina no vale. Em todo caso, o desconforto na bexiga passou e tudo se acalmou. Não tinham prejudicado o voo por causa do rompimento do dique. Ele não fizera merda.

Quando a equipe médica caiu em si, uma voz se fez ouvir no circuito fechado, sua ligação particular com a cápsula Mercury:

— Bueno... agora virei um costas molhadas* de verdade.

O cara era fora de série!

---

* Alusão ao apelido "costas molhadas" dado aos imigrantes mexicanos que entram ilegalmente nos Estados Unidos, atravessando a fronteira a nado. (N. da T.)

Imperturbável em qualquer conjuntura!

Quinze minutos, na contagem regressiva, para dispararem um projétil da altura de sete andares cheio de oxigênio líquido debaixo dele, e ele continua a ser:

O Sorridente Al!

O atraso agora já se arrastava há quatro horas, e cada engenheiro monitorando painéis que indicavam a situação dos diversos sistemas de voo se afligia ante a dúvida de declarar finalmente o seu sistema "pronto" — depois do que seria sua responsabilidade se o sistema funcionasse mal. A essa altura havia aflição por todos os lados. Ela se transmitia à cápsula de mil maneiras implícitas e por vezes explícitas. Era como se Shepard, deitado ali de costas, encaixado, ligado, amarrado e aparafusado nesse pequeno coldre, fosse o gânglio, o entroncamento da aflição, para milhares de criaturas tensas do lado de fora na torre e no chão. Durante todo o tempo ele fora o Sorridente Al do Cabo. A T menos seis — seis minutos antes de completar a sequência que conduziria ao lançamento —, houve mais um atraso, e um dos médicos entrou no circuito interno de telefonia e perguntou a Shepard:

— Você está *realmente* pronto? — Era difícil dizer se a pergunta era dirigida ao corpo ou à alma. Penetrava no terreno indizível da fibra em si, e foi o Sorridente Al quem a respondeu.

Deu uma risada e disse:

— Fogo!

— Boa sorte, caro amigo — disse o médico.

Adeus... do vale de lágrimas...

A T menos dois minutos e quarenta segundos houve outro atraso. Agora Shepard ouvia os engenheiros na blocausse se afligindo com a pressão do combustível no Redstone, que estava subindo muito. Era capaz de sentir o que viria a seguir. Iam se convencer a reajustar a válvula de pressão dentro do propulsor auxiliar manualmente. Isso significaria adiar o lançamento por mais dois dias no mínimo. Via a ideia tomar corpo! Iam dar uma geral no foguete, ou *eles* se sentiriam responsáveis pelo *couro dele* se alguma coisa corresse mal! Isso não era tarefa para o Sorridente Al. Era hora de o Frio Comandante chegar e assumir o comando. Então entrou no circuito e pôs aquele tom cortante na voz, como só ele sabia fazer, e disse:

— Muito bem, estou mais tranquilo do que vocês. Por que não resolvem o seu probleminha... e *disparam logo esse rojão?*

Disparem logo o rojão, diz ele. As palavras do próprio Chuck Yeager! A voz do ás dos foguetes! Por incrível que pareça, a coisa funcionou. Percebendo a irritação do astronauta, começaram a finalizar o processo e a declarar os seus sistemas "prontos". Eram quase 9h30 quando a contagem regressiva entrou em seu último minuto.

O periscópio de Shepard começou a se retrair automaticamente para dentro da cápsula, e ele se lembrou que colocara um filtro cinzento para cortar a luz do sol. Se não o removesse, não seria capaz de distinguir as cores durante o voo. Então começou a esticar a mão esquerda para o periscópio, mas o antebraço bateu na alavanca de interrupção do voo. Merda! Era só o que estava faltando agora! Felizmente, apenas roçara no mecanismo. Essa alavanca era o equivalente ao punho do assento ejetável em um avião. Se o astronauta percebia alguma catástrofe que o sistema automático não registrara, ele podia girar a alavanca e o foguete da torre de montagem dispararia e separaria a cápsula do foguete Redstone, levando-a de paraquedas até o solo. Era só o que estava faltando — o mundo aguardando o primeiro astronauta dos Estados Unidos, e Shepard lhes oferece uma exibição de um homenzinho saltando algumas centenas de metros em um dedal e descendo lentamente de paraquedas... Via o quadro todo num lampejo... Mais um fiasco da Rolha Saltadora... Para o inferno com a troca de filtro. Contemplaria o mundo em preto e branco. Quem se importava? *Não faça merda.* Isso era o mais importante.

O tempo pareceu acelerar fantasticamente nos trinta segundos finais da contagem regressiva. Dentro de trinta segundos o foguete seria disparado debaixo dele. Nesses últimos instantes sua vida inteira não desfilou diante de seus olhos. Não teve uma visão nítida de sua mãe ou de sua esposa ou de seus filhos. Não, pensou nos procedimentos de interrupção de voo e na lista de checagem e no dever de não fazer merda.

Prestou apenas meia atenção à voz de Deke Slayton ecoando em seus fones enquanto lia o "dez... nove... oito... sete... seis..." finais e os números restantes. A única palavra que contava, ali naquela capsulazinha cega, era a última palavra. Então ouviu Deke Slayton dizê-la:

— Fogo!... Você está a caminho, José!

LOUISE SHEPARD NÃO ESTAVA NO VALE DE LÁGRIMAS. ACHAVA-se em sua casa em Virgínia Beach — afora isso era difícil plotar o lócus de sua alma naquele momento. Jamais na história dos voos de provas a mulher de um piloto fora colocada em posição tão bizarra. Naturalmente todas as esposas estavam cientes de que poderia haver algum "interesse da imprensa" nas reações da esposa e da família do primeiro astronauta — mas Louise não esperara nada parecido com o que estava acontecendo no jardim de sua casa. De vez em quando as filhas de Louise espiavam pela janela, e o jardim parecia uma planície de argila três horas depois de um mafuá se instalar. Uma multidão de repórteres e câmeras e outros Aproveitadores estavam lá fora usando jaquetas de camuflagem com correias de couro passando por aqui e por ali, virando suas Pepsi-colas e Nehis e gritando uns para os outros e principalmente não fazendo nada, enlouquecidos com a excitação de estar *na cena do evento,* exigindo aos gritos notícias da alma aflita de Louise Shepard. Queriam um gemido, uma lágrima, feições contorcidas, umas palavrinhas recolhidas pelos amigos na intimidade, a droga que fosse. Estavam ficando desesperados. Nos dê um sinal! Nos dê qualquer coisa! Nos dê o entregador do serviço de fraldas! O entregador vem descendo a rua com suas grandes sacas de plástico, fumando um charuto, produzindo uma cortina aromática para a sua tarefa diária — e eles estão todos em cima do homem com a sua saca fumarenta. Talvez ele conheça os Shepard! Talvez conheça Louise! Talvez já tenha entrado lá! Talvez conheça a planta baixa *chez* Shepard! O entregador se tranca no banco dianteiro, sufocando com a fumaça do charuto, e eles batem na sua furgoneta.

— Nos deixe entrar! Queremos ver! — Estão de joelhos. Escorregam na baba. Entrevistam o cachorro, o gato, os rododendros...

Esses inacreditáveis maníacos estavam todos lá fora revolvendo o gramado e ansiando por destroços do naufrágio emocional de Louise. A verdade, porém, era que mal se poderia dizer que Louise Shepard estivesse vivenciando os sentimentos que toda essa gente estava tão pressurosa em devorar. Louise já tivera suas oportunidades de se transformar num trapo humano muitas vezes com os voos de Al, e mais recentemente em Pax River. Em 1955 e 1956 Al testara um novo caça envenenado atrás do outro. Seus nomes eram um delírio de dentes afiados, frio aço, senhores da guerra cósmica e maus espíritos: o *Banshee*, o Demônio, o Gato-do-Mato, o Lanceiro Celeste, e assim por diante, e Al não só os conduziu em máximo desempenho como também realizou testes de altitude, testes de reabastecimento em voo e "testes de adequação a porta-aviões" — uma frase inexpressiva que encobria uma infinidade de maneiras de fazer um piloto de provas expirar. Louise conhecia o mundo inteiro da esposa de um piloto de provas... os telefonemas de outras esposas dizendo que "alguma coisa" acontecera lá na base... a espera, numa casinha com os filhos pequenos, a visão do Amigo das Viúvas e dos Órfãos a caminho da visita de praxe... Dia após dia procura ser estoica, procura não pensar no assunto, não prestar atenção ao relógio quando ele não regressa do voo na hora...

Ora, meu Deus — que progresso era o Projeto Mercury comparado ao cotidiano da mulher do piloto de provas! Não havia a menor dúvida! A pior parte do tempo de Pax River fora a constante dúvida e preocupação, sozinha ou cercada de rostinhos perplexos. Esta manhã Louise sabia exatamente onde se encontrava Al a cada minuto. Era difícil não vê-lo. Estava na televisão em cadeia nacional. Lá estava ele. Só precisava olhar a tela. A televisão em cadeia nacional não falava em mais ninguém. Ouvia-se a lacônica voz de barítono de Shorty Powers, o oficial de relações públicas da NASA, na sala de controle do Mercury no Cabo, noticiando periodicamente as condições do astronauta à medida que progredia a contagem regressiva. Então o telefone toca — e ela ouve a mesma voz pedindo para falar com ela, Louise. Al falara com Deke, e Deke falara com Shorty e agora Shorty — dono daquela voz que todo o país escutava — lhe falava pessoalmente, explicando as razões dos atrasos, a pedido de Al. E tampouco ela se encontrava sozinha nesta casa. Longe disso! Estava ficando cheio ali. Além das crianças, havia seus pais, que tinham vindo de Ohio e estavam ali fazia dias. Algumas das outras esposas chegaram. Al estivera baseado em Norfolk quando o programa começara, e com isso tinham muitos amigos da Marinha e vizinhos a quem conheciam bem, e um bom número deles tinha aparecido. Havia um burburinho crescente na sala de estar. Não parecia haver muita tensão ali. E naturalmente havia apenas metade dos jornais dos Estados Unidos no jardim, além da aglomeração normal de basbaques que se materializavam nos acidentes de carro ou quando alguém pulava do telhado ou brigava no tráfego, e para toda essa gente nada teria sido melhor do que invadir a casa e se agrupar lá dentro se ela tivesse aberto a porta da frente uma frestinha que fosse. A *Life* quisera destacar dois redatores e um fotógrafo para sua casa a fim de registrar suas reações do princípio ao fim, mas ela se opusera. Assim, os três aguardavam em um hotel na praia, e a combinação era que poderiam entrar na casa assim que o voo terminasse. Louise nem ao menos tivera muita oportunidade de se sentar diante da televisão e deixar a tensão crescer. Acordara antes do amanhecer, ainda escuro, para preparar o café da manhã para todos os que estavam na casa, e depois teve o trabalho de preparar café ou o que fosse para os outros bons amigos, à medida que chegavam... e antes que desse conta estava presa na mesma psicologia que funciona em um *velório*. De repente era a figura central de um Velório pelo Meu Marido — na sua hora de perigo, porém, e não na sua hora final. O segredo do velório pelo morto era que punha a viúva no palco, quer gostasse ou não. No momento mesmo em que, se a deixassem sozinha, poderia ser esmagada pela dor, era inesperadamente empurrada para o papel de anfitriã e estrela do show. É de graça! É uma *open house*! Qualquer um pode entrar e se embasbacar. Naturalmente, a viúva ainda pode abrir as comportas — mas é preciso mais coragem para fazer isso diante de uma multidão de basbaques do que bancar a mulherzinha corajosa, que serve café e bolinhos. Para alguém com a dignidade e a fortaleza de Louise Shepard, não havia a menor dúvida de qual seria a escolha. No papel de anfitriã e personagem principal desta cena, que mais havia para a mulher de um piloto fazer do que se encarregar de manter todo mundo calmo? A imprensa, fera voraz, mas gentil, lá fora no gramado não sabia, mas em vez da Esposa Angustiada durante o Lançamento... estava acompanhando a Honorável Sra. Comandante Astronauta em Casa... no primeiro velório, não pelo morto, mas por alguém em Grave Perigo... Louise nem ao menos teve *tempo* de cair em uma paralisia neurastênica ante o possível destino do marido. Só o que a estrela e anfitriã pôde fazer foi voltar à sala de televisão em tempo para os minutos finais da contagem regressiva e assistir às chamas rugindo pelos bocais do Redstone.

Hummmm... com o mundo inteiro imaginando qual seria o seu estado de espírito nesse momento... que tipo de expressão deveria ter no rosto?

Pelos fones Shepard ouviu Deke Slayton falar do Centro de Controle Mercury, como era chamado:

— Lançamento!

Como fizera centenas de vezes na centrífuga e no simulador de procedimentos, ele esticou o braço e ligou o cronógrafo de bordo — que lhe indicaria quando fazer isto ou aquilo durante o voo —, e respondeu pelo microfone:

— Ciente, lançamento, cronógrafo disparado — ... como dissera centenas de vezes na centrífuga e no simulador de procedimentos. E em seguida, com a previsão automática de alguém que ouviu o mesmo disco repetidamente e agora o ouve ainda uma vez e percebe cada acorde e frase antes de ouvi-la, ele esperou pela aceleração gradual das forças gravitacionais e pelo ruído do foguete se erguendo... que já sentira e que já ouvira centenas de vezes na centrífuga...

Centenas de vezes! Mesmo se lhe tivessem ordenado nesse ponto irradiar para o povo dos Estados Unidos uma descrição detalhada da sensação precisa de ser o primeiro americano a passear de foguete no espaço, e mesmo que tivesse tido tempo para fazê-la, não havia possibilidade de expressar o que sentia. Pois estava inaugurando a era da experiência pré-criada. Seu lançamento era um acontecimento absolutamente novel na história dos Estados Unidos, e, no entanto, não conseguia sentir essa novidade. Não conseguia sentir "a assombrosa potência" do foguete sob ele, palavras com que os locutores se referiam o tempo todo ao fato. Só conseguia compará-lo às centenas de voltas que dera na centrífuga de Johnsville. A memória de todas aquelas voltas estava imbuída em seu sistema nervoso. Dezenas e dezenas de vezes se sentara na gôndola sobre a roda, como estava sentado aqui agora, vestindo o traje pressurizado, com o painel de instrumentos da Mercury diante dele e o ruído do lançamento do Redstone tocando em seus fones. E contraposto a isso — o que estava acontecendo neste instante não era assombroso. Muito ao contrário. Estava preparado para tanto, mas... *Isso não o atirava de um lado para o outro como na centrífuga...* A força centrífuga da centrífuga o chacoalhava dentro da cápsula ao mesmo tempo que acelerava a velocidade e as forças gravitacionais... O foguete era mais suave e agradável... *Não era tão barulhento quanto a centrífuga...* Na roda a gravação do ruído do Redstone era canalizada diretamente para a cápsula. Mas agora, desde que se tornara um bibelô na embalagem, o ruído vinha de fora, passando por diversas camadas. Até penetrar a proteção da torre de montagem e a parede da cápsula e o assento moldado por trás de sua cabeça e o capacete e os fones, não restava um volume maior do que os ruídos de motores que um piloto comercial ouve ao decolar. Com efeito, estava muito mais consciente dos ruídos no interior da cápsula... A câmera... Havia uma câmera preparada para registrar suas expressões faciais e os movimentos dos olhos e das mãos, e ele a ouvia zumbindo a uns trinta centímetros de sua cabeça... Havia um gravador instalado para registrar todos os sons dentro da cápsula, e ele ouvia o seu motorzinho funcionando... E os ventiladores e os giros e inversores... Ali dentro parecia uma cozinha moderna extremamente compacta... com todos os aparelhos funcionando ao mesmo tempo... E naturalmente o rádio... Pensou que teria de ligá-lo no volume máximo, como fizera na centrífuga, mas não precisou tocá-lo. Só precisava falar ao microfone e dizer as mesmíssimas coisas que dissera milhares de vezes no simulador de procedimentos... "Altitude trezentos... gravidade um-vírgula-nove", e assim por diante... e eles lhe responderiam "cientes, registramos, você parece bem...", e a coisa até *soava* igual pelos fones.

Ele continuava a não ver nada. O periscópio ainda estava recolhido. Não tinha como julgar a velocidade a não ser pelo ponteiro no painel de instrumentos que indicava a subida de altitude e o aumento das forças gravitacionais em seu corpo. Mas isso era gradual. Era uma sensação muito familiar. Sentira-a centenas de vezes na centrífuga. Era muito mais fácil do que suportar quatro-g em uma aeronave supersônica, porque não precisava brigar para empurrar as mãos e contrariar o peso das forças gravitacionais para controlar a trajetória do foguete. Não precisava erguer sequer um dedo se não quisesse. Os computadores orientavam o foguete automaticamente girando os bocais de escape. Sentia muito pouco o movimento, apenas as forças gravitacionais a empurrá-lo cada vez mais para o fundo do assento em que se encontrava deitado.

O foguete subiu tão gradualmente que levou quarenta e cinco segundos para atingir Mach 1. Um caça F-104 poderia tê-lo feito mais rápido. Quando o foguete atingiu a velocidade transônica,

Mach 8, a vibração começou a crescer — igualzinho ao que fazia nas séries X de aviões-foguetes em Edwards, anos antes. Shepard estava bem preparado... Passara pela experiência na centrífuga... tantas vezes... Mas era uma vibração diferente. Não sacudia sua cabeça tão violentamente, mas as amplitudes eram mais rápidas. Sua vista começou a turvar. Já não conseguia ler o painel de instrumentos. Começou a reportar o fenômeno pelo microfone, mas pensou melhor. *Algum sacana entraria em pânico e abortaria a missão.* Nossa, as vibrações, por piores que fossem, eram preferíveis a um abortamento. Dentro de mais trinta segundos toda a vibração desapareceu, e ele soube que estava voando supersonicamente. Desaparecida a vibração, mais uma vez perdeu a sensação de movimento. Continuava cego ao mundo exterior. Continuava deitado de costas, olhando para o painel de instrumentos, a menos de quarenta centímetros do rosto, à luz esverdeada da cápsula.

As forças gravitacionais atingiram seis vezes o valor da gravidade, então começaram a diminuir gradualmente, à medida que o foguete e a cápsula se aproximaram da fase imponderável do arco do voo. *Era diferente da centrífuga — era mais fácil!* Na centrífuga, a única maneira de reduzir a carga gravitacional quando se simulava a aproximação da fase imponderável era reduzir a velocidade do braço do aparelho, e isto sempre atirava o piloto para diante, forçando as correias. Quando chegava o momento simulado de gravidade zero era-se empurrado contra as correias com muita força. Em um voo de foguete, porém — como sabiam todos os pilotos de Edwards — a velocidade não diminuía abruptamente quando acabava o combustível do foguete. O veículo continuava a planar.

Shepard entrou na imponderabilidade tão suavemente que foi como se o peso das forças gravitacionais simplesmente tivesse escorregado pelo seu corpo.

Agora sentia o coração martelar. A parte mais crítica do voo, depois do lançamento em si, viria a seguir... a separação da cápsula do foguete... Ele ouviu uma explosão abafada vinda do alto... igualzinha ao som que ouvia nas simulações... e o foguete de separação explodiu e a cápsula se separou do foguete. A força do foguete ao se separar acelerou a velocidade da cápsula, e ele teve a sensação de que levara um pontapé de baixo para cima. Uma luz verde retangular de uns oito centímetros acendeu no painel de instrumentos. Nela se liam os dizeres JETT TOWER, significando torre ejetada. Com a torre eliminada, o periscópio começaria a funcionar, e ele poderia espiar lá fora, mas tinha os olhos fixos na luz verde. Era linda. Significava que tudo corria à perfeição. Podia esquecer a alavanca de interrupção de voo agora. A fase de lançamento terminara. A parte mais traiçoeira de todo o voo ficara agora para trás. Todo aquele infindável treinamento no simulador de procedimentos... "Abortar!"... "Abortar!"... "Abortar!"... ele podia deixar no passado e esquecer. Havia pequenas vigias de cada lado, acima de sua cabeça, por onde podia ver apenas o céu. Encontrava-se agora a mais de 160 quilômetros do solo. O céu era quase azul-marinho. Não era a propalada "escuridão do espaço". Era o mesmo céu azul-marinho que os pilotos começam a divisar a 12.100 metros. Não havia diferença. A cápsula agora girava automaticamente de modo que a extremidade rombuda, a extremidade às suas costas, dotada de uma couraça térmica para o reingresso na atmosfera, estava apontada para a área-alvo. Ele estava virado de costas para a Flórida, para o Cabo. Não podia ver a Terra pelas altas vigias, porém. Nem ao menos estava particularmente interessado em olhar. Mantinha os olhos pregados no painel de instrumentos. Os medidores lhe informavam que se encontrava imponderável. Após atingir tal ponto tantas vezes no simulador de procedimentos, sabia que devia estar imponderável. Mas não sentia nada. Sentia-se tão apertado pelas correias e acolchoado em seu coldrezinho humano que não havia maneira de poder flutuar como fizera nos porões de carga da grande C-131S. Nem ao menos experimentou a sensação de cambalhotamento que experimentara ao voar no assento traseiro dos F-100s em Edwards. Era tudo mais suave! — mais fácil! Certamente deveria dizer alguma coisa à Terra sobre a sensação de imponderabilidade. Era a grande incógnita do voo espacial. *Mas não sentia nada!* Reparou em uma arruela flutuando diante de seus olhos. A arruela devia ter sido deixada ali por um operário. Simplesmente flutuava ali diante de seu olho esquerdo. Essa era a única evidência que os seus cinco sentidos tinham para provar que ele se achava imponderável. Tentou agarrar a arruela com a mão esquerda enluvada, mas não conseguiu. Ela flutuou para longe, e ele não pôde esticar a mão o suficiente para alcançá-la. Não tinha sensação alguma de velocidade, embora soubesse que se deslocava a Mach 7, ou aproximadamente 8.300 quilômetros por hora. Não havia um referencial pelo qual julgar a velocidade. Não havia quaisquer vibrações na cápsula. Uma vez que se encontrava agora completamente fora da atmosfera terrestre e separado do foguete, não havia qualquer som de movimento. Era como se estivesse imóvel, estacionado no céu. Os ruídos do interior da cápsula, as subidas e descidas e o chiado e o gemido dos inversores e giros... as câmeras, os ventiladores... a cozinhazinha movimentada — eram exatamente os mesmos sons que ouvira repetidamente nas simulações dentro da cápsula no solo no Cabo... A mesma cozinhazinha movimentada em operação, chiando e zumbindo e vibrando sem parar... Não havia nada de novo acontecendo!... Ele sabia que se encontrava no espaço, mas não havia como dizê-lo!... Espiou pelo periscópio, o único meio que tinha para olhar a Terra. *A porcaria do filtro cinzento!* Não conseguia ver cor alguma! Nunca chegara a trocar o filtro! O primeiro americano a chegar a essa altitude — e era um filme em preto e branco. Ainda assim, eles gostariam de saber...

— Que bela vista! — exclamou.

Ouviu Slayton comentar:

— Aposto que é. — Na realidade, havia uma cobertura de nuvens sobre a maior parte da costa leste dos Estados Unidos e grande parte do Oceano. Conseguia ver o Cabo. Conseguia ver a costa oeste da Flórida... o lago Okeechobee... Estava tão alto que parecia se distanciar da Flórida muito lentamente... E os inversores aumentavam os gemidos e os giros diminuíam os gemidos e os ventiladores vibravam e as câmeras zumbiam... Procurou encontrar Cuba. Aquilo seria Cuba ou não seria Cuba? Lá adiante, por entre as nuvens... Tudo era em preto e branco e havia nuvens por todos os lados... Lá está a ilha de Bimini e os bancos de areia em torno de Bimini. Dava para ver. *Mas tudo parecia tão pequeno!* Parecera tudo maior e mais nítido no simulador ALFA, quando projetavam as fotos na tela... A cena real não se comparava. *Não era realista.* Não conseguia distinguir nada, exceto um oceano cinza-médio e praias cinza-claro e vegetação cinza-escuro... Lá estavam as Bahamas, a ilha principal, a ilha de Abaco... ou será que não estavam? A cobertura de nuvens cinza-pálido e as águas cinza-médio e as praias cinza-pálido e... cinza-médio — e os cinzas se misturavam como um picadinho... Não tinha tempo a perder com eles. Havia uma longa lista de checagem. Devia experimentar os controles de atitude vertical, longitudinal e lateral. Estavam todos operando automaticamente até então. Passou para manual um de cada vez e tentou usar o comando manual.

— Ok — disse ao microfone —, passando para o controle vertical manual.

E a cápsula pôs o nariz embaixo e depois em cima.

— Controle vertical, ok — disse —, trocando para controle lateral manual.

Tudo isso ele parecia ter dito cem, mil vezes antes no simulador de procedimentos. E a cápsula balançou de um lado para o outro, e ele *sentira* esse balanço milhares de vezes antes — no simulador ALFA. Apenas o som era diferente. Toda vez que girava as alavancas de controle manual, escapavam jatos de peróxido de hidrogênio do lado de fora da cápsula. Ele sabia que isto estava ocorrendo porque a cápsula picava, arfava e guinava como deveria, mas ele não ouvia os jatos. No simulador ALFA sempre conseguira ouvir os jatos. A manobra real não era tão realista assim. A cápsula picava e guinava exatamente como no simulador ALFA... *não havia diferença...* mas ele não conseguia ouvir jato algum em razão da vibração, gemido, zumbido dos inversores, giros e ventiladores... a cozinhazinha movimentada.

Hum? — antes que desse por si o voo estava praticamente terminando. Era hora de se preparar para a reentrada na atmosfera terrestre. Estava descendo o arco... igualzinho a um projétil rumando para baixo... O pessoal no solo começava a contagem regressiva para o disparo dos retrofoguetes que diminuiriam a velocidade da cápsula para o reingresso na atmosfera. Não havia necessidade deles neste voo, porque a cápsula de qualquer modo desceria como uma bala de canhão, mas seriam essenciais nos voos orbitais, e este voo deveria testar o sistema. Os retrofoguetes dispararam automaticamente. Ele não precisou mexer um dedo. Ouviu mais um disparo abafado de foguete, não foi um som alto... A cozinhazinha continuava a vibrar e a zumbir... Ele estava voando de costas, ainda virado para a Flórida. O disparo do foguete empurrou-o contra a cadeira com a força de uns cinco-g. Era muito mais repentina do que a transição de seis para zero-g na subida. *Cara, isso não foi como na centrífuga.* A centrífuga o chocalhava neste ponto. No instante seguinte viu-se novamente imponderável, conforme sabia que estaria. Disparar os retros era o mesmo que apertar os freios uma vez. Mas diminuíra a velocidade da cápsula, e logo as forças gravitacionais começariam a intensificar-se. Gradualmente, porém. Conhecia perfeitamente o intervalo... Nesse ponto um mecanismo explosivo deveria disparar e ejetar os retentores dos retrofoguetes. Ouviu as explosõezinhas secas no exterior da cápsula e então viu uma das correias dos retentores passar por sua janela. Sentia o movimento de torque dos escapes dos retrofoguetes, mas isso se corrigiu automaticamente. Agora deveria praticar o controle da atitude da cápsula enquanto ela desacelerava. Então manobrou-a para este e para aquele lado... como o assento de uma roda--gigante... Merda! O mostrador indicava que as forças gravitacionais recrudesciam ligeiramente... Meia gravidade... Isto significava que tinha uns quarenta e cinco segundos para verificar as *estrelas*...

Deveria observar as estrelas e o horizonte e ver se conseguia tirar um fixo de determinadas constelações.

No futuro isso poderia ter alguma importância para a navegação espacial. Mas principalmente haveria milhões lá embaixo querendo saber se o primeiro americano no espaço estivera lá em cima na vizinhança das estrelas... Ah, eles todos iriam querer saber que aspecto tinham as estrelas vistas de fora da atmosfera terrestre. Supostamente não deveriam cintilar vistas daqui do alto. Seriam apenas bolinhas brilhantes no negror do espaço... Só que não era negro, era azul... As *estrelas*, cara!... Continuou a olhar fixamente pelas janelas tentando divisar as estrelas... Não viu droga nenhuma, nem a porcariazinha de uma estrela. Se a cápsula estivesse picada assim ou virada pra lá, recebia lampejos de sol no rosto. Se a inclinava ou girava pra cá — não via droga nenhuma. A luz no interior da cápsula era demasiado intensa. Só o que conseguia divisar era o céu azul-marinho. Não conseguia nem mesmo ver o horizonte. Supostamente haveria espetaculares faixas coloridas no horizonte quando visto de fora da atmosfera. Mas não conseguia espiá-las pelas vigias. Conseguia vê-las pelo periscópio, mas o periscópio era um filme em preto e branco.

Que porra é essa — as forças gravitacionais estavam aumentando rápido demais! Não era assim que acontecia na centrífuga! Aumentavam tão rapidamente, empurrando-o tão fundo contra a cadeira, que percebeu que não poderia completar as manobras que deveria fazer usando o sistema manual. Quer as completasse ou não neste voo não faria diferença alguma em termos de sua segurança. Era um treinamento para os voos orbitais. Nos voos orbitais, a única coisa que o astronauta seria capaz de *fazer* era manter a cápsula na atitude correta, nos ângulos corretos, se o sistema automático entrasse em pane. Contudo — estava atrasado com a lista de checagem! O *atraso* o colocava na iminência de *fazer merda*... Logo não seria capaz de controlar a atitude da cápsula com os controles manuais. As forças gravitacionais seriam demasiado intensas para deixá-lo usar os braços. Então passou de volta para o automático, esquecendo ao fazê-lo de desligar um dos botões manuais...

Estava atrasado com a lista de checagem! A simulação o traíra! Supostamente disporia de mais tempo do que isto! Não corria nenhum perigo — mas como podia a vida real discrepar tanto da simulação! Procurar aquelas estrelas e *faixas coloridas* sem mãe o distraíra! — comera seu tempo! Mas, ainda assim, o crescimento das forças gravitacionais sobrevinha suavemente. A cápsula começou a jogar de um lado para outro ao atravessar as camadas mais densas da atmosfera, mas não era um movimento tão brusco quanto a mesma experiência na centrífuga. Estava de novo deitado de costas. Se erguia os olhos, olhava diretamente para o céu. Se contraía as panturrilhas e os músculos do abdômen para contrariar as forças gravitacionais... como fizera milhares de vezes na centrífuga... Forçava a saída da respiração em arquejos enquanto as forças gravitacionais comprimiam seu peito... Arquejou as leituras das forças gravitacionais à medida que aumentavam de valor no mostrador... "Um seis... Um sete... Um oito... Um nove..." Em seguida repetiu sem parar, arquejando a palavra "oook... oook... oook... oook... oook... oook... oook" para passar ao solo a informação de que as forças gravitacionais atuavam sobre ele, mas que estava bem. Não conseguia ver nada pelas vigias a não ser a cor anil. Não se deu o trabalho de olhar. Continuou a manter os olhos nas grandes luzes do painel de instrumentos que indicariam que os paraquedas estavam saindo. Sairiam automaticamente. A primeira luz verde se acendeu. O paraquedas auxiliar, aquele que puxaria o paraquedas de sustentação para fora, se abriu. Agora Shepard o via pelo periscópio. Via o ponteiro passar pelos seis mil metros no altímetro. *Por que é que ele não...* A três mil metros o paraquedas de sustentação saiu, como se via pelo periscópio. Então o paraquedas se encheu e o sacolejão o atirou à cadeira de novo. *Um pontapé no rabo! Para animá-lo!* Sentiu que conseguira.

A cápsula oscilou de um lado para outro sob o paraquedas, mas não era nada. Estava em decúbito dorsal. A proteção de aterrissagem estava logo ali sob as costas. Começou a desafivelar as correias do joelho.

Livrar-se de todas aquelas drogas de correias, mangueiras, fios, isso era o mais importante. Tirou a mangueira selada do rosto e a mangueira de saída de oxigênio do capacete. Pelo periscópio, viu que se aproximava cada vez mais da água. Fazia sol lá fora. Estava próximo às Bermudas. Os navios se achavam todos por perto. Ouvia-os claramente pelo rádio. Então a extremidade rombuda da cápsula bateu na água. Bem debaixo de suas costas. O impacto o impeliu de volta à cadeira ainda uma vez. Era exatamente como disseram que seria! Era mais ou menos o mesmo sacolejão que se sente quando se pousa no convés de um porta-aviões. Nada além. A cápsula adernou para a direita. A janela da mão direita estava debaixo da água. Mas podia espiar pela outra e ver o marcador amarelo na superfície da água. Fora ejetado automaticamente. Espalhou uma grande mancha amarela, para que os helicópteros de resgate pudessem localizar melhor a cápsula. Shepard estava ocupado tentando se desvencilhar do restante do equipamento.

Libertar-se! Partiu a argola de segurança do capacete de modo que pudesse retirá-lo. Não parava de olhar a janela sob a água. A cápsula deveria se endireitar sozinha. A droga da janela continuava debaixo da água. Gorgolejando! Não parava de olhar ao redor à procura de sinais de água entrando. Não via nenhum, mas ouvia. No final, começara a entrar no voo do macaco. A droga da cápsula não era feita para a água. Que maneira de estragar a coisa toda. Balançando na droga da água dentro de um balde. A cápsula lentamente se colocou na vertical.

O helicóptero já pairava no alto mandando instruções pelo rádio. Eram favas contadas desde que não fizesse merda ao sair da cápsula. Abriu a portinhola no alto da cápsula, o gargalo, acionando um mecanismo e se alçou. Uma fantástica luminosidade o atingiu, o sol no mar aberto.

Ainda não eram 9h45. Encontrava-se a sessenta e quatro quilômetros das Bermudas num dia ensolarado do Atlântico. O ruído do helicóptero no alto obliterava qualquer outro som. Os tripulantes estavam baixando uma linha de resgate, que parecia um arreio antigo do tipo que se usava para cavalos de carroça. Era um grande helicóptero modelo industrial. Já enganchara a cápsula e a puxava para cima e para fora da água. Havia tripulantes do Corpo de Fuzileiros no helicóptero. O barulho era avassalador. Olhavam para ele o tempo todo sorrindo. Era aquele olhar úmido.

Levou apenas sete minutos para chegar à nave-mãe do helicóptero, o porta-aviões *Lake Champlain*. A cápsula balançava para diante e para trás sob o helicóptero. Fazia muito sol. Era um dia perfeito de maio ali na área das Bermudas. O helicóptero começou a descer em direção ao convés do porta-aviões. Shepard olhou para baixo e viu centenas de rostos. Todos tinham os olhos erguidos para o helicóptero. A tripulação inteira do navio parecia estar no convés. Os rostos ao sol voltados para o alto em sua direção. Centenas de rostos voltados para o sol. Cobriam toda a seção de popa do convés. Agrupavam-se entre os aviões estacionados. Olhavam todos para cima na direção do helicóptero e se moviam, convergindo para o ponto em que o helicóptero desceria. Divisava uma força inteira de oficiais encarregados da manutenção da ordem lá embaixo, tentando mantê-los atrás das cordas de isolamento. À medida que o helicóptero se aproximava do convés, via os rostos mais claramente, e tinham aquela expressão. Centenas de rostos com aquele brilho úmido.

11. O CARRAPATO

Glenn e os outros agora observavam de parte Al Shepard ser guindado de seu meio e instaurado como herói nacional do calibre de um Lindbergh. Era isso que parecia. Assim que os relatórios técnicos terminaram, Shepard foi transportado diretamente das Bahamas para Washington. No dia seguinte os seis matungos se reuniram a ele.

Postaram-se de lado enquanto o presidente Kennedy entregava a Al a Medalha do Mérito Militar em uma cerimônia no Jardim das Rosas, na Casa Branca. Então seguiram em sua esteira enquanto Al, sentado no banco traseiro de uma limusine conversível, acenava para as multidões na Avenida Constitution. Dezenas de milhares de pessoas apareceram para ver a carreata, embora ela tivesse sido organizada em menos de vinte e quatro horas. Gritavam para Al, estendiam os braços, choravam, tomados de assombro e gratidão. A carreata levou meia hora para se deslocar um quilômetro e meio da Casa Branca ao Capitólio. Al por vezes parecia ter transistores no plexo solar. Mas agora não; agora parecia realmente comovido. Eles o adoraram.

Achava-se na... sacada do papa... trinta minutos de sacada... No dia seguinte a cidade de Nova York lhe ofereceu uma parada com confete e serpentinas na Broadway. Lá estava Al sentado na traseira da limusine com toda aquela nevasca de papel e confete caindo, exatamente como se costumava assistir no Movietone News nos cinemas. A cidade natal de Al, Derry, New Hampshire, que não era muito mais do que uma aldeia, ofereceu uma parada a Al, que atraiu a maior multidão que o estado jamais vira. O Exército, a Marinha, a Força Aérea, as tropas da Guarda Nacional de toda a Nova Inglaterra marcharam pela rua principal, e esquadrilhas de caças a jato faziam acrobacias no céu. Os políticos acharam que New Hampshire estava ingressando no Paraíso da Metro e por um triz não rebatizaram Derry de "Cidade Espacial Estados Unidos" antes de se darem conta do que faziam. Na cidadezinha de Deerfield, Illinois, uma escola recebeu o nome de Al, da noite para o dia, num abrir e fechar de olhos. Então Al começou a receber toneladas de cartões de congratulação pelo correio, cartões dizendo "Parabéns a Alan Shepard, nosso primeiro homem a alcançar o espaço!". Isso já vinha impresso nos cartões com o endereço da NASA. Só o que os compradores precisavam fazer era assiná-los e remetê-los. As companhias produtoras de cartões estavam lançando esses impressos. Tão heroico era Al.

Comparado ao voo orbital de Gagarin, a pequena cápsula de morteiro de Al até as Bermudas, com os seus meros cinco minutos de imponderabilidade, não era um feito muito grande. Mas isso não importava. O voo se desenrolara como um drama, o primeiro drama de *combate singular* na história dos Estados Unidos. Shepard fora o pobre diabo franzino, sentado na ponta de um foguete americano — *e nossos foguetes sempre explodem* — a desafiar a onipotente Integral soviética. O fato de televisarem o acontecimento todo, a partir de umas boas duas horas antes do lançamento, gerara o suspense mais febril. E ele suportara o processo todo. Deixara-os acionar o detonador. *Não se demitira.* Nem ao menos entrara em pânico. Comportara-se maravilhosamente. Era um indivíduo tão temerário quanto Lindbergh, só que mais puro; fazia tudo aquilo pelo bem da pátria. Era um homem... de fibra. Ninguém falava a frase — mas todo homem podia sentir a radiosidade daquela aura de eleição e de força primordial, o poder da coragem física e honra masculinas.

Até Shorty Powers se tornou famoso. "A voz do Controle do Mercury", chamavam-no; disso, e também de "oitavo astronauta". Powers era coronel da Força Aérea, em tempos piloto de bombardeiro, e durante todo o voo de Shepard se mantivera no ar transmitindo do centro de controle de voo no Cabo: "Fala o Controle do Mercury..." e noticiava o progresso do astronauta com uma tranquilidade de barítono própria do piloto de combate de fibra, e todos o adoraram. Após a descida da cápsula, Powers citara, ou parecia ter citado, Shepard dizendo que tudo estava "A-OK". Na realidade tratava-se de uma paráfrase de Shorty Powers tomada de empréstimo dos engenheiros da NASA que a usavam durante a transmissão dos testes de rádio porque o som mais incisivo do A atravessava melhor a estática do que o O. Apesar disso, a expressão "A-OK" tornou-se o símbolo do triunfo de Shepard sobre a adversidade e da tranquilidade do astronauta sob tensão, e Shorty Powers era considerado o meio que servia de ponte de comunicação entre as pessoas comuns e os viajantes das estrelas dotados da fibra necessária.

A posição de Bob Gilruth teve uma melhora acentuada, também. Após um ano inteiro de críticas e tristezas, Gilruth finalmente alcançara a eminência de desfilar em uma das limusines que participaram da carreata triunfal de Shepard por Washington. James E. Webb sentava-se a seu lado e os dois espiavam os milhares de pessoas que riam, choravam, acenavam e fotografavam.

— Se não tivesse dado certo — comentou Webb —, elas estariam pedindo a sua cabeça.

Face ao sucesso, Gilruth, Mercury e NASA eram, repentinamente, nomes que representavam a competência tecnológica dos americanos. (*Nossos rapazes já não fazem merda e nossos foguetes não explodem mais.*)

Nada disso passou despercebido ao presidente. Sua opinião sobre a NASA agora dera uma guinada de 180 graus. Webb tinha consciência disso. Três semanas antes, após o voo de Gagarin, quando Kennedy mandara chamar Webb e Dryden à Casa Branca, o presidente se sentia em pânico. Estava convicto de que o mundo inteiro julgava os Estados Unidos e a sua liderança em termos da corrida espacial com os soviéticos. Resmungava:

— Se ao menos alguém pudesse me dizer como recuperar o atraso. Vamos encontrar alguém, qualquer um... Não há nada mais importante. — Não parava de dizer: — Temos que recuperar o atraso.

Recuperar o atraso tornou-se uma obsessão. Finalmente, Dryden lhe afirmara que parecia inútil tentar se equiparar à possante Integral em qualquer coisa que envolvesse voos na órbita terrestre. A única possibilidade era começar um programa para levar o homem à Lua nos próximos dez anos. Isso exigiria um esforço gigantesco na escala do Projeto Manhattan na Segunda Guerra Mundial e custaria aproximadamente de US$20 a US$40 bilhões. Kennedy achou a cifra estarrecedora. Menos de uma semana depois, naturalmente, ocorrera o fiasco da Baía dos Porcos, e agora sua "nova fronteira" parecia-se mais com uma retirada em todas as frentes. O voo bem-sucedido de Shepard era a primeira nota de esperança que Kennedy tivera desde então. Pela primeira vez sentia alguma confiança na NASA. E a fantástica resposta popular a Shepard como o patriota temerário que desafiava os soviéticos nos céus ofereceu a Kennedy uma inspiração.

Certa manhã, Kennedy pediu a Dryden, Webb e Gilruth que fossem à Casa Branca. Sentaram-se no Salão Oval e Kennedy disse:

— No mundo inteiro somos julgados pelo nosso desempenho no espaço. Portanto temos que ser os primeiros. Não há outra opção.

Após tal introdução, Gilruth imaginou que Kennedy ia lhes mandar reduzir os voos suborbitais e partir direto para a série de voos orbitais utilizando o foguete Atlas. Eles ainda consideravam fazer mais seis ou possivelmente mais dez voos suborbitais, como o de Shepard, usando o foguete Redstone. Gilruth pensara passar direto para os voos orbitais, embora fosse uma proposta audaciosa, dados os problemas que tinham tido nos testes com o sistema Mercury-Atlas. Então ficaram todos absolutamente surpresos quando Kennedy falou:

— Quero que comecem o programa lunar. Vou pedir a verba ao Congresso. Vou dizer aos deputados que vocês vão pôr um homem na Lua até 1970.

Em 25 de maio, vinte dias após o voo de Shepard, Kennedy compareceu ao Congresso para apresentar uma mensagem sobre "necessidades nacionais urgentes". E isto foi, na realidade, o início de sua volta por cima, após o desastre da Baía dos Porcos. Era como se estivesse recomeçando sua administração e fazendo um novo discurso de posse.

— Agora é a hora de darmos passos maiores — disse —, hora de um novo grande empreendimento americano, hora de esta nação assumir um papel de nítida liderança na conquista espacial, que sob muitos aspectos pode conter a chave para o nosso futuro na Terra.

Disse que os russos, graças aos "seus grandes foguetes", continuariam a dominar a competição por algum tempo, mas que isso só deveria fazer os Estados Unidos intensificarem seus esforços.

— Pois embora não possamos garantir que um dia seremos os primeiros, podemos garantir que qualquer omissão em despender tal esforço fará com que sejamos os últimos. Corremos um risco maior agindo assim perante o mundo; mas o feito do Astronauta Shepard demonstrou que esse mesmo risco aumenta a nossa estatura quando somos bem-sucedidos.

E acrescentou:

— Creio que esta nação deve se comprometer a, antes do fim da presente década, colocar um homem na Lua e trazê-lo de volta à Terra em segurança. Nenhum projeto espacial deste período causará maior impressão à humanidade nem será mais importante para a exploração do espaço no longo prazo; e nenhum será mais difícil nem mais caro de realizarmos.

O Congresso não tinha intenção de discutir despesas. A NASA recebeu um orçamento de US$1 bilhão e 700 milhões para o ano seguinte, e isso foi apenas o começo. Deixaram claro que a NASA poderia ter praticamente as verbas que quisesse. O voo de

Shepard fizera um grande sucesso. Começou então um período estupendo de "financiamento sem orçamento". Era espantoso. Inesperadamente havia dinheiro no ar. Empresários de todos os tipos tentavam conferi-lo diretamente a Shepard. Em poucos meses Leo DeOrsey, que continuava a ser o administrador sem salário dos negócios dos rapazes, contabilizara US$500 mil de propostas de empresários que desejavam o endosso de Shepard para seus produtos. Certo deputado, Frank Boykin, do Alabama, queria que o Governo desse uma casa a Shepard, que recusou tudo, mas isso fazia uma pessoa parar e pensar.

Se a experiência do Sorridente Al servisse de alguma indicação, então o negócio de ser astronauta estava parecendo ainda mais com um Paraíso de Caçador do que fora no primeiro ano do Projeto Mercury. Eisenhower nunca prestara muita atenção aos astronautas pessoalmente. Considerara-os militares voluntários para uma experiência e ponto final. Mas Kennedy agora transformava-os em parte integrante de sua administração e os incluía em sua vida social bem como em sua vida oficial.

Os outros rapazes acompanharam a viagem de Al à Casa Branca, mas as esposas tinham permanecido no Cabo. Quando eles regressaram a Patrick, as esposas se encontravam no aeródromo para esperar o avião. E todas tinham uma única pergunta:

— *Que tal é a Jackie?*

O rosto exótico de Jackie Kennedy e suas roupas de coleção exclusiva estavam em todas as revistas... Todos tinham uma curiosa sensação. Em um cantinho da alma continuavam a ser oficiais militares pouco graduados e esposas que admiravam gente como Jackie Kennedy apenas nas páginas das revistas e jornais. E ao mesmo tempo começavam a se dar conta de que faziam parte de um estranho mundo em que Eles, as pessoas que fazem as coisas e dirigem as coisas, realmente existem.

— *Que tal é a Jackie?*

Não tardaria muito e todos a conheceriam. Iriam a almoços íntimos na Casa Branca, onde havia tantos criados que parecia haver um atrás de cada cadeira. Parecia uma marcação homem a homem na quadra de basquete. Jack Kennedy era muito caloroso com os rapazes. Cortejava-os. Aquele olhar úmido aparecia em seu rosto de quando em quando. A história da *honra masculina* no fim perpassava tudo, e até o presidente tornava-se apenas mais um homem assombrado na presença do eleito. Quanto a Jackie, ela possuía um certo sorriso sulista, que talvez tenha aprendido na Foxcroft School, na Virgínia, e uma voz serena, que saía por entre os dentes, revelados pelo sorriso. Quase não mexia o maxilar inferior quando falava. As palavras pareciam escorregar por entre os dentes como pérolas extraordinariamente miúdas e lisas. Sua animação, se houve, ante a perspectiva de almoçar com sete pilotos e suas patroas talvez não tenha sido grande. Mas não poderia ter sido mais bondosa e atenciosa. Num dado momento convidou Rene Carpenter para visitá-la sozinha, e as duas conversaram como amigas, sobre todo tipo de coisas, inclusive o problema de criar filhos nos tempos modernos. Era o mesmo que ver quaisquer outras sete esposas de pilotos de um esquadrão... Inesperadamente a Honorável Senhora Astronauta estava vivendo em um platô, nos altos escalões do protocolo americano, em que os privilégios incluíam *Jackie Kennedy*.

E para os rapazes, era o sétimo céu. Nada disso alterava a perfeição estilo Edwards de suas vidas. Apenas acrescentava algo novo e fantástico aos inefáveis contrastes dessa história de astronautas. Apenas horas após almoçar na Casa Branca ou esquiar nas águas de Hyannis Port, podiam estar de volta ao Cabo, de volta às Bebedeiras & Corridas, naquela terra maravilhosamente povão, de volta à Corvette, correndo pelos acostamentos daquelas empedradas estradas batistas, parando na lanchonete aberta a noite toda para o gole de café que estabilizava o sistema para as corridas de destreza que se seguiriam. E se tivessem trocado a roupa por camisas banlon e calças vá-pro-inferno, talvez nem os reconhecessem lá, o que seria tanto melhor, e podiam simplesmente sentar ali e beber café, fumar uns cigarrinhos e ouvir os dois policiais no reservado ao lado com os rádios ligados nos bolsos, e uma vozinha embalada em estática sairia dos rádios dizendo "Trinta e um, trinta e um (truncado, truncado)... homem chamado Virgil Wiley se recusa a voltar para o seu quarto no rio Banana", e os policiais se entreolhariam como se dissessem "E daí, será que isso merece que se largue um prato de batatas fritas e almôndegas para atender?" — e em seguida suspirariam e começariam a se erguer e a afivelar os cintos dos coldres, e pela altura em que estivessem rumando para a porta, adentraria o Osso Mais Duro de Roer, o Sulistão Aborígine, um velho bêbado que nem gambá e que ricocheteando pelos umbrais e deslizando de pernas arqueadas pelo banquinho diante do balcão diria à garçonete:

— Como vai?

E ela:

— Mais ou menos, como vai indo o senhor?

— Não estou indo mais — responde. — Ele anda se arrastando pela lama e não quer se levantar. — E quando isso não provoca a menor reação na moça, repete: — Ele anda se arrastando na lama e não quer mais se levantar. — E ela simplesmente pespega uma expressão de indiferença à prova de ladrão no rosto, e tudo isso não podia deixar de fazê-los sorrir, porque ali estavam ouvindo a conversa noturna miúda e alegre dos sulistas mais falastrões do pedaço mais povão do Cabo, e há apenas doze horas estavam sentados à mesa na Casa Branca, apurando o ouvido para não perder as perolinhas de conversinha miúda do mais famoso conversador do mundo, e de alguma forma a pessoa pertencia e prosperava nos dois mundos. Ah, sim, era o equilíbrio perfeito da lendária Edwards, da fabulosa Muroc, dos primeiros tempos de Chuck Yeager e Pancho Barnes... agora trazido ao futuro de um orçamento ilimitado de um bilhão de volts.

A VERDADE ERA QUE OS RAPAZES TINHAM AGORA SE TORNADO os símbolos pessoais não só do combate na Guerra Fria dos americanos com os soviéticos, mas também da própria volta política de Kennedy. Tinham se transformado *nos* pioneiros da Nova Fronteira, versão reciclada. Eram os intrépidos escoteiros na corrida de Jack Kennedy para vencer a possante Integral na chegada à Lua. Não havia possibilidade de serem considerados pilotos de provas comuns, e muito menos objetos de pesquisa, nunca mais.

Para Gus Grissom isso foi uma grande sorte.

Gus foi designado para o segundo voo da Mercury-Redstone, programado para julho. Voaria uma cápsula mais nova, uma em que se fizeram algumas alterações — todas em resposta à insistência dos astronautas de que o astronauta funcionasse mais como piloto. Fora demasiado tarde para renovar a cápsula que Shepard usou, mas Grissom contava com uma janela, e não simples vigias, e um novo conjunto de controles que permitiriam ao astronauta controlar a atitude da cápsula de uma forma mais semelhante à de um piloto em um avião, e uma escotilha com trancas explosivas que o astronauta poderia detonar a fim de sair da cápsula após a amerissagem. Contudo, o voo seria a repetição do de Shepard, um lançamento suborbital, a 480 quilômetros da costa, no Atlântico. O próprio Gus incentivara certas modificações no plano de voo. Uma vez que ia realizar o próximo voo, assistira às sessões em que Shepard analisara o voo nas Bahamas. Ninguém, nem mesmo dentro da NASA, criticaria abertamente Al por nada que fez, mas havia uma crítica implícita sobre a sua atitude quase no fim do voo, quando as forças gravitacionais se intensificaram mais rapidamente do que esperava e ele espiava desesperadamente pelas duas vigias, tentando encontrar estrelas. Um cara da Divisão de Sistemas de Voo não parava de lhe perguntar se não deixara um botão de controle manual ligado depois que passara para o controle automático. Isto teria desperdiçado peróxido de hidrogênio, o combustível que operava os jatos de controle de atitude. Isso não tinha grande importância em um voo suborbital de quinze minutos, mas poderia ter feito diferença se fosse um voo orbital. Al não parava de repetir que tinha a impressão de que não deixara um botão ligado, mas, na realidade, não poderia afirmar com certeza. E esse cara tornava a voltar com a mesma pergunta. Essa foi a primeira indicação que os homens tiveram de uma importante verdade nos voos espaciais. O astronauta não "tirava" a cápsula do chão, não a levava até a altitude esperada, não alterava seu curso, e não a pousava; ou seja, não a *voava* — de forma que seu desempenho não ia ser avaliado pela correção com que voava o veículo, como seria num voo de provas ou em combate. Seria avaliado apenas pela correção com que cumprisse os itens da lista de checagem. Portanto, quanto menor o número de itens que tivesse em sua lista de checagem, tanto maior a possibilidade de fazer um voo "perfeito". Cada voo era tão caro que sempre haveria gente no chão — engenheiros, médicos e cientistas — querendo atulhar sua lista de checagem com todo tipo de coisa, suas "pesquisinhas" pessoais. A maneira de se resolver este problema era permitir a entrada de itens "operacionais" na lista e resmungar, se chatear com todo o resto e refugá-lo. Testar o sistema de controle de atitude era aceitável, porque tinha cara de coisa "operacional". Era *parecido* com voar um avião. Quando finalmente levantou voo, a lista de checagem de Gus fora podada a tal ponto que lhe foi possível concentrar-se no novo controle manual instalado.

G US PERMANECEU NO HOLIDAY INN ATÉ PRATICAMENTE A véspera do voo, mantendo uma tensão uniforme. Reduziu um pouco a prática do esqui aquático, que era o seu principal exercício, e as corridas noturnas de perícia nas rodovias, a fim de evitar um acidente na véspera do voo, mas no restante sua vida continuou como sempre no Cabo, ali no Paraíso do Caçador.

Certa noite, pouco antes do voo, quando se achava num bar se descontraindo um pouco, quem haveria de encontrar senão Joe Walker. A NASA dera a Joe uns dias de folga de Edwards para assistir ao lançamento, e ali estava. A essa altura, julho de 1961, Walker e Bob White tinham andado enfrentando uma tempestade com o X-15. Em abril, White marcara um novo recorde de velocidade de Mach 4,62, pouco mais de 4.800 quilômetros por hora, e em maio Joe Walker superara isso marcando Mach 4,95 e White voltara em junho e marcara Mach 5,27. O X-15 agora era equipado com o Motorzão, o XLR-99, com seus 25.800 quilos de empuxo. Os Verdadeiros Eleitos estavam preparados para darem o máximo e atingir a meta de ultrapassar Mach 6 e uma altitude de mais de oitenta quilômetros... em voo *pilotado. Pilotado!* Esses progressos podiam ser lidos na imprensa... se a pessoa estivesse interessada neles... mas eram obscurecidos pelo voo de Gagarin, seguido pelo de Shepard... o combate singular pelos céus. Com efeito, Joe Walker levara o X-15 a Mach 4,95, a maior velocidade na história da aviação, no mesmo dia em que Kennedy se dirigira ao Congresso para propor a corrida à Lua... Ao lado da ideia de uma viagem à Lua, o Mach 4,95 de Walker era coisa muito pedestre. Mas decerto com o tempo perceberiam a verdade! Foi com isso em mente... a verdade pura e simples!... que por acaso Joe Walker encontrou Gus Grissom no bar do Holiday Inn.

Tanto Gus quanto Joe já tinham tomado umas e outras, afinal já anoitecera, e Joe começa com umas brincadeirinhas meio tolas ao estilo de Yeager de que era melhor que Gus e seus coleguinhas se apressassem ou ele e seus companheiros lhes passariam a perna na subida. Ah, é, responde Gus, e como vão fazer isso? Bom, diz Joe Walker, temos um motor de foguete de 25.800 quilos agora, e o Redstone que dispara a sua capsulazinha para o espaço só rende 35.300 quilos, e com isso estamos quase pegando vocês — e olhe que *voamos* o bichão.

Realmente *voamos* e *pousamos*. A intenção de Joe Walker foi dizer uma piadinha só para aborrecer Grissom um pouquinho, mas não conseguiu esconder uma nota na voz, indicando o verdadeiro estado de coisas, na pirâmide *real* da competição de voo. Todos estão olhando para Grissom, o astronauta, para ver o que vai responder. Grissom, que é um ossinho duro de roer quando quer, encara Walker... e seu rosto se abre num sorriso e ele começa a soltar uma risadinha tipo Gus. Vou estar olhando por cima do ombro o tempo todo, Joe, e se você aparecer, juro que lhe dou um adeuzinho.

Não é preciso dizer mais nada sobre Joe Walker e os Verdadeiros Eleitos! Estava bem ali naquela cena, a *nova* verdade evidente. Grissom nem ao menos *se zangou*. Não havia nada que Joe Walker pudesse dizer ou fazer — e nada que nem o próprio Chuck Yeager em pessoa pudesse dizer ou fazer — que conseguisse mudar a nova ordem. O astronauta se encontrava agora no ápice da pirâmide. Os pilotos de foguetes já eram... os velhos camaradas, os eternos lembra-se-quando... Ah, nem era preciso *dizer*! Estava no ar, e todos sabiam. Pô, quando começaram a voar jatos e aviões-foguetes em Muroc, em algum lugar devia haver gente mais velha, velhos sacanas amargurados, os lembra-se-quando, que eram capazes de fazer maravilhas com um avião a hélice e continuavam a insistir que isso é que contava. Voar não era uma competição como o beisebol e o futebol. Não, no voo qualquer progresso tecnológico importante era capaz de mudar as regras do jogo. O sistema cápsula-foguete Mercury — a palavra "sistema" andava agora na boca de todos — era a nova última palavra. Não, Gus não precisava se aborrecer com Joe Walker nem com ninguém mais de Edwards.

Gus parecia um homem bem descontraído no todo. Irritava-se um pouquinho nas sessões com os engenheiros, a que tivera de assistir nas últimas duas semanas antes do voo, e revelava seu descontentamento se pareciam querer mexer nisso ou naquilo à última hora, mas isso parecia ser pura ansiedade para tocar o voo para a frente. Havia até um pouco do espírito de improvisação da velha Edwards na coisa toda. Umas duas noites antes do voo ocorreu a um dos médicos que nunca haviam previsto um recipiente para a urina de Gus, para evitar o tipo de incidente por que passara Shepard. Uma surpresa dos diabos. Imaginaram que poderiam resolver o problema usando uma camisa de vênus à guisa de recipiente. Mas o que a manteria no lugar e a impediria de escorregar? Dee O'Hara, a enfermeira, veio em socorro. Foi de carro até Cocoa Beach e comprou uma cinta-calça na qual prenderam a camisinha. A droga da cinta apertava à beça a virilha, mas Gus imaginou que poderia aguentar. Em tudo e por tudo ele parecia bastante descontraído, um piloto de provas da velha escola. Teve até uma prelibação da atmosfera mental do voo real, a exemplo do que acontecera com Shepard. Em 19 de julho foi inserido na cápsula, e a escotilha, selada, mas cancelaram o voo em razão do mau tempo. O voo foi finalmente realizado em 21 de julho. A julgar por sua pulsação e respiração, transmitidas pelos sensores em seu corpo, Gus estava mais nervoso do que Shepard estivera durante a contagem regressiva. Essas medições em si não significavam muito, porém, e ninguém teria pensado duas vezes nelas senão pelo que aconteceu no final do voo. O voo propriamente dito foi quase uma duplicata do de Shepard, exceto que a cápsula de Grissom tinha janela, e não apenas um periscópio, que lhe oferecia uma visão muito melhor do mundo, e contava também com um controle manual muito mais sofisticado. Seu pulso se manteve em torno de 150 batimentos durante os cinco minutos em que esteve imponderável — o de Shepard jamais chegara a 140, nem mesmo durante o lançamento — e subiu a 171 durante o disparo dos retrofoguetes pouco antes da reentrada na atmosfera terrestre. O consenso informal entre os médicos do programa era que, se o pulso do astronauta ultrapassasse 180 batimentos, a missão deveria ser abortada. A cápsula amerissara quase exatamente no alvo, como fizera a de Shepard, dentro dos 4,8 quilômetros de alcance do navio de resgate, o porta-aviões *Randolph*. A cápsula bateu na água, adernou para um lado, como fizera a de Shepard, e demorou o quanto quis para se endireitar. Grissom achou que ouvira um gorgolejo dentro da cápsula — como pensara Shepard — e começou a procurar a água que se infiltrava, mas não viu nenhuma. O helicóptero de resgate, o Hunt Club 1, sobrevoou a cápsula em menos de dois minutos. Grissom ainda se achava na cadeira, em decúbito dorsal, conforme estivera no início do voo, e a cápsula jogava na água. Pelo microfone, Grissom falou:

— Ok, informem quanto tempo ainda demoram para chegar aqui.

O piloto do helicóptero, um tenente da Marinha chamado James Lewis, respondeu:

— Hunt Club 1. Neste momento estamos na órbita da cápsula.

Grissom retomou:

— Ciente, me dê mais cinco minutos aqui, para registrar a posição dos botões, e aviso para se aproximarem e guindarem a cápsula. Estão prontos para se aproximar e me guindar a qualquer momento?

Lewis respondeu:

— Hunt Club 1, positivo, estaremos prontos quando você estiver.

Havia um mapa em que o astronauta deveria registrar a posição dos botões (ligados ou desligados) com um lápis de cera.

Cinco e meio minutos depois, Grissom entrou de novo em contato com Lewis no helicóptero:

— Ok, Hunt Club, fala Liberty Bell. Está pronto para o resgate?

Lewis respondeu:

— Hunt Club 1, positivo.

Grissom:

— Ok, engate, em seguida me chame e corto a energia e detono a escotilha. Ok?

— Hunt Club 1, ciente, chamaremos quando estivermos prontos para você detonar.

Grissom:

— Ciente, desliguei a fiação do meu traje, por isso estou sentindo um pouco de calor agora... por isso...

Lewis:

— Um, ciente.

— Agora quando disser, ah, que está pronto para eu detonar, terei que tirar o capacete, cortar a energia e depois detonar a escotilha.

— Um, ciente, e quando detonar a escotilha, a linha já estará aí embaixo esperando por você, e regressaremos à base imediatamente.

— Ah, ciente.

Enquanto o piloto do helicóptero, Lewis, olhava a cápsula do alto, a missão lhe pareceu um resgate de rotina, do tipo que ele e seu copiloto, tenente John Reinhard, tinham praticado tantas vezes. Reinhard tinha uma vara com um gancho na ponta, semelhante a um cajado de pastor, que ele ia passar por uma alça no "gargalo" da cápsula. O cajado estava preso a um cabo. O helicóptero tinha capacidade para guindar até uns 1.800 quilos dessa maneira; a cápsula pesava uns 1.100 quilos. Lewis dera uma volta e se preparava para fazer uma passagem baixa sobre a cápsula quando repentinamente viu a escotilha lateral da cápsula sair voando e mergulhar na água. A rigor Grissom não deveria detonar a escotilha até ser informado de que ele fisgara a cápsula! E Grissom — lá estava Grissom se escafedendo pela escotilha e se atirando na água sem ao menos olhar para cima. Grissom nadava como louco. A água entrava na cápsula pela escotilha e a porcaria estava afundando! Lewis não se preocupava com Grissom, porque praticara a saída de emergência na água com os astronautas muitas vezes e sabia que seus trajes pressurizados tinham maior capacidade de flutuação do que qualquer salva-vidas. Até pareciam gostar de brincar na água com os trajes. Então acelerou o helicóptero descendo até o nível da água para tentar capturar a cápsula. A essa altura apenas o "gargalo" do veículo está visível acima da água. Reinhard põe-se a trabalhar com o cajado de pastor, debruçando-se para fora do helicóptero, tentando desesperadamente fisgar a cápsula. Finalmente consegue, quando ela vai desaparecendo sob a água e começa a afundar como uma pedra. Lewis se acha agora tão baixo que as três rodas do helicóptero estão dentro da água. O helicóptero parece um homem gordo agachado por cima de um toco de árvore, tentando arrancá-lo do chão. Cheia de água como se encontra, a cápsula pesa uns 2.265 quilos, quase quinhentos quilos acima da capacidade do helicóptero. Lewis já tem uma luz vermelha avisando da iminente falha de motor — por isso sinaliza pedindo ao segundo helicóptero, que já está no local, para apanhar

Grissom. Ele finalmente iça a cápsula para fora da água, mas não consegue fazer o helicóptero se deslocar na direção do porta-aviões. Está simplesmente pairando ali no ar como um beija-flor. Luzes vermelhas se acendem por todo o painel. Está prestes a perder o helicóptero ao mesmo tempo que a cápsula. Então solta a cápsula. Ela cai e desaparece para sempre. O mar tem a profundidade de quase cinco quilômetros naquele ponto.

Finalmente abandonam o local. Grissom continua na água. Acena. Parece dizer "Estou bem". O segundo helicóptero se aproxima para baixar a linha de resgate.

Na realidade os acenos de Gus queriam dizer "Estou me afogando! — seus sacanas — estou me afogando!".

Assim que se escafedeu da cápsula, Gus começou a nadar para salvar a vida. A droga da cápsula vai afundar! Seu traje momentaneamente prendeu em algo como uma correia no exterior da cápsula, provavelmente uma ligação com o depósito de corante. Parecia um paraquedas! — ia puxá-lo para baixo! — Ele se afogaria! O afogado... Não havia dúvida... A essa altura não era o astronauta nem o piloto. Era o afogado. Afastar-se da cápsula da morte! — essa era a ideia. Então se acalmou um pouco. Nadava no oceano sob o ronco das pás do helicóptero. Afinal, não estava afundando. O traje pressurizado o mantinha flutuando na água, pelas axilas. Ergueu os olhos. A linha de resgate pende para fora do helicóptero. A linha de resgate que pode tirá-lo dessa situação! Mas estavam se afastando dele! — estavam rumando para a cápsula! Via o homem chamado Reinhard se debruçar para fora do helicóptero tentando enganchar a alça da cápsula. Somente o gargalo da cápsula estava fora da água. Ele começou a nadar de volta à cápsula. Era difícil nadar com o traje pressurizado, mas ele o mantinha à superfície. Alçava-o até as axilas quando parava de nadar. Todo o tempo pequenas vagas não paravam de lhe encobrir a cabeça e ele engoliu alguma água. Sentiu-se descontrolar. Debatia-se no meio do oceano. Ergueu mais uma vez os olhos e lá estava outro helicóptero. Acenava e acenava, mas ninguém parecia lhe prestar a menor atenção. E agora já não estava flutuando tão alto. O traje pressurizado perdia a flutuabilidade. Tornava-se cada vez mais pesado... começando a puxá-lo para baixo... O traje tinha um diafragma de borracha que se enrolava em torno de seu pescoço como uma gola rulê para impedir que a água se infiltrasse no traje. Não estava suficientemente justo... Deixava escapar ar... Não! — era a válvula de entrada de oxigênio. Esquecera-se completamente! A válvula permitia a entrada de oxigênio em seu traje durante o voo. Ele desligara o tubo, mas esquecera de fechar a válvula. O oxigênio estava escapando em algum ponto lá embaixo... o traje se tornava um peso morto, puxando-o para o fundo... Ele esticou o braço até a válvula e fechou-a debaixo da água... Mas agora a cabeça não parava de afundar e ele precisava lutar para se manter à superfície, e as vagas quebravam e lhe encobriam a cabeça e ele engolia mais água e erguia os olhos para os helicópteros e acenava, e eles simplesmente acenavam de volta — os sacanas! —, como podiam ignorar! À janela de um dos helicópteros havia um homem com uma câmera, fotografando-o alegremente — acenavam e tiravam instantâneos! Os sacanas idiotas! Estavam enlouquecidos com a droga da cápsula e ele se afogava diante de seus olhos... Não parava de afundar. Pelejava para voltar à tona e engolia mais um pouco de água e acenava. Mas isso o impelia de novo para o fundo. O traje — que parecia acondicionado com cem quilos de barro molhado... As *moedinhas!* — e toda aquela merda! Nossa, as moedinhas e as outras porcarias! Lá embaixo no bolso do joelho... concebera a brilhante ideia de levar cem notas de um dólar no voo à guisa de lembrança, mas não tinha cem dólares sobrando, então optara por dois rolos de cinquenta moedinhas cada, e acrescentara três notas de um dólar de quebra e uma quantidade de modelinhos da cápsula, e agora esse amontoado de sentimentalismo metálico enfiado no bolso do joelho puxava-o para o fundo... Moedinhas!... Peso morto em prata!

Deke!... Onde se metera Deke!... Decerto Deke estaria ali!... Fizera isto por Deke. De alguma forma Deke se materializaria e o salvaria. Deke, Wally e ele tinham estado em Pensacola treinando saídas de emergência na água, e por alguma razão Deke, em seu traje pressurizado completo, com capacete e tudo, caíra do bote e ia se afogando e não podia fazer droga nenhuma para se salvar, mas ele e Wally estavam por perto com as nadadeiras, e nadaram direto em sua direção e o mantiveram na superfície até que um sujeito da Marinha pudesse alcançá-los com o bote, e nem foi preciso suar para tanto, porque estavam nas proximidades, e decerto... *Deke!*... Ou alguém! Deke!

Cox... Aquele rosto lá no alto! — é Cox... Deke não estava ali e não iria estar ali. Mas Cox! — Cox, que ele mal conhecia, era o seu único salvador agora. Cox era um cara da Marinha no segundo helicóptero. Gus conhecia aquele rosto. Cox não era um sacana idiota. Cox resgatara Al Shepard! Cox resgatara a droga do chimpanzé! Cox sabia como tirar as pessoas dali! Cox!... Via Cox se debruçar para fora do helicóptero, baixar a linha de resgate. Vinha uma barulheira infernal dos dois helicópteros. Mas Cox! Cox e seu helicóptero mantinham-se suspensos ali. Não se aproximavam e a cabeça de Gus não parava de afundar. O vendaval produzido pelas pás do helicóptero empurrava-o para trás. Quanto mais perto chegava o salvador no helicóptero, mais para longe ele era impelido. *Os tubarões — eles farejam o pânico!* E ele era puro pânico, setenta e dois quilos de pânico, e mais quarenta e cinco moedas mortais! Finalmente perdido a 5.040 metros em pleno oceano Atlântico! Mas helicópteros são capazes de espantar tubarões com o vento de suas pás! Cox dispersaria os tubarões e o salvaria — mas Cox não se aproximava embora a linha de resgate agora encostasse na superfície da água. Continuava a uns vinte e sete metros de distância, do outro lado dos vagalhões. Ora o via, ora não. As vagas não cessavam de cobri-lo. Mas era sua única chance. Nadou para alcançá-lo. Não conseguiu fazer as pernas subirem. Então pelejou para chegar à linha com os braços. Não lhe restavam forças. Tudo o puxava para o fundo. Não conseguia ar suficiente. Só havia um barulho frenético... água ofuscante... a água não parava de lhe entrar na boca. Nunca chegaria lá. Mas a linha! Cox estava lá em cima! Havia a linha. Estava diante dele. Agarrou-a e se pendurou. Deveria sentar ali como se sentaria num balanço, mas que se dane isso. Largou-se pesadamente pelo buraco como um linguado morto na balança do mercado de peixe. Ficou pendurado pelos braços. Sentiu-se como se pesasse uma tonelada. O traje estava cheio de água. E já lhe ocorrera a ideia de que *perdera a cápsula*.

Assim que Cox e seu copiloto guindaram Grissom para dentro do helicóptero, constataram que estava em más condições. Tinha um ar estranho. Respirava em arquejos e tremia. Seus olhos corriam de um lado para o outro. Encontrou o que estava procurando: um colete salva-vidas. Agarrou-o e começou a tentar vesti-lo. Atrapalhou-se todo com o colete de tanto tremer. Os braços voavam para um lado e as correias para o outro. Os motores faziam um barulho fantástico. Rumavam de volta ao porta-aviões. Grissom continuava a brigar com as correias. Obviamente pensava que iam cair a qualquer momento. Achava que ia se afogar. Arquejava. Deu combate ao colete durante todo o percurso de regresso ao porta-aviões. Que diabos acontecera com o cara? Primeiro explodira a escotilha antes que o primeiro helicóptero pudesse fisgar a cápsula e em seguida se espalhara pelo mar e agora se preparava para abandonar a nave voando na droga de um helicóptero em uma manhã ensolarada e perfeitamente calma na área das Bermudas.

Quando sobrevoaram o porta-aviões *Randolph,* Grissom se acalmou um pouco. O mesmo tipo de rostos admirados que deram as boas-vindas a Alan Shepard espichavam o olhar para o helicóptero. Mas Grissom mal reparava neles. Sua cabeça estava envolta em uma nuvem muito escura.

Quando desceu ao hangar sob o convés, ainda tremia. Não parava de dizer:

— Não fiz nada. A porcaria simplesmente explodiu.

Uma hora mais tarde começaram o interrogatório preliminar pós-voo e Grissom continuava a dizer:

— Não fiz nada. Estava parado ali... e a coisa simplesmente explodiu.

Duas horas depois, no interrogatório formal pós-voo nas Ilhas Bahamas, Grissom se achava muito mais calmo, embora parecesse exausto e abatido. Estava sério. Era um homem muito infeliz. O pulso continuava acelerado com noventa batimentos. Normalmente, em descanso, era sessenta e oito ou sessenta e nove. Continuava a dizer:

— Não toquei em nada, estava parado ali... e a coisa explodiu.

Segundo Gus, acontecera o seguinte: Ao saber que os helicópteros estavam nas vizinhanças, sentiu-se seguro na cápsula e por isso pedira cinco minutos para terminar de se desvencilhar da fiação e registrar as posições dos botões. Enquanto a cápsula ainda descia de paraquedas, abrira a parte anterior do capacete e desligara a mangueira de selagem do visor. Quando a cápsula já se achava na água, desligara a mangueira de oxigênio do capacete, soltara o capacete do traje pressurizado, abrira a correia do peito, o cinto do colo, os tirantes dos ombros, as correias dos joelhos, desligara a fiação dos sensores biomédicos e enrolara o protetor de borracha em torno do pescoço. Seu traje pressurizado continuava preso à cápsula pela mangueira de entrada de oxigênio, necessária ao resfriamento do traje, e o capacete conservava os fios do circuito de rádio; mas só o que precisava fazer era despir o capacete e se desvencilharia da fiação. Então — tudo em conformidade com a lista de checagem — ele removeu a faca de emergência que estava presa na escotilha e a colocou na bolsa de sobrevivência, uma maleta de lona de uns sessenta centímetros de largura contendo um bote inflável, repelente contra tubarões, um dessalinizador, comida, sinal luminoso, e assim por diante. Antes de abandonar a cápsula pela escotilha, segundo o relato de Gus, havia ainda uma tarefa a realizar. Deveria apanhar um mapa e um lápis de cera e marcar as posições de todos os botões no painel de instrumentos. Porque ainda conservasse as luvas do traje pressurizado, o que tornava difícil segurar o lápis de cera, isso lhe tomou de três a quatro minutos. Em seguida armou a escotilha detonável removendo a tampa do detonador, que era um botão de uns oito centímetros de diâmetro, e retirou o pino de segurança, que era como a trava de segurança de um revólver. Uma vez que a tampa e o pino fossem removidos, 2,2 quilos de pressão no botão do detonador explodiriam as trancas e empurrariam a escotilha para dentro da água. Então contactou Lewis no helicóptero pelo rádio pedindo que se aproximasse e engatasse a cápsula. Desligou a mangueira de oxigênio do traje pressurizado e tornou a se recostar na cadeira à espera de que Lewis lhe informasse ter engatado a cápsula. Quando recebesse o aviso de Lewis, detonaria a escotilha. Deitado ali, contou, começou a imaginar se haveria alguma maneira de recuperar a faca de emergência da bolsa de sobrevivência antes de detonar a escotilha e abandonar a cápsula. Pensou que seria uma lembrança fantástica. Tal pensamento perpassava sua mente sem maior compromisso quando ouviu um baque seco. Percebeu instantaneamente que era a escotilha detonando. No momento seguinte estava olhando diretamente pelo vão da escotilha para o céu radiosamente azul sobre o oceano, e a água começava a entrar. Não houve nem mesmo tempo para agarrar a bolsa de sobrevivência. Tirou o capacete, se firmou no lado direito do painel de instrumentos e meteu a cabeça pelo vão da escotilha, espremendo-se para sair.

— Retirara a tampa e o pino de segurança — disse Gus —, mas não creio que tenha batido no botão. A cápsula balançava um pouco, mas não havia nada solto em seu interior, por isso não sei como poderia ter batido nele, mas possivelmente foi o que aconteceu.

À medida que o dia transcorria, e o interrogatório formal ia avançando, Gus descontou até a possibilidade de que tivesse batido no botão.

— Eu estava deitado ali, sobre as costas... e a coisa simplesmente explodiu.

Ninguém ia *acusar* Gus de nada, mas os engenheiros não paravam de se entreolhar. A escotilha detonável era uma peça nova na cápsula Mercury, mas as escotilhas detonáveis eram usadas nos caças a jato desde os primeiros anos da década de 1950. Quando um piloto puxava o punho de ejeção, a escotilha detonava e uma carga de TNT lançava o piloto e o assento ejetável pela abertura. O piloto e qualquer um que estivesse voando de saco rotineiramente armavam as escotilhas e as cargas de TNT ainda na pista antes da decolagem. Isso equivalia a Gus remover a tampa do detonador e o pino de segurança. Ninguém nunca ouvira falar de uma escotilha "simplesmente explodir", embora os jatos de caça realizassem manobras violentas, puxassem tremendas cargas de gravidade, voassem imponderáveis durante breves intervalos e vibrassem a tal ponto que só deixavam ao piloto uma visão de contornos. As porcarias tinham virado pelo avesso, mas nunca, que alguém conseguisse lembrar, uma única escotilha "simplesmente explodira".

Naturalmente, qualquer equipamento armado com cargas explosivas tinha a capacidade potencial de explodir na hora errada.

Mais tarde, a NASA submeteu um conjunto de escotilha a todos os testes que os engenheiros conseguiram imaginar para tentar fazer a escotilha explodir sem apertar o botão do detonador. Fizeram testes com água, testes com calor, sacudiram-no, bateram, deixaram-no cair sobre concreto de uma altura de trinta metros — e o conjunto nunca "simplesmente explodiu".

Fizeram-se muitas conjecturas em surdina, muito particularmente.

E em Edwards... os Verdadeiros Eleitos... bom, nossa, como podem imaginar, eles... *riam!* Naturalmente não podiam dizer nada. Mas agora — certamente! — era tão óbvio! Grissom simplesmente pusera tudo a perder!

Em provas de voo, se alguém fazia uma coisa tão idiota, se destruía um protótipo importante em função de uma burrice, como a de bater no botão errado — a pessoa estava acabada! Teria sorte de findar a vida na Engenharia de Voo. Ah, era óbvio para todos em Edwards que Grissom simplesmente *fizera merda,* pusera tudo a perder. Não era certo que tivesse batido no detonador de propósito, porque mesmo que sentisse um certo pânico na água (é preciso ter *medo* para entrar em pânico, amigão), não era provável que quisesse se meter em apuros detonando a escotilha antes que o helicóptero a engatasse e estivesse sobrevoando a cápsula com a linga de resgate. Mas se um homem está começando a entrar em pânico, a lógica desaparece primeiro. Talvez o infeliz apenas desejasse sair, e — bam! — bateu no botão. Mas e aquela história da faca? Ele disse que queria levar a faca de lembrança. Então talvez estivesse tentando pescar a faca na bolsa de sobrevivência. A cápsula está balançando nas ondas... ele bate no detonador — bastava isso. Ah, não havia dúvida de que de alguma forma batera no detonador. A única coisa de que gostavam em todo o seu desempenho era o jeito com que dissera "Eu estava deitado ali — e a coisa simplesmente explodiu" e sustentara essa afirmação. Isso, Gus amigão, você revelou os instintos de um verdadeiro caçador!

Ah, você aprendeu muitas das lições bem! Depois de fazer um combate simulado proibido e seu avião pegar fogo e você ter que se ejetar e o seu F-100F fazer *bum!* no solo do deserto... naturalmente você volta à base e diz: "Não sei o que aconteceu, comandante — o avião simplesmente se incendiou!" Eu estava cuidando da minha vida! Foram os demônios que fizeram isso! E nada de muitos detalhes. Umas vagas e largas pinceladas — é isso aí.

— Estava deitado ali... e a coisa simplesmente explodiu. — Ah, essa era ótima. E em seguida os eleitos se recostaram e esperaram que o astronauta da Mercury *levasse uma chamada,* da mesma forma que qualquer deles teria levado *a sua,* se uma *merda* comparável tivesse acontecido em Edwards.

E... nada aconteceu.

Da primeira à última nota distribuída pela NASA, pela Casa Branca, por quem fosse, falava-se do sério desapontamento que fora para o corajoso pequeno Gus perder a cápsula em razão de uma pane, depois de um voo tão bem-sucedido. Virara pequeno Gus. A solidariedade que se formou foi fantástica. Apenas 1,67 metro e um rosto redondo. Era extraordinário que tanta coragem coubesse em 167 centímetros. E quase o perdemos por afogamento.

Os Eleitos estavam incrédulos... os astronautas do Mercury possuíam imunidades oficiais a três quartos das coisas pelas quais os pilotos de provas eram normalmente julgados. Resplandeciam agora com a aura supersticiosa dos guerreiros do combate singular.

Eram os heróis da volta-por-cima política que Kennedy dera, a nova fronteira atual cujo símbolo era a viagem à Lua. Anunciar que o segundo, Gus Grissom, rezara a Deus: "Por favor, meu bom Deus; não me deixe fazer merda" — mas que tal prece não fora atendida, e o Senhor o deixara *pôr tudo a perder* —, bem, isso era uma interpretação daquele acontecimento que deveria ser evitada a qualquer custo. A NASA não estava menos ansiosa por chamar Grissom às falas do que Kennedy. A NASA acabara de receber carta branca para o projeto do voo à Lua. Há apenas seis meses, a organização correra o perigo real de perder todo o programa espacial. Portanto, nada que se referisse a esse voo seria chamado de fracasso. Era possível argumentar que o voo de Grissom fora um grande sucesso... Houvera apenas um probleminha pós-voo. Quanto à opinião pública, a perda da cápsula na realidade não significava muita coisa. O fato de que os engenheiros precisavam da cápsula para estudar os efeitos do calor e da tensão e recuperar os diversos tipos de dados automaticamente registrados — isso decerto não criava nenhum abatimento nacional. Levar o homem ao espaço e trazê-lo de volta vivo; isso, e não a engenharia, era o cerne do combate singular. Por isso a possibilidade de que Gus pudesse ter feito besteira nunca mais foi mencionada. Longe de ter uma ficha manchada, ele virara herói. Suportara e superara tanto. Estava de volta firme no rodízio de quaisquer voos importantes que pudessem aparecer no futuro... como num passe de mágica.

Nos dias que se seguiram ao voo, Gus parecera mais taciturno e ríspido que nunca. Conseguia dar um sorriso oficial e um aceno de herói quando era preciso, mas a nuvem escura não se dissipava. Betty Grissom tinha essa mesma atitude depois que ela e os dois filhos, Mark e Scott, se reuniram a Gus na Flórida para a comemoração.

Que comemoração... Era como se o acontecimento tivesse sido envenenado pelo segredinho sombrio. Betty nutria a suspeita de que, quando não eram ouvidos, todos diziam: "Gus fez merda." Mas seu desagrado era um pouco mais sutil do que o de Gus. Eles... a NASA, a Casa Branca, a Força Aérea, os outros colegas, o próprio Gus... não estavam mantendo suas partes no acordo! Ninguém teria observado Betty naquele momento... essa Honorável Senhora Astronauta bonita, tímida, sempre silenciosa, sempre digna... e suspeitado de sua indignação.

Estavam violando o Acordo da Esposa Militar!

A essa altura, Betty sabia o que esperar de Gus pessoalmente; ou seja, raramente o via. Em um período de 365 dias passaram juntos um total de sessenta dias. Uns seis meses antes, Betty tivera que se internar em um hospital perto de Langley para fazer uma cirurgia. Havia uma grande possibilidade de precisar retirar o útero.

Betty ficara praticamente sitiada no hospital. Passou ali vinte e um dias. Passou um tempo tão longo que precisou pedir a alguns parentes que viessem de Indiana para tomar conta dos meninos. Gus conseguiu arranjar um jeito de ir vê-la no hospital exatamente uma vez e nem conseguiu permanecer o tempo de visita completo. Recebeu ali mesmo no hospital uma chamada mandando-o regressar à base, e saiu.

Betty raramente especulava, mesmo de si para si, o que fazia Gus durante os oitenta por cento do ano em que não estava com ela. Resolvera isso em sua cabeça. O acordo se encarregara disso. Se Gus era ocasionalmente o Completo Caçador Longe do Lar, isso não violava o acordo. E agora chegara a hora de entrar em vigor a outra metade do acordo. Era a sua vez de ser a Honorável Senhora Capitão Segundo Americano no Espaço. *Deviam-lhe* essa satisfação por inteiro.

Louise Shepard, em Virgínia Beach, não soubera o que ia acontecer quando Al subisse, por isso sua casa fora invadida por repórteres e turistas. Praticamente estraçalharam o gramado só de andar por ali e passar pelos arbustos para encostar os narizes na janela. Gus não estava disposto a aceitar nada disso. Gus tomou providências para que a polícia local patrulhasse a frente de sua casa de manhã cedinho, antes de o dia clarear. Betty ficou dentro de casa diante da televisão com Rene Carpenter, Jo Schirra, Marge Slayton, as crianças. Do lado de fora mourejava o Animal. Havia uma quantidade de repórteres na calçada e nos fundos da casa vizinha, próximos à garagem, mas a guarda palaciana os mantinha sob controle. Betty com efeito se sentira muito bem. Era o Velório do Perigo de novo. Ela era a anfitriã e a estrela do drama. Quase perdera a contagem regressiva. Achava-se na cozinha apagando o fogo sob os ovos quentes que alguém pedira.

Depois do voo todo tipo de vizinhos e gente da NASA em Langley acorreram, congratulando-a e trazendo mais comida e festejando-a. Mas Betty conhecia o suficiente de voos de prova para saber que a perda da cápsula teria resultados desagradáveis. Recebeu um telefonema de Gus das Bahamas. Ainda havia muita gente em casa, mas ainda assim teve que fazer a pergunta.

— Você não cometeu nenhum erro...

— Não, não cometi nenhum erro — falou lentamente. Quase dava para ver aquela expressão sombria e ríspida muito sua pelo telefone. — A escotilha simplesmente explodiu.

— Que bom.

Ela começou a lhe falar de todas as pessoas que estavam telefonando para cumprimentá-los.

— Que bom — disse Gus. — Ah, por falar nisso, o motel perdeu duas calças minhas na lavanderia e preciso de camisas. Será que pode me trazer umas quando vier para o Cabo?

Roupa limpa? Ele queria que se lembrasse de levar roupa limpa.

Betty e os meninos chegaram ao Cabo num desses dias mortalmente quentes de julho que faziam toda a Cocoa Beach se sentir como um estacionamento de concreto frito. Foram conduzidos a uma pista da Base Aérea de Patrick junto com muita gente da NASA e autoridades militares para receber o avião de Gus quando chegasse das Bahamas. Havia um grande toldo instalado nas proximidades. Sob o toldo realizariam a entrevista coletiva com a imprensa. Betty ficou parada na placa com James Webb e outros chefões da NASA, e lentamente começou a perceber que... *estavam roendo a corda!*

Então ia ser só isso! — uma recepção nessa placa de fritar os miolos! Não ia haver viagem à Casa Branca. Webb — e não John Kennedy — ia entregar a Gus a Medalha de Mérito Militar... debaixo de uma mal-acabada tenda de lona ali na placa. Não ia haver desfile em Washington, nem desfile com confete e serpentina em Nova York — nem mesmo uma parada em Mitchell, Indiana. Isso... Betty teria adorado. Voltar a Mitchell e desfilar pela rua principal... Mas Gus não ia receber nada, apenas uma medalha de James E. Webb. Não podiam fazer isso com ela! — estavam roendo a corda.

Mas roeram, e foi até pior do que temia. O avião pousa, taxia até a rampa, irrompem aclamações, Gus desce — e uns funcionários da NASA seguram-na pelos cotovelos junto com as crianças e os empurram para diante na direção de Gus como se fossem objetos de culto... Eis aqui, a Esposa, os Filhos... e Gus mal consegue olhar para Betty como alguém a quem conhece. Ela é apenas o Sólido Apoio Cerimonial no Front Doméstico empurrada para diante na placa de concreto. Gus murmura alôs, abraça os dois garotos e eles empurram a Esposa e os Filhos de volta, e então Gus é levado para o local do toldo, onde dão a coletiva com a imprensa. Os repórteres não param de martelar sobre a explosão da escotilha e a perda da cápsula. Os lamentáveis sacanas — ainda não captaram a mensagem. Ainda não perceberam o tom moral correto. Mas fazendo parte do grande animal de colônia, o Cavalheiro Vitoriano, acertariam tudo nos próximos dias e nunca mais tocariam na porcaria da escotilha de novo... Mas por ora davam ao acontecimento mais uma injeção do venenoso segredo... Seria isso a causa daquela cerimoniazinha mesquinha, pobre, infeliz? Gus enfrentava as perguntas e suava sob o toldo. Não parava de repetir:

— Estava ali deitado cuidando da minha vida quando a escotilha explodiu. Simplesmente explodiu.

Betty via que estava ficando mais e mais zangado, mais ríspido e taciturno e seus olhos cada vez mais escuros. Para começar, odiava conversar com repórteres. Seu coração se apiedou. Estavam fazendo-o se contorcer. E esse era o Grande Desfile! Era isso que ela obtinha do acordo ao fim de tudo. Era uma paródia. Ela era a Honorável Senhora Detonador da Escotilha em Contorções!

O dia só fazia esquentar. Após a pequena cerimônia com Webb audivelmente enfurecido, levaram Gus e Betty e os meninos para a casa de hóspedes importantes na Base Aérea de Patrick. Supostamente era um luxo. Disseram-lhes que eram acomodações secretas onde estariam completamente protegidos da imprensa e dos curiosos. A casa de hóspedes importantes... Betty olhou à volta. Até mesmo as acomodações militares para gente importante aqui em Cocoa Beach cheiravam a povão. Essa tal casa parecia uma cabana de motel bolorento da década de 1930. Espiou pela janela. A distância havia a praia, aquela surpreendente Cocoa Beach escaldante. Mas entre a casa de hóspedes e a praia achava-se a Estrada A1A, com carros roncando para cima e para baixo no calor alucinante de meados de julho. Ela nem ao menos conseguiria atravessar a rodovia para chegar à praia com as crianças. Bem, assistiriam à televisão — mas não havia televisor; nem piscina. Então espiou a cozinha e abriu a geladeira. Estava atochada de comida, tudo que se poderia imaginar. Por alguma razão isso a deixou furiosa. Podia ver a tarde tomando forma e o restante do dia e do dia seguinte também. Ficaria ali com as crianças, cozinhando e arriscando a vida na tentativa de arrastá-los para a pior praia da Flórida... e Gus sem dúvida alguma iria ao centro espacial ou à cidade...

Cidade significava o Holiday Inn, onde estariam os outros colegas com as esposas. Era ali que estariam comemorando e se divertindo.

Escuta aqui, enquanto você arruma as coisas, acho que vou...

Repentinamente Betty se enfureceu: *Não ia ficar nesse lugar!* Gus não sabia o que dera nela.

Ela disse que queria ir para o Holiday Inn. É onde todos estariam. Disse a Gus que ligasse para o Holiday Inn e arranjasse um quarto.

As palavras saíram ríspidas e com tanta fúria que Gus telefonou para o Holiday e usou seus pistolões e arranjou um quarto para todos. Se Gus tivesse conseguido deixá-la plantada nesse desbotado mausoléu para VIPs e desaparecer, de modo que se sentasse ali naquele calor de pista vendo as horas passarem enquanto ele flanava em volta da piscina do Holiday como o figurão, teria cortado os pulsos. Tal era a seriedade do caso. Tal era a mesquinharia com que a tinham tratado. Tal era a insensibilidade com que tinham traído o acordo. Agora... eles *realmente ficavam lhe devendo*.

12. AS LÁGRIMAS

UMA VEZ QUE A PERDA FORA IRREVERSÍVEL, OFICIALMENTE, e o voo de Gus Grissom, portanto, registrado como um sucesso, a NASA ficou de repente em grande forma. John Kennedy se sentia feliz.

— Iniciamos a nossa longa viagem à Lua.

Essa era a ideia. Nem o voo suborbital de Shepard nem o de Grissom equivaliam ao voo em que Gagarin orbitou a Terra, mas o fato de que a NASA completara dois voos tripulados bem-sucedidos parecia significar que os Estados Unidos estavam reagindo com sucesso na competição pelos céus.

Naturalmente, fiel à forma, esse foi o momento que o anônimo e extraordinário Projetista-chefe, D-503, Construtor da Integral, escolheu para mostrar ao mundo quem realmente governava os céus.

Dezesseis dias após o voo de Grissom, ou seja, em 6 de agosto de 1961, os soviéticos lançaram o *Vostok 2* em órbita com um cosmonauta chamado Gherman Titov a bordo. Titov orbitou a Terra durante um dia inteiro, completando dezessete voltas e pousando no ponto de onde saíra, o solo soviético. Três vezes sobrevoou os Estados Unidos, a 200.000 metros de altitude. Mais uma vez, por todo o país, os políticos e a imprensa pareceram profundamente assustados, e a terrível visão foi divulgada: e se o cosmonauta estivesse armado com bombas de hidrogênio e as atirasse durante o sobrevoo, à semelhança de Thor lançando raios... um aqui, outro ali... Toledo desaparece da face da Terra... Kansas City... Lubbock... O voo de Titov pareceu tão assombroso que fez os voos de Shepard e Grissom parecerem barbaramente insignificantes. A Integral e o Projetista-chefe aparentemente eram capazes de fazer qualquer coisa e a qualquer hora.

Sete dias mais tarde, em 13 de agosto de 1961, Nikita Kruschov deu os primeiros passos que levaram à construção de um muro, à semelhança perfeita de um muro de prisão, passando pelo meio de uma cidade inteira, Berlim, para impedir a população de Berlim Oriental de atravessar a fronteira para o Ocidente. Mas o mundo ainda estava piscando os olhos diante da radiância do voo espacial que durara um dia.

— Eles são um pouco brutos... mas tem-se que admitir que são geniais. Imagine manter um homem no espaço vinte e quatro horas!

No que dizia respeito à NASA, o voo de Titov punha um ponto final no programa da Mercury-Redstone. O próximo astronauta na fila para montar um Redstone, John Glenn, foi agora designado para tentar um voo orbital, usando um foguete Atlas, que tivera um desempenho bem fraco nos testes não tripulados. Mais tarde houve quem especulasse que a NASA estivera "guardando Glenn para aquele voo" o tempo todo. Mas Glenn não gozava tal posição dentro da NASA. Aprendera isso para seu amargo desgosto. Não, tinha apenas o invisível Projetista-chefe, o Construtor da Integral, a agradecer por terem-no escolhido para ser o primeiro americano a orbitar a Terra.

Após o voo de Titov a expressão *o atraso espacial* começou a ser repetida por toda a imprensa americana. O *atraso espacial* era uma condição supersticiosa. Começava a parecer à NASA de urgente importância colocar um homem no espaço antes que a areia parasse de fluir na ampulheta do último dia do ano de 1961. A grande corrida de caubóis de inverno de 1960-61 recomeçou mais uma vez. Para o diabo com as precauções exageradas... por exemplo, os soviéticos revelaram que Titov sentira náuseas durante todo o voo. Mais tarde mudaram a declaração dizendo que sofrera náuseas após voo "prolongado". Provavelmente não teriam revelado nem isso, se não tivessem resolvido participar de conferências científicas internacionais a fim de fazerem publicidade de seus feitos espaciais.

Também revelaram — embora sem detalhes específicos — que o programa espacial de voos tripulados na União Soviética, desde a seleção de seus cosmonautas (entre pilotos militares) e seu treinamento (em centrífugas, em voos parabólicos de caças a jato e assim por diante) até o desenho da cápsula e sistema de lançamento de retrofoguetes, era notavelmente semelhante ao da NASA. Todos na NASA consideraram tais informações imensamente tranquilizantes. *Afinal estamos no caminho certo!* Naturalmente, os foguetes soviéticos eram muitíssimo mais possantes. Esse era o dado. De que outra forma poderiam os soviéticos pousar em segurança na Terra? As cápsulas eram aparentemente equipadas com um conjunto suplementar de retrofoguetes suficientemente grandes para contrabalançar as forças gravitacionais, uma vez que a cápsula reentrasse na atmosfera terrestre. E se o cosmonauta da Integral sentira náuseas em órbita, então os astronautas provavelmente também sentiriam. Mas não havia tempo para se preocuparem com isso agora. Descobririam isso como Titov descobrira: lá em cima. *Más Allá!* No alto da próxima montanha!

Em setembro a NASA lançou com sucesso uma cápsula Mercury-Atlas com um manequim astronauta a bordo e a trouxe de volta ao alvo escolhido no oceano Atlântico, próximo às Bermudas, após completar uma órbita ao redor da Terra. A imprensa especulou que Kennedy pressionaria a NASA para colocar um astronauta no voo seguinte, mas Hugh Dryden e Bob Gilruth conseguiram adiar para realizar mais um teste. Queriam mandar um chimpanzé fazer a órbita com um foguete Atlas primeiro.

Desta vez, lá longe em Edwards, os Eleitos nem ao menos deram um sorriso glacial com a notícia de que, mais uma vez no endeusado Projeto Mercury, um chimpanzé iria fazer *o primeiro voo*: um macaco faria a primeira órbita da Terra para os Estados Unidos. A essa altura o prestígio do Projeto Mercury tornara tais considerações irrelevantes. Em 11 de outubro, em Edwards, Bob White fizera um voo excepcional no X-15 — e o país mal se dera conta. White levara o X-15 a 66.142 metros com o Motorzão — e a imprensa apenas assinalara o feito maquinalmente. Com que então um homem acabara de voar muito alto em um avião; que interessante; e foi só. O fato de que White estava montado em um foguete, o mesmo tipo de foguete que o Redstone ou o Atlas, o fato de que seu voo até 66.142 metros fora na realidade um *voo espacial pilotado* — nada disso teria probabilidade de impressionar Kennedy ou o público em meio ao pânico provocado por Titov e o *atraso espacial*. White atingiu 66.142 metros de altitude, 1.600 metros a menos que o limite arbitrariamente estabelecido para o "espaço". O XLR-99, o Motorzão, produzira 25.800 quilos de empuxo, apenas 9.500 quilos menos que o empuxo dos Redstones que levaram Shepard e Grissom ao espaço. A velocidade de White encostou em Mach 5,21, ou seja, 5.868 quilômetros por hora; as velocidades dos foguetes de Shepard e Grissom foram apenas ligeiramente superiores, uns 8.330 quilômetros por hora. White permaneceu imponderável três minutos no vértice do fantástico arco, contraposto aos cinco minutos de Shepard e Grissom. White viu todas as coisas que Shepard e Grissom viram (e Shepard muito mal)... inclusive a faixa azul da atmosfera no horizonte da Terra. E, sobretudo, White *pilotou*. Controlou a subida de seu avião.

Usou propulsores de peróxido de hidrogênio para controlar a atitude do avião quando o ar se tornou demasiado rarefeito para controlá-lo com os ailerons — o mesmo sistema de propulsores de peróxido de hidrogênio que Shepard e Grissom usaram — e fez tudo isso sem a facilidade de qualquer automatização. E trouxe o avião de volta à atmosfera terrestre sozinho... e o *pousou* pessoalmente no sagrado platô de Edwards... no topo do mundo. Um *piloto* de foguetes (disseram os eleitos), mas a imprensa nacional mal reparou nisso.

Assim, foi com uma fascinação principalmente acadêmica que os rapazes em Edwards acompanharam o segundo voo do Projeto Mercury realizado por um chimpanzé. Durante nove meses os veterinários da Base Aérea de Holloman andaram submetendo sua colônia de chimpanzés ao regime de condicionamento operante em preparação para o voo orbital. O treinamento incluía todos os elementos que entraram no treinamento para o primeiro voo suborbital, a centrífuga, as parábolas com ausência de peso, as sessões no simulador de procedimentos, na câmara de temperatura e de altitude, e mais alguns testes de inteligência. Em um teste o macaco tinha que mostrar capacidade de julgar intervalos de tempo. A luz de aviso se acendia, e ele precisava esperar vinte segundos e puxar a alavanca ou receberia o sempre pronto choque elétrico. Em outro o animal devia *ler* o painel de instrumentos e ligar um botão. Três símbolos acenderiam no painel, dois dos quais idênticos, como, por exemplo, dois triângulos e um quadrado, e o animal tinha que puxar uma alavanca sob o símbolo ímpar ou receber o choque nas plantas dos pés.

Em princípios de novembro, vinte veterinários haviam se transferido com cinco chimpanzés para o Hangar S no Cabo. Um deles era Ham, mais magro e mais tenso que nunca, mas ainda um ás no simulador de procedimentos, sua vida dedicada a evitar os volts invisíveis. Ham, porém, não era considerado o melhor do lote. O mais inteligente e rápido da colônia era um macho trazido da África para a Base Aérea de Holloman em abril de 1960, quando tinha uns dois anos e meio. Era conhecido por Número 85. Número 85 lutara contra os veterinários e o processo de condicionamento operante como um prisioneiro de guerra turco. Lutara com as mãos, os pés, os dentes, a saliva, a astúcia. Levava as descargas de eletricidade como se não ligasse e lançava aos veterinários um medonho sorriso. Quando já não conseguia aguentar os choques, cooperava temporariamente, e suas mãos voavam pelo painel de instrumentos do simulador de procedimentos como as mãos de E. Power Biggs em um órgão, e em seguida se virava para os veterinários e fazia mais uma desesperada tentativa de ganhar a liberdade. Lembrava o escravo que não se deixa dominar. Finalmente trancaram-no dentro de uma caixa de metal e o deixaram se debater ali uma semana com suas fezes e urina por companhia.

Quando o soltaram era, finalmente, outro macaco. Bastara para ele. Não queria mais saber da caixa. Seu condicionamento operante começaria agora a sério. Sem dúvida a caixa não era a opção que os bons veterinários de Holloman teriam feito, fossem os tempos normais. Mas fizeram essa opção em nome da batalha pelos céus e sob a pressão da emergência nacional; Número 85 era o macaco que a missão MA-5 (o quinto teste do veículo Mercury-Atlas) exigia. Era o objeto de pesquisa mais rápido do *Simia satyrus*. Levaram-no a voar em caças a jato para acostumá-lo à aceleração, ao ruído e a desorientação do voo em alta velocidade. Colocaram-no na gôndola da centrífuga humana da Universidade da Califórnia do Sul e o fizeram passar por perfis inteiros da primeira missão orbital americana pretendida, até que se acostumasse com os sete ou oito-g que experimentaria ao subir e ao reentrar. Sob alta ou baixa gravidade, Número 85 era capaz de operar um painel de instrumentos Mercury como nenhum outro macaco vivo ou morto. Era tão bom que o usaram como objeto de pesquisa em uma experiência de laboratório simulando uma missão orbital de quatorze dias. Durante quatorze dias o Número 85 ocupou o simulador de procedimentos desempenhando as mesmas tarefas que desempenharia nas quatro horas e meia da missão MA-5. Para a MA-5 tinham previsto recompensas além do castigo dos choques nos pés. Número 85 tinha dois tubos colocados junto à boca. De um saíam pelotas com sabor banana, se realizasse suas tarefas corretamente, e no outro podia tomar golinhos de água. Número 85 cumpria as tarefas com tanta destreza, inclusive a de ler o painel com o símbolo ímpar, que poderia ter mantido os tubos jorrando pelotas de banana e água até ficar saciado ou bilioso. Ele era fora de série.

A essa altura, novembro de 1961, passara por 1.263 horas de treinamento — o equivalente a 158 dias de oito horas. Pelo equivalente a quarenta e três dias estivera amarrado a um aparelho de simulação ou condicionamento, fossem centrífugas, jatos ou simuladores de procedimentos. Ele era uma maravilha. O único problema era a sua pressão arterial. Em junho de 1960, dois meses após o início do treinamento, tinham posto um medidor de pressão nele e obtido uma leitura de 140-160 sístoles. Sem dúvida era muito alta, mas era difícil dizer em se tratando do Número 85. Lutara contra cada um dos exames médicos como se fosse uma agressão. Eram necessárias duas ou três pessoas só para contê-lo. Três meses mais tarde estavam obtendo leituras de 140 a 210; no momento iam de 190 a 210. As pressões sanguíneas de todos os cinco chimpanzés nos fundos do Hangar S tinham subido paulatinamente nos últimos dois anos, embora nenhuma fosse tão elevada quanto a do Número 85. Bom, talvez isso se devesse ao aparelho de pressão, que ele não via com muita frequência e que provavelmente o impressionava como um grande mecanismo negro e constrangedor. Afinal de contas, o Número 85 era excitável. Talvez obtivessem mais informações durante o voo. Não houvera possibilidade de ler a pressão arterial do outro macaco, o Número 61, durante seu voo no Mercury-Redstone. Mas neste instalaram cateteres na principal artéria e na principal veia das pernas do Número 85 para que fornecessem leituras antes do lançamento e durante o voo. Puseram também um cateter em sua uretra para coletar a urina.

    O Número 85 fez todos os treinos no simulador de procedimentos instalado nos trailers, ao fundo do Hangar S, até a véspera do voo. Continuava a ser o melhor da ninhada. Devia andar mais tenso do que uma mola de cortina de rolo, a julgar pelas leituras de suas sístoles.

    Pouco antes do voo anunciaram seu nome, Enos, à imprensa. Enos significava *homem* em grego.

    O voo não despertou muito interesse. O público, à semelhança do presidente, impacientava-se com os testes, particularmente porque já estavam em 20 de novembro quando o macaco foi lançado e tornava-se claro que não haveria um lançamento tripulado antes do fim do ano. O ano terminaria sem um voo tripulado. O Número 85 deveria completar três órbitas em volta da Terra. O lançamento saiu perfeito, com o Número 85 acionando alavancas a mil por hora. O foguete Atlas produziu 166.250 quilos de empuxo, quase cinco vezes o que Shepard e Grissom tinham experimentado, mas nem o ruído nem as vibrações incomodaram o Número 85 nem um pouco. Tinha ouvido e sentido pior na centrífuga com os ruídos entrando pelos fones. E uma vez que não dispunha de janela, não sabia que estava deixando a Terra, e além do mais o ruído, as vibrações, ou a partida desse planeta eram preferíveis à caixa. Ele não parava de manipular as alavancas com a mesma velocidade com que as luzes acendiam no painel. A cápsula entrou em uma órbita perfeita. Durante a primeira órbita o desempenho de Número 85 foi um sonho, não só por operar as alavancas quando solicitado e em sequências complicadas, mas também por tirar períodos de descanso de seis minutos quando o mandavam... ou pelo menos deitar-se imóvel, para melhor fugir da eletricidade.

Durante a segunda órbita a fiação entrou em pane. Quando o Número 85 fez o exercício do símbolo ímpar, começou a receber choques elétricos no pé esquerdo mesmo quando puxava a alavanca correta. Ainda assim continuou a puxar as alavancas corretas. Era ininterrompível. Seu traje começou a superaquecer. Ele nem ao menos esmoreceu. Agora os controles automáticos de atitude começaram a funcionar mal, de modo que a cápsula não parava de arfar quarenta e cinco graus antes que os propulsores laterais pudessem corrigi-la. Arfava para a frente e para trás o tempo todo. Isso não tirou o Número 85 de sua rotina nem por um segundo. Continuava a ler as luzes de aviso e a manipular as alavancas. A situação teria que piorar muito antes de se parecer com a da caixa. Em razão de a arfagem consumir demasiado peróxido de hidrogênio — eles tinham que se certificar de que sobrasse o suficiente para posicionar a cápsula corretamente, o lado rombudo para baixo na hora da reentrada —, trouxeram a cápsula de volta à Terra após duas órbitas, no Pacífico, ao largo de Point Arguello, Califórnia. O Número 85 sacudiu no oceano durante uma hora e quinze minutos até chegar um navio para resgatá-lo. A cápsula possuía uma escotilha detonável, mas "não explodiu simplesmente". Nem o Número 85 vomitou (como Titov) em razão da imponderabilidade ou da errância. Passara três horas completas imponderável durante o voo. Estava calmo quando o retiraram da cápsula. Havia evidências, porém, de que se divertira a valer sozinho enquanto permanecera na água. Não ficara apenas à espera. O sacaninha rasgara o painel da barriga do traje que o restringia e removera a maioria dos sensores biomédicos de seu corpo e danificara o resto, inclusive os que tinham sido inseridos sob a pele. E também arrancara o cateter urinário do pênis. Puxá-lo simplesmente daquele jeito deve ter doído à beça. Que teria dado nele?

O voo fora um grande sucesso, de um modo geral. Mas uma coisa incomodava o pessoal da *Life Sciences* na NASA. A pressão arterial do animal elevara-se extraordinariamente. Saltara de 160 para duzentos mesmo enquanto as pulsações se mantinham normais e o macaco estava atento às luzes e à operação das alavancas com grande eficiência. Seria algum tipo de efeito mórbido e imprevisto da imponderabilidade prolongada? Seriam os astronautas em órbita candidatos à apoplexia? Os veterinários de Holloman se apressaram a tranquilizá-los informando que o Número 85 — ah, Enos — registrava leituras de alta pressão arterial fazia dois anos agora. Pareciam ser próprias da natureza do animal. O pessoal da NASA balançou a cabeça concordando... embora duzentos na sístole fosse uma leitura barbaramente alta...

Em particular, a situação deixou os cientistas de Holloman pensativos, e não foi com relação ao voo espacial tampouco. As leituras que tinham obtido no passado do Número 85 com o medidor de pressão podiam ou não ter sido confiáveis. Mas não havia erro quanto às leituras dos cateteres durante o voo e pouco antes dele. Uma vez que os inseriram, o Número 85 nem ao menos tinha consciência deles. Estavam registrando leituras corretas. Sua pressão arterial não se elevara em razão das tensões do voo. Ele encarara o voo com a maior indiferença; seus ritmos cardíaco e respiratório e as temperaturas do corpo na realidade se apresentavam mais baixos do que os obtidos durante o treinamento na centrífuga. Com efeito, sua pressão arterial nem mesmo *subira*. Mantivera-se elevada todo o tempo. Começava a se formar uma teoria com implicações para o homem-na-Terra e não para o homem-no-espaço... O Número 85, o mais inteligente dos *Simia satyrus*, príncipe dos primatas inferiores, engolira tanta raiva nos últimos dois anos, graças ao processo de condicionamento operante, que ela começara a extravasar para suas artérias... até que cada batimento cardíaco quase explodia seus tímpanos...

Houve até uma entrevista coletiva com a imprensa em que o chimpanzé esteve presente. "Enos", ele foi, naturalmente. Na coletiva Bob Gilruth anunciou que John Glenn seria o piloto do primeiro voo orbital tripulado, com Scott Carpenter de piloto reserva. Deke Slayton faria o segundo voo, com Wally Schirra de piloto reserva. Todo o tempo o astronauta que fizera o *primeiro voo* esteve ali à mesa (diziam os eleitos a meia voz). O Número 85 roubou o espetáculo, nada mais justo. Aguentou o espocar de lâmpadas e toda a conversa e algazarra sem nem piscar ou se impacientar, como se estivesse o tempo todo esperando por esse momento sob as luzes da ribalta. Naturalmente, o macaco fora, por assim dizer, supertreinado para tal momento e já passara muito o ponto de deixar tais coisas alterarem seu comportamento. O Número 85 estivera em salas cheias com luzes fortes e um grande número de pessoas antes. Barulho, vibrações, oscilações, imponderabilidade, voo espacial, fama — que diferença poderiam fazer comparados aos choques e à caixa?

Logo no princípio nem Glenn nem a esposa, Annie, previram o tipo de agitação que ia se formar em torno de seu voo. Glenn considerava Shepard o vencedor da competição, uma vez que encarava o fato da mesma maneira que os pilotos sempre o encararam no grande zigurate do voo. Al fora escolhido para *o primeiro voo*, e não havia como contornar isso. Fora o primeiro americano a ir ao espaço. Era como se fosse o piloto do Projeto Mercury. O máximo que Glenn poderia esperar era bancar o Scott Crossfield para o Chuck Yeager de Shepard. Yeager rompera a barreira do som e se tornara o Eleito de Todos os Eleitos, mas ao menos Crossfield acabara se tornando o primeiro homem a voar Mach 2 e, mais tarde, o primeiro homem a voar o X-15.

Nem mesmo quando os repórteres começaram a desembarcar em New Concord, Ohio, sua cidade natal, e a tocar a campainha de seus pais e a vagar e espumar pela cidade como bandos de cães vira-latas, à procura de qualquer coisa, fragmentos, petiscos de informação sobre John Glenn — nem mesmo então Glenn percebeu por inteiro o que aconteceria. O contrato com a *Life* mantinha afastados todos os repórteres, exceto os da *Life,* e com isso os outros caras estavam em campo para desencavar o que pudessem. Essa parecia ser a explicação. O Cabo ainda não se transformara em hospício. Ainda em dezembro, Glenn podia passear na faixa comercial da Via A1A em Cocoa Beach com Scott Carpenter, que treinava com ele para ser o seu reserva, ir ao bar de Kontiki Village, que nome tivesse, e ouvir o conjunto tocando *Beyond the Reef.* John gostava muito de *Beyond the Reef.* Em princípios de janeiro, porém, era loucura tentar ir ao bar de Kontiki ou qualquer outro lugar em Cocoa Beach. Havia repórteres por todo lado, todos furiosos para dar uma espiada em John Glenn. Chegavam a se amontoar na igrejinha presbiteriana quando John a frequentava no domingo e a transformar o culto em uma surda confusão, com os fotógrafos tentando se manter quietos e ao mesmo tempo se colocar em posição às cotoveladas. Eram realmente terríveis. Assim, John e Scott praticamente não saíam da base, treinando procedimentos no simulador e na cápsula propriamente dita. À noite, no Hangar S, John procurava responder às cartas dos fãs. Mas era o mesmo que tentar fazer o oceano recuar com um martelo. A quantidade de correspondência que vinha recebendo era inacreditável.

Apesar disso, o regime de treinamento criava um biombo em torno de John, e ele não tinha realmente uma ideia clara da tempestade de publicidade... e a *paixão* envolvida... como tinha sua mulher. Em sua casa, em Arlington, Virgínia, Annie sofria a tempestade em cheio, sem praticamente a menor proteção e suas distrações eram poucas. O voo de John foi inicialmente programado para 20 de dezembro de 1961, mas o mau tempo sobre o Cabo forçou contínuos adiamentos. Marcaram-no finalmente para sair em 27 de janeiro. Foi inserido na cápsula antes do alvorecer. Annie estava uma pilha de nervos. Petrificada. Tal sensação tinha pouca relação com o medo pela vida de John. Annie suportava esse tipo de pressão. Fizera o curso completo de preocupação com a vida de um piloto. John voara em combate no teatro de operações do Pacífico durante a Segunda Guerra Mundial e depois na Coreia. Na Coreia fora atingido sete vezes pelo fogo antiaéreo. Annie também experimentara praticamente tudo que Pax River tinha para infligir à esposa de um piloto, à exceção da visita do Amigo das Viúvas e dos Órfãos. Mas uma coisa nunca fizera. Nunca tivera que sair depois de um dos voos de John e dizer umas palavrinhas à televisão. Ela sabia que isso surgiria quando John voasse, e já sentia medo com a perspectiva. Algumas das outras esposas se encontravam em sua casa para o Velório do Perigo, e ela pedira que trouxessem tranquilizantes. Não precisaria deles para o voo. Tomaria alguns antes de sair para a provação com o pessoal da tevê. Com a sua violenta gagueira... a ideia de milhões de pessoas, ou mesmo centenas, ou até cinco... vendo-a pelejar na televisão... Já estivera diante de microfones com John antes, e John sempre sabia quando intervir e salvar o dia. Havia certas frases com que não tinha problemas "Naturalmente", "Certamente", "De modo algum", "Maravilhoso", "Espero que não", "Certo", "Acho que não", "Ótimo, obrigada", e assim por diante — e a maioria das perguntas dos repórteres de televisão era tão boba que podia enfrentá-las com essas oito frases, e mais "sim" e "não" —, e John ou uma das crianças poderia entrar no circuito se houvesse necessidade de maiores explicações. Formavam um grande time nessas horas. Mas hoje teria que voar sozinha.

Annie visualizava a catástrofe iminente sem dificuldade. Só precisava olhar a televisão. Qualquer canal... não fazia diferença... podia contar que veria uma mulher segurando um microfone coberto de espuma de borracha preta e declamando alguma coisa desse teor: "No interior dessa bem cuidada e modesta casa suburbana encontra-se Annie Glenn, mulher do astronauta John Glenn, partilhando a ansiedade e o orgulho do mundo inteiro nesse tenso momento, mas de uma forma muito particular e muito crucial que somente ela é capaz de compreender. Uma coisa preparou Annie Glenn para tal prova de coragem e lhe daria forças para suportá-la, e essa coisa era a fé: a fé na capacidade do marido, fé na eficiência e dedicação de milhares de engenheiros e outros profissionais que proveem o seu sistema de orientação... e sua fé no Deus Todo-Poderoso..."

Na imagem da tela só se via aquela mulher da tevê com o microfone na mão, postada sozinha diante da casa de Annie. As cortinas estavam corridas, um tanto injustificadamente, uma vez que eram nove horas da manhã, mas tudo parecia muito aconchegante. Na realidade, o gramado, ou o que dele restava, parecia um hospício. Havia três ou quatro unidades móveis pertencentes às redes de televisão com os cabos atravessados na grama. Parecia que Arlington fora invadida por torradeiras gigantescas. O pessoal da tevê com todos os seus chefetes, subordinados, aficionados, câmeras, mensageiros, técnicos e eletricistas, abrasando com olhos de duzentos watts e ricocheteando uns pelos outros e pela malta de repórteres, radialistas, turistas, desocupados, policiais e basbaques avulsos. Todos espichavam os pescoços, se contorciam, reviravam os olhos, gesticulavam e algaraviavam eletrizados com o acontecimento. Uma execução pública não teria atraído uma multidão mais alucinada. Era o tipo de ajuntamento que teria feito o *Fool Killer* baixar o tacape, sacudir a cabeça e se retirar frustrado pela magnitude da oportunidade.

Enquanto isso, John se encontra em cima de um foguete, o Atlas, bichão atarracado, duas vezes o diâmetro do Redstone.

Está deitado de costas no coldre humano da cápsula Mercury. A contagem continua a se arrastar. Há atraso em cima de atraso em razão das condições do tempo. As nuvens são tão pesadas que tornarão impossível monitorar corretamente o lançamento. Todos os dias durante cinco dias se preparou para o grande acontecimento, somente para vê-lo cancelado em função do mau tempo. Agora, encontra-se lá em cima há quatro horas, quatro e meia, cinco horas — enfiado na cápsula, deitado de costas, há cinco horas, e os engenheiros resolvem atrasar o voo em razão da pesada cobertura de nuvens.

Está exausto. Refaz o caminho para o Hangar S, e começam a retirar seu traje e a desligar a fiação. John está sentado ali na sala de tripulantes e só tirou a parte externa do traje — continua vestido com o forro de malha junto ao corpo e todos os sensores ligados ao seu esterno, às costelas e aos braços —, e uma delegação da NASA adentra a sala e o confronta com a seguinte mensagem vinda dos altos escalões:

— John, detestamos ter de incomodá-lo com isso, mas estamos tendo um problema com sua esposa.

— Minha esposa?

— É, ela não quer cooperar, John. Talvez possa ligar para ela. Há um telefone aqui.

— Ligar?

Absolutamente desnorteado, John liga para Annie. Ela está em casa, em Arlington, em companhia de algumas esposas, alguns amigos e Loudon Wainwright, o redator da *Life*, acompanhando a contagem regressiva e, finalmente, o cancelamento pela televisão. Do lado de fora há o caos de repórteres uivando por notícias sobre a provação de Annie Glenn — e aborrecidos com o fato de que a *Life* tem acesso exclusivo ao pungente drama. A uns poucos quarteirões de distância, em uma curiosa rua lateral de Arlington, numa limusine, aguarda Lyndon Johnson, vice-presidente dos Estados Unidos. Kennedy nomeou-o seu supervisor especial no programa espacial. Era o tipo de função sem sentido que os presidentes costumam dar aos vice-presidentes, mas adquirira uma significação simbólica agora que Kennedy andava apresentando os voos espaciais tripulados como a própria vanguarda da Nova Fronteira (versão número dois). Johnson, a exemplo de muitos outros que tiveram o cargo de vice--presidente antes dele, começava a sofrer de privação de publicidade. Decide que quer entrar na casa dos Glenn e consolar Annie nesse transe, a excruciante pressão de cinco horas de espera e de um frustrante cancelamento. Para tornar a sua visita de solidariedade ainda mais memorável, Johnson decide que seria simpático levar consigo a NBC-TV, a CBS-TV e a ABS-TV, formando uma equipe única que transmitisse a tocante cena para todas as três redes e seus milhões de espectadores. O único problema — o único problema do ponto de vista de Johnson — é que ele quer que o repórter da *Life,* Wainwright, saia da casa, porque sua presença antagonizará os outros repórteres da mídia escrita que não podem entrar, e eles não pensariam bem do vice-presidente.

 O que não percebe é que a única provação por que está passando Annie Glenn é a possibilidade de precisar sair à porta num dado momento e passar uns sessenta segundos ou mais gaguejando umas poucas frases. E agora... vários funcionários e agentes do serviço secreto estão ligando e batendo à porta para informá-la de que o vice-presidente já se encontra em Arlington, em uma limusine da Casa Branca, aguardando para parar diante de sua casa, invadi-la e despejar dez minutos de pavoroso sentimentalismo texano sobre ela em cadeia nacional de televisão. Exceto pela explosão do foguete debaixo de John, essa é a pior coisa que pode imaginar ocorrendo em todo o programa espacial dos Estados Unidos. A princípio, Annie tenta resolver o caso educadamente, dizendo que não pode em hipótese alguma pedir a *Life* que se retire, não somente por força do contrato, mas por suas boas relações pessoais. Wainwright, que não é nenhum tolo, não faz muita questão de se interpor em um assunto desses e se oferece gentilmente para sair. Mas Annie não está disposta a abrir mão do escudo da *Life* numa altura dessas. Já decidiu. Está se zangando. Diz a Wainwright:

— Você *não vai se retirar* desta casa!

A raiva opera maravilhas na sua gagueira. Faz com que desapareça temporariamente. E a mulher está praticamente lhe ordenando que fique. A gagueira de Annie muitas vezes faz as pessoas subestimá-la, e o pessoal de Johnson não percebeu que ela era uma mulher de pioneiro presbiteriano vivendo em toda a vitalidade em pleno século XX. Daria conta de quaisquer cinco deles só com uns poucos amperes de cólera divina quando se zangava. Finalmente, começam a perceber o quadro. A mulher é demais para eles. Então começam a tentar umas quedas de braço na NASA para conseguir que alguém a mande cooperar. Mas isso tem que ser feito rapidamente. Johnson continua sentado na limusine a uns poucos quarteirões de distância, espumando e xingando e transformando a vida de todos que o ouvem num inferno, e se perguntando, em tantas palavras, por que não tem nenhum babaca em sua equipe que possa lidar com uma *dona de casa*, pombas, e sua equipe está dependendo da NASA, e a NASA está passando o problema adiante, até que em questão de segundos ele alcança o primeiro escalão, e a delegação adentra o Hangar S para confrontar o próprio astronauta.

Portanto, lá está John, com o forro de malha pendurado no corpo e os fios dos biossensores espetando para fora de sua caixa torácica... lá está John, coberto de suor, contraído, murcho, começando a se sentir muito cansado depois de esperar cinco horas que 166.250 quilos de oxigênio líquido explodissem debaixo de suas costas... e a hierarquia da NASA só tem uma coisa em mente: manter Lyndon Johnson feliz. Então John faz a ligação para Annie e diz à mulher:

— Olhe aqui, se você não quiser que o vice-presidente ou as redes de tevê ou quem quer que seja entre na casa, por mim está decidido, ninguém vai entrar, e vou apoiá-la até o fim, cem por cento, e pode dizer isso a eles. Não quero que Johnson nem nenhum deles ponha sequer a pontinha do pé dentro da nossa casa.

Era só o que Annie precisava ouvir e simplesmente se transformou numa muralha. Não quis nem mesmo continuar a discutir o assunto, e não houve mais hipótese de Johnson entrar. Johnson, é claro, ficou furioso. Podia-se ouvi-lo berrar e gritar por metade de Arlington, Virgínia. Falava de seus assessores. Frescos! Bestas! Maricas! Webb mal conseguia acreditar no que estava acontecendo. O astronauta e a esposa tinham batido a porta na cara do vice-presidente. Webb teve uma conversinha com Glenn, que não recuou um centímetro. Deu a entender que Webb estava *extrapolando*.

Extrapolando! Que diabo era isso? Webb não conseguia entender o que estava sucedendo. Como podia o homem número um, ele, o administrador da NASA, estar *extrapolando*? Webb convocou alguns de seus principais auxiliares e descreveu a situação. Disse que estava considerando mudar a ordem das designações para os voos — ou seja, pôr outro astronauta no lugar de Glenn. Esse voo exigia um homem que pudesse entender melhor os interesses maiores do programa. Seus auxiliares olharam para ele como se tivesse enlouquecido. Nunca sairia incólume dessa! Os *astronautas* não tolerariam!... Tinham suas diferenças, mas num caso desses os sete se manteriam coesos como um exército... Webb principiava a ver algo que nunca percebera antes muito bem. Os astronautas não eram *seus* empregados.

Enquadravam-se em uma categoria nova da vida americana. Eram guerreiros singulares. Se duvidar, *ele* é que era empregado *deles*.

Podia-se imaginar o que ocorreria se Webb tentasse exercer sua autoridade, não obstante... Chegou a hora de pôr as cartas na mesa... os sete astronautas do Mercury aparecerem na tevê... explicando que no exato momento em que suas vidas estão vulneráveis, ele, Webb, está se imiscuindo, tentando ganhar as boas graças de Lyndon Johnson, se vingar porque a mulher de John Glenn, Annie, não quer deixar aquele medonho demagogo texano entrar em sua sala de estar e despejar fingida emoção sobre ela em cadeia nacional... Ele fica muito bem sentado em sua sala em Washington enquanto os sete arriscam o couro na ponta de um foguete...

Podia-se ver o quadro se formando. Webb distribuiria desmentidos, furiosamente... Kennedy seria o juiz — e não era muito difícil adivinhar para que lado penderia a decisão. A mudança na ordem das designações nunca mais foi mencionada.

Pouco tempo depois um velho amigo visitou Webb em sua sala de quina e Webb desabafou.

— Veja só essa sala — falou, fazendo um gesto largo que abrangeu a sala e todos os pertences próprios de um gabinete de ministro, segundo a descrição da Administração de Serviços Gerais (General Services Administration). — Mas não... *consigo... que... uma... única... ordem... minha... seja... cumprida*!

Mas no momento seguinte seu estado de ânimo mudou.

— Mesmo assim — falou —, adoro esses rapazes. Estão arriscando as vidas pelo seu país.

Dryden e Gilruth decidiram adiar o lançamento no mínimo duas semanas, até meados de fevereiro. Glenn fez uma declaração à imprensa sobre os adiamentos. Disse que qualquer um que entendesse alguma coisa de voos de prova contava adiamentos; faziam parte dos voos; o principal era não envolver pessoas que entravam em "pânico" quando as coisas não corriam às mil maravilhas... Glenn foi passar um fim de semana de três dias em casa, em Arlington. Enquanto se encontrava lá, o presidente Kennedy convidou-o à Casa Branca para uma reunião privada. Não convidou nem Webb nem Johnson para se juntar aos dois.

E<small>M 20 DE FEVEREIRO</small> G<small>LENN VIU-SE MAIS UMA VEZ ESPREMIDO</small> dentro da cápsula Mercury na ponta de um foguete Atlas, deitado de costas, matando o tempo durante os adiamentos na contagem regressiva, repassando a lista de checagem e apreciando a paisagem pelo periscópio. Se fechasse os olhos tinha a sensação de que estava deitado de costas no convés de um velho navio. O foguete rangia e torcia, sacudindo a cápsula pra cá e pra lá. O Atlas levava 4,3 vezes mais combustível do que o Redstone, o que incluía oitenta toneladas de oxigênio líquido. O oxigênio líquido, o lox, tinha uma temperatura de 145 abaixo de zero, de modo que o casco e a tubulação do foguete, que eram finos, não paravam de contrair e torcer e rangir. Glenn encontrava-se a uma altura equivalente a nove andares. O enorme foguete parecia curiosamente frágil, pelo jeito com que se movia e rangia e gemia. As contrações criavam vibrações de alta frequência e o lox silvava pelos canos, e esses ruídos se transmitiam à cápsula como um lamento metálico. Era o mesmo lamento produzido pelo lox de foguete que costumavam ouvir em Edwards quando abasteciam o D-558-2, havia muitos anos.

Pelo periscópio, Glenn via a grande distância o rio Banana e o rio Indian. Quase conseguia distinguir os milhares de pessoas que se aglomeravam nas praias. Alguns estavam acampados por ali em trailers desde 23 de janeiro, quando da primeira programação do voo.

Tinham eleito prefeitos para os acampamentos. Estavam se divertindo a valer. Um mês no acampamento de trailers do rio Banana não era uma espera demasiado longa para garantir a presença quando um evento dessa magnitude ocorria.

Reuniam-se ali, aos milhares, na periferia do campo de visão de Glenn. Só conseguia vê-los pelo periscópio. Pareciam minúsculos, longínquos e muito abaixo. E estavam todos imaginando com um estremecimento de prazer o que seria estar em seu lugar naquela hora. Será que sente medo? *Conte para a gente! É só o que queremos saber!* O medo e o risco. Não interessa o resto. Deitado de costas assim, com as pernas em tesoura para o alto, socado no coldre sem poder ver, com a escotilha fechada, não podia deixar de tomar consciência de seus batimentos cardíacos de vez em quando. Glenn podia dizer que suas pulsações estavam lentas. Em voz alta, se o assunto vinha à baila, todos diziam que o ritmo das pulsações não importava; era um dado muito subjetivo; muitas variáveis; e assim por diante. Fora somente nos últimos cinco anos que tinham começado a colocar biossensores nos pilotos. Eles não gostaram e não se preocupavam em lhes emprestar alguma importância. Contudo, sem dizê-lo claramente, todos sabiam que o ritmo fornecia uma avaliação aproximada do estado emocional de um homem. Sem dizê-lo claramente — nem uma palavra! —, todos sabiam que o ritmo de pulsações de Gus Grissom indicara *um certo pânico.* Ultrapassara os cem durante a contagem regressiva e em seguida saltara para 150 durante o lançamento, aí permanecendo durante todo o período de imponderabilidade do voo, para então saltar de novo até 171, pouco antes de os retrofoguetes entrarem em ação. Ninguém — decerto não em voz alta —, ninguém ia tirar quaisquer conclusões disso, mas... não era um sinal da fibra exigida. Some-se a isso seu comportamento dentro da água... Na sua declaração sobre pessoas que entram em pânico com as provas de voo, Glenn dissera que era preciso saber controlar as emoções. Bom, fizera o que pregara. Nenhum iogue jamais controlara os batimentos cardíacos e a respiração melhor! (E conforme registraram os painéis biomédicos na sala de controle da missão, suas pulsações nunca ultrapassaram oitenta, mantendo-se por volta de setenta, nem mais nem menos que a de qualquer homem saudável e entediado que tomasse café na cozinha.) Ocasionalmente ouvia seu coração pular uma batida ou bater com uma estranha sensação elétrica, e sabia que estava sentindo a tensão. (E diante dos painéis biomédicos os jovens médicos se entreolhavam consternados — e em seguida davam de ombros.) Contudo, estava consciente de que não sentia medo. E realmente não sentia. Parecia mais um ator a caminho de representar mais uma vez a mesma peça — a única diferença era que a plateia desta vez era enorme e muitíssimo influente. Ele conhecia cada sensação que experimentaria, uma vez começado o evento. O principal era não... "fazer merda". Por favor, meu bom Deus, não me deixe fazer merda. Na realidade havia pouquíssima possibilidade de que esquecesse ao menos uma palavra ou um único movimento. Glenn fora o piloto de reserva — todos diziam *piloto* agora — tanto de Shepard quanto de Grissom. Durante o enigma que antecedeu o primeiro voo, ele acompanhara todas as simulações de Shepard e repetira a maior parte das de Grissom. E as simulações por que passara como primeiro piloto do primeiro voo orbital tinham superado quaisquer simulações que fizera antes. Chegaram até a colocá-lo na cápsula na ponta do foguete e afastaram a torre de montagem do foguete, porque Grissom relatara a estranha sensação de sentir a torre *tombar,* quando espiava o evento pelo periscópio, pouco antes do lançamento. Portanto, tal sensação seria *trabalhada* em Glenn para dessensibilizá-lo. Puseram-no na cápsula montada sobre o foguete e o instruíram a observar o afastamento da torre pelo periscópio. *Nada* seria novidade na experiência! E para coroar tudo isso, tinha as descrições de Shepard e Grissom sobre as variações nas simulações. "Na centrífuga a pessoa se sente assim e assado. Bom, durante o voo real é parecido, mas com esta e aquela diferença." Nenhum homem vivera tão completamente um acontecimento antes da hora. Achava-se atarraxado na cápsula, deitado de costas, preparando-se para fazer exatamente o que o amor-próprio de Piloto Presbiteriano morria de vontade de fazer há quinze anos: mostrar ao mundo sua fibra.

Exatamente! O Piloto Presbiteriano! Ei-lo aqui! — a menos de vinte segundos do lançamento, e o único dado estranho é a pouca quantidade de adrenalina que está liberando quando chega a hora... Ele pode ouvir o ronco dos motores do Atlas crescendo lá no chão debaixo de suas costas. Mesmo assim, não é muito forte. O enorme foguete atarracado sacode um pouco e luta para superar o próprio peso. Tudo se passa muito lentamente nos primeiros segundos, lembrando a subida de um elevador extremamente pesado. Já ligaram o detonador e não há como voltar atrás, porém inexiste afluxo de emoção nele. Suas pulsações sobem apenas a 110, nada acima do ritmo mínimo que a pessoa deve ter se precisa enfrentar uma emergência inesperada. Que estranho que assim seja! Já esteve mais tenso na decolagem de um F-102.

— O cronógrafo começou a funcionar — falou. — Estamos a caminho.

Foi tudo muito suave, muito mais suave do que na centrífuga... precisamente como Shepard e Grissom tinham dito que seria. Experimentara essas mesmas forças gravitacionais tantas vezes...

mal reparara nelas quando foram se intensificando. Teriam incomodado muito mais se fossem menores. Nenhuma novidade! Nenhuma agitação, por favor! Levou treze segundos para o enorme foguete atingir a velocidade transônica. Começaram as vibrações. Precisamente como Shepard e Grissom disseram: muito mais suaves do que na centrífuga. Continuava deitado de costas, e as forças gravitacionais empurravam cada vez mais fundo contra a cadeira, mas era uma sensação muito familiar. Mal reparou nela. Mantinha os olhos no painel de instrumentos o tempo todo... Tudo muito normal, cada agulha e botão no seu lugar... Nenhum instrutor malvado propondo problemas de interrupção do voo... Quando o foguete entrou na zona transônica, as vibrações se tornaram intensas. Quase obliteraram o ronco dos motores. Estava então na área de "max q", máxima pressão aerodinâmica, em que a pressão do charuto do Atlas abrindo caminho pela atmosfera a uma velocidade supersônica atingiria quase cinco toneladas por metro quadrado. Pela janela da cabine via o céu escurecendo. Quase cinco-g o empurravam contra a cadeira. Ainda assim... era mais fácil do que na centrífuga... De repente ultrapassara "max q", como se atravessasse um estreito turbulento, a trajetória se suavizou, e viu-se voando supersônico, o ronco dos motores mais abafado que nunca e dava para ouvir todos os ventiladorezinhos e gravadores e a cozinhazinha movimentada, a oficinazinha que zumbia... A pressão no peito atingiu seis-g. O foguete baixou o nariz. Pela primeira vez pôde ver nuvens e o horizonte. Dentro de instantes — *lá vinha* —, os dois propulsores do foguete Atlas pararam e foram alijados pelos lados do charuto e seu corpo foi jogado para a frente, como se estivesse freando até parar, e as forças gravitacionais repentinamente caíram para 1,25, quase como se estivesse em terra sem aceleração, mas o motor principal e os dois auxiliares continuavam a impulsioná-lo pela atmosfera... Um lampejo de fumaça branca passou por sua janela... *Não!* A torre de escape estava disparando antes da hora — mas a luz que indicava Jettison Tower ainda não acendera!... Ele não viu a torre se separar... Espere aí... Lá ia a torre, na horinha... a luz indicando a ejeção brilhou verdinha... A fumaça devia ser dos foguetes de propulsão ao deixarem o charuto... O foguete tornou a levantar o nariz... subindo reto... O céu estava nigérrimo agora... As forças gravitacionais recomeçaram a empurrá-lo contra a cadeira... três-g... quatro-g... cinco-g... Logo estaria a sessenta e quatro quilômetros de altitude... o último momento crítico do voo com potência, quando a cápsula se separou do foguete e entrou na sua trajetória orbital... ou será que não... *Ei!*... De repente a cápsula toda estava chicoteando, como se estivesse presa à ponta de um trampolim, uma tábua de mergulho. As forças gravitacionais aumentaram e a cápsula chicoteava para cima e para baixo. Mas mal isso começou e já Glenn sabia o que significava. O peso do foguete na plataforma de lançamento fora 117.780 quilos, praticamente todo peso em combustível de foguete, o oxigênio líquido. Isso vinha sendo consumido num ritmo tão frenético, de aproximadamente uma tonelada por segundo, que o foguete estava se transformando em um mero esqueleto coberto por uma fina camada de metal, um charuto tão comprido e leve que começava a vergar. As forças gravitacionais encostaram em seis-g e, em seguida, ele se tornou imponderável, de um momento para o outro. A súbita libertação lhe deu a sensação de estar às cambalhotas, de ser catapultado da ponta daquele mesmo trampolim e mergulhar no ar rolando nariz sobre cauda. Mas sentira a mesma coisa na centrífuga quando puxaram as forças gravitacionais até sete e logo em seguida cortaram a velocidade. No mesmo instante... bem no horário... uma detonação alta... os foguetes auxiliares dispararam, separando a cápsula do foguete... a cápsula começou a sua rotação automática, e todas as luzinhas verdes esperadas se acenderam diante de seus olhos, e ele soube que "passara para o outro lado".

— Zero-g e me sinto ótimo — informou. — A cápsula está girando...

Glenn sabia que estava imponderável. Pela leitura dos instrumentos e por pura lógica sabia disso, mas não conseguia senti-lo, da mesma maneira que Shepard e Grissom não o tinham sentido. A rotação levou-o a sentar, numa posição vertical à Terra, e era assim que ele se sentia. Sentado em uma cadeira, ereto, num cubiculozinho minúsculo, quieto e apertado, duzentos quilômetros acima da Terra, num armarinho metálico, silencioso a não ser pelo zumbido do sistema elétrico, dos inversores, giros, câmeras, rádio... *o rádio*. Recebera instruções específicas para infringir o código do Caçador que Proibia Tagarelar. Devia transmitir pelo rádio cada visão, cada sensação, e de uma maneira geral oferecer aos contribuintes os detalhes suculentos que queriam ouvir. Glenn, melhor que qualquer dos outros, era perfeitamente capaz de cumprir tal tarefa. Todavia era uma coisa estranha. Não parecia natural.

— Ah — comentou. — A paisagem é fantástica!

Bom, era um começo. Na realidade, a paisagem não era particularmente extraordinária. Era extraordinário que estivesse ali orbitando a Terra. Via o Atlas descartado acompanhando-o. Dava cambalhotas em função da força dos foguetes auxiliares que separaram a cápsula dele.

Ouvia Alan Shepard, que servia de capcom no Centro de Controle do Mercury em Cabo Canaveral. A voz entrava nítida. Dizia:

— Tente pelo menos sete órbitas.

— Ciente — disse Glenn. — Tentar pelo menos sete órbitas... Isto é *Friendship 7*. Estou vendo claramente, uma grande nuvem para os lados do Cabo. Bela vista.

Voava de costas, de frente para o Cabo. Devia ser fantástico, devia ser lindo — que mais poderia ser? No entanto, não parecia muito diferente do que vira a 15.000 metros de altitude nos aviões de caça. Não tinha maior sensação de ter deixado os confins da Terra. A Terra não era uma bolinha abaixo dele. Continuava a ocupar o seu campo de consciência. Deslizava lentamente por baixo dele, da mesma forma que o fazia quando se estava em um avião a 15 ou 16.000 metros de altitude. Não tinha a sensação de ser um *viajante das estrelas*. Não via estrela alguma. Via o Atlas propulsor dando cambalhotas atrás dele e começando a diminuir de tamanho, porque se achava numa órbita ligeiramente mais baixa. Não parava de dar cambalhotas. Não havia nada que o fizesse parar. Por alguma razão, a visão desse colossal cilindro girante, que pesara mais do que um cargueiro quando no chão e agora não pesava nada e fora descartado como um papel de bala — por alguma razão era mais extraordinário do que a visão da Terra. Não devia ser assim, mas era. A Terra tinha a mesma aparência que tivera para Gus Grissom. Shepard vira um filme em preto e branco de má qualidade. Pela janela Glenn via o que Grissom vira, a viva faixa azul do horizonte, uma faixa um pouco mais larga de azuis mais escuros que chegavam ao negror absoluto do céu. A maior parte da Terra se achava encoberta pelas nuvens. As nuvens pareciam muito luminosas contra a escuridão do céu. A cápsula rumava para leste, sobre a África. Mas, pelo fato de estar voando, olhava para oeste. Via tudo depois de passado.

Distinguia as ilhas Canárias, mas estavam parcialmente obscurecidas pelas nuvens. Via um longo trecho do litoral africano... enormes tempestades de areia sobre o deserto africano... mas não havia sentido em abranger a Terra toda com um olhar. A Terra tinha 12.800 quilômetros de diâmetro e ele se encontrava a apenas 160 quilômetros de altura. Em todo caso, sabia que aspecto teria. Vira-a em fotografias tiradas de satélites. Tinham lhe mostrado todas nas telas. Até a vista fora simulada. *Sim... era assim que disseram que seria...* A admiração parecia ser exigida, mas como poderia expressar admiração honestamente? Vivera tudo por antecipação. Como poderia explicar isso a alguém? A vista não era o principal em todo o caso. O principal era... *a lista de checagem*! Mas tente explicar isso! Tinha que reportar todas as leituras dos interruptores e marcadores. Tinha que colocar um aparelho especial de pressão no braço do traje pressurizado e bombear. (Sua pressão arterial estava absolutamente normal, 120 por oitenta — *perfeita!*) Tinha que verificar o sistema manual de controle de atitude, balançar a cápsula para o alto e para baixo, de um lado para o outro, virar para a esquerda... e não havia novidade alguma nisso, nem mesmo em órbita, a 160 quilômetros acima da Terra. *Como explicar isso!* Quando balançou a cápsula, sentiu o mesmo que sentira em condições de um-g na Terra.

Continuava a não se sentir imponderável. Apenas sentia-se menos enrijecido, porque já não havia pontos de pressão em seu corpo. Estava sentado ereto numa cadeira, deslocando-se lenta e silenciosamente em torno da Terra. Só o bulício de sua oficininha, os ruídos de fundo nos fones de ouvido e o jato ocasional de peróxido de hidrogênio.

— *Friendship* 7 chamando — ele disse.

— Verificação dos controles rigorosamente no horário igual às sessões no simulador de procedimentos.

Bom, era isso aí. O simulador de procedimentos e o simulador ALFA e a centrífuga... Reparou que, na realidade, parecia estar se deslocando um pouquinho mais rápido do que se deslocara no simulador ALFA. Quando a pessoa se sentava no simulador, acionando os propulsores de peróxido de hidrogênio, passavam filmes na tela mostrando a Terra a girar abaixo da cápsula, exatamente como seria durante um voo orbital.

— Não a giraram suficientemente rápido — disse com seus botões. Não que fizesse grande diferença... A sensação de velocidade não era maior do que a que se experimentava em um avião de carreira ao se observar um banco de nuvens deslizar lá embaixo... O mundo exigia admiração, porque esta era uma viagem pelas estrelas.

Mas não conseguia senti-la. O pano de fundo do acontecimento, o palco, o ambiente, a órbita real... não eram os vastos confins do universo. Eram os simuladores. *Quem teria possibilidade de entender isso?* Estava imponderável sim, no vácuo do espaço, zumbindo em torno da Terra... mas seu centro de gravidade continuava naquele pedaço pedregoso de areia e setária, popular e batista da Flórida.

Ahhhh — mas isso agora era realmente algo mais. Quarenta minutos de voo, ao se aproximar do oceano Índico, ao largo da costa da África, ele começou a navegar noite adentro. Uma vez que viajava para leste, ia-se afastando do Sol a uma velocidade de

28.000 quilômetros por hora. Mas porque estava voando de costas podia ver o Sol pela janela. Estava declinando daquele jeito que a Lua declina e desaparece de vista quando estamos na Terra. A borda do sol começou a encostar na linha do horizonte. Ele não sabia dizer em que parte da Terra. Havia nuvens por toda parte. Produziam uma névoa na altura do horizonte. A luz intensa sobre a Terra começou a esmaecer. Era como se alguém reduzisse um reostato. Levou cinco ou seis minutos. Muito gradualmente as luzes iam se extinguindo. Então já não conseguiu ver o Sol, mas havia uma fantástica faixa de luz alaranjada que se estendia de uma ponta a outra do horizonte, como se o Sol fosse um líquido incandescente despejado dentro de um cano ao longo do horizonte. Onde antes houvera uma faixa azul-vivo, havia agora uma faixa laranja; e acima dela uma faixa mais larga de laranjas e vermelhos que iam escurecendo até sumir no negror do céu. Então todos os vermelhos e laranjas desapareceram, e ele se viu do lado noturno da Terra. A faixa azul-vivo reapareceu no horizonte. Acima dela, estendendo-se por uns oito graus, havia algo que parecia uma faixa de névoa, criada pela atmosfera terrestre. E mais acima... pela primeira vez conseguiu divisar as estrelas. Lá embaixo, as nuvens refletiam uma luz tênue vinda da Lua, que vinha subindo à sua passagem. Agora sobrevoava a Austrália. Ouvia a voz de Gordon Cooper, que estava trabalhando como capcom na estação de rastreamento na cidade de Muchea, no fim de mundo cheio de cangurus da Austrália ocidental. Ouvia o sotaque de Oklahoma que distinguia Cooper.

— Sem dúvida foi um dia curtinho — disse Glenn.

— Quer repetir, *Friendship* 7? — pediu Cooper.

— Esse foi o dia mais curto que já vivi — disse Glenn.

De alguma forma esse era o tipo de comentário a fazer para o velho Oklahoma Gordo sentado lá embaixo em pleno nenhures.

— Passa meio depressa, hum? — falou Gordo.

— Sim, senhor — concordou Glenn.

As nuvens começaram a se dissipar sobre a Austrália. Não conseguia distinguir nada na escuridão a não ser luzes elétricas.

Para um lado divisava as luzes de uma cidade inteira, tal como podia divisá-las a 12.000 metros em um avião, mas a concentração de luzes era fenomenal. Era uma massa compacta de luzes elétricas, e ao sul dela havia outra, menor. A massa maior era a cidade de Perth e a menor uma cidadezinha chamada Rockingham. Era meia-noite em Perth e Rockingham, mas praticamente todas as pessoas nos dois lugares permaneceram acordadas para acender todas as luzes que tinham para saudar o americano que sobrevoava o país em um satélite.

— As luzes aparecem com muita nitidez — comentou Glenn —, e, por favor, agradeçam a todos por acendê-las, sim?

— Sem dúvida que agradeceremos, John — respondeu Gordo.

E ele terminou de sobrevoar a Austrália, acompanhando as luzes de Perth e Rockingham desaparecerem a distância.

Encontrava-se em pleno Pacífico, a meio caminho entre a Austrália e o México, quando o sol começou a surgir às suas costas. Fazia apenas trinta e cinco minutos que o sol se pusera. Viajando de costas não pôde ver o nascer do sol pela janela. Teve de usar o periscópio. Primeiramente viu a faixa azul do horizonte ir clareando cada vez mais. Então o sol propriamente dito começou a surgir um pouco acima da linha. Era vermelho-vivo — não diferia tanto do que já vira ao amanhecer na Terra, exceto que surgia mais rápido e seus contornos eram mais nítidos.

— Está me cegando com a nitidez com que entra pelo periscópio — disse Glenn. — Vou passar para o filtro escuro para poder vê-lo nascer.

Em seguida — *agulhas!* Uma fantástica camada delas — uma experiência de comunicações empreendida pela Força Aérea que se descontrolou... Milhares de agulhinhas rebrilhando ao sol no exterior da cápsula... Mas não poderiam ser agulhas, porque eram luminescentes — pareciam flocos de neve.

— *Friendship* 7 chamando — ele disse. — Vou tentar descrever o que está ao meu redor. Estou no meio de uma grande massa de partículas minúsculas brilhantemente iluminadas como se fossem luminescentes. Nunca vi nada parecido. São redondas, um pouco. Estão se aproximando da cápsula, e parecem estrelinhas. Uma chuva delas se aproximando. Rodopiam em torno da cápsula e diante da janela e estão todas brilhantemente iluminadas. Provavelmente estão separadas uns dois ou três metros entre si em média, mas posso vê-las abaixo da cápsula também.

— Ciente, *Friendship 7*. — Era o capcom na ilha de Canton no Pacífico. — Está ouvindo algum impacto na cápsula?

— Negativo, negativo. São muito lentas. Estão se afastando de mim a não mais de cinco ou seis quilômetros por hora.

Rodopiavam em torno da cápsula como minúsculos diamantes imponderáveis, joinhas — não, pareciam mais vaga-lumes. Tinham um movimento vagaroso, mas errático, e quando focalizava uma parecia estar iluminada, mas a luz se apagava e ele a perdia de vista, e em seguida tornava a se iluminar. Isso lembrava os vaga-lumes também. Costumava haver milhares de vaga-lumes durante os verões de sua infância. Essas coisas pareciam vaga-lumes, mas obviamente não poderiam ser uma espécie de organismo... a não ser que todos os astrônomos e todos os mecanismos de registros dos satélites estivessem fundamentalmente errados... Indiscutivelmente eram partículas de algum tipo, partículas que refletiam a luz solar em determinado ângulo. Eram lindas, mas estariam saindo da cápsula? Isso poderia significar problemas. Deviam estar saindo da cápsula, porque viajavam com ele, perfazendo a mesma trajetória, à mesma velocidade. Mas espere aí. Algumas estavam bem distantes, bem abaixo... talvez houvesse um campo inteiro delas... um cosmo em miniatura... algo nunca visto antes! E, no entanto, o capcom na ilha de Canton não parecia particularmente interessado. E então ele saiu do alcance de Canton e teria de esperar que o capcom de Guaymas, na costa ocidental do México, o captasse. E quando o capcom de Guaymas o captou, não pareceu saber do que estava falando.

— *Friendship 7* chamando — disse Glenn. — Bem na hora em que o sol nasceu, havia uma quantidade de partículas brilhantes que pareciam luminosas rodopiando em torno da cápsula. Não tem nenhuma à vista agora. Havia umas tantas há pouco, quando transferi a transmissão para vocês.

— Ciente, *Friendship 7*.

E foi só. "Ciente, *Friendship 7*." Silêncio. Não estavam particularmente interessados.

Glenn não parava de falar em seus vaga-lumes. Estava fascinado. Era a primeira incógnita verdadeira que alguém encontrara lá fora no cosmo. Ao mesmo tempo sentia-se ligeiramente apreensivo. *Ciente, Friendship 7*. O capcom finalmente fez uma ou duas perguntas gentis sobre o tamanho das partículas, e assim por diante. Obviamente não estavam empolgados com a sua descoberta celeste.

Repentinamente a cápsula girou para a direita, desviando-se uns vinte graus. Então pareceu que batia numa paredinha. Quicou. Em seguida tornou a girar e a bater na paredinha e a quicar. Alguma coisa enguiçara no controle automático de atitude. Esqueça os vaga-lumes celestes. Estava sobrevoando a Califórnia a caminho da Flórida. Agora todos os capcoms estavam dando sinal de si, não havia dúvida.

O presidente Kennedy devia falar pelo rádio quando Glenn começasse a sobrevoar os Estados Unidos. Ia abençoar o guerreiro singular em sua passagem pelo país. Ia dizer-lhe que os corações de todos os seus compatriotas batiam por ele. Mas tudo isso foi por água abaixo diante do problema com os controles automáticos.

Glenn passou voando pela Flórida, pelo Cabo, e começou a segunda órbita. Não conseguia distinguir muita coisa lá embaixo por causa das nuvens. Já não se interessava muito. O controle de atitude era o principal. Um dos pequenos propulsores parecia ter entrado em pane, de modo que a cápsula puxava um pouco para a direita, como um carro que derrapasse no gelo. Então o propulsor maior corrigia o movimento e a obrigava a voltar. Isso era apenas o começo.

Não tardou muito e os outros propulsores começaram a dar problemas quando ele passava para o automático. Então foi a vez de os giros começarem a funcionar mal. Os mostradores que indicavam o ângulo da cápsula com relação à Terra e o horizonte obviamente estavam fornecendo leituras erradas. Precisou se alinhar visualmente com o horizonte. Voar pé e mão! Controle manual! Não era emergência, porém, pelo menos não por ora. Enquanto se mantivesse em órbita, o controle de atitude da cápsula não tinha maior importância, em termos de sua segurança. Podia estar se deslocando para a frente ou para trás, ou podia estar com a cabeça apontada diretamente para a Terra, ou flutuando em círculos, ou dando cambalhotas, tanto fazia, sua altitude e trajetória não sofreriam a mínima alteração. O único ponto crítico era a reentrada. Se a cápsula não estivesse alinhada no ângulo correto, com o lado rombudo e o escudo térmico para baixo, poderia pegar fogo. A fim de alinhá-la corretamente era preciso combustível, o peróxido de hidrogênio, quer fosse alinhado automaticamente ou pelo astronauta. Se utilizasse demasiado combustível para manter a cápsula estável durante o seu voo em órbita, talvez não sobrasse o suficiente para alinhá-la antes da reentrada. Esse fora o problema no voo do macaco. O controle automático de atitude entrou em pane e começou a usar tanto combustível que o fizeram descer após duas órbitas.

A cada cinco minutos precisava transferir suas comunicações para um novo capcom. Não era possível receber e transmitir ao mesmo tempo tampouco. Não era uma instalação telefônica. Com isso perdia-se metade do tempo apenas verificando que se podiam ouvir um ao outro.

— *Friendship 7, Friendship 7*, aqui é CYI. — Era o capcom das ilhas Canárias. — São agora 16h32min26s. Estamos recebendo-o alto e claro. CYI.

Glenn falou:

— *Friendship 7* em UHF. Quando passei pela área de resgate aquela vez, vi uma esteira, o que parecia ser uma grande esteira na água. Imagino que sejam os navios na nossa área de resgate.

— *Friendship 7*... Não estamos recebendo-o, não estamos recebendo-o. Câmbio.

— *Friendship 7*, fala Kano. Hora G.M.T. 16h33min00s. Não estamos... Fala Kano. Desligo.
— *Friendship 7, Friendship 7*, aqui é Com. Tec. Câmbio.
Glenn respondeu:
— Alô, Canárias. Da *Friendship 7*. Estou recebendo-o alto e um pouco truncado. Está me recebendo? Câmbio.
— *Friendship 7, Friendship 7*, aqui é CYI Com. Tec.
— Alô, Canárias, da *Friendship 7*. Estou ouvindo-o alto e claro. E você? Câmbio.
— *Friendship 7, Friendship 7*, aqui é CYI Com. Tec.
— Alô, CYI Com. Tec. da *Friendship 7*. Como está me recebendo?
— *Friendship 7, Friendship 7*, CYI, CYI Com. Tec. Está me ouvindo?
— Positivo. *Friendship 7*, CYI. Estou recebendo-o alto e claro.
— *Friendship 7, Friendship 7,* aqui é CYI Com. Tec., CYI Com. Tec. Está me ouvindo? Câmbio.
— Alô, CYI Com. Tec. Positivo, alto e claro.
— *Friendship 7*, CYI Com. Tec. Estou recebendo-o alto e claro também, em UHF, em UHF. Aguarde.
— Positivo. *Friendship 7*.
— *Friendship 7, Friendship 7, Friendship 7,* fala o capcom das Canárias. Como está me recebendo? Câmbio.
— Alô, capcom das Canárias. *Friendship 7*. Recebendo alto e claro. E você? Câmbio.
Finalmente o capcom das ilhas Canárias disse:
— Estou recebendo alto e claro. Recebi instruções para lhe pedir que correlacione o fenômeno das partículas que cercaram a sua espaçonave com o comportamento dos seus propulsores de controle. Está me ouvindo? Câmbio.
— Aqui é *Friendship 7*. Clareza dois. Alto, mas muito truncado.
— Ciente. Cap está pedindo que correlacione o fenômeno das partículas que cercaram o seu veículo com a reação de um dos seus propulsores de controle. Compreendeu? Câmbio.

— Aqui é *Friendship 7*. Não creio que tenham saído dos meus propulsores, negativo.

Aí temos — exatamente cinco minutos para conseguir fazer uma pergunta e receber uma resposta. Bom, pelo menos demonstraram finalmente algum interesse pelos vaga-lumes. Imaginaram que talvez tivessem alguma relação com o mau funcionamento dos propulsores. Ah, mas foi uma luta.

Em todo caso, não estava particularmente preocupado. Podia controlar a atitude manualmente se precisasse. O combustível parecia estar dando. Tudo vibrava, gemia e zumbia como sempre no interior da cápsula. Os mesmos ruídos de fundo, altos, entraram no ar. Ouvia o oxigênio correndo pelo traje pressurizado e o capacete. Não havia qualquer "sensação" de velocidade, de movimento algum, a não ser que olhasse para a Terra lá embaixo. Ainda assim a Terra deslizava muito lentamente. Quando os propulsores cuspiam peróxido de hidrogênio, ele sentia a cápsula balançar pra cá e pra lá. Mas lembrava o simulador ALFA em Terra. Continuava a não se sentir imponderável.

Continuava sentado ereto na cadeira. Por outro lado, a câmera — quando queria recarregá-la — simplesmente a puxava para o espaço vazio diante de seus olhos. E ela flutuava bem na frente dele. Lá embaixo via lampejos por todo lado. Eram relâmpagos nas nuvens sobre o Atlântico. Por alguma razão eram mais fascinantes do que o pôr do sol. Por vezes os relâmpagos ocorriam dentro das nuvens e elas lembravam lanternas acendendo e apagando debaixo de um cobertor. Outras vezes ocorriam em cima das nuvens, e lembravam fogos de artifício espocando. Era extraordinário, mas, mesmo assim, o quadro não oferecia qualquer novidade. Um coronel da Força Aérea, David Simons, voara em um balão, sozinho, até 31.000 metros, durante trinta e duas horas, e vira a mesma coisa.

Glenn sobrevoava agora a África, se deslocando pelo lado escuro da Terra, navegando de costas rumo à Austrália. O capcom do oceano Índico falou:

— Temos um recado do MCC pedindo para manter a bolsa de pouso na posição desligada. Bolsa de pouso na posição desligada.

— Positivo — respondeu Glenn. — *Friendship 7*.

Queria perguntar o porquê. Mas era contra o regulamento, exceto em situações de emergência. Isso se enquadrava na categoria de tagarelice nervosa.

Sobre a Austrália o velho Gordo, Gordo Cooper, tocou no mesmo assunto:

— Favor confirmar que o botão de sua bolsa de pouso se encontra na posição desligado.

— Positivo — respondeu Glenn. — Botão da bolsa de pouso na posição desligado, ao centro.

— Não ouviu nenhum ruído de batida ou qualquer outro do gênero quando aumenta a velocidade?

— Negativo.

— Queriam ouvir essa resposta.

Continuavam a não dizer por quê, e Glenn não se permitiu nenhuma tagarelice nervosa. Tinha agora duas luzes vermelhas acesas no painel. Uma era a luz de aviso do abastecimento automático de combustível. A atividade desordenada dos propulsores o consumira. Bom, agora cabia ao piloto... colocar a cápsula na posição correta para a reentrada... A outra era um aviso sobre o excesso de água na cabine. Acumulava-se como um subproduto do sistema de oxigênio. Contudo, ele continuou com a lista de checagem. Devia se exercitar puxando uma corda e a seguir tirar a pressão arterial. O Piloto Presbiteriano! Fez as duas coisas sem chiar. Estava puxando a corda e observando as luzes vermelhas quando começou mais uma vez a navegar de costas ao encontro do alvorecer. Duas horas e quarenta e três minutos de voo, seu segundo alvorecer sobre o Pacífico... visto através de um periscópio. Mas mal o contemplou. Procurava ver os vaga-lumes acenderem outra vez. O grande reostato apareceu, a Terra se iluminou, e agora havia milhares deles rodopiando em torno da cápsula. Alguns pareciam estar a quilômetros de distância. Um vasto campo deles, uma galáxia, um universo. Não havia a menor dúvida, não estavam saindo da cápsula, faziam parte do cosmo. Puxou a câmera de novo. Precisava fotografá-los enquanto a luz fosse favorável.

— *Friendship 7*. — O capcom da ilha de Canton estava entrando. — Aqui é Canton. Também não temos qualquer indicação de que a sua bolsa de pouso tenha se soltado.

A primeira reação de Glenn é que isso devia ter alguma ligação com os vaga-lumes. Estou falando de vaga-lumes e eles respondem com alguma coisa a respeito da bolsa de pouso. Mas quem falou que a bolsa de pouso se soltou?

— Ciente — respondeu. — Alguém reportou que a bolsa de pouso poderia ter descido? Câmbio.

— Negativo — respondeu o capcom. — Tivemos um pedido para monitorar isso e lhe perguntar se ouviu alguma coisa batendo, quando atingiu velocidades maiores.

— Bom — tornou Glenn —, acho que provavelmente pensaram que as partículas que vi poderiam ter decorrido disso, mas o que mencionei... são milhares de coisas e parecem se estender por quilômetros em todas as direções a partir de mim, e se deslocam muito lentamente. Vi-as no mesmo lugar durante a primeira órbita.

E assim pensou que explicava toda a história da bolsa de pouso.

Deram-lhe o sinal verde para a terceira e última órbita quando sobrevoou os Estados Unidos. Não conseguia ver nada em razão das nuvens. Inclinou a cápsula para baixo sessenta graus, de modo a poder ver diretamente embaixo. Só viu a cobertura de nuvens. Era o mesmo que voar a altas altitudes em um avião. Na realidade não estava mais com disposição para fazer turismo. Começava a pensar na sequência de acontecimentos que levaria ao disparo dos retrofoguetes sobre o Atlântico, depois de dar mais uma volta ao mundo. Tinha que brigar tanto com os propulsores quanto com os giros agora. Não parava de soltar e reajustar os giros para ver se o controle automático de atitude voltava a funcionar. Estava tudo em pane. Teria que posicionar a cápsula usando o horizonte como referência.

Sobrevoava os Estados Unidos de costas. As nuvens começaram a se esgarçar. Começou a ver o delta do Mississípi. Era como olhar o mundo do poleiro dos bombardeiros na Segunda Guerra Mundial.

A Flórida começou a passar. De repente percebeu que conseguia ver todo o estado. Tinha o formato igualzinho ao que aparecia nos mapas. Já fizera duas voltas ao mundo em três horas e onze minutos e essa era a primeira vez que sentia a altura em que estava. Estava a 168.000 metros de altitude. Conseguiu divisar o Cabo. Na altura em que conseguiu ver o Cabo já se encontrava sobre as Bermudas.

— Aqui é *Friendship 7* — disse. — Estou avistando o Cabo lá embaixo. Tem um aspecto ótimo aqui de cima.

— Positivo. Positivo. — Era Gus Grissom nas Bermudas.

— Como já sabe — tornou Glenn.

— Sei, realmente sei, filhinho — retrucou Grissom.

Ah, tudo parecia muito fraternal. Glenn modestamente reconhecia que seu leal camarada Grissom era um dos três únicos americanos a ter tal visão... e Grissom o chamava de "filhinho".

Vinte minutos mais tarde sobrevoava de novo a África, o sol ia se pondo de novo, pela terceira vez, o reostato diminuía de intensidade e ele... viu sangue. Estava espalhado por toda a superfície de uma janela. Ele sabia que não poderia ser sangue, contudo era sangue. Nunca reparara na mancha antes. Nesse determinado ângulo do reostato poente ele a via. Sangue e sujeira, uma porcariada. A sujeira devia vir do lançamento da torre de escape. E o sangue... *insetos,* talvez... A cápsula devia ter batido de encontro a eles quando se ergueu da plataforma de lançamento... ou *pássaros*... mas ele teria ouvido a pancada. Devia ter sido insetos, mas insetos não sangravam. Ou o vermelho sanguíneo do sol se pondo diante dele, difundindo... E então se recusou a pensar mais nisso. Simplesmente desligou o assunto. Mais um pôr de sol, mais uma faixa laranja riscando a linha do horizonte, mais faixas amarelas, faixas azuis, trevas, tempestades, relâmpagos produzindo lampejos sob o cobertor. Não fazia muita diferença agora. Todas as providências para preparar a cápsula para a retropropulsão iam se sobrepondo em sua mente. Em pouco menos de uma hora os retrofoguetes dispararão. A cápsula continuava a mudar de ângulo, balançando pra cá e pra lá, a esmo. Os giros pareciam não significar mais nada.

E entrou navegando de costas pela noite que cobria o Pacífico. Quando atingiu o ponto de rastreamento da ilha de Canton, girou a cápsula mais uma vez para poder contemplar seu último alvorecer de frente, pela janela, com os próprios olhos. Os primeiros dois apreciara pelo periscópio, porque estava se deslocando de costas. Os vaga-lumes estavam por toda parte quando o sol nasceu. Era como contemplar o nascer do sol de dentro de uma tempestade daquelas coisas. Começou a explicá-las mais uma vez, pensando que não poderiam ter saído da cápsula, porque algumas pareciam se encontrar a quilômetros de distância. Mais uma vez ninguém no solo se interessou. Não estavam interessados na ilha de Canton, e, não tardou muito, entrou no alcance da estação do Havaí, e eles tampouco se interessaram. Estavam ocupados com outra coisa. Tinham uma surpresinha para ele. Mas ficaram na moita. Levou algum tempo para ele perceber.

Completara agora quatro horas e vinte e um minutos de voo. Dentro de doze minutos os retrofoguetes deveriam disparar, desacelerando a cápsula para a reentrada. Levou outro minuto e quarenta e cinco segundos para terminar todos os "está-me--recebendo" e "e você" e estabelecer contato com o capcom do Havaí. Então fizeram a surpresa.

— *Friendship 7* — disse o capcom. — Vimos lendo uma indicação aqui no solo sobre o segmento 5-1, que é a Bolsa de Pouso. Suspeitamos que seja um sinal incorreto. Contudo, o Cabo gostaria que verificasse pondo o comando da bolsa de pouso na posição auto e observando se a luz acende. Está de acordo?

Aos poucos foi percebendo... *Vimos lendo...* há quanto tempo?... Que surpresinha. E não lhe informaram! Retiveram a informação! *Sou o piloto e eles se recusam a me contar o que sabem sobre a condição da aeronave!* O desaforo era pior do que o perigo! Se a bolsa de pouso tivesse se soltado — e não havia maneira de olhar para fora e ver, nem mesmo com o periscópio, porque estaria imediatamente atrás dele —, se tivesse se soltado, então o escudo térmico estaria também solto e cairia durante a reentrada. Se o escudo caísse, ele assaria dentro da cápsula como um churrasco. Se pusesse o botão da bolsa de pouso na posição de controle automático, então uma luz verde acenderia indicando que a bolsa estava solta. Então saberia. Aos poucos percebeu!... Era por isso que não paravam de lhe perguntar se o botão estava na posição desligado! — não queriam que soubesse da terrível verdade demasiado depressa! Era preferível deixá-lo completar as três órbitas — e então deixá-lo descobrir as más notícias.

E ainda por cima, agora queriam que ficasse mexendo no botão. *Isso é burrice!* Podia ser muito bem que a bolsa não tivesse se soltado e houvesse uma pane elétrica em algum ponto do circuito, e ficar mexendo no botão talvez fizesse a bolsa se soltar. Mas se conteve para não dizer nada. Presumivelmente teriam levado tudo isso em consideração. Não havia maneira de tocar no assunto sem incidir na temível tagarelice nervosa.

— Muito bem — respondeu Glenn. — Se é isso que recomendam, experimentaremos. Estão prontos para o teste agora?

— Estamos, quando você estiver.

— Ciente.

Então ele esticou o braço e acionou o botão. Bom... estava feito. Nada de luz. Ele imediatamente tornou a desligá-lo.

— Negativo — informou. — Na posição automático a luz não acendeu e voltei à posição desligado agora.

— Ciente, ótimo. Nesse caso, prosseguiremos e a sequência de reentrada será normal.

Os retropropulsores seriam disparados na Califórnia, e até que o tirassem de órbita e o fizessem reentrar na atmosfera, ele estaria sobrevoando o Atlântico próximo às Bermudas. Esse era o plano. Wally Schirra era o capcom na Califórnia. Menos de um minuto antes da hora de disparar os retrofoguetes, acionando um botão, ouviu Wally dizer:

— John, conserve a proteção dos foguetes de reentrada durante o sobrevoo do Texas. Confirme.

— Positivo.

Mas por quê? A proteção envolvia as bordas do escudo térmico e sustentava os retrofoguetes. Uma vez disparados os foguetes, a proteção era alijada. Estavam de volta ao escudo térmico, sem explicações. Mas precisava se concentrar no disparo dos retrofoguetes.

Depois do lançamento essa era a parte mais perigosa do voo. Se o ângulo de ataque da cápsula fosse demasiado aberto, ela poderia deslizar pela fronteira da atmosfera terrestre e permanecer em órbita dias seguidos, até depois de ter esgotado o oxigênio. E não haveria mais foguetes para desacelerar a cápsula. Se o ângulo fosse demasiado fechado, o calor da fricção inerente à reentrada seria tão intenso que o piloto assaria dentro da cápsula, e poucos minutos depois o veículo se desintegraria, com ou sem escudo térmico. Mas o principal era não colocar a coisa nestes termos. O campo de consciência é muito pequeno, disse Saint-Exupéry. *Que fazer a seguir?* Chegara a hora do piloto de provas, finalmente. Ah, sim! *Já estive nessa situação antes! E sou imune! Não me meto em sinucas das quais não consiga sair!* Uma coisa de cada vez! Podia ser um verdadeiro herói de provas de voo e tentar alinhar a cápsula sozinho acionando os controles manuais e usando o horizonte como referência — ou podia fazer uma última tentativa com os controles automáticos. Por favor, meu bom Deus, não me deixe fazer besteira. Que responderia o Senhor? (Experimente o automático, seu pateta.) Ele soltou e realinhou os giros. Pôs os controles em automático. A resposta a suas preces, John! Agora os mostradores empatavam com o que via pela janela e pelo periscópio. Os controles automáticos funcionaram perfeitamente nas manobras verticais e longitudinais. O controle lateral continuava inoperante, portanto, corrigiu-o com os controles manuais. A cápsula continuava a girar para a direita e ele a puxá-la de volta. O simulador ALFA! Uma coisa de cada vez! Era igualzinho ao simulador ALFA... nenhuma sensação de movimento para a frente... Enquanto concentrasse no painel de instrumentos e não olhasse para a Terra deslizando lá embaixo não tinha a menor sensação de estar se deslocando a 28.000 quilômetros por hora... nem mesmo a oito quilômetros por hora...

A cozinhazinha que zunia... Endireitou-se na cadeira apertando o propulsor manual com os olhos grudados nos mostradores... A vida real, um momento crucial — contrapostos ao eterno e bom ambiente bege do simulador. Uma coisa de cada vez!

Schirra começou a fazer a contagem regressiva para disparar os foguetes! — Cinco, quatro... — ele puxou a cápsula de volta novamente com o controle manual — ... três, dois, um, fogo.

Ele apertou o botão dos retrofoguetes com a mão.

Os foguetes começaram a disparar em sucessão, o primeiro, o segundo, o terceiro. O som parecia abafadíssimo — mas naquele mesmo instante, o tranco! Beleza! Por um instante, enquanto Schirra contava, ele se sentiu absolutamente imóvel. No instante seguinte... tum, tum, tum... o tranco nas costas. Teve a sensação de que a cápsula estava sendo jogada para trás. Era como se estivesse navegando de volta, na direção do Havaí. Tudo dentro dos conformes! Beleza pura! A luz do retro acendeu verde. Tudo corria perfeitamente. Estava apenas desacelerando. Dentro de onze minutos entraria na atmosfera terrestre.

Ouvia Schirra dizendo:

— Conserve a proteção dos foguetes de reentrada até sobrevoar o Texas.

Continuavam a não informar a razão! Ainda não conseguia distinguir o padrão. Tinha apenas a vaga sensação de que de alguma maneira o faziam de bobo. Mas só o que disse foi:

— Positivo.

— Parece que sua atitude se manteve muito bem — disse Schirra. — Precisou ajudar?

— Ah sim, bastante. É, me deu muito trabalho.

— Aqui de baixo pareceu bastante bom para o serviço público — retorquiu Schirra. Esse era um dos bordões favoritos de Schirra.

— Tem hora certa para testar o retroalijamento? — perguntou Glenn. Era uma maneira indireta de pedir uma explicação para o mistério de conservar o protetor dos foguetes de reentrada.

— Texas lhe transmitirá essa mensagem — respondeu Schirra. E desligou.

Não iam lhe informar! Não foi tanto o pensamento... mas o *sentimento*... de desaforo que começou a crescer.

Três minutos depois a estação de rastreamento do Texas entrou no ar:

— Aqui é Texas capcom, *Friendship 7*. Recomendamos que conserve o protetor durante toda a reentrada. Isso significa que terá que anular o comando do botão de zero-vírgula-zero-cinco-g, que deverá ocorrer às 4h43min53s. Isso também significa que terá de recolher manualmente o periscópio. Confirme. — Foi a gota d'água.

— Aqui é *Friendship 7* — falou Glenn. — Qual é a razão disso? Têm alguma razão? Câmbio.

— No momento não — respondeu o capcom do Texas. — É uma recomendação do Controle de Voo do Cabo... Aquele controle lhe fornecerá a razão para tal procedimento quando o avistar.

— Ciente. Ciente. *Friendship 7*.

Era realmente inacreditável. Estava começando a se encaixar...

Vinte e sete segundos mais tarde sobrevoava o Cabo propriamente dito, e o capcom do Cabo, na voz de Alan Shepard, mandava-o recolher o periscópio manualmente e se preparar para a reentrada na atmosfera.

Estava começando a se encaixar, percebia o padrão, toda a história da bolsa de pouso e do protetor dos foguetes de reentrada. Isso já se arrastava agora há duas horas — e não estavam lhe informando nada! Apenas lhe davam um toque aqui e outro ali! Mas se ia reentrar com o protetor em posição é porque precisava das correias por alguma razão. E havia apenas uma razão possível — havia algum problema no escudo térmico. E não queriam lhe contar! A ele! — o piloto! Era inacreditável! Era...

Ouvia a voz de Shepard. Estava recolhendo o periscópio, e ouvia a voz de Shepard:

— Enquanto faz isso... não temos certeza se a sua bolsa de pouso abriu. Achamos que é possível reentrar com o protetor. No momento não vemos a menor dificuldade nesse tipo de reentrada.

Glenn respondeu:

— Ciente, compreendo.

Ah, sim, agora compreendia! Se a bolsa de pouso se abrira, significava que o escudo térmico estava solto. Se o escudo estava solto, então talvez caísse durante a reentrada, a não ser que as correias do protetor o mantivessem em posição o tempo suficiente para a cápsula estabelecer o seu ângulo de reentrada. E as correias não tardariam a se queimar. Se o escudo térmico caísse, então ele fritaria. Se não queriam que ele — *o piloto!* — soubesse tudo isso, era porque receavam que entrasse em pânico. E se nem ao menos lhe dessem a conhecer o padrão por inteiro — apenas as peças soltas, para que pudesse cumprir ordens —, então não era *realmente um piloto!* A sequência lógica completa passou pela cabeça de Glenn mais depressa do que teria podido colocá-la em palavras, mesmo que tivesse se atrevido a enunciá-la naquele momento. Estava sendo tratado como um passageiro — um componente supérfluo, um engenheiro de reserva, um assistente de caldeira, num sistema automático! —, como alguém que não possuísse aquela qualidade rara e indizível dos eleitos!, como se a fibra em si nem interessasse! Era uma violação de tudo que era sagrado — tudo isso em um único lampejo límbico de justa indignação, enquanto John Glenn reentrava na atmosfera terrestre.

— *S*ete, fala o Cabo — chamou Al Shepard.

— Pode falar, Cabo — respondeu Glenn. — Sua voz está engrolada... você está sumindo...

— Recomendamos que você...

Foi a última coisa que ouviu do solo. Entrara na atmosfera. Ainda não sentia as forças gravitacionais, mas o atrito e a ionização aumentaram, e os rádios ficaram inoperantes. A cápsula começava a sacudir e ele procurou estabilizá-la com os controles. O combustível para o sistema automático, o peróxido de hidrogênio, estava tão reduzido que já não podia ter certeza de qual sistema estava funcionando. Descia de costas. O escudo térmico ficava do lado externo da cápsula, diretamente às suas costas. Se espiasse pela janela só conseguiria ver a escuridão do céu. O periscópio fora recolhido, de modo que não via nada na tela. Ouviu um baque em cima, fora da cápsula. Ergueu os olhos. Pela janela via uma correia. *Do protetor. As correias se romperam! E agora!* Em seguida, o escudo térmico! O céu negro visto pela janela começou a alaranjar. A correia esmagada contra a janela começou a queimar — em seguida desapareceu. O universo ficou laranja flamejante. Era o escudo térmico começando a arder com a fantástica velocidade da reentrada. Isso era algo que Shepard e Grissom não tinham visto. Não reentraram na atmosfera a uma velocidade dessas. Contudo, Glenn sabia que isso ia acontecer. Quinhentas, mil vezes tinham lhe dito que o escudo térmico se *separaria,* queimaria camada por camada, se vaporizaria, dissiparia o calor na atmosfera, liberaria uma coroa de chamas. Só o que ele via agora pela janela eram chamas. Estava dentro de uma bola de fogo. Mas! — um enorme troço incandescente passou pela janela, a enorme seção de algo em chamas. Em seguida outro... mais outro... A cápsula começou a se sacudir... O escudo térmico estava se rompendo!

Desfazendo-se em pedaços — voando em grandes seções ardentes... Ele lutou para estabilizar a cápsula com o controle manual. *Pé e mão!* Mas as oscilações eram rápidas demais para ele... O simulador ALFA enlouquecera dentro de uma bola de fogo... O calor!... Era como se todo o seu sistema nervoso central estivesse caindo nas costas. Se a cápsula estivesse desintegrando e ele prestes a arder, a pulsação do calor atingiria as costas primeiro. Sua coluna viraria uma vara de metal incandescente. Ele já sabia que sensação teria... e quando... *Agora!*... Mas não veio. Não houve nenhum calor fantástico nem destroços chamejantes... Não fora o escudo térmico afinal. Os troços em chamas tinham saído do que restara do protetor.

Primeiro tinham ido as correias e em seguida o resto. A cápsula continuava a balançar, as forças gravitacionais aumentaram. Conhecia de cor as forças gravitacionais. Mil vezes as sentira na centrífuga. Empurraram-no contra a cadeira. Era cada vez mais difícil mexer no controle manual. Tentava o tempo todo amortecer o balanço, disparando os propulsores para contrariar tais movimentos, mas era tudo demasiado rápido para ele. Tampouco os controles pareciam adiantar alguma coisa.

Acabaram os reflexos vermelhos... provavelmente saíra da bola de fogo... Sete-g o empurravam para o fundo da cadeira... Ouvia o capcom do Cabo dizer:

— Está me recebendo?

Isso significava que atravessara a ionosfera e estava entrando na atmosfera inferior.

— Alto e claro; e você?

— Positivo, ouvindo você alto e claro. Como estão as coisas?

— Ah, muito bem.

— Ciente. Seu ponto de impacto fica a um quilômetro e meio à frente do contratorpedeiro.

Ah, muito bem. Não era Yeager, mas não ia mal. Achava-se dentro de uma tonelada e meia de material não aerodinâmico. A 30.000 metros, caindo em direção ao oceano como uma enorme bala de canhão. A cápsula não possuía qualquer qualidade aerodinâmica a essa altitude. Sacudia horrivelmente. Pela janela via uma alucinada esteira branca serpenteando contra a escuridão do céu. Caía a trezentos metros por segundo. O último momento crítico do voo se aproximava. Ou o paraquedas se abria e se firmava ou não. O balanço se intensificara. O conjunto dos foguetes de reentrada! Parte dele devia ainda estar preso e o arrasto parecia tentar virar a cápsula... Não podia esperar mais. O paraquedas devia se abrir automaticamente, mas ele não aguentava esperar mais. Balanço... Estendeu o braço para acionar o paraquedas manualmente — mas ele se acionou sozinho, automaticamente, primeiro o paraquedas auxiliar e em seguida o paraquedas principal. A cápsula balançou sob o paraquedas descrevendo um enorme arco. O calor era feroz, mas o paraquedas aguentou. Atirou-o de volta à cadeira. Pela janela o céu era azul. Era o mesmo dia de novo. Era o início da tarde de um dia ensolarado no Atlântico, próximo às Bermudas. Até a luz da bolsa de pouso estava verde. Nem mesmo havia nada errado com a bolsa de pouso. Não houvera nada errado com o escudo térmico. Não havia nada errado com a razão de descida, doze metros por segundo. Ouvia o navio de resgate transmitindo sem parar pelo rádio. Estariam a apenas vinte minutos do local do impacto, apenas 9,6 quilômetros. Encontrava-se mais uma vez deitado de costas no coldre humano. Pela janela o céu já não era negro. A cápsula oscilava sob o paraquedas, e desse lado ele ergueu os olhos e viu nuvens e daquele outro, o céu azul. Sentia muito, muito calor. Mas era uma sensação conhecida. Todas aquelas infindáveis horas na câmara de temperatura — isso não iria matá-lo. Ia descer na água a apenas 480 quilômetros do ponto de onde partira. Era o mesmo dia, apenas cinco horas depois. Um dia fragrante no Atlântico, próximo às Bermudas. O sol se deslocara apenas setenta e cinco graus no céu. Eram 14h45. Nada para fazer exceto desligar todos esses fios e mangueiras. *Conseguira.* Começou a deixar o pensamento se soltar. Devia se achar muito próximo da água. A cápsula bateu na água. Empurrou-o para o fundo da cadeira outra vez, contra as costas. Foi um tranco daqueles. Fazia calor ali. Mesmo com os ventiladores do traje ainda funcionando, o calor era fantástico. Pelo rádio lhe diziam o tempo todo que não tentasse abandonar a cápsula. O navio de resgate já se encontrava quase no local. Não iam tentar o resgate com o helicóptero de novo, a não ser em emergência. Ele não ia tentar uma saída de emergência. Não ia esbarrar no detonador da escotilha. O Piloto Presbiteriano não ia fazer besteira. Seu circuito com o bom Deus não podia estar mais claro. Ele conseguira.

Annie Glenn já tivera uma provinha do que ia ser a coisa. Mas os outros seis e suas esposas não estavam preparados. Era como se um imenso macaréu estivesse rumando para o Cabo e os Estados Unidos vindo do Atlântico, das vizinhanças das Bahamas, onde John estava apresentando seu relatório. Cavalgando a crista da onda, como um Tritão, achava-se o Deus de Cara Sardenta, John em pessoa. Soube-se que os marinheiros do

Noa, o navio que guindara a cápsula, com John dentro, para fora da água, pintaram o contorno de suas pegadas com tinta branca depois que ele andou da cápsula à gaiuta. Não queriam que suas pegadas jamais desaparecessem do convés! Bom, isso pareceu apenas uma amostra de sentimentalismo babaca de marinheiros. Mas era apenas o começo.

Al Shepard e Gus Grissom não sabiam que diabo estava acontecendo. Coitado do Gus — só o que recebera após seu voo fora uma medalha, um aperto de mão, um sopro de retórica de James Webb, numa pista de asfalto de fritar os miolos na Base Aérea de Patrick, além de alguns vivas de um grupinho de trinta pessoas. Para John — bom, as multidões que tinham acorrido para o lançamento, a queima de fogos, mal pareciam ter diminuído. Cocoa Beach continuava regurgitando a alucinada adrenalina do evento. Os forasteiros continuavam a circular pela cidade em seus automóveis, perguntando onde os astronautas costumavam parar. Não queriam perder nada. Sabiam que John voltaria de avião ao Cabo após o relatório. Quando perceberam, Lyndon Johnson se encontrava na cidade. Ia receber John na pista de Patrick. Subordinados da importância de Webb seriam figuras simplesmente decorativas. Então souberam que o presidente viria, John F. Kennedy em pessoa. Glenn não iria a ele em Washington — ele viria a Glenn.

Algo muito extraordinário se preparava. Era um macaréu e meio, e os outros seis e as esposas estavam mais surpresos que todo o resto. Era irônico. Tinham todos assumido que Al Shepard era o grande campeão. Al vencera a competição para o primeiro voo. Al fora convidado à Casa Branca para receber uma medalha, enquanto Gus recebera a dele a oito passos da setária, porque Al era o número um confirmado nessa coisa e fizera o primeiro voo. Mas mesmo antes de John chegar ao Cabo vindo das Bahamas havia uma nota de comovida adoração no ar indicando que Al afinal nem realizara o primeiro voo. Apenas realizara o primeiro voo suborbital, que agora não tinha a menor expressão. Ele agora parecia mais um Slick Goodlin contraposto ao Chuck Yeager de John. Slick Goodlin tecnicamente fizera o primeiro voo do X-1. Mas foi Yeager quem fez o voo que contava, o voo em que tentaram pela primeira vez levar o avião a romper a barreira do som. No papel de Slick Goodlin comparado ao Chuck Yeager de John — que esperavam que Al fizesse, aplaudisse? E Betty Grissom, que nem ao menos recebera um desfile de homenagem na ruazinha principal de Mitchell, Indiana — esperava-se que se sentisse encantada com os Glenn, que iam desfilar para cima e para baixo em todas as ruas principais dos Estados Unidos? Mas havia muito pouco tempo para cismar. Quando o avião de John tocou a pista de Patrick em 23 de fevereiro, a onda se agigantou de tal forma que carregou todos nela. Os rapazes, as esposas e as crianças achavam-se em Patrick, esperando o avião de John, bem como o vice-presidente na companhia de uns duzentos repórteres. Johnson estava bem ali, encabeçando a multidão com Annie e as duas crianças. Finalmente chegara perto dela. Encontrava-se agora bem ao seu lado, ali em Patrick, babando protocolo por cima dela e espichando e esticando sua enorme cabeça inchada, se esforçando para chegar a John e derramar Texas por cima dele. O avião chega e John desembarca, um fantástico viva se ergue, um grito vindo da garganta, do diafragma, do plexo solar, e levam Annie e os dois filhos para a frente... os sagrados ícones... A Mulher e as Crianças... o Firme Apoio no Front Doméstico... e John é demais! Mete a mão no bolso e puxa um lenço e enxuga os olhos, seca uma lágrima! E um carinha da NASA estende a mão e apanha o lenço usado... para poder conservá-lo no Smithsonian! (Com esse lenço o Astronauta John H. Glenn, Jr. enxugou uma lágrima ao se reunir à esposa, após o histórico voo na órbita da Terra.) Daquele momento em diante, Al e Gus passaram a ser matungos, jogadores de terceiro time. E nem tiveram tempo para se aborrecer! Os acontecimentos, dia a dia, iam se tornando algo fundamental como uma enorme mudança meteorológica, uma alteração estrutural, o Dilúvio, o Dia do Juízo Final, a Entrada de um Eleito no Céu... John não só ganhou um desfile pelas ruas de Washington e uma viagem à Casa Branca e

recebeu a medalha das mãos do presidente. Ah, teve tudo isso, não há dúvida. Mas também discursou perante uma sessão conjunta do Congresso — Senado e a Câmara dos Deputados se reuniram para ouvir John, como fazem para presidentes, primeiros-ministros e reis. Lá estava John de pé no alto na tribuna, com Lyndon Johnson e John Cormack sentados atrás dele e todos os demais *sentados de olhos postos nele*. E em absoluta adoração! Foi aí que as lágrimas brotaram! As lágrimas — eles não conseguiam contê-las. A caraça redonda e sardenta de John iluminava-se de glória. Sabia exatamente o que estava fazendo. Era o Piloto Presbiteriano se dirigindo ao mundo. Disse algumas coisas que ninguém mais no mundo poderia ter dito e saído incólume, mesmo em 1962. Disse:
— Ainda sinto um nó na garganta quando vejo a bandeira americana passar. — Pois ele disse isso! E em seguida ergueu a mão indicando as galerias, isso foi na Câmara ao lado do Capitólio, e quinhentos pares de olhos parlamentares acompanharam sua mão até a galeria, e apresentou papai e mamãe nascidos em New Concord, Ohio, e umas tias e tios para arrematar, e os filhos e finalmente... — E sobretudo, quero que conheçam minha esposa, Annie... Annie... *a Rocha*!

Bom, foi a gota d'água. Romperam-se as comportas. Senadores e deputados tentavam aplaudir e puxar os lenços ao mesmo tempo. Enxugavam as lágrimas e aplaudiam por entre as pontas ondulantes dos lenços. Seus rostos luziam. Alguns refreavam as lágrimas, mas não se contiveram. Aplaudiam, davam vivas, fungavam, ofegavam... Uns dois disseram "Amém!" em voz alta; simplesmente escapou de seus bons corações protestantes, discordantes, evangélicos, empedernidos, quando o Piloto Presbiteriano ergueu os olhos e a mão para *a Rocha* e mãe eterna de todos nós...

E foi só o começo. De certa forma isso não era nada comparado ao desfile em Nova York com confete e serpentina. Afinal uma sessão conjunta formal do legislativo é um evento sob medida, um espetáculo encomendado. Mas o desfile em Nova York foi um acontecimento espantoso, tão espantoso que todos, até Al e Gus, só conseguiam piscar e balançar a cabeça e acompanhar a onda. John teve o bom senso de convidar Al e Gus e "os outros quatro", Wally, Scott, Deke e Gordo, e suas famílias para se reunirem a ele, Annie e as crianças no desfile. John poderia ter dado as cartas como quisesse. Não havia ninguém na NASA ou no governo dos Estados Unidos, com exceção do próprio Kennedy, que pudesse ter feito uma programação que John não quisesse. Assim, todos foram juntos para o show, a turma toda.

Apesar da maré de vivas e lágrimas que já principiara em Washington, nenhum deles sabia o que esperar em Nova York. À semelhança da maioria dos militares, inclusive os que serviam no estaleiro da Marinha no Brooklyn, não consideravam Nova York realmente parte dos Estados Unidos. Era uma espécie de porto livre, uma cidade-estado, um protetorado estrangeiro, uma Danzig no corredor polonês, uma Beirute nas encruzilhadas do Oriente Médio, uma Trieste, Zurique, Macau, Hong Kong. Quaisquer que fossem os ideais simbolizados pelos militares, não eram os de Nova York. Era uma cidade estrangeira povoada por uma estranha raça curiosamente minúscula e mal conformada de pessoas cinzentas. E assim por diante. O que viram quando chegaram lá deixou-os estupefatos. As multidões não só os aguardavam no aeroporto, o que não surpreendia — bastava uma publicidadezinha para levar uma grande quantidade de basbaques a um aeroporto —, mas ladeavam, até a cidade, a deprimente rodovia que passava pelo bairro de Queens ou fosse qual fosse, expostas ao frio enregelante da zona industrial mais repugnante e dilapidada que já se viu, uma paisagem decadente que parecia pertencer a outro país — e se achavam lá, *ao longo de toda a rodovia,* onde quer que pudessem se espremer, e... choravam! — choravam enquanto os carros pretos passavam!

As pessoas choravam, ali mesmo na rua, assim que punham os olhos em John, e talvez nos outros, também. Estavam sendo carregados pela onda agora. A onda era demasiado gigantesca para distinções menores. Quando alcançaram a cidade propriamente dita, Manhattan, e se desviaram da rodovia para entrar na cidade, a FDR, havia gente pendurada nas grades, seis, nove metros acima da rampa, e choravam e agitavam bandeirinhas e abriam o coração.

E era só o começo. O desfile começou na parte baixa de Manhattan e subiu pela Broadway. Cada astronauta ia em uma limusine aberta. John encabeçava a fila, naturalmente, com Lyndon Johnson, vice-presidente, sentado no banco traseiro. Fazia um frio dos diabos, oito graus negativos, mas as ruas estavam apinhadas. Devia haver milhões de pessoas ali, aglomeradas entre o meio-fio e as fachadas das lojas, e havia gente pendendo das janelas, particularmente ao longo da parte baixa da Broadway, onde os prédios eram mais antigos e permitiam que se abrissem as janelas, e enchiam o ar de papel picado, todos os pedaços de papel em que conseguiram botar as mãos.

Por vezes os pedaços de papel flutuavam bem diante do rosto dos circunstantes — e podia-se ver que estavam rasgando os catálogos de telefone, simplesmente arrancando as páginas e rasgando-as em pedacinhos e atirando-os pelas janelas à guisa de homenagem, guirlandas, pétalas de rosas — e era comovente, caloroso! Dava vontade de proteger essas pobres criaturas que o amavam tanto! Fantásticas ondas de emoção o avassalavam. A pessoa não conseguia se ouvir falando, mas não havia nada a dizer mesmo. Só o que podia fazer era deixar essas incríveis ondas engolfarem-no. No meio dos cruzamentos havia policiais, os policiais de que todos tinham ouvido falar ou sobre quem tinham lido, o Melhor de Nova York, homens corpulentos de aspecto truculento trajando casacões azuis — e eles choravam! Estavam bem ali nos cruzamentos diante de todos, chorando como bebês — as lágrimas escorrendo pelos rostos, batendo continência, e em seguida levando as mãos em concha na boca e gritando coisas assombrosas para John e os outros — "Nós o amamos, Johnny!" — e gritando mais um pouco, simplesmente descarregando a emoção. Os policiais de Nova York!

E o que era que comovia a todos tão profundamente? Não era um assunto que se pudesse discutir, mas os sete sabiam o que era, e também a maioria das esposas. Ou sabiam em parte. Sabiam que tinha relação com a presença, a aura, a radiação da *fibra,* a mesma força vital da masculinidade que fizera milhões vibrarem e ressoarem há trinta e cinco anos perante Lindbergh — exceto que no presente caso a emoção era intensificada pelo patriotismo da Guerra Fria, o maior surto de patriotismo desde a Segunda Guerra Mundial. Não conheciam nem o termo nem o conceito do guerreiro singular, mas era impossível deixar de perceber o puro patriotismo daquele momento — mesmo em Nova York, o corredor de Danzig! Prestamos homenagem a vocês! Vocês combateram os russos nos céus! Havia algo puro e raro nisso. Patriotismo! Ah, sim! Ali se achava esse sentimento assumindo formas milipédicas bem diante de nossos próprios olhos! Quase todos os sete tinham estado próximos dos Kennedy alguma vez, com Jack ou Bobby, e conheciam a maneira com que a multidão reagia a eles — mas isso era diferente. Em torno dos Kennedy via-se uma histeria de fã, que envolvia gritos e tentativas de agarrá-los, as pessoas esticando as mãos para agarrar lembranças e desmaiando e guinchando, como se os Kennedy fossem artistas de cinema que por acaso estivessem no poder. Mas o que as multidões mostraram a John Glenn e aos outros naquele dia foi outra coisa. Ungiram-nos com as lágrimas primordiais que a fibra exigia.

    As sete famílias eleitas foram hospedadas em suítes no Waldorf--Astoria, que ao que sabiam continuava a ser o hotel mais luxuoso dos Estados Unidos. Suítes! — dois quartos e uma sala! Para segundos-tenentes militares era uma experiência de fábula. Ainda pairavam nas alturas com o que andaram experimentando, mas tinham medo de dar nome à experiência, medo de que ela pudesse revelar o que lhes passava pela cabeça. Estavam começando a se propor a pergunta "Exatamente em que nos transformamos?".

    Henry Luce lhes ofereceu um jantar no Tower Suite, o restaurante no topo do edifício *Time-Life.* Após o jantar, sem premeditação, o grupo todo foi ver uma peça, *Como subir na vida sem fazer força,* que era um grande sucesso na ocasião. John, Annie e as crianças, todos os outros colegas, esposas e filhos, e mais os guarda-costas e algumas pessoas da NASA e outras da *Time-Life,* numa grande comitiva, e tudo combinado de última hora. O início da peça foi atrasado para esperá-los. Pessoas na plateia cederam seus lugares, de modo que os astronautas e seus acompanhantes pudessem ter os melhores lugares do teatro, uma fila inteira. Assim, sem mais nem menos, cederam seus lugares. Quando John e os outros entraram no teatro, todo mundo já se encontrava sentado, porque a esta altura o início do espetáculo atrasara uns bons trinta minutos — e a plateia se ergueu e aplaudiu até John se sentar. Então um dos artistas do elenco veio à frente da cortina e lhes deu as boas-vindas e cumprimentou John e elogiou os outros, como grandes seres humanos, e humildemente desejou que a pequena diversão que estavam em vias de apresentar fosse do agrado deles.

— E agora vamos à peça!

Então as luzes se apagaram e a cortina se ergueu, e a pessoa precisava ser muito obtusa para não perceber o que era isso: um espetáculo encomendado! Tratamento real, de ponta a ponta, do começo ao fim, como se eles fossem membros da família real. E a coisa não parou aí. Tinham reescrito algumas falas, reescrito em mais ou menos uma hora — para fazer as piadas conterem referências ao espaço, e ao voo de John e o feito de colocarem um homem no espaço e assim por diante. Quando eles deixaram o teatro, havia mais gente do lado de fora, à espera, outras centenas de pessoas, aguardando no frio, que começaram a gritar com aquelas horríveis vozes distorcidas das ruas de Nova York, mas tudo que disseram, até mesmo os gracejos, eram cheios de carinho e admiração. Puxa vida, se eram donos até de Nova York, até desse porto livre, dessa Hong Kong, desse corredor polonês — o que não lhes pertencia agora nos Estados Unidos?

Por alguma razão, a mais extraordinária que fosse, estava... certo! Era como devia ser! A aura indizível da fibra fora trazida para o terreno *onde as coisas aconteciam*. Talvez fosse para isso que Nova York existia, para celebrar aqueles que *tinham aquele quê*, o que quer que fosse, e não havia nada como a fibra, pois todos reagiam a ela, e todos queriam estar próximos dela e sentir sua vibração e piscar às suas luzes.

Ah, era uma qualidade primitiva e profunda! Somente pilotos verdadeiramente a possuíam, mas o mundo inteiro reagia a ela, e ninguém lhe conhecia o nome!

Não transcorreu muito tempo e Kennedy convidou os sete astronautas à Casa Branca para uma visita mais íntima e pessoal. O pai de Kennedy se encontrava lá, Joseph Kennedy. O velho tivera um derrame e metade de seu corpo estava paralisada, por isso sentava-se em uma cadeira de rodas. O presidente levou os sete astronautas para conhecer o pai, e o primeiro que apresentou foi John. John Glenn! — o primeiro americano a orbitar a Terra e a desafiar os russos nos céus. O velho, Joe Kennedy, estende a mão sã para apertar as mãos de John, e repentinamente desata a chorar. Mas o problema é que apenas metade de seu rosto chora, em função do derrame. Uma metade do rosto não mexe um só músculo. Mas a outra — bom, está soluçando, é essa a palavra. A sobrancelha está franzindo sobre um olho, como costuma fazer quando a pessoa realmente abre o berreiro, e as lágrimas escorrem do sulco forçado pela junção da sobrancelha, do olho e do nariz, e uma das narinas treme e a boca se contrai e se torce daquele lado, e o queixo repuxa para cima, sulcado e tremente — mas só de um lado! O outro lado apenas fixa John, como se visse através dele, como se ele fosse apenas mais um coronel dos fuzileiros cuja carreira por alguma razão o levasse por instantes à Casa Branca.

O presidente se curvava, abraçava o velho pelos ombros e dizia:

— Vamos, papai, está tudo bem, está bem. — Mas Joe Kennedy ainda chorava quando eles se retiraram do aposento.

Obviamente, se o homem não tivesse sofrido um derrame, não teria prorrompido em choro. Até o derrame sempre fora um velho rabugento. Contudo, a emoção estava ali, e teria estado com ou sem derrame. Era o que a visão de John Glenn provocava nos americanos àquela época. Levava-os às lágrimas. E aquelas lágrimas corriam como um rio por todo o país. Era uma coisa extraordinária, ser um mortal que trazia lágrimas aos olhos de outros homens.

13. A QUESTÃO OPERACIONAL

O DIA 4 DE JULHO NÃO ERA UMA ÉPOCA DO ANO PARA NINGUÉM ser apresentado a Houston, Texas, embora qual era a época certa fosse coisa difícil de dizer. Durante oito meses Houston era um inacreditável desaguadouro efluvioso e tórrido com uma massa de asfalto derretido, conhecida pelo nome de "centro", fincada no meio. Então, durante dois meses, a contar de novembro, os ventos mais surpreendentes sopravam do Canadá como se estivessem encanados, e o torpor pegajoso se transformava em friagem úmida. Os dois meses restantes eram os moderados, embora não correspondessem exatamente ao que se chamaria primavera. As nuvens se fechavam como um tampão, e as refinarias de petróleo na baía de Galveston saturavam o ar, o nariz, os pulmões, o coração e a alma com o fedor gasoso do petróleo. Havia baías, canais, lagos, banhados por toda parte, todos tão gordurosos e tóxicos que se a pessoa arrastasse a mão pela água da popa de um barco a remo perderia uma junta. Os pescadores gostavam de recomendar aos turistas de fim de semana:

— Não fumem lá fora senão a baía pega fogo.

Todas as serpentes venenosas que se conhece na América do Norte fixaram residência ali: cascavéis, cabeças-de-cobre, bocas--de-algodão e corais.

Não, não havia época melhor para ser apresentado a Houston, Texas, mas a de 4 de julho era a pior. E foi em 4 de julho de 1962 que os sete astronautas se mudaram para Houston. Com vistas ao prodigioso esforço que o programa de Kennedy de chegar à Lua exigiria, a NASA estava construindo um Centro de Espaçonaves Pilotadas (Manned Spacecraft Center) em quatrocentos hectares de pastagem ao sul de Houston, próximo ao lago Clear, que não era um lago mas um braço de mar de águas tão claras quanto os olhos de uma perca envenenada. Os astronautas, Gilruth, a maior parte do pessoal de Langley e do Cabo se transferiria para Houston, embora o Cabo continuasse a ser o centro de lançamento. A pequena escala e a aparência modesta de Langley e do Cabo tinham em todo caso sido perfeitas para a fase pioneira *más allá* que o Projeto Mercury acabara de atravessar. Todos sabiam que Houston seria maior. O restante eles nunca poderiam ter imaginado.

Desceram do avião no aeroporto de Houston e começaram a engolir em seco no ar fundido. Fazia trinta e cinco graus e meio. Não que isso fizesse muita diferença; tinham lhes garantido que sua entrada em Houston seria tranquila e descontraída, ao estilo do Texas. Haveria uma pequena e rápida carreata pelo centro da cidade, só para dar ao pessoal a chance de uma espiada... e em seguida haveria um coquetel com umas poucas figuras locais de destaque, durante o qual poderiam ficar à vontade e tomar uns bons drinques ou o que fosse, e se descontraírem.

Aguardando no aeroporto há uma fileira de conversíveis, um para cada astronauta e a família com o nome inscrito em uma grande bandeira de papel na lateral do carro. Saem portanto em carreata os sete, as esposas e os filhos, exceto Jo Schirra, que continua em Langley se recuperando de uma pequena cirurgia. Logo se deslocam pelas ruas de Houston a uma boa velocidade, e parece bastante indolor, mas em seguida os sete carros descem por uma rampa e desembocam nas entranhas de uma arena chamada Houston Coliseum.

Uma friagem de rachar os ossos os atinge em cheio. Estremecem e sacodem as cabeças. Estão no interior de um vasto estacionamento subterrâneo. O local é refrigerado à moda de Houston, o que vale dizer, com risco de congelamento. Há um verdadeiro exército de gente enregelada esperando ali na obscuridade, intermináveis fileiras de bandas militares, postadas como esculturas de gelo, políticos esperando em outros tantos conversíveis, demasiado entorpecidos de frio para abrir as bocas, policiais, bombeiros, tropas da guarda nacional, duras e imóveis feito chumbo, e mais bandas. Então eles dão meia-volta e rumam para fora do estacionamento subterrâneo, subindo a rampa, e voltando ao ofuscamento do sol, quase trinta e oito graus de calor, e ao asfalto que engrossa e encapela exposto às ondas calóricas. De repente encontram-se à testa de um grande desfile pelas ruas de Houston. Bem, não estão bem à testa. No primeiro conversível agora há um deputado do Texas, um sujeito rubicundo chamado Albert P. Thomas, um integrante influente da comissão de verbas para habilitação que agita um chapéu da largura de um latão de dez galões, como se dissesse "Olhem o que trouxe para vocês".

Os rapazes e suas mulheres começaram a perceber que essa gente, os empresários e os políticos, encarava a abertura do centro de espaçonaves e a chegada dos astronautas como o maior acontecimento da história de Houston. Neiman-Marcus e todas as grandes lojas elegantes, os grandes bancos e museus e outras instituições importantes, toda a elite, toda a Cultura localizavam-se em Dallas. Na perspectiva de Houston, Dallas era Paris, quando se acertava o relógio pela Hora Central Padrão, e Houston era apenas petróleo e gente ambiciosa.

O programa espacial e os sete astronautas do Mercury transformariam essa cidade próspera numa cidade respeitável, legítima, parte da alma americana. Assim, o grande desfile começou com o deputado Albert Thomas acenando o chapéu de dez galões para assinalar o advento da redenção de Houston.

Os sete pilotos e as esposas pensavam ter visto todos os gêneros de desfile que havia, mas esse era *sui generis*. Havia milhares de pessoas ladeando as ruas. Não emitiam um único som, porém. Postavam-se ali nos meios-fios em fileiras de quatro, cinco pessoas, suando de olhos arregalados. Suavam um rio e arregalavam os olhos sem piscar. Simplesmente suavam e olhavam. Os sete rapazes, cada qual em seu conversível brasonado, estavam de pé sorrindo e acenando, e as esposas sorriam e acenavam, e as crianças sorriam e olhavam à volta — todos faziam o de sempre —, mas as multidões apenas olhavam. Nem ao menos sorriam. Olhavam para eles com sombria curiosidade, como se os astronautas fossem prisioneiros de guerra ou tivessem desembarcado de Alpha Centauri e ninguém tivesse certeza se compreenderiam ou não o dialeto local. De quando em quando alguém muito idoso acenava e gritava alguma coisa calorosa ou animadora, mas o resto continuava plantado ali ao sol como bonecos de piche. Naturalmente, qualquer pessoa suficientemente idiota para ficar parado na papa de asfalto que era o centro da cidade ao meio-dia vendo um desfile, para início de conversa, era obviamente deficiente. O desfile, porém, prosseguia, vencendo onda sobre onda de catatonia e murmurejante lassidão.

Decorrida mais ou menos uma hora disso, os rapazes e suas famílias repararam com considerável apreensão que o desfile estava voltando para aquele buraco debaixo do Coliseum. O ar-condicionado os atingiu como uma parede. Todo o tutano dos ossos congelou. Tinha-se a impressão que os dentes estavam moles. Viram por fim que esse era o local em que ia se realizar o coquetel: no Houston Coliseum. Conduziram-nos para o andar do Coliseum que parecia uma grande concha interior. Havia milhares de pessoas circulando ali e um cheiro inacreditável e uma tempestade de vozes e uma ocasional gargalhada maluca. Havia 5.000 pessoas extremamente barulhentas no recinto, ansiosas por se atirar ao churrasco com as mãos e regá-lo com uísque americano. O ar estava impregnado com o fedor de gado queimando. Tinham armado umas dez churrasqueiras ali e assavam trinta reses. Cinco mil empresários e políticos e suas caras-metades recém-saídos do horror que eram trinta e oito graus no centro, no mês de julho, mal podiam esperar para meter a cara no churrasco. Era um churrasco texano, ao estilo de Houston.

Primeiramente conduziram os sete corajosos rapazes e suas esposas e filhos a um tablado armado a uma extremidade da arena; e houve uma cerimoniazinha de boas-vindas em que foram apresentados um a um, e um grande número de políticos e empresários discursaram. Durante todo esse tempo as grandes peças de vaca chiavam e espocavam e a fumaça da carne sapecada era levada para aqui e ali pelas correntes geladas de ar-condicionado. Só o frio extremo impedia a pessoa de vomitar. Os gânglios do plexo solar estavam congelados. As esposas tentavam ser gentis, mas era um caso perdido. As crianças se desassossegavam no tablado e as esposas levantavam e cochichavam ao ouvido de quaisquer habitantes locais de que conseguiam se aproximar. As crianças estavam *in extremis*. Não passavam perto de um banheiro havia horas. As esposas tentavam freneticamente descobrir onde se localizavam os banheiros ali. Infelizmente, agora vinha a parte em que supostamente deveriam se descontrair, comer um flanco de carne e uma montanha de feijão comum nadando em molho, beber um uisquezinho, apertar a mão daquela gente boa e ficar à vontade. Então foram conduzidos de volta ao espaço da arena, abriram uma clareira, apanharam algumas cadeiras de armar para eles e uns pratos de papel cheios de enormes bifes com osso do rebanho texano, e em seguida dispuseram uma fileira de cadeiras de armar em torno do grupo, em círculo, à guisa de paliçada, e em torno da paliçada postaram um círculo de Texas Rangers, virados para fora, para a multidão. A multidão agora formava fila, às centenas, junto às churrasqueiras, recebendo grandes pedaços lubrificados de carne em pratos de papel... e mais uísque. Então se acomodaram nas arquibancadas, aos milhares, contemplando do alto a paliçada. Essa era a atividade principal, a recepção, o Grande Alô: cinco mil pessoas, todas VIPs, sentadas nas arquibancadas do Houston Coliseum em meio às reses chamuscadas... olhando os astronautas *comerem*.

Mas certos VIPs poderosos tinham permissão de entrar na paliçada, atravessando o círculo de Rangers, e cumprimentar os rapazes e as esposas pessoalmente enquanto equilibravam os nacos de carne castanhos. Era sempre alguém do tipo João Bicão do Castelo dos Automóveis, que se aproximava e dizia:

— Oi pessoal! João Bicão! Castelo dos Automóveis! Estamos felizes pra caramba de ver vocês aqui, felizes pra caramba, caramba! — E então se virava para uma das esposas, cujas mãos estavam tão cheias de carne de vaca que ela nem conseguia se mexer, e se curvava e atarraxava um largo sorriso glicosado, para demonstrar sua deferência com relação às senhoras, e dizia numa voz inesperadamente trovejante que fazia a pobre mulher assustada deixar cair o churrasco fedorento no colo: — Oi, mocinha! Também estou feliz pra *caramba* de ver a *senhora*! — E então dava uma vasta e horrenda piscadela que praticamente implodia seu olho e acrescentava: — Ouvimos falar muito bem das garotas, *muito* bem. — Tudo acompanhado dessa piscadela de arrancar olho.

Pouco depois, havia Joões Bicões e Zés Manés por todo o lado e os enormes bifes de Hereford escorregavam pelas pernas de todos levantando salpicos nas poças de uísque no chão, e cinco mil espectadores observavam as queixadas dos astronautas trabalhando, e a fumaça e a balbúrdia enchiam o ambiente e as crianças berravam pedindo misericórdia e alívio. Naquele momento, quando o surrealismo parecia ter se excedido de vez, uma banda fez soar os primeiros acordes e as luzes do estádio diminuíram e um refletor procurou o palco dando início a um show e uma voz calorosa e forte trovejou pelo sistema de alto-falantes:

— Senhoras e senhores... em homenagem aos nossos especialíssimos convidados e especialíssimos novos vizinhos, temos orgulho em apresentar... Miss Sally Rand!

A banda tocou *Sugar Blues*... um exagero de trompetes *high-hatting*... Ah, auuuuuuuuu uauaua... e sob o refletor entra saracoteando uma vetusta dama de cabelos amarelos e uma máscara branca por face... Sua pele lembrava a polpa de um melão no inverno... Trazia nas mãos enormes leques emplumados... Começou o seu famoso número de striptease... Sally Rand!... que fora uma *stripper* já não tão nova, mas ainda famosa, quando os sete corajosos rapazes estavam na adolescência, durante a Depressão... Ah-auuuuuuuuu uauaua... e ela piscava e embromava e tirava uma coisinha aqui e depois uma coisinha ali e sacudia as vetustas ancas para os sete guerreiros de combate singular.

Era eletrizante. Transcendia o sexo, o mundo dos espetáculos, os pecados e os rigores da carne. Eram 14h do dia 4 de julho, e as reses continuavam a assar, e o uísque *rugia feliz pra caramba em ver você* e a Vênus de Houston sacudia o bumbum numa bênção absolutamente desconcertante a tudo.

H́Á PARCOS TRÊS ANOS RENE AINDA CONSERVAVA AQUELA persistente disposição de espírito da mulher de militar que, de boa vontade, passa três dias lixando uma tábua de feijão-cru até as mãos ficarem em carne viva, para poupar a fabulosa quantia de noventa e cinco dólares. Quando Scott fez uma despesa telefônica de cinquenta dólares telefonando-lhe de Washington, Albuquerque e Dayton durante os voos de prova nos idos de 1959, isso lhe parecera o fim do mundo. Cinquenta dólares! Era o orçamento de comida para *um mês*! Isso fora há três anos. Agora se encontrava na sala de estar de uma casa própria — feita sob encomenda, não uma casa padrão — à beira de um lago, à sombra do carvalho e dos pinheiros. Ela e Annie Glenn tinham voado de Washington a Houston certo fim de semana e escolhido terrenos, sem maiores considerações, mas acabaram sendo os mais bem localizados nas vizinhanças do Centro Espacial, num loteamento chamado Timber Cove. Os Schirra e os Grissom se mudaram para o mesmo bairro. Com admirável previdência, como se provou, tinham construído suas casas com vista para os fundos abrindo-se para a água e as árvores, enquanto dando frente para a rua construíram fachadas praticamente cegas, de tijolos aparentes. Mal tinham mudado a primeira peça de mobília quando os ônibus de turistas começaram a chegar, e mais os turistas solitários em carros individuais. Eram extraordinárias essas pessoas. Por vezes se ouvia até o alto-falante dentro do ônibus. Escutava-se o guia turístico dizendo:

— Aqui é a casa de Scott Carpenter, o segundo astronauta do Mercury a orbitar a Terra no espaço.

Por vezes as pessoas desciam e arrancavam mancheias de grama do jardim. Voltavam a subir nos ônibus com as miseráveis laminazinhas de grama saindo por entre os dedos. Acreditavam em mágica. Outras vezes as pessoas dirigiam até ali, saltavam dos carros, olhavam para a casa como se esperassem alguma coisa acontecer e, em seguida, caminhavam até a porta, tocavam a campainha e diziam:

— Sentimos incomodá-los, mas quem sabe poderiam mandar um de seus filhos sair para podermos tirar uma fotografia com eles? — No entanto, não se pareciam com os fãs dos astros de cinema. Não havia frenesi. Achavam que realmente estavam demonstrando consideração em não pedir ao próprio que saísse para a sessão de fotografias. De verdade. Tinham mais a atitude de quem visita um santuário vivo.

Era a primeira casa que Rene e Scott tinham construído na vida, a primeira casa que realmente parecia deles. Tinham sem dúvida virado uma página. As coisas aconteciam tão depressa agora. Num determinado momento parecera que iam *receber* casas completamente mobiliadas! O melhor que US$60 mil poderiam comprar em 1962, no atacado! Um mês após o voo de John Glenn, um cidadão de Houston chamado Frank Sharp apresentou a Leo DeOrsey, na qualidade de conselheiro comercial dos rapazes, a seguinte proposta: a fim de demonstrar o orgulho que sentiam pelos astronautas e o novo Centro Espacial, os construtores, urbanizadores, fabricantes de mobiliário e outros que participavam da indústria de moradias suburbanas ofereceriam a cada um dos corajosos rapazes uma das casas construídas para a Mostra de Moradias de 1962, em Sharpstown. Sharpstown era um loteamento que o próprio Frank Sharp empresariara. A Mostra de Casas era uma fileira de casas-modelo que os empreiteiros esperançosos de fechar negócios em Sharpstown estavam construindo como forma de anunciar suas mercadorias. Sharp contribuiria com a terra, um lote de US$10 mil para cada astronauta; os empreiteiros contribuiriam com as casas; e as lojas de mobiliário e de departamentos as equipariam de alto a baixo. Os sete astronautas e suas famílias viveriam ali mesmo na estrada Rowan, no quarteirão do Country

Club Terrace, em Sharpstown, entre a rua Richmond e o bulevar Bellaire, numa propriedade toda equipada no valor de US$60 mil. Uma vez que a esta altura Sharpstown não passava de uma coleção de mapas, letreiros, bandeirolas, ruas com nomes de som tweedosos e colmosos à inglesa e milhares de metros quadrados de fim de mundo agreste, sonolento, batido de vento, a Vila dos Astronautas não seria uma má maneira de começar a encher os espaços. Sharp era o protótipo do indivíduo popular, um homem que vencera sozinho e já era um cidadão proeminente, chegado ao prefeito, ao deputado Albert Thomas, ao governador John Connally e ao vice-presidente Lyndon Johnson. Subscrevia troféus anuais de golfe e coisas do gênero. Tinha as credenciais certas, ou a versão houstoniana disso, razão porque DeOrsey discutira a oferta com os rapazes, e todos decidiram que o negócio era bom. Não tinha qualquer relação com o programa espacial e não os obrigava a nada. Era apenas uma mordomia sem implicações, pura e simples. Nenhum deles na realidade queria morar em Sharpstown, pelo que conheciam da área. Era demasiado distante das instalações da NASA para começar. Assim, imaginaram que aceitariam as casas, apertariam as mãos de todos sem exceção, e em seguida... *venderiam as casas.* John Glenn era tão receptivo a esse tipo de mordomia quanto os demais. Era aquela preocupação imemorial do oficial militar com os extras. John servira nos Fuzileiros fazia vinte anos agora. Achava-se tão embrenhado naquela estrada, suportara tantos soldos mesquinhos, para se descondicionar tão cedo quando se tratava de vantagens extras, as irresistíveis e perfeitamente honradas e autorizadas mordomias. Portanto, nem mesmo John, com todo o seu sincero sentido de moralidade, conseguia compreender o furor que se desencadeou. Gilruth e Webb e todos os outros da hierarquia da NASA estavam furiosos com a Mostra de Moradias de Frank Sharp para Astronautas. E isso era apenas o começo. A oferta disparara um verdadeiro estado de emergência: o contrato com a *Life* ia sofrer uma revisão! Pelo que Scott e os outros tinham ouvido falar, o presidente em pessoa estava pensando em pôr fim a *toda* exploração comercial da condição de astronauta. O restante da imprensa se indignara com o contrato da *Life* desde o princípio e argumentara que ele lançava uma sombra de venalidade no serviço patriótico dos astronautas. Sharpstown revelava onde o caminho da exploração poderia levar...

Sharpstown era uma coisa... mas a ameaça ao contrato com a *Life* — ora, aí a coisa ficava séria! Impensável era a palavra. Os sete pilotos, imbuídos da honrada tradição militar das mordomias, começaram a encarar o contrato com a *Life* com o mesmo espírito com que encaravam a pensão militar a que faziam jus após vinte anos de serviço. Era uma condição imutável do serviço! Fazia parte do adestramento! Cláusula de regulamento! Prevista no manual! Todos os furos na argumentação foram imediatamente vulcanizados pelo calor da emoção. Não era hora de ficar sentado esperando as ordens serem afixadas no quadro de aviso. Faltavam apenas três semanas para o voo de Scott, e ele se achava no meio do treinamento, mas em 3 de maio a maioria dos outros fez uma visita a Lyndon Johnson em seu rancho no Texas para tentar acertar a questão. Webb também esteve presente. Fizeram um grande conclave. Lyndon Johnson lhes pregou uns sermões paternais a respeito da vida privada e da responsabilidade pública, esfregando as manzorras no ar diante de si, como se formasse bolas imaginárias. O diabo da coisa é que nem Johnson nem Webb perderiam sequer um minuto de sono se o contrato da *Life* fosse imediatamente cancelado. Ambos tinham sido queimados pela conexão astronauta-*Life* durante o incidente na casa de Glenn em janeiro. Na realidade, se não tivesse sido por Glenn...

Felizmente, não havia como se esquivar de John. A essa altura, três meses após seu voo, John ascendera a uma posição que somente um estudioso da Bíblia seria capaz de apreciar totalmente. John era o guerreiro singular triunfante. Arriscara a vida desafiando a possante Integral soviética nos céus. Com a sua destreza e coragem neutralizara a vantagem do inimigo, e as lágrimas de alegria e gratidão e admiração ainda corriam. Na Bíblia, no primeiro livro de Samuel, capítulo dezoito, lê-se que após Davi matar Golias e os filisteus fugirem aterrorizados e os israelitas conquistarem uma esmagadora vitória, o rei Saul levara Davi para a casa real e lhe concedera a condição de filho adotivo. Também se lê que onde quer que Saul e Davi fossem, as pessoas se aglomeravam nas ruas, e as mulheres cantavam os milhares que Saul aniquilara e as dezenas de milhares que Davi aniquilara. "Então Saul se indignou muito, e aquela palavra pareceu mal aos seus olhos, e disse: Dez milhares deram a Davi, e a mim *somente* milhares; na verdade, que lhe falta, senão só o reino? E desde aquele dia em diante, Saul tinha David em suspeita." E o presidente Kennedy tinha John Glenn em suspeita. O presidente começara a festejar John e a trazê-lo para a órbita da família Kennedy. John era o tipo de homem que um presidente precisava manter estritamente dentro de seu campo. Um vice-presidente, também, por sinal. Johnson saíra do caminho para ser amigo de John e Annie, e eles tinham sinceramente começado a gostar do homem. Acabaram convidando Johnson e a mulher, Lady Bird, para jantar em casa, em Arlington, no aniversário de quarenta anos de John. E os Johnson aceitaram, na mesma hora. Rene e Scott também foram convidados.

— E o que é que você vai servir? — perguntou Rene a Annie.
— Meu bolo de presunto — respondeu Annie.
— *Bolo de presunto!*
— Por que não? Todo mundo gosta. Aposto como a Lady Bird vai pedir a receita, também.

Os Johnson prolongaram o jantar até quase meia-noite.

Lyndon tirou o casaco e enrolou as mangas da camisa e degustou uma rara sessão nostalgia. Ao saírem, Rene ouviu Lady Bird pedir a Annie a receita do bolo de presunto.

Certo dia, John se encontrava em pleno oceano Atlântico, ao largo de Hyannis Port, Massachusetts, a bordo do iate do presidente, o *Honey Fitz,* quando surgiu o assunto do contrato com a *Life*. O presidente queria saber a opinião de John sobre aquele dado argumento contra o contrato da *Life* que frequentemente levantavam; a saber, que um soldado em combate — um fuzileiro em Iwo Jima, por exemplo — corria um risco de vida tão grande quanto qualquer astronauta e, no entanto, não esperava recompensa da Time, Inc. John respondeu que sim, de fato era verdade, mas suponha que a vida particular daquele soldado ou fuzileiro, sua família, sua casa, sua maneira de viver, sua esposa, seus filhos, seus pensamentos, suas esperanças, seus sonhos assumissem tal interesse que a imprensa acampasse na porta de sua casa obrigando-o a viver debaixo de uma redoma, por assim dizer. Então ele deveria ter o direito de receber uma compensação. O presidente assentiu sagazmente com a cabeça, e o contrato com a *Life* foi salvo, ali mesmo no *Honey Fitz*.

Bom, graças ao contrato com a *Life,* Scott e Rene agora podiam levantar uma hipoteca e construir uma nova casa em uma boa área como a de Timber Cove. Ou graças a isso e à ofegante ansiedade dos loteadores em ter astronautas em seus novos loteamentos. Era a melhor publicidade que poderiam desejar. Ofereceram aos rapazes quase preços de custo pela terra e as casas, e permitiram que levantassem o dinheiro da hipoteca a quatro por cento, com um sinal quase simbólico. Quanto aos astronautas como John e Scott, que já tinham realizado voos, eles não sabiam o que mais oferecer.

Os construtores e loteadores e o público em geral achavam Scott e o voo que fizera fantásticos... mas dentro da NASA alguma coisa... estava ocorrendo. Scott e Rene tinham começado a perceber, embora ninguém nunca dissesse nada. Scott recebera todas as medalhas e todos os desfiles e a viagem à Casa Branca, mas havia alguma coisa no ar, e nem mesmo as outras esposas queriam dizer a Rene o que era. Scott voara em 24 de maio, três meses após John. Deke Slayton fora escalado para esse voo, mas na ocasião a NASA divulgou que Deke tinha um problema de saúde: fibrilação auricular idiopática. Era uma deficiência em que a sequência de impulsos elétricos do coração saía ocasionalmente de sincronia, provocando batimentos irregulares e uma capacidade ligeiramente diminuída de bombeamento. *Idiopática* significava que as causas eram desconhecidas. A deficiência fora descoberta, informava a NASA, durante os treinos na centrífuga em agosto de 1959. Slayton fora examinado no Hospital Naval de Filadélfia e na Escola de Medicina de Aviação da Força Aérea em San Antonio, onde o veredito — ou assim informaram a Slayton — fora que a deficiência era uma pequena anomalia, mas não suficientemente grave para lhe custar o emprego de astronauta. Mas, na realidade, um dos médicos da Força Aérea em San Antonio, um cardiologista de alta reputação, escrevera uma carta a Webb recomendando que Slayton não fosse escalado para voar, uma vez que a fibrilação auricular, idiopática ou não, de fato reduzia até certo ponto a eficiência do coração.

Webb guardara a carta no arquivo. Slayton foi designado, em novembro de 1961, para o segundo voo orbital. No início de janeiro, Webb ordenou uma completa avaliação da condição do coração do rapaz. Seu argumento era que Slayton era um piloto da Força Aérea emprestado à NASA, e um cardiologista da Força Aérea recomendara que não o usassem em voos. Portanto, o caso devia ser revisto. O caso de Slayton agora foi apresentado a duas comissões, uma composta de médicos graduados da NASA e outra composta de oito médicos chamados pelo cirurgião geral da Força Aérea. Ambas aprovaram Slayton para o iminente voo do Mercury. Contudo, Webb passara o caso a três cardiologistas de Washington, um deles Eugene Braunwall, dos Institutos Nacionais de Saúde, reunindo uma espécie de painel de alto gabarito. Também solicitou a opinião de Paul Dudley White, que se tornara famoso na qualidade de cardiologista de Eisenhower. Por que isso estaria acontecendo a tal altura do jogo, quando já fazia três meses que Deke fora designado para o voo, ninguém saberia dizer. Os quatro médicos chegaram à mesma conclusão, aparentemente tão fundada no bom senso quanto em qualquer outra coisa. Ali tinham um caso de um piloto com uma pequena deficiência cardíaca. Provavelmente poderia fazer um voo espacial ou qualquer outro voo sem problemas. Contudo, do administrador para baixo, toda a agência espacial parecia estar sofrendo, oscilando e ruminando o assunto, que a essa altura acumulara uma pasta da grossura de um braço. Portanto, se o Projeto Mercury tinha muitos astronautas preparados e dispostos sem anomalias cardiovasculares, por que não usar um deles e encerrar o assunto? E bastava, no que dizia respeito a Webb. Estávamos agora no meio de março. Dois meses antes, na sua divergência com Glenn, James E. Webb defrontara com o *astropower* e perdera. Desta vez impusera sua vontade. Slayton foi retirado do voo.

O grande Animal Vitoriano ficou inteiramente desconcertado. O Animal andara diligentemente desencavando histórias de interesse humano a respeito de Slayton. Como é que a NASA podia decidir agora que ele era um rejeitado com um coração deficiente? Faltava... a emoção correta... para o acontecimento.

Segundo o palavreado oficial da NASA, Slayton ficara "profundamente desapontado" com a decisão. Isso era definir a coisa delicadamente. O homem estava furioso. Slayton tentou se refrear nas declarações públicas, porém, porque não queria prejudicar sua possibilidade de reintegração. Estava convencido de que o caso todo acabara se transformando em uma questão capciosa e que aos poucos todos voltariam à razão. Em particular punha lenha na fogueira. Não parava de dizer que Paul Dudley White fizera uma decisão *operacional*. Seu argumento era que White e os outros médicos primeiro tinham apresentado sua opinião profissional — estava apto a voar — e, em seguida, apresentado sua opinião operacional, que era: "Mesmo assim, por que não escolher outro?" Tinham direito à opinião médica; e ponto. Mas tinham feito uma decisão *operacional*! Essa palavra, *operacional,* era uma palavra sagrada para Slayton. Ele era o rei do operacional. *Operacional* referia-se à ação, à coisa em si, à pilotagem, à fibra. Médico referia-se a um dos muitos acessórios do empreendimento em pauta. Não se solicitavam médicos para tomar decisões operacionais. Os repórteres da *Life* sabiam muito bem da fúria em que estava

Slayton, e outros repórteres tinham fortes suspeitas disso. Mas A Fera Gentil não conseguia encontrar o tom... apropriado... para a situação. Assim, passado algum tempo simplesmente abandonaram o assunto. Ativeram-se à versão da NASA: "Profundamente desapontado." Poucos deles perceberam que a coisa ultrapassava a raiva. Deke Slayton ficou arrasado. Não perdera simplesmente a oportunidade de fazer o próximo voo; perdera tudo. A NASA acabara de anunciar que ele já não possuía... a fibra. Podia-se perder a competência por qualquer coisa! — e ele perdera. Fibrilação auricular idiopática — não fazia diferença! Por *qualquer* coisa! Toda a sua carreira, sua ascensão da tundra sombria e áspera de Wisconsin se baseara na posse indisputável da tal fibra. Essa era a coisa mais importante que jamais possuíra nessa Masseira de Erros Mortais, e era muito. Era o máximo. E *se fora*, assim! Sentia-se humilhado. Isso lhe seria esfregado na cara para onde quer que se virasse. Não podia voltar a Edwards agora, mesmo que quisesse. A Força Aérea não ia usar um rejeitado da NASA para voos de prova importantes. Voos de prova? Porra, nem poderia mais voar um caça sozinho! Era verdade. Só poderia levantar voo em aviões de dois lugares com outro piloto — alguém que ainda estivesse perfeito, sem furos por onde a fibra vital pudesse ter-se esvaído. Havia até a possibilidade de que a Força Aérea o deixasse em terra de vez, apesar de o cirurgião geral o ter considerado "perfeitamente apto como piloto da Força Aérea e como astronauta". O orgulho da Força Aérea se achava em jogo. O chefe do Estado-Maior da Força Aérea, general Curtis LeMay, assumiu a posição de que se ele não estava apto para voar na NASA como podia estar apto para voar na Força Aérea? Tudo isso era dito a respeito *dele*, Deke Slayton, o homem que mais lutara para que *o astronauta* fosse tratado como *piloto*, ao ponto de insistir em controles iguais aos de um avião para a cápsula, ou, droga, para a *espaçonave*.

Era pouco provável que ficasse mais feliz em saber que Scott Carpenter tomara seu lugar. Carpenter tinha a menor experiência de voos de prova de todos, mas, mesmo assim, ia substituir Deke

Slayton — Deke Slayton, que se erguera diante da Sociedade de Pilotos de Provas Experimentais e insistira que somente um piloto de provas experiente poderia se desobrigar da missão corretamente. Wally Schirra, um homem com reais credenciais em voos de provas, estivera treinando como o piloto reserva de Deke. Por que fora preterido em favor de Carpenter? Os dois camaradinhas, Glenn e Carpenter, recebiam os primeiros dois voos orbitais... e Deke Slayton estava sendo *deixado para trás...* para apanhar caronas de avião com outros pilotos.

A opinião de Gilruth, endossada por Walt Williams, era que Carpenter acumulara muito mais treinamento de voo, na função de reserva de Glenn, do que Schirra teria possibilidade de espremer durante as dez semanas que faltavam para o voo. Scott não se sentia exatamente em êxtase por ter recebido o voo de Deke de uma hora para outra. Treinara durante seis meses com John, mas o segundo voo orbital seria muito diferente. Os cientistas experimentais da NASA finalmente marcariam um tento. O astronauta deveria abrir um balão multicolorido do lado de fora da cápsula a fim de estudar a percepção da luz no espaço e a resistência ao avanço, se houvesse, no presumido vácuo do espaço. Deveria observar o comportamento da água em uma garrafa durante a imponderabilidade e se a ação da capilaridade se alteraria ou não. Haveria uma pequena esfera de vidro para tal experiência. Ele disporia de um densitômetro, nome que tinha o aparelho, para medir a visibilidade de um foguete de sinalização na Terra. Receberia treinamento para usar uma filmadora portátil e tirar fotografias meteorológicas e filmar o horizonte diurno e a faixa atmosférica acima do horizonte e várias massas continentais, particularmente as da América do Norte e da África. Encontraram o homem certo. Scott ficou intrigado com os experimentos. Mas o acréscimo de todas essas tarefas à lista de checagem, que já andava sofrendo alterações de caráter operacional à última hora, o colocou sob crescente pressão. A fim de fazer todas essas observações, usar a câmera, o densitômetro, ou o que fosse, estaria usando um aparelho de controle manual inteiramente novo. Era um sistema em que se produzia meio quilo de empuxo só de empurrar ligeiramente o controle manual e mais onze quilos se o empurrasse além de um pequeno ângulo. Seria ou/ou; não havia probabilidade de manobrar a cápsula gradualmente como um avião ou um automóvel.

O voo saiu na data aprazada em 24 de maio. As primeiras duas órbitas foram um piquenique para Scott. Sentiu-se mais descontraído e animado do que qualquer dos três homens que o tinham precedido. Divertia-se. Suas pulsações, antes da decolagem, durante o lançamento e em órbita, revelaram-se ainda mais baixas do que as de Glenn. Falou mais, comeu mais, bebeu mais água; e fez mais com a cápsula do que qualquer um deles. Obviamente adorou todos os experimentos. Balançava a cápsula pra cá e pra lá, tirava mil fotografias, fazia observações detalhadas do sol nascente e do horizonte, soltando balões, cuidando das garrafas, fazendo leituras do densitômetro, se esbaldando. O único problema foi que o novo sistema de controle consumia combustível a uma razão fantástica. Queria mexer a cápsula só um pouquinho e — pimba! — se ultrapassava a linha invisível, e mais um gêiser descomunal de peróxido de hidrogênio esguichava dos tanques.

Durante a segunda órbita foi avisado pelos diversos capcoms que começasse a poupar combustível, de modo a ter o suficiente para a reentrada, mas somente na terceira órbita, a última, é que ele mesmo pareceu perceber como o combustível estava baixo. Quase todo o tempo da órbita final deixou a cápsula flutuar e assumir qualquer atitude que quisesse, para não precisar usar os propulsores, altos ou baixos, automáticos ou manuais. Não houve o menor problema. Mesmo quando se estava de cabeça para baixo com relação à Terra, a cabeça apontando diretamente para baixo, não havia qualquer sensação de desorientação, nenhuma sensação de estar em cima ou embaixo. Flutuar num estado de imponderabilidade era mais gostoso do que nadar debaixo d'água, coisa que Scott adorava.

O suprimento reduzido do combustível não saía de sua cabeça. Assim assim, não conseguiu resistir à oportunidade de experimentar. Levou a mão ao densitômetro e esbarrou na escotilha da cápsula, e uma nuvem dos "vaga-lumes" de John Glenn apareceu fora da janela. Então balançou a cápsula lateralmente para dar uma olhada nos vaga-lumes. Para ele lembravam mais geada ou flocos de neve, por isso deu uma pancada na escotilha e mais uma nuvem se ergueu e ele balançou mais um pouco para dar outra olhada e gastou mais combustível. O que quer que fossem, achavam-se agarrados ao casco da cápsula e sem dúvida emanavam dela ou eram por ela produzidos e não algum tipo de microgaláxia, e tudo isso despertava sua curiosidade, portanto bateu mais e guinou e picou e girou mais um pouco, para melhor desvendar o mistério. De repente já estava na hora de preparar a reentrada, e Scott atrasara na retrossequência, nome por que era conhecida aquela parte da lista de checagem. Além disso, a situação do combustível começava a se tornar um pouquinho arriscada. E, ainda por cima, o sistema de controle automático não queria mais segurar a cápsula no ângulo correto de reentrada. Então ele passou para o controle manual... mas ao mesmo tempo esqueceu de acionar o botão que cortava o controle automático. Durante dez minutos ficou gastando combustível nos dois sistemas. Teria que disparar os retrofoguetes manualmente, quando Alan Shepard, o capcom em Arguello, Califórnia, anunciasse a contagem regressiva. Quando Shepard ordenou "Disparar o primeiro!", o ângulo da cápsula saíra nove graus fora do ponto e Scott se atrasou para apertar o botão. Praticamente não lhe restava combustível algum para controlar as oscilações da cápsula durante a reentrada. Na altura em que atingiu a atmosfera mais densa e o rádio entrou em blecaute, Chris Kraft e os outros engenheiros do controle de voo recearam o pior. Muito tempo depois de as comunicações já deverem ter-se restabelecido — nada. Parecia que Carpenter consumira todo o combustível lá em cima brincando — e ardera. Todos se entreolharam e já pensavam um passo à frente. "O desastre vai retardar o programa um ano — ou pior que isso."

* * *

Rene acompanhava a reentrada de Scott pela televisão em uma casa alugada em Cocoa Beach. Há dois dias se envolvera em uma operação de esconde-esconde que afinal se tornara absolutamente maluca. Blitz nas pontes... helicópteros enfurecidos... Rene decidira que, uma vez que os artigos da *Life* sobre as corajosas esposas suportando a provação dos voos dos maridos eram escritos na primeira pessoa, iria escrever o dela. Loudon Wainwright poderia copidescar o que ela escrevesse e reescrever as frases mais canhestras, mas escreveria a coisa toda sozinha. Sendo este o caso, não se deixaria aprisionar dentro da própria casa em Langley pelas equipes de televisão e todo o resto daquele hospício. Vira Annie ser levada à loucura, mais por ter de bancar a rolinha assustada diante da imprensa — e gente feito Lyndon Johnson — do que por quaisquer temores que sentisse por John. Era uma posição indigna para se estar. Apesar das atenções que lhe eram prodigalizadas, a pessoa não era tratada como um indivíduo e sim como a cônjuge leal e ansiosa do sujeito que estava lá em cima montado no foguete. Decorrido algum tempo, Rene já não sabia se eram suas modestas ambições literárias ou o seu ressentimento com o papel padronizado da Esposa Astronauta que a levou a fazer isso. A *Life* alugou uma "casa segura" para ela em Cocoa Beach. A *Life* fazia as coisas direitinho. Alugou também uma casa de reserva, caso a presença de Rene na primeira fosse descoberta. Rene ligou para Shorty Powers, que era o porta-voz oficial da NASA para os assuntos dos astronautas, e lhe informou que se deslocaria ao Cabo para o lançamento, mas queria privacidade e não estava informando a ninguém onde se hospedaria, inclusive a ele. Powers não ficou satisfeito. O contrato dos astronautas com a *Life* já tornava o seu trabalho bastante difícil. Era privado de todo o material "pessoal" sobre os homens e suas famílias, encaminhado à *Life* com exclusividade. Contudo, durante um voo, noventa por cento dos repórteres com quem Powers tinha de lidar estavam realmente interessados em apenas duas perguntas: (1) Que é que o astronauta está fazendo agora e como se sente? (Está com medo?); e (2) Que é que sua mulher agora está fazendo e como se sente? (Está morrendo de angústia?) Uma das principais tarefas de Powers era atender redes de televisão — e lhes informar onde *a esposa* se encontraria durante o voo, de modo que pudessem se congregar para a vigília da morte. E desta vez só o que poderia dizer era que a *esposa* estaria no Cabo... em algum lugar... Foi o bastante. As redes consideraram a situação um insulto e um desafio. Antes que Rene partisse para o Cabo, um correspondente de uma das redes lhe telefonou e avisou que *iriam descobrir* onde estaria hospedada... Podiam fazer isso por mal, se fosse preciso, mas preferiam fazê-lo por bem. Portanto era melhor que lhes contasse de uma vez. Parecia coisa de filme de gângster. Mas não deu outra, quando ela chegou ao Cabo, as redes tinham gente vigiando cada ponte e cada elevado que davam acesso a Cocoa Beach. Rene sabia que estariam à espreita de um carro com uma mulher e quatro crianças. Por isso fez as crianças se deitarem no fundo do carro, e furaram o bloqueio. As redes não iam se deixar derrotar com essa facilidade. Afinal, como poderiam acampar no jardim e filmar as cortinas fechadas se nem ao menos sabiam onde se encontrava? Então alugaram helicópteros e começaram a vasculhar Cocoa Beach. Subiam e desciam a praia pedregosa, procurando grupos de quatro crianças pequenas. Mergulhavam bem em cima das crianças na praia até conseguirem ler o terror em seus olhos. As pessoas corriam a se abrigar, abandonavam as caixas térmicas de piquenique, as máquinas fotográficas e os tripés, procurando salvar os filhos dos helicópteros enfurecidos. Era uma loucura, pura piração, mas a essa altura, sem saber onde a *esposa* se achava, era quase o mesmo que não saber onde estava o foguete. Finalmente, Rene passou a mandar as crianças à praia de duas em duas, a fim de enganar os lunáticos nos helicópteros das redes.

Chegou o momento do lançamento, e agora Rene e os filhos assistiam à contagem regressiva pela tevê na casa segura, com

Wainwright e um fotógrafo da *Life* de prontidão. Então as crianças correram para fora e assistiram à parte da lenta subida do foguete por um telescópio montado no telhado da garagem. As crianças não pareciam nem um pouquinho apreensivas. Voar era *o trabalho* do pai. Estavam animadíssimas... E agora acompanhavam a reentrada, o melhor que podiam, pela televisão. Estavam sintonizadas na CBS. Lá estava Walter Cronkite. Rene o conhecia. Cronkite se transformara num astro fã. Tinha mais do que as razões normais para gostar dos astronautas. Fora a sua cobertura do voo de John Glenn que, pelos curiosos descaminhos das comunicações televisivas, o levara à atual eminência entre os âncoras das redes. Cronkite estivera explicando o problema de combustível de Scott enquanto aquele reentrava na atmosfera. Então a voz de Cronkite começou a se carregar de crescente preocupação. Não sabiam onde andava Scott. Não tinham certeza se começara a reentrada no ângulo correto. De repente a voz de Cronkite se embargou. Lágrimas rolaram de seus olhos.

— Receio que... — Houve um aperto em sua voz. Seus olhos brilhavam úmidos. Abrira as comportas. — Receio... que talvez tenhamos... *perdido um astronauta...* — Que instinto tinha o homem! Lá estava a Imprensa, o Gentil-homem, acorrendo com a emoção apropriada... *ao vivo...* sem precisar de nenhuma deixa! Os filhos de Rene ficaram muito quietos, os olhos fixos na tela. Contudo Rene não acreditou nem por um instante que Scott tivesse perecido. Ela era igual a toda mulher de piloto militar nesse particular. Se estava apenas desaparecido, se não tinham encontrado cadáver algum, então ele estava vivo e sobreviveria muito bem. Não havia a menor dúvida. Rene sabia de um caso em que um avião-cargueiro caíra no Pacífico e se partira em dois com o impacto, a metade da cauda afundara como uma pedra. Alguns homens tinham sido resgatados da metade anterior, que flutuara alguns minutos. E, no entanto, as mulheres dos homens que se encontravam na metade traseira da aeronave se recusavam a acreditar que estivessem perdidos. Estavam lá no oceano em algum lugar; era apenas uma questão de tempo. Rene se admirara do tempo que levaram para aceitar o óbvio. Mas sua reação era precisamente a mesma. Scott estava bem, porque não havia qualquer prova real de que não estivesse bem, Cronkite soluçava na tela. Nenhuma lágrima subiu aos olhos da mulher. Scott estava bem. Apareceria... Não havia a menor dúvida.

N A VERDADE, ESTAVA CERTA. SCOTT ENTRARA NA ATMOSFERA em boa forma. A cápsula começou a sacudir violentamente na densa atmosfera abaixo de 15.000 metros, e precisou acionar o paraquedas cedo e manualmente, porque acabara o combustível do sistema automático. A cápsula errara a área de amerissagem por uns quatrocentos quilômetros. Um avião de reconhecimento encontrou-o quarenta minutos depois, mas durante todo esse tempo a impressão criada pela televisão era de que poderia estar morto. Quando uma aeronave de resgate se aproximou de Scott, encontrou-o balançando satisfeito em uma balsa ao lado da cápsula. Estava muito contente com a aventura toda. Quando chegou ao porta-aviões *Intrepid*, continuava em excelente estado de espírito. Falou sem parar noite adentro. Queria ficar acordado e continuar a falar da grande aventura que tivera. Estava realmente satisfeito com todas as experiências que conseguira fazer, apesar da enorme lista de checagem que recebera, e com a solução, ou pelo menos a redução das possibilidades aplicáveis ao mistério dos "vaga-lumes". Não determinara exatamente o que eram, mas provara que eram produzidos pela própria espaçonave; não se tratava de material extraterrestre, e assim por diante... Poderia ter falado a noite inteira... Estava feliz... uma missão bem cumprida... Sentia que ajudara a criar uma das mais importantes funções em astronáutica: o homem como cientista espacial...

Nas duas semanas seguintes Scott recebeu honras de herói. Não na escala das de John, o que era compreensível, mas foram bastante simpáticas. Houve desfiles no leste e desfiles no oeste. Atravessou Boulder, sua velha cidade natal, em uma carreata, e cruzou Denver, que era logo ali adiante. Foi um grande dia. Fazia sol num dia claro com farrapos de nuvens, típico das Montanhas Rochosas em maio, e Rene estava ao seu lado, sentada na capota do conversível, usando luvas brancas, como uma digna esposa de oficial da Marinha, sorridente, com uma aparência absolutamente linda, e radiante. Bom, Scott achou que tirara a sorte grande.

Lá no Cabo, Chris Kraft comentava com os colegas:

— Aquele sacana nunca mais vai voar para mim.

Kraft estava furioso. A verdade era que já se aborrecera silenciosamente antes... com os sete corajosos rapazes. Do seu ponto de vista, Carpenter desprezara repetidos avisos dos capcoms espalhados pelo mundo para não desperdiçar combustível, e isso quase resultara em uma catástrofe, uma que teria causado danos irremediáveis ao programa. Na situação atual, o desempenho de Carpenter lançara dúvidas sobre a capacidade do sistema Mercury de realizar um voo tão longo quanto as dezessete órbitas de Titov. E por que tal catástrofe quase acontecera? Porque Carpenter insistia em se comportar como um Astronauta Onipotente e Onisciente da Mercury. Não precisava prestar atenção às sugestões e avisos de meros subalternos em terra. Aparentemente acreditava que o *astronauta*, o passageiro da cápsula, era o corpo e a alma do programa espacial. Todo o rancor que os engenheiros sentiam com a posição altaneira dos astronautas agora punha a cabecinha para fora da jaula... pelo menos na NASA. Fora da NASA, publicamente, nada deveria mudar. Carpenter, a exemplo de Grissom antes dele, era um rapaz corajoso exemplar; fizera apenas uma manobrinha arriscada no final do voo, e só. Voo muito bem-sucedido; continuem, deixem que receba suas medalhas e cumprimentos.

E agora que a ferida se abrira, havia aqueles que não cabiam em si de contentes em ver a seguinte linha de argumentação ganhar terreno com relação ao voo de Carpenter: Carpenter não só desperdiçara combustível lá em cima, brincando com os controles de atitude da cápsula, fazendo as suas caras "experiências". Não, ele também se... *apavorara*... quando finalmente percebera que estava ficando sem combustível. A evidência disso era que se esquecera de desligar o sistema automático quando passara para o manual e assim realmente acabara com o seu suprimento de combustível. Em seguida... *entrara em pânico!*... E fora essa a razão de não ter conseguido alinhar a cápsula no ângulo correto, e a razão de não ter conseguido disparar os retrofoguetes na hora certa... e acabara entrando na atmosfera num ângulo muito raso. Quase resvalara para fora em vez de entrar... quase resvalara para a eternidade... porque... *entrara em pânico!* Aí está! Está dito! Essa era a pior acusação que poderia se levantar contra um piloto no grande zigurate do voo. Significava que um homem perdera qualquer fibra que tivesse, da pior maneira possível. Fizera merda. Era um pecado para o qual não havia redenção. Eternamente condenado! Uma vez que tal veredito foi proferido, nenhum julgamento seria demasiado vil. Você ouviu a voz dele na gravação pouco antes do blecaute? Dava para se *ouvir* o Pânico! Na realidade, não ouviram nada disso. Carpenter falava de uma maneira muito parecida com a de Glenn e estava bem menos agitado que Grissom. Mas se alguém queria ouvir pânico, especialmente nas palavras que um homem tinha de se esforçar para pronunciar depois que as forças gravitacionais se intensificavam, se era isso que buscavam... então dava para se ouvir o pânico. Mas, por outro lado, Carpenter nunca fora dotado da fibra necessária, para começar! Isso era óbvio. Desistira havia muito tempo. Optara por aviões multimotores! (Agora sabemos por quê!) Só tinha duzentas horas de voo em jatos. Só estava ali por um acaso do processo de seleção. E por aí adiante. Naturalmente tinham que desprezar certos dados objetivos. As pulsações de Carpenter se mantiveram mais baixas, tanto *durante a reentrada* quanto durante o lançamento e o voo orbital, do que as de qualquer outro astronauta, inclusive Glenn.

Nunca ultrapassaram 105, mesmo durante o momento mais crítico da reentrada. Podiam argumentar que as pulsações não eram uma indicação confiável da tranquilidade de um piloto. Scott Crossfield tinha pulsações cronicamente aceleradas, e estava na mesma categoria que Yeager. Contudo, era inconcebível que um homem em *estado de pânico* — em uma emergência de *vida ou morte* — numa crise que não durou uns segundinhos, mas *vinte minutos*, era inconcebível que tal homem pudesse manter um ritmo de batimentos cardíacos inferior a 105 o tempo todo. Até mesmo os batimentos de um piloto poderiam ultrapassar 105 só pelo fato de algum filho da mãe atrevido ter furado a fila na frente dele no reembolsável. Poderiam argumentar que Carpenter não fizera uma boa reentrada, mas acusá-lo de pânico não fazia o menor sentido à luz dos dados registrados sobre seus batimentos cardíacos e seu ritmo respiratório. Portanto, ignorariam os dados objetivos. Uma vez iniciada, a difamação de Carpenter tinha que continuar a qualquer preço.

Servia a muitas finalidades ao mesmo tempo. Fazia os outros afinal parecerem *verdadeiros pilotos* e não meros passageiros de uma cápsula. Ou um homem *tinha fibra* ou não tinha... fosse no espaço ou no ar. Como todo piloto sabia no fundo do coração — negue-o se quiser! —, era preciso haver rejeitados para a sua própria fibra se destacar. Por implicação, deveriam então considerar Carpenter o *rejeitado*? A lógica já não importava — principalmente porque nada disso poderia ser falado abertamente: publicamente não deveriam haver quaisquer falhas no programa espacial tripulado. A pura lógica teria suscitado a pergunta: por que Carpenter e não Grissom? Grissom *perdera a cápsula* e em seguida retrucara com a desculpa clássica de piloto diante de um erro crasso: "Não sei o que aconteceu — a máquina entrou em pane." A telemetria revelava que o coração de Grissom por vezes beirara a taquicardia. Pouco antes da reentrada seu ritmo cardíaco alcançara 171 batimentos por minuto. Mesmo depois de Grissom estar são e salvo a bordo do porta-aviões *Lake Champlain*, seu coração continuava a bater 160 vezes por minuto, sua respiração estava acelerada, a pele, quente e úmida; ele não queria falar, só queria ir dormir. Aí estava o quadro clínico de um homem que se abandonara ao pânico. Então por que não o designaram para ser *o rejeitado* — se queriam arranjar um? Mas a lógica nada tinha a ver com isso. Estavam no terreno das crenças mágicas agora. No dia a dia o valente Gus *levava* a vida de um eleito. Era um ardoroso defensor da bandeira operacional. Aqui a sorte de Gus e a sorte de Deke convergiam. Deke dissera o tempo todo: é preciso um experiente piloto de provas lá em cima. Gus e Deke eram grandes amigos. Durante três anos voaram juntos, caçaram juntos, beberam juntos; os filhos brincavam juntos. Ambos estavam comprometidos com a palavra sagrada: *operacional*. Schirra os endossava nesse compromisso específico, e Shepard também pendia para esse lado, da mesma forma que Cooper.

Deke tinha muito o que agradecer a Shepard. Certo dia, Al reunira os outros rapazes e dissera:

— Ouçam aqui, temos que fazer alguma coisa pelo Deke. Temos que fazer alguma coisa para restituir seu orgulho.

A sugestão de Shepard era que se fizesse de Deke uma espécie de chefe dos astronautas, com um escritório, um título e deveres oficiais. Todos apoiaram a ideia e a levaram a Gilruth, e não demorou nada Deke recebeu o título de "Coordenador das Atividades dos Astronautas". Talvez houvesse gente na NASA imaginando que isso seria uma função supérflua de faz de conta para o astronauta em desgraça; se era assim, estavam subestimando Deke. Ele era um indivíduo muito mais astuto e decidido do que o seu jeito de habitante da tundra de Minnesota levava a crer. A função lhe forneceu um canal para escoar a fantástica energia que reprimia dentro dele. A hierarquia da NASA ainda era um vácuo político, e Deke dispôs-se a preenchê-lo... com espírito de vingança, por assim dizer. Logo, Deke se tornou um poder dentro da NASA, um homem a ser considerado, e sua motivação jamais variava: quanto mais poderoso, melhores as chances de reverter a decisão que o impedia de voar. Justiça, simples justiça operacional... em nome da fibra.

Operacional; a palavra adquirira nova força agora, e começou a se desenvolver um corolário à teoria do voo Carpenter. A agenda de voo de Carpenter fora sobrecarregada com experiências práticas. Os cientistas, os homens mais baixos na hierarquia da NASA até o momento, tinham recebido suas cabeças neste voo... e os resultados estavam ali para todos verem. Carpenter levara essa história de professor Pardal a sério, e isso causara os seus problemas. Ficara tão absorto nessas várias "observações" que se atrasara com a lista de checagem e se atordoara e fizera besteira. Todos esses absurdos científicos podiam esperar. Agora mesmo, na fase operacional crítica do programa, no período crucial das *provas de voo* reais, não era uma questão menor, era algo perigoso. Havia um excesso de *doutorezinhos* metidos na coisa também. (Olhem o que fizeram com Deke!) E para coroar ainda tinham que se haver com dois psiquiatras. Eram bastante simpáticos pessoalmente, Ruff e Korchin, mas ficavam... *no caminho*! Que droga era essa de urinar em frascos e marcar bolinhas com um lápis... quando a pessoa acabou de esfolar o couro num voo espacial? Eles nem ao menos tinham percebido o fato de que Carpenter *entrara em pânico*. Acharam-no eufórico, alerta, cheio de energia, pronto para decolar e repetir tudo de novo... Os dois homens não foram convidados a continuar no programa depois da transferência de Langley para Houston. Muito obrigado, senhores, e não deixem a maçaneta lhes bater no rabo.

Neste ponto a opinião de Grissom, Slayton e Schirra coincidia com a de Kraft e Walt Williams. Kraft e Williams achavam que as experiências não operacionais deviam ser mantidas em um nível mínimo nesta fase do programa. Doravante, sempre que alguém dissesse o contrário, a pessoa só precisava revirar os olhos, virar as palmas das mãos para cima e dizer: Está querendo outro voo Carpenter?

Em 11 e 12 de agosto a possante Integral atacou de novo, e agora não havia absolutamente como parar a teoria *operacional*. Em 11 de agosto os soviéticos lançaram o *Vostok 3* no que a princípio parecia uma repetição do voo de um dia de Titov. Mas não! Exatamente vinte e quatro horas depois o Projetista-chefe lançou o *Vostok 4*, e as duas naves voaram juntas, *in tandem,* a menos de cinco quilômetros uma da outra. A menos de cinco quilômetros uma da outra na infinidade do espaço! Os soviéticos falaram de um "voo conjunto" como se os dois cosmonautas, Nicolayev e Popovich, estivessem voando em formação. Na realidade, nenhum dos dois poderia alterar seu curso de voo em nada, e sua proximidade era unicamente devida à precisão com que a segunda *Vostok* fora lançada, no momento em que a primeira passou orbitando no espaço — mas mesmo isto parecia um fato de incalculável sofisticação. A Fera Gentil e muitos congressistas pareciam à beira da histeria. *Formações* completas de guerreiros espaciais soviéticos, arremessando raios contra Schenectady... Grand Forks... Oklahoma City... Mais uma vez o Projetista--chefe brincava com eles! Só Deus sabia qual seria sua próxima surpresa... (Seria grande.) Bom, isso encerrava a questão. Bastava de densitômetros e balões multicoloridos e outros acessórios dos Jalecos Brancos. (Bastava de pilotos metidos com assuntos não operacionais!) O que explicava a natureza singular do voo de Wally Schirra em 3 de outubro.

Schirra batizou sua cápsula de *Sigma 7*, e pronto. Scott Carpenter batizara a dele de *Aurora 7... Aurora...* o amanhecer rosado... a alvorada da era intergaláctica... as incógnitas, o mistério do universo... a música das esferas... Petrarca no alto da montanha... e tudo o mais. Enquanto *Sigma... Sigma* era um símbolo de engenharia pura. Significava totalidade, a solução do problema. A não ser que tivesse saído e batizado a cápsula de *Operacional,* não poderia ter escolhido um nome melhor. Pois o objetivo do voo de Schirra era provar que o de Carpenter não precisava ter ocorrido. Schirra descreveria seis órbitas — o dobro das de Carpenter — e, no entanto, usaria metade do combustível e aterrissaria bem no alvo. Tudo que não tivesse relação com esses objetivos tendia a ser eliminado do voo. O voo da *Sigma 7* estava destinado a ser Armagedon... a derrota final e decisiva das forças da ciência experimental no programa espacial tripulado. E foi isso que foi.

Schirra encarnava a figura jovial e amante das brincadeiras tão bem que as pessoas por vezes não reparavam o quanto podia ser formidável. Mas a sua ênfase, afinal, era manter uma tensão uniforme. Os intervalos de brincadeiras, gargalhadas, correrias lhe proporcionavam suficiente descontração para a hora de apertar as cravelhas e endurecer o jogo. Na mesma intensidade que Shepard, Wally tinha os instintos do oficial de Academia, um líder de homens, o comandante, o capitão do navio. Só que operava de maneira diferente. Era tranquilo; possuía "a disposição acrítica de enfrentar o perigo", mas não receava revelar seus sentimentos quando a estratégia parecia indicá-lo. Se ia ser o seu espetáculo, insistia em comandá-lo; e era suficientemente perspicaz para reconhecer os contornos políticos de uma situação. Tendo visto quatro voos de perto, Wally não podia ter deixado de perceber que o segredo de uma missão bem-sucedida residia em uma lista de checagem simplificada com intervalos entre as tarefas. Quanto menos tarefas havia, tanto melhor a chance de um desempenho cem por cento. E não era só isso, se a pessoa controlasse a lista de checagem, então podia definir o tema de seu voo, um objetivo claro que todos seriam capazes de apreciar e corresponder imediatamente. O tema de Wally para esse voo era a Precisão Operacional que, traduzida, significava conservar combustível e pousar no alvo. Agora que as forças operacionais se encontravam perfiladas ombro a ombro, era possível manter fora a maioria das novidades que os engenheiros ou cientistas tinham sonhado para o voo.

Ficou decidido que um dos principais testes operacionais de Wally seria reduzir a potência de todos os sistemas de controle de atitude, tanto automáticos quanto manuais, e simplesmente deixar-se impelir para qualquer atitude que a inércia o fizesse assumir, de cabeça para baixo (com relação à Terra), às cambalhotas, adernado para um lado e para outro, o que fosse. Scott ouviu falar nisso e disse a Wally que achava isso realmente desnecessário. Flutuara durante a maior parte da última órbita, na tentativa de poupar combustível para a reentrada, e provara, para sua satisfação, que se podia aprumar a cápsula no alinhamento da antena ou deixá-la revolver ou assumir qualquer outra atitude, que não era nem um pouquinho desconfortável ou desorientante. Por que Wally não empregava o tempo programado para flutuação em outras atividades? Wally respondeu que não, ia dedicar seu voo às experiências de voo à deriva, e à poupança de combustível, a fim de preparar o caminho para as missões de longa duração.

Scott iria descobrir que tinham realizado sessões de planejamento e que não fora informado delas. Não que Scott devesse participar oficialmente do planejamento do voo de Wally, e não era incomum em provas de voo um piloto ter um círculo próprio de colegas e equipes de terra aos quais preferia consultar. Mas, seja como for, qualquer um se lembrava do valor que Scott emprestara aos conselhos de Glenn antes de seu voo. Na realidade, uma das preocupações de Scott foi que John não estivesse mais à mão. As exigências sobre o tempo de John em seu papel de herói número um da NASA tinham se tornado desmesuradas. Mas sempre que John andava por perto, Scott — e os engenheiros, também — queria John nas reuniões. Wally também se queixava de que John não estivesse por perto. E provocou uma boa confusão quando relatou a Walter Cronkite, em entrevista gravada, que John andava ausente participando de tantos banquetes que estava perdido para o programa. Não se queixou da ausência de Scott, porém. Scott começou a concluir que Kraft e Williams estavam reagindo a que ele tivesse errado o alvo por quatrocentos quilômetros. A possibilidade de que houvesse pessoas — *pilotos* — que andassem dizendo que ele *entrara em pânico* jamais lhe ocorrera.

Dado o objetivo do voo — que era provar que um piloto *tranquilo* podia voar duas vezes mais com metade do consumo de combustível e dez vezes mais precisão —, Schirra foi fantástico. Do instante em que se levantou naquela manhã, ele foi o ser humano mais tranquilo e descontraído que jamais saiu para se sentar na ponta de um foguete. Há poucos dias, Wally pregara um dos seus te-peguei típicos em Dee O'Hara, a enfermeira. Uma de suas tarefas era recolher amostras de urina. Ela lhe entrega o frasquinho de costume e lhe pede para trazer uma amostra e deixar em cima da mesa. Ao entrar em sua sala, não encontra em cima da mesa o frasquinho pedido, senão um enorme garrafão contendo uns cinco galões de líquido de cor âmbar com um colarinho de espuma. Não era possível — mas *poderia* ser possível? —, e então ela põe as mãos nas laterais do garrafão para verificar se está morno, e...

— *Te peguei!*

... ela gira nos calcanhares, e lá está Wally espreitando à porta, ele com seu rosto sorridente e mais uns rapazes. Preparara uma mistura de água, iodo e detergente. No dia seguinte, Dee O'Hara presenteia Wally com um saco de plástico transparente, um sacão, com mais ou menos 1,20 metro de comprimento, dizendo que é o seu recipiente para urina no voo, substituindo a camisa de vênus que Grissom, Glenn e Carpenter tinham usado. *Te peguei!* Portanto, hoje, na manhã do voo, lá vai Wally pelo corredor do Hangar S de roupão, a caminho do consultório médico. Abanando pelo chão, entre as pernas, vai a enorme saca plástica. Ele desfila diante de Dee O'Hara, como se fosse se vestir para o voo assim. *Te peguei!* E continuou a encenação. Durante todo aquele dia ele foi o Wally folgazão do princípio ao fim. Foi surpreendente. Nem por um momento pareceu alguém sob a tensão de um novo tipo de voo. Era como se estivessem ouvindo um bom companheiro na roda de chope, a relembrar tranquilamente. E praticamente superou Yeager nos termos de Yeager. Assim que a torre de escape explodiu, marcando o término bem-sucedido da parte da subida com potência total, Schirra a viu passar no céu deixando uma esteira e comentou:

— Essa torre é uma verdadeira sayonara.

Chris Kraft, o diretor de voo, deu a sua aprovação para a primeira órbita, e Deke Slayton, o capcom no Cabo, disse a Schirra:

— Já tem permissão do Centro de Controle.

Schirra respondeu:

— Você tem a minha permissão. É beleza pura.

Então Slayton perguntou:

— Bancando a tartaruga hoje?

— Vou passar para o VOX — avisou Wally. Então falou para o gravador, cujo microfone não era interligado ao circuito aberto de rádio. — Aposte o rabo que estou.

O Clube da Tartaruga era uma das brincadeiras do tipo te--peguei de Wally. Se um amigo que estava por dentro do jogo da tartaruga encontrava o outro em público — preferivelmente na companhia de gente de cerimônia — e lhe fazia a pergunta "Bancando a tartaruga hoje?", o outro tinha que responder: "Aposte o rabo que estou" em voz alta ou então pagaria para todos uma rodada de bebidas. O voo começara havia três minutos e quarenta e um segundos. Wally já estava mantendo a uniformidade da tensão.

Empenhou-se na tarefa de poupar peróxido de hidrogênio. Normalmente, quando o foguete auxiliar se separava da cápsula, a cápsula virava, graças ao sistema de controle automático, mas isso consumia uma quantidade considerável de combustível. Desta vez Schirra a virou manualmente, usando apenas os propulsores inferiores, os de 2,2 quilos do sistema manual. Logo informava a Deke no Cabo:

— Usando o sistema chimpanzé agora e ela está se comportando maravilhosamente.

Começara a usar a frase *sistema chimpanzé*. Nos voos com chimpanzés a atitude da cápsula fora controlada automaticamente o tempo todo. *Sistema chimpanzé* era uma piadinha para todos no imponente zigurate, fossem astronautas ou "pilotos de sonho X-15" cientes da zombaria "um macaco vai fazer o primeiro voo". A contínua referência de Schirra ao sistema chimpanzé praticamente anunciava: "Quem se importa! Olhe aqui — vou sacudir o macaco na sua cara." Assim que pôde, porém, passou para o que chamou de *sistema de deriva*. Simplesmente deixou a cápsula assumir a atitude que quisesse, conforme fizera Scott em sua última órbita.

— Estou fazendo uma festa aqui em cima, à deriva — informou Wally. — Estou me divertindo tanto que nem comi ainda.

Quando sobrevoou a Califórnia durante a quarta órbita, John Glenn, na função de capcom em Point Arguello, recebeu instruções para solicitar a Wally que dissesse alguma coisa ao vivo para a televisão e o rádio.

— Ha, ha — disse Wally. — Suponho que a velha canção *Flutuando em sonho* seria perfeita nessa altura, mas por ora não estou tendo chance de sonhar. Estou me divertindo demais. — Quando passou pela América do Sul, pediram-lhe que dissesse alguma coisa em espanhol para retransmissão ao vivo.

"*Buenos días* para todos", aquiesceu Wally. (E os latino-americanos adoraram.)

Após quase quatro órbitas, derivando e matraqueando, calmo, descontraído, uma tartaruga até o fim, Wally não chegara a usar dez por cento do peróxido de hidrogênio. Completara uma órbita a mais que Carpenter ou Glenn. Voara à deriva em todas as posições, e (conforme Scott lhe informara) não era nada de mais. Não havia sensação de estar em cima ou embaixo no voo imponderável. Era óbvio que se podia mandar uma cápsula Mercury em um voo de dezessete órbitas como o de Titov, se se quisesse. Quando Schirra sobrevoou o Cabo, Deke Slayton avisou:

— O Voo gostaria de falar com você agora.

"Voo" significava o diretor de voo. O próprio Kraft ia entrar no circuito.

— Foi realmente um bom espetáculo lá em cima — cumprimentou Kraft. — Creio que estamos provando o nosso ponto de vista, companheiro!

Glenn se encontrava diante do microfone na estação de rastreamento de Point Arguello. Scott estava diante do microfone na estação de rastreamento em Guaymas. Kraft nunca entrara no circuito para dizer isso a nenhum deles. Scott estava começando a ver que ponto era esse *nosso ponto*.

Quando se aproximava do fim da sexta e última órbita, Wally anunciou que restavam setenta e oito por cento do combustível nos dois sistemas, o automático e o manual. Voara duas vezes mais do que Glenn ou Carpenter, e poderia ter completado outras quinze órbitas, ou mais, se precisasse. Um dos assistentes de Kraft, um engenheiro de nome Gene Kranz, entrou no circuito e disse a Wally:

— Bom, *isso* é o que eu chamo de um verdadeiro voo de prova de engenharia!

Scott captou a mensagem em seu sistema nervoso central antes mesmo de analisá-la mentalmente. *Ao contrário do último,* o homem estava dizendo. Havia até uma insinuação de... *ao contrário dos dois últimos.*

A fim de completar um triunfo operacional, Schirra agora só precisava amerissar no alvo. Carpenter amerissara quatrocentos quilômetros fora do alvo. Quando iniciou a descida rumo à atmosfera, Wally comentou com Al Shepard, o capcom das Bermudas, próximo à área de impacto:

— Acho que vão me colocar no elevador número três.

Ele se referia ao elevador número três usado para transportar aeronaves para o convés no porta-aviões *Kearsage*. Isso era uma espécie de metonímia à Schirra para a expressão "na mosca". Ah, sim! E de fato ele pousou a exatos sete quilômetros e vinte metros do porta-aviões. Os marinheiros reunidos no convés puderam acompanhar a sua descida pendurado no grande paraquedas. Carpenter achara a cápsula desconfortavelmente quente após o impacto e saíra de gatinhas pelo gargalo da cápsula, e esperara na balsa pelos aviões de resgate. Glenn também se queixara do calor. O traje de Schirra possuía um sistema de refrigeração aperfeiçoado, e ele estava disposto a permanecer na cápsula indefinidamente. Recusara o oferecimento da carona do helicóptero até o porta-aviões. Qual era a pressa? Continuou na cápsula enquanto uma equipe de marinheiros numa baleeira motorizada o rebocava de volta ao porta-aviões. Uma vez a bordo do *Kearsage,* declarou aos médicos:

— Estou me sentindo ótimo. Foi um voo dentro do figurino. O voo saiu exatamente do jeito que eu queria.

Esse tornou-se o veredito sobre o desempenho de Schirra: "Um voo dentro do figurino." Cumprira todos os itens da lista de checagem. Apresentara um desempenho cem por cento. Provara com êxito que um homem podia descrever seis órbitas em torno da Terra e mal precisar virar a mão ou mexer um músculo e não chegar a usar uma onça de combustível ou dar uma batida a mais no coração e nunca, nem por um instante, se render à tensão psíquica, e ainda descer uma nave até o ponto designado para o impacto na vastidão do oceano. *Sigma,* em suma, Q.E.D.: *Operacional!*

Wally voltou para as comemorações em Houston e na Flórida e para um grande dia em sua cidade natal, Oradell, Nova Jersey. No dia seguinte foi à Casa Branca receber os cumprimentos do presidente Kennedy, e o presidente o condecorou com a Medalha do Mérito Militar. Tudo isso no fim se revelou, porém, um tanto breve e informal, e um tanto desapontante. Um bate-papo, alguns sorrisos, umas fotografias com o Primeiro Mandatário no Salão Oval, e foi só. A data foi 16 de outubro. Com o tempo, Wally iria saber que Kennedy acabara de ver a evidência fotográfica, trazida pelos voos dos U-2, de que os soviéticos tinham montado bases de mísseis em Cuba. O presidente cumprira seu compromisso com o astronauta só para manter as aparências, a fim de impedir que extravasasse qualquer informação sobre a situação crítica em formação.

14. O CLUBE

Pouco a pouco Conrad começou a carregar a mala de Glenn, e a própria, se preparando para o papel. Era a única coisa sensata a fazer. De outra forma, os dois chegavam a um desses aeroportos, St. Louis, Akron, Los Angeles, onde fosse, e levavam cinco minutos para caminhar doze metros. Os caçadores de autógrafos sobrevinham em ondas. A cada dois passos, Glenn tinha que pousar a bagagem e assinar mais alguns autógrafos e apertar mais algumas mãos. Na verdade, ele era ótimo nisso. Aquele sorriso radiante no rosto sardento iluminava o lugar. As pessoas se aproximavam dele como se o conhecessem pessoalmente e o amassem. *Ele é o meu protetor. Arriscou a vida desafiando os russos no céu por mim.* Adoravam-no tanto que lhe teria sido difícil passar por eles indiferente, mesmo que estivesse com essa disposição. Por isso pousava a mala no chão e assinava mais autógrafos, e os dois tinham que parar.

Se Conrad carregasse as duas malas, podiam continuar a caminhada. Glenn acenava e assinava autógrafos e apertava mãos e papeava e lançava aquele fantástico sorriso para todos em trânsito sem parecer mal-educado. Quanto a Conrad, não corria o menor risco de ter de parar e descansar as malas no chão. Era agora astronauta, oficialmente, mas não para as multidões de caçadores de autógrafos. Não ligavam a mínima. Ele parecia um carinha desses que levava as malas de John Glenn. E, de fato, era exatamente como se sentia. Era o que praticamente vinha fazendo o segundo grupo de astronautas: tarefas para o primeiro, o tal, o único, os Sete Originais. Conrad, como parte do treinamento, vinha acompanhando Glenn em suas viagens. Agora que o Projeto Mercury chegava ao término, Glenn deveria passar para o Projeto Apollo, o programa lunar, sua "área de especialização". Visitava as fábricas dos principais empreiteiros do governo, como o fizera no início do Projeto Mercury. A área de especialização de Conrad, oficialmente, era "planta de cabine e integração de sistemas"; mas predominantemente era... estar com John Glenn. Quando John Glenn visitava uma fabrica, assumia a aura de um general chegando para inspecionar as tropas. Era um verdadeiro magneto para todo tipo de VIP que conseguisse se aproximar dele, particularmente deputados e senadores. Havia ocasiões em que os senadores chegavam a empurrar — usar os cotovelos! os quadris! a barriga! — para tirar do caminho as secretárias, estenógrafas e outros meros basbaques e se acercar do fabuloso corpo de Glenn, falar com ele e sorrir muito. De pé ali perto, o tempo todo, haveria um rapaz desconhecido, aparentemente o camareiro do herói do combate singular, seu ordenança, como chamam no Exército. Ou seja, o anônimo tenente Conrad, Astronauta Grupo II.

Contudo, Conrad conseguira desta vez, e isso era o principal. Era só no que um piloto militar realmente competitivo galgando o grande zigurate podia se concentrar: tornar-se astronauta. A essa altura, decorridos apenas três anos, era difícil acreditar que ele, Wally Schirra, Alan Shepard, Jim Lovell e os outros pudessem ter realizado aquela reunião no Marriott Motel em fevereiro de 1959. Lembram de Wally naquela noite? Wally!... avaliando os prós e contras e se angustiando com o que o programa espacial pudesse fazer às suas chances de comandar uma esquadrilha de F-4Hs! E agora Wally — o mesmo Wally com quem tinham praticado esqui aquático na Baía de Chesapeake, com quem tinham passado aquele mau pedaço em Pax River, o velho piadista afável em pessoa — se encontrava no ápice mesmo da grande pirâmide invisível da pilotagem. Pois os sete astronautas do Mercury tinham se transformado nos Verdadeiros Eleitos. Eram tão deslumbrantes que nem mais conseguiam *ver* os outrora Verdadeiros Eleitos na Base Aérea de Edwards.

Em abril, quando a NASA anunciou que estava aceitando inscrições para formar um segundo grupo de astronautas, tanto Conrad quanto Jim Lovell desta vez tinham despontado como bons candidatos, pois terminaram entre os trinta e um finalistas no processo de seleção inicial. Conrad se encontrava baseado em Miramar, Califórnia, onde se requalificava para uma fase do treinamento de caçador naval, pela qual já passara, e que compreendia os pousos noturnos em porta-aviões. Havia uma boa razão para que exigissem requalificação em pousos noturnos em porta-aviões; mesmo, como no caso de Conrad, após o treinamento para piloto de provas em Patuxent. Os pousos noturnos eram uma atividade rotineira nas operações de um porta-aviões — e talvez o melhor exemplo de que o crédito de bons serviços de um homem não lhe serviam de absolutamente nada a cada novo passo na ascensão da grande pirâmide, de que cada passo era um teste absoluto e de que cada novo e radioso dia de absolutos — eleito ou ferrado — era inerente à rotina. Por volta de 1962 a Marinha já tinha adotado sistemas de luzes de través com espelhos angulares e lentes Fresnel no final da pista do convés. Conrad e os demais que treinavam pousos noturnos em porta-aviões em Miramar não precisavam depender de um oficial sinalizador de pouso postado na extremidade do convés usando um macacão laranja luminescente a acenar um par de bandeirolas laranja luminescentes. À noite — para o piloto lá em cima no escuro — havia agora um borrão de luz, conhecido pelo nome de "almôndega", que subia e descia em uma superficiezinha plana que mal se discernia no meio do oceano. O borrão luminoso, a sacana da "almôndega" subia e descia porque a frigideira oleosa e instável não parava de rebolar nas ondas simplesmente por respeito à noite. O porta-aviões seguia adiante afastando-se do piloto, aproado com o vento e, portanto, com as ondas, e consequentemente arfando e caturrando — um metro e meio, dois metros e meio, até três metros por vez. Numa noite em que as nuvens estavam baixas e a lua obscurecida, em que o céu estava negro, o oceano estava negro, e o convés estava negro, a "almôndega" (que não parecia estar a mais de três centímetros de altura lá de cima) e as luzes de bordo lembravam um cometa de baixa wattagem, sem claridade e veloz corcoveando pela vasta escuridão do universo, e se esperava do piloto que tivesse a perseverança, o peito, a fibra ilustre e radiosa de pousar um caça a jato de cinco, dez toneladas naquela indistinta e ébria placa astral a 125 nós. Durante treinamento dispunha de um número limitado de tentativas pelo ângulo de planeio invisível. Se não conseguisse fazer contato com o convés dentro do tempo que o combustível lhe permitisse, então a palavra *bingo!* soava em seus fones e ele tinha que regressar a terra, à base de treinamento, onde a pista de pouso não se mexia durante a aproximação... e onde todos no aeródromo saberiam que mais um pobre e triste bingo estava rumando para um porto seguro, após ter-se apavorado com os pousos noturnos em porta-aviões. Um caso pertinaz de bingos era suficiente para excluir um sujeito dos pousos noturnos em porta-aviões. Isso não significava que encerrara a carreira como piloto naval, simplesmente significava que encerrara as operações com porta-aviões, o que significava que encerrara em termos de combate, o que por sua vez significava que saíra da *competição,* parara de galgar a pirâmide, perdera a qualificação para gozar a companhia daqueles que possuíam a fibra. Possuir todas as recomendações regulamentares para a função de piloto de provas, ter sobrevivido a incontáveis marés de azar não significavam nada quando algo assim acontecia. Eleito ou ferrado! (Podia acontecer a qualquer momento.) Havia noites em que a "almôndega" lá embaixo no convés pulava como uma bolinha de mercúrio naqueles jogos enlouquecedores que se segura na palma da mão, e o piloto tinha que comandar seu F-4, um bichão de quinze toneladas, pousando-o no convés à força de pura perseverança, cravá-lo no chão como se fosse *um prego.* Qualquer coisa — até mesmo o estrondoso bum! — era melhor do que ouvir *bingo* pelos fones. Ser bingado e excluído de um pouso de porta-aviões após oito anos de voo militar, após completar a escola de pilotos de provas em

Pax River, após se tornar o que havia de melhor... ora, aí estava uma coisa impensável.

Conrad acabara de se requalificar para pousos noturnos em porta-aviões, "para operações em porta-aviões sob quaisquer condições meteorológicas", o que significava que se qualificara para combate aeronaval, quando recebeu o convite para se candidatar a astronauta. O fato de que não havia nada na função de *astronauta* que exigisse um décimo da habilidade de *pilotagem* necessária para pousos noturnos em porta-aviões não inibiu Conrad, Lovell, nem ninguém para essa segunda rodada. Desta vez Conrad passou pelo processo de seleção como o tenente Flecha Certeira. Como anteriormente, havia uns trinta e poucos finalistas. Não tiveram de passar pela Clínica Lovelace nem pelo Centro Aeromédico de Wright-Patterson, porém. Em vez disso, foram enviados à Base Aérea de Brooks em San Antonio, o centro médico da Força Aérea, para uma série de exames físicos que eram demorados, mas, de maneira geral, convencionais. Após cinco voos Mercury ficara patente que nenhuma resistência física extraordinária era exigida para a função.

Para a última fase dos testes levavam o candidato diretamente ao Olimpo, que agora se situava em Houston. Parte do teste era uma entrevista formal, com uma banca formada pelos engenheiros da NASA e mais Deke Slayton, John Glenn e Al Shepard, em que se abordavam questões técnicas. Mas parte da coisa parecia ser social. Esperava-se que o candidato comparecesse a um coquetel e a um jantar em uma sala de jantar reservada no Rice Hotel de Houston, com os astronautas presentes. Al Shepard passou alguns instantes ali, Gus Grissom, Scott Carpenter... e eis Wally. O candidato mantinha o cérebro ligado em todos os setores, procurando estabelecer o equilíbrio perfeito entre um bom companheiro de chope e alguém que demonstra uma boa dose de sóbrio respeito pela eminência daqueles que já pertencem ao clube. *Talvez fosse melhor aceitar apenas um drinque.* Era como uma festinha de apresentação em uma fraternidade a que se desejava pertencer desesperadamente.

Naturalmente, Wally conversou com Conrad e Jim Lovell como se ele fosse o mesmo velho Wally, camarada de armas, o bom e velho Wally do grupo 20. Apesar disso, a diferença hierárquica existia naquela sala como um raio de luz focalizado diretamente sobre Walter Schirra, o combatente singular extraordinariamente bem-sucedido; pois havia agora os sete astronautas do Mercury lá em cima no ápice... e todo o resto dos pilotos dos Estados Unidos bem abaixo.

Não que a eminência nacional dos Sete Originais alterasse a *verdadeira e secreta* natureza das coisas. O amor-próprio do caçador não conhecia limites, e os membros do Grupo II não eram exceções à regra. Tão logo foram selecionados, os rapazes começaram a olhar à volta e a se compararem — os Nove Segundos — com os Sete Originais. Ali estava Neil Armstrong, que voara o X-15. (Que astronauta do Mercury fizera algo parecido?) Ali estava John Young, detentor de dois recordes mundiais de velocidade em subida. (Que astronauta do Mercury, a não ser Glenn, podia fazer jus a tal distinção?) Ali estavam Frank Borman, Tom Stafford e Jim McDivitt, que tinham sido instrutores de provas de voo em Edwards. (Que astronauta do Mercury tinha qualificações para tanto, exceto Slayton?) Os Nove Segundos estavam realmente decolando agora. Os Sete Originais tinham sido escolhidos para suportar a tensão, ponto. Veja só Carpenter! Veja Cooper! Ah, os Nove Segundos realmente estavam se sentindo ótimos. Todavia, a *posição* endeusada dos Sete Originais era um fato. Uma vez acalmada a euforia inicial de terem sido escolhidos para astronautas, Conrad e os outros perceberam que agora, possuidores da fibra ou não, ocupavam uma posição um tanto humilhante no corpo de astronautas. Eram plebeus, calouros, aspirantes à fraternidade. Gus Grissom tinha um jeitão rude de lhes dizer — se seus caminhos cruzavam aqui e ali — para não se darem ares, não saírem por aí se dizendo *astronautas*.

— Você não é astronauta — dizia —, você está em treinamento. Não é astronauta até andar lá em cima.

Dizia isso sem nem sinal de sorriso. Os Nove Segundos gastavam o tempo assistindo às aulas, como nove calouros, como nove candidatos ao treinamento de voo básico em Pensacola, o que já era bastante ruim, e servindo de capachos para os Divinos Sete, o que era pior.

Foi assim que Conrad acabou sendo o faz-tudo de John Glenn e seu carregador de malas. Podia ficar frio pra caramba ali no Olimpo. Havia níveis e mais níveis, até mesmo no topo. No ápice absoluto se achava John Glenn, e havia outros entre os Sete Originais que não conseguiam se conformar com o fato. Logo na primeira coletiva com a imprensa, a que apresentou os Nove Segundos ao público, os Sete Originais compareceram, e Shorty Powers por acaso os apresentou na ordem inversa de seus voos. Quando finalmente chegou a Alan Shepard, falou:

— E finalmente, aqui temos Alan Shepard, o homem que vem dizendo há anos "Mas eu fui o primeiro!".

Bom, isso praticamente fez o salão explodir. Todos riam, com a única e óbvia exceção do Sorridente Al. Ele não mexeu um lábio sequer. Se raiva surda desprendesse raios, Shorty Powers teria dois buraquinhos verdes nos lobos frontais. E se percebia repentinamente que, depois do grande triunfo orbital de Glenn, Shepard — o primeiro piloto, o primeiro americano no espaço — deve ter se sentido um homem esquecido. Ninguém se comparava a Glenn, porém, nem mesmo Webb, o administrador da NASA.

Certo dia, Glenn passou pelo escritório de Webb em Washington e lhe informou que haveria uma mudança em sua agenda pessoal. Não ia mais fazer viagens para a NASA a pedido deste ou daquele deputado ou senador. Não ia mais atravessar metade do país, nem mesmo atravessar a rua e subir em um palanque para agradar a um desses deputados em busca de votos ou o que fosse. Glenn não formulou isso como um pedido. Estava informando Webb como ia ser dali por diante.

Estava fazendo as regras do jogo. Não havia outra maneira de Webb entender isso exceto como uma contestação frontal de sua autoridade. Webb retrucou de maneira razoável, embora um tanto indignada. Ora, ouça aqui, John, não o mandamos a parte alguma porque algum deputado quer que você esteja lá. Nós lhe mandamos porque a NASA quer que você esteja lá. O apoio parlamentar é absolutamente essencial nesta altura, e essa é uma das coisas mais importantes que seria possível você fazer pelo programa. Ao que Glenn respondeu que, ainda assim, não ia mais fazer viagens desse tipo. O sangue de Webb começa a subir, e ele diz que, se John receber ordens para desempenhar tais tarefas, então terá obrigação de executá-las. Ao que Glenn retorque que Webb está enganado; ele não fará isso. E de repente a coisa vira praticamente uma gritaria.

Webb não levou a situação ao limite. Deixou a tempestade perder força; e quando passou, era óbvio que o administrador da NASA não seria o chefe enquanto John Glenn estivesse na sala. Glenn não voltou atrás nem se desculpou. Longe disso; deixou óbvio quem dava as cartas por ali, e fim de papo.

Foi John Glenn quem percebeu desde o início que o Projeto Mercury se assemelhava a uma nova corporação das Forças Armadas, apesar de sua coloração civil. Tudo teria sido muitíssimo simplificado se a NASA tivesse dado a todos patentes formais e encerrasse o assunto. Dessa forma, gente como Webb saberia exatamente onde pisava. Os sete astronautas do Mercury poderiam ter sido nomeados Generais de Combate Singular, uma categoria com as honras e privilégios de um general de cinco estrelas, mas sem nenhum dos deveres e obrigações de comando. Após o voo, John Glenn, então, teria sido promovido a General de Combate Singular Galático, uma categoria ligeiramente acima da dos chefes de Estado-Maior das Forças Armadas e ligeiramente abaixo do comandante em chefe. Webb, na função de administrador da NASA, teria sido general de duas estrelas e conheceria o protocolo para lidar com o GCSG Glenn. Astronautas recém-admitidos, tais como Conrad, Lovell e Young, receberiam patentes de major, com a promessa de uma rápida promoção no caso de voos bem-sucedidos.

Teria simplificado muitíssimo as coisas para as mulheres também. Por mais que tivessem negado, se confrontadas com o tópico, quase todas as esposas dos Sete Originais reagiram à chegada dos Nove Segundos e suas esposas... exatamente como mulheres de militares desde tempo imemorais. A anedota clássica e muito repetida sobre mulheres de militares retrata as esposas de um grupo de pilotos navais recém-transferidos para uma nova base. Um comandante destacado para fazer a palestra de orientação para as senhoras diz:

— Primeiro, tenham a bondade de se agruparem por patente, as de patente mais alta na primeira fila, e assim por diante até o fim.

Leva uns quinze minutos para as mulheres se encontrarem e trocarem de lugares, pois muito poucas se conhecem. Uma vez completado o processo, o comandante fixa um olhar severo sobre todas e diz:

— Senhoras, gostaria que soubessem que acabei de presenciar a cena mais ridícula de toda a minha carreira militar. Permitam-me lhes informar que sejam esposas de quem forem, as *senhoras não* têm patente alguma. São todas iguais, e queiram ter a bondade de se conduzir como tal no trato umas com as outras.

Esse, porém, não foi o fim da história. As esposas retribuíram o olhar do instrutor com expressões de absoluta estupefação e, como se pensassem com uma só cabeça, disseram a si mesmas: "Quem é esse idiota e em que planeta andou baseado?" Pois as cláusulas implícitas do Acordo da Esposa Militar eram bem conhecidas de todos. A mulher de um oficial militar subia de patente com o marido e imediatamente assumia todas as honras e privilégios a ela pertinentes, e somente um tolo ou o tipo de debiloide que fora designado para dar orientação às esposas podia deixar de compreender isso.

E mais, rezava o código, a esposa sensata de um segundo--tenente devia cuidar de não ostentar o estilo de vida de sua família de tal forma que ofuscasse o das famílias de patente superior. Foi justamente neste ponto que as Nove Segundas começaram a exasperar algumas das esposas dos Sete Originais e, aliás, alguns dos Sete Astronautas, também. Ficaram irritados ao reparar as *casas fantásticas* que muitos dos Nove Segundos compraram de imediato. Assim — e até em Timber Cove! —, começaram a agarrar com sofreguidão as mordomias! Para os Sete Originais a ascensão da vida sem graça de segundo-tenente parecera um glorioso esforço de pioneiros e parte do prêmio por terem ganho a competição, por serem escolhidos para integrar os Sete Originais. Achavam um certo mau gosto na atitude da nova turma — essa noção de que, assim que um sujeito era nomeado astronauta, ele e a família tinham o direito de marchar pelos bulevares da Cidade Celestial como se fossem donos dela.

O Grupo II de astronautas imediatamente produziu um agente, a sua versão de Leo DeOrsey, e se sentou para negociar e retalhar o bolo da *Life*. Era Harry Batten, presidente da agência de publicidade N. W. Ayer, em Filadélfia. Era um advogado tão importante quanto DeOrsey e, como DeOrsey, concordou em servir de agente sem remuneração. Era demais! As pessoas já andavam tratando os Nove Segundos como se fossem os Sete Originais! Os loteadores de Timber Cove e Nassau Bay, o segundo melhor loteamento, lhes ofereceram amplas casas mediante um exíguo sinal e enormes hipotecas a juros baixos — uma hipoteca de US$40 ou US$50 mil parecia gigantesca em 1962 —, e os Nove Segundos assumiam tudo sem nem piscar. *Não estavam se comportando como segundos--tenentes* na presença de generais de combate singular. Pois, no entendimento tácito de todos, essa não era uma mera repartição civil; era uma nova corporação militar.

Foi nesse espírito que surgiu o CEA. Sem que ninguém viesse a público para dizê-lo, subentendia-se que Marge Slayton era a esposa do comandante nessa organização. A essa altura, Deke Slayton assumira as funções de Coordenador das Atividades dos Astronautas com tal determinação que estava prestes a ser encarregado da seleção de tripulações — o que significava que seria a pessoa que mais teria a dizer sobre quem voava, em que ordem, particularmente com relação aos Nove Segundos. Estava às vésperas de ser nomeado Diretor Assistente das Operações das Tripulações de Voo. Tornou-se o equivalente do oficial comandante, fazendo de Marge a esposa do oficial comandante. Marge organizou uns cafezinhos para todas as esposas, as Sete Originais e as Nove Segundas, para que todas pudessem se conhecer. Na segunda vez que se reuniram, todas perceberam, sem dizer uma palavra — ninguém precisou dizê-la —, do que se tratava. Era... o Clube das Esposas dos Oficiais, tal como existia em todas as bases da terra. Uma das recém-chegadas que pareceram absolutamente encantada com a hora do cafezinho foi Sue Borman, a esposa de um dos Nove Segundos, Frank Borman. Borman fora um dos primeiros instrutores na nova Escola para Pilotos de Prova Experimentais da Força Aérea em Edwards. Era um oficial de West Point, baixo e troncudo, do Arizona, e sua esposa, Sue, era a perfeita esposa de oficial supereficiente. Possuía uma jovialidade à prova de fogo e uma determinação para organizar coisas. Formavam uma grande equipe.

— Isso é divertido — falou ao comentar a hora do cafezinho para esposas proposta por Marge. — Vamos fazer isso de forma organizada. — Então o CEA começou. As iniciais queriam dizer Clube das Esposas de Astronautas, naturalmente, mas o nome por extenso nunca era usado. Era uma gafe um astronauta ou a esposa de um astronauta usar a palavra *astronauta*. A própria Marge estava sempre falando dos "rapazes". Além do mais, o nome completo tornaria a analogia militar demasiado flagrante.

O CEA não era um grande prazer para a maioria das esposas dos Sete Originais, porém. Algumas das novatas, como Sue Borman, eram demasiado entusiastas com a coisa. Com efeito, as recém-chegadas agiam com demasiada igualdade. Não havia protocolo para demonstrar a deferência devida às esposas dos Generais de Combate Singular. As esposas dos Sete Originais começaram a comparecer cada vez menos ao cafezinho mensal do CEA. Betty Grissom quase nunca aparecia; mas Betty odiara reuniõezinhas desde o começo. Se a pessoa ia se sentir pouco à vontade no animado bate-papo *e* não ia ser tratada como a Honorável Sra. General de Combate Singular… então para que se dar o trabalho?

TANTO PARA AS ESPOSAS QUANTO PARA OS HOMENS HOUVE A princípio uma certa nostalgia dos primeiros tempos, a era de Langley, a época dos pioneiros, o período de juventude e idealismo, coragem espartana e desprezo de caubói valente pelas propriedades burocráticas. Viam-se até engenheiros e funcionários dos serviços de apoio que tinham se transferido de Langley e do Cabo para Houston se sentirem saudosos daqueles tempos… três anos antes… As novas instalações, o Centro de Espaçonaves Tripuladas estava tomando forma lá em meio a milhares de metros quadrados de pastagens lamacentas e absolutamente planas. Os edifícios eram grandes cubos acachapados de cor bege dispostos a grandiosos intervalos um do outro e ligados por largas estradas, verdadeiras rodovias, ladeadas de postes de luz de alumínio. O local lembrava um daqueles "parques industriais" que vinham sempre anunciados nas seções de negócios imobiliários dos jornais de domingo.

Todavia, era patente que algo de vastas proporções estava em andamento; e dado um retrato suficientemente rosado do que aguarda no fim da estrada, uma pessoa se recupera de uma saudosite bastante rápido. Talvez Houston, a cidade florescente das cidades florescentes, fosse exatamente o lugar para a expansão que ocorria no programa espacial. Decorrido algum tempo, a pessoa começava a apreciar a energia de Houston e o seu senso de grandiosidade, o tudo arriscar numa cartada. E Timber Cove e Nassau Bay e os outros loteamentos não eram nada maus, conforme se viu. Na realidade, eram o próprio luxo comparados ao que se encontrava em torno da maioria das bases aéreas, e os habitantes locais, aqui nessa terra onde outrora se erguiam fazendas, eram realmente boa gente. Dois terços da NASA já estavam voltados para os Projetos Gemini e Apollo e a grande corrida para chegar à Lua antes dos soviéticos. Imaginem só o que aguardava aqui na Terra o primeiro homem que caminhasse na Lua... e os rapazes imaginavam muito bem. Só precisavam olhar para John Glenn. Glenn não fora o primeiro homem a orbitar a Terra e nem mesmo o segundo, fora apenas o primeiro norte-americano. Contudo ascendera a uma posição tão extraordinária que não tinha precedentes. Alguns dos rapazes estavam convencidos que Glenn tinha os olhos postos na possibilidade de se tornar presidente. (Nem essa ideia era muito forçada; afinal, fora Davi quem sucedera ao trono de Saul.) Glenn agora transitava em um mundo cheio de Kennedys, Johnsons, senadores, deputados, dignitários estrangeiros, presidentes de corporações, VIPs de todos os tipos. Depois do próprio John Kennedy, John Glenn era provavelmente o mais conhecido e admirado norte-americano no mundo. Ah, os rapazes tinham consciência de tudo isso! Era só perguntar a Al Shepard! — embora, é claro, ninguém o fizesse.

Al encontrava-se agora em treinamento como reserva do voo de Gordon Cooper, que seria em maio de 1963. Gordo, o último da fila, fora aquinhoado com o voo que assumia os contornos de ser o último da série Mercury, trinta e quatro horas, vinte e duas órbitas, destinado a pôr os Estados Unidos no jogo com os soviéticos, que agora realizavam voos de dezessete, sessenta e quatro e quarenta e oito órbitas. O planejamento original previra quatro voos de longa duração, o segundo durante três dias. Shepard andara contando com isso. Estava desesperado para fazer um voo orbital. Seu voo suborbital, bem como o de Grissom, agora parecia barbaramente insignificante. Quanto a Gus, começava a esquentar os motores para o programa Gemini, passando longos períodos em St. Louis, onde a McDonnell construía a espaçonave do Gemini. Gus deixara a tristeza de seu voo para trás e tinha os olhos voltados para o Gemini e o Apollo. Seu amigo Deke encarregava-se da seleção de tripulações para os dois novos programas e se lançava de corpo e alma à tarefa, e não só porque gostava de exercitar o poder recém-descoberto. O principal é que estaria em cima de todos os voos do princípio ao fim, familiarizado com cada detalhe de cada missão. Deke parecia crer com fervor que seria apenas uma questão de tempo — após o próximo exame físico ou o exame que se seguisse a esse, ou o do ano vindouro — e recobraria a posição de piloto qualificado e o seu lugar no rodízio. E Wally — Wally andava nas alturas. O voo de Wally continuava a ser o exemplo brilhante do que um *voo espacial operacional* deveria ser. Fora preciso o desempenho de Wally para provar que o voo de vinte e duas órbitas de Cooper seria possível. Wally não poderia estar em melhor forma no programa. Tinha sido eficiente e tranquilo a mais não poder.

Wally voltara do voo e desembarcara no meio da crise dos mísseis cubanos. Durante uma semana, Kennedy e Kruschov tinham posto as cartas na mesa, fazendo parecer que o mundo se achava às vésperas de uma guerra nuclear, mas em seguida Kruschov recuara e retirara todos os mísseis soviéticos de Cuba. Depois disso as coisas se acalmaram consideravelmente. Como todas as outras pessoas, os rapazes repararam que as negociações para banir os testes nucleares e "cooperarem no espaço", o que quer que isso viesse a ser, apareciam muito nos noticiários. Mas para falar a verdade, não parecia ser muito mais que o chuvisco costumeiro de palavras. A propósito, em 11 de maio, quatro dias antes de Cooper subir, Lyndon Johnson estabeleceu as premissas da mesma forma que já fora feito em outubro de 1957, quando o primeiro Sputnik subiu. Pronunciou um discurso rebatendo as acusações de alguns deputados sobre o alto custo dos novos programas, Gemini e Apollo, em que afirmava:

— Eu, por mim, não quero ir dormir à luz de uma lua comunista. — Puxa vida, isso era *pior* do que o Sputnik: todas as noites, lá no alto, passa a lua prateada, ocupada pelos russos.

Quanto ao Gordo, ele já se encontrava no topo do mundo. Havia aqueles entre os eleitos que alimentavam suas dúvidas sobre o cara, mas ele jamais tivera sequer um momento de dúvida sobre si mesmo. Mais uma vez sua luz brilhava à volta. Era o último dos sete a ser designado para um voo? Bom, e daí... não era um concurso... a imprensa inventara toda aquela baboseira... Shepard, Glenn e os outros tinham preparado o caminho para o seu teste de resistência. Os riscos potenciais? Não o incomodavam nem um pouco. Nunca o incomodaram desde o começo.

Confrontado com qualquer forma viável de voo tripulado, Gordo era a imagem da imperturbabilidade do eleito. Isso era um lado de Cooper que Jim Rathmann entendia melhor do que quaisquer de seus camaradas na corporação. Gordo passara um longo período na Flórida se preparando para o seu voo, e via Rathmann com frequência. Graças a Rathmann, ele, como Gus, Wally e Al, tinha endoidado por corridas de automóveis. Rathmann, por sua vez, resolvera aprender a voar. Cooper decolou com ele em um Beechcraft certo dia e lhe disse:

— Nunca voe por baixo de uma gaivota, elas fazem cocô em cima de seu avião.

Rathmann caiu na besteira de rir, pensando que Gordo brincava, ao que Gordo retorquiu:

— Vou lhe mostrar. — E rumou para um bando de gaivotas que voavam baixo sobre os Everglades.

Quando Rathmann deu por si, Cooper estava voando tão baixo que ele ouvia um ruído que lhe parecia um *vape vape vape vape vape vape vape vape*. Eram as hélices cortando o capim. Por mais de um quilômetro e meio, o velho Gordo aparou o capim para ter certeza de que voava por baixo das gaivotas. Rathmann ouvia o tempo todo: *vape vape vape vape vape vape*. Quando afinal pousaram, Rathmann estava assustado. Mas Cooper simplesmente abriu a porta da cabine, saltou para a asa, apontou triunfante para a fuselagem e gritou para Rathmann:

— Olha só aqui, bem que lhe *avisei*!

Quanto ao voo da Mercury, ele parecia considerá-lo bastante fácil. Dedicara-se tanto ao *lobby* quanto o próprio Slayton para conseguirem maior controle de *pilotagem* da espaçonave. Mas, uma vez que não o tinham conseguido, para que se irritar? Para que deixar os intestinos em alvoroço? O negócio era se descontrair e ir levando.

Cedinho na manhã de 15 de maio, quando ainda estava escuro, Gordo foi enfiado no coldrezinho humano na ponta do foguete. Como de costume, houve uma longa espera antes da decolagem. Os médicos que monitoravam a telemetria médica começaram a reparar em algo muito estranho. Na realidade, não conseguiam acreditar. Todas as leituras objetivas das medições e registros impressos indicavam... que o astronauta adormecera! O sujeito lá no alto estava tirando um ronco em cima de um foguete carregado com noventa e uma toneladas de oxigênio líquido!

Ora, e por que não? Gordo tivera suficientes ocasiões de observar a marcha dos dias de lançamento. Ia-se dormir no Hangar S aí pelas dez, onze, da noite na véspera, e então se acordava por volta das três da madrugada, ainda escuro, e o levavam para o foguete e ali o deitavam em uma cadeira moldada durante duas, três, quatro horas enquanto ajustavam todos os sistemas para a decolagem. Não havia nadinha para se fazer, verdade, durante a maior parte desse tempo; então por que não tirar o atraso de todo o sono que se perdeu?

Por todos os Estados Unidos, por todo o mundo, incontáveis milhões estavam postados junto ao rádio e à televisão, esperando o momento do lançamento, imaginando, como sempre: *Meu Deus, o que será que passa pela cabeça de um sujeito numa hora dessas!* Mal conseguindo acreditar eles próprios, o pessoal da NASA jamais forneceu a resposta.

N A HORA DA DECOLAGEM HAVIA UM VERDADEIRO CIRCO MONtado diante da casa de Gordo em Timber Cove. A Fera Gentil se superava em termos de vigília da morte. Uma das redes de televisão erguera uma estupenda antena no jardim da casa em frente, uma estrovenga gigantesca, da altura de oito andares, para melhor transmitir ao mundo as imagens ao vivo da casa, no interior da qual a esposa do Astronauta Cooper, Trudy, mantinha sua ansiosa vigília diante do televisor. Circulando à sombra da antena na rua e nas calçadas havia a maior aglomeração de repórteres e câmeras que se possa imaginar. Mal-educados, porém decentes. Trataram Trudy Cooper, em sua cobertura, como se ela tivesse acabado de sair da revista *Life,* como se estivesse usando os cabelos pajem e tocasse *Moonlight in Vermont* no velho piano de armário da sala de lazer para animar a si e aos filhos, enquanto a vida de Gordon se encontrava por um fio na mais longa missão dos Estados Unidos até então.

Isso era quente. Na altura, só a presença da Fera tornaria qualquer reação particular ou pessoal ao evento impossível, mesmo em lares em que o casamento era muito mais sólido do que o de Gordo e Trudy. Para a esposa do astronauta os dias de solitária vigia junto ao telefone com os filhinhos puxando sua saia, ao estilo de Pax River e Edwards, estavam terminados. Primeiro houvera o Velório do Perigo, conforme Louise Shepard o experimentara, com uma multidão dentro de casa e outra maior — o Animal Gentil — no jardim da casa. Desde então a Esposa do Astronauta se convertera de indivíduo em atriz, ao menos enquanto durasse o voo — disposta, de bom grado, competente ou não. Tornara-se uma parte imutável do adestramento: ao final do voo a esposa do astronauta tinha que sair de casa e enfrentar a Fera e todas as suas câmeras e microfones e se submeter a uma entrevista coletiva e responder a perguntas e ser a Perfeita Esposa de Astronauta com o mundo inteiro a observá-la. Era essa perspectiva sombria que realmente lhe dilacerava o coração enquanto o Sr. Maravilha estava no espaço. Era *isso* que produzia na esposa do piloto de provas uma real doença de nervos na era espacial. Para o astronauta o voo consistia em montar o foguete e, se Deus quisesse, não fazer merda. Para a esposa o voo consistia na... Coletiva com a Imprensa.

As perguntas que lhe faziam eram incrivelmente idiotas, e, no entanto, não havia qualquer maneira suave de interceptar as boladas. Assim que se tocava nelas, explodiam no rosto como se fossem chicles de bola.

— Que sente no peito?

— Que conselho pode dar às mulheres cujos maridos têm que enfrentar situações perigosas?

— Qual a primeira refeição que pretende cozinhar para (Al, Gus, John, Scott, Wally, Gordon)?

— Sentiu que estava com o seu marido enquanto ele orbitava no espaço?

Escolha uma! Tente responder!

Tinham surgido problemas de protocolo. Por vezes o Animal Gentil sitiava a casa da Mãe ao mesmo tempo que a da Esposa. A mãe de John Glenn fizera grande sucesso na televisão. Ela parecia e falava como a mãe mais ideal que um astronauta poderia ter. Possuía cílios brancos e um sorriso maravilhoso, e quando Walter Cronkite, na CBS, fez um corte do Cabo para New Concord, Ohio, para lhe dizer algumas palavras, ela exclamou:

— Ora muito bem, Wal-ter Cron-kite! — Como se estivesse dizendo alô para um primo de quem não ouvia falar havia anos.

Mas quem haveriam as redes de entrevistar primeiro após o voo, a Esposa, a Mãe ou o Presidente? As opiniões variavam, e isso contribuía para aumentar a tensão. Independentemente da ordem, porém, parecia não haver escapatória para a esposa. Até Rene, após se esconder durante todo o voo de Scott, obedientemente comparecera à tenda da imprensa na base do Cabo para a entrevista coletiva com a Esposa. A essa altura, quando as outras vinham até a casa da Esposa durante o voo, não se encontravam ali para segurar sua mão durante os perigos que o marido enfrentava. Estavam ali para segurar sua mão diante das câmeras de televisão que ela enfrentava. Achavam-se ali para lhe dar coragem durante uma *verdadeira provação*. Gostavam de fazer o número do Íntegro Confiável. Uma das esposas — Rene Carpenter era boa nisso — fazia o papel de Nancy de Tal, uma correspondente da televisão, e levava o punho à boca como se estivesse segurando um microfone e dizia:

— Estamos aqui diante da casa de subúrbio modesta e bem cuidada do Íntegro Confiável, o famoso astronauta que acabou de finalizar sua histórica missão, e temos conosco sua atraente esposa, Recatada Confiável. Dona Recatada, a senhora deve estar se sentindo feliz, orgulhosa e grata neste momento.

E então empurrava o punho para baixo do queixo da outra esposa, que respondia:

— É, Nancy, é verdade. Estou feliz, orgulhosa e grata neste momento.

— Conte, Recatada Confiável, posso chamá-la de Recatada?

— Claro, Nancy, Recatada.

— Conte, Recatada, conte para os ouvintes o que sentiu durante o lançamento, naquela horinha em que o foguete de seu marido começou a se erguer da Terra para conduzi-lo em sua viagem histórica.

— Para lhe dizer a verdade, Nancy, perdi essa parte. Acho que cochilei, porque me levantei tão cedinho hoje, e andei numa correria fechando a casa para que o pessoal da tevê não entrasse pelas janelas.

— Bom, você diria que sentiu um nó na garganta do tamanho de uma bola de tênis?

— Foi mais ou menos deste tamanho, Nancy, fiquei com um nó na garganta do tamanho de uma bola de tênis.

— E finalmente, Recatada, sei que a prece mais importante de sua vida já foi atendida. Íntegro voltou são e salvo do espaço. Mas se pudesse fazer mais um pedido neste momento e tê-lo atendido, qual seria esse desejo?

— Bom, Nancy, eu desejaria um aspirador de pó com todos os acessórios...

... e todas caíam na gargalhada só de pensar que debiloide a Fera Gentil realmente era. Ainda assim... isso não facilitava nada quando chegava a vez delas.

O voo do Gordo deveria durar trinta e quatro horas, o que significava que Trudy sofreria o mais longo sítio sustentado pela

Fera e teria o mais dilatado Velório do Perigo que já houvera. Dois grupos de mulheres vieram visitá-la. Louise Shepard trouxe quase todas as esposas dos Sete Originais em seu conversível. Mais tarde, algumas das Nove Segundas apareceram — a esposa de Jim Lovell, Marilyn, a de Ed White, Pat, a de Neil Armstrong, Jan, e a de John Young, Barbara. Todas tentaram escutar as transmissões de Wally na cápsula pelo rádio de alta frequência que Wally Schirra emprestara a Trudy.

Era um receptor que estivera na cápsula de Wally durante seu voo. Mas só o que se conseguia receber era estática. Por isso saíram para o pátio nos fundos da casa, fora das vistas do Animal, e assistiram à cobertura do voo pela televisão, intermitentemente, enquanto comiam bolo. Fiéis ao espírito do velório, amigos e vizinhos tinham trazido comida. Durante sua nona órbita, que começou por volta de 19h30, Gordo deveria tentar dormir umas horas, e Trudy resolveu que ela e as filhas, Jan e Cam, tentariam descansar um pouco também. Pela manhã, Gordo continuava lá em cima, vinte e quatro horas de voo completadas, e a Fera continuava lá fora à porta, e o Velório do Perigo continuava firme. Aí pelo meio-dia, quando Gordo iniciou as quatro últimas órbitas, percebia-se pelas notícias da televisão que a cápsula começava a sofrer problemas elétricos. Durante a penúltima órbita eles pioraram. Parecia agora que Gordo teria que alinhar a cápsula manualmente para a reentrada, sem qualquer auxílio do sistema de controle automático. Trudy recebeu um telefonema de Deke Slayton. Disse-lhe que ela e as crianças não se preocupassem, porque Gordo treinara reentradas manuais completas muitas vezes no simulador de procedimentos.

— Isso é o que queríamos fazer mesmo — falou.

Bom, Gordo teria as mãos muito ocupadas. Contudo, Trudy não podia deixar de saltar mais um passo à frente na retrossequência. Se Gordo estava iniciando a reentrada, então muito breve... ela teria que sair à porta e enfrentar a Fera e suas câmeras e microfones e passar pela entrevista coletiva...

* * *

Enquanto isso, no espaço, Gordo passava um mau bocado também. Logo depois da decolagem ele comentou com Wally Schirra, que estava servindo de capcom:

— Estou ótimo, cara... Todos os sistemas funcionando. — E não parava de acrescentar informações do tipo: — Está igualzinho ao que anunciaram.

O pessoal da *Life Sciences*, a quem finalmente permitiram algumas experiências, uma vez que o voo era tão longo, estava interessado em determinar os limites de adaptabilidade à imponderabilidade. Esperavam verificar que tal seria o sono, embora não tivessem muita certeza de que pudessem aprender alguma coisa sobre o assunto durante um voo de trinta e quatro horas, dada a excitação natural produzida pela adrenalina no astronauta. Nem precisavam ter se preocupado. O velho Gordo brindou-os com uma soneca durante a segunda órbita, embora seu traje estivesse superaquecendo e precisasse ajustar continuamente a temperatura. Uma de suas tarefas era providenciar amostras de urina a intervalos específicos. O que ele diligentemente fez. Uma vez que em estado de imponderabilidade seria impossível despejar a amostra de urina do recipiente próprio — que teria flutuado pela cabine como se fossem glóbulos —, Gordo recebeu uma seringa para transferi-la de um recipiente para outro. Mas a seringa vazava por todos os lados, e Gordo acabou com os glóbulos âmbar e malcheirosos flutuando à sua volta. Então tentou juntá-los apenas em uma bola maior, periodicamente, e deu seguimento às suas tarefas, que incluíam experiências fotográficas e luminosas, um tanto semelhantes às de Carpenter. Gordo era realmente fora de série. Parecia até mais tranquilo a respeito da operação toda do que Schirra, e ninguém teria acreditado que isso fosse possível. De quando em quando ele espiava pela janela e fazia uma narração turística para o pessoal na Terra, gênero Gordo.

— Lá embaixo estão os Himalaias — disse. Parecia gostar do som da palavra. — Ai-ias... os Himalaias. — No dialeto do Oklahoma a coisa saiu assim: — Himmâ-lei-iaz...

Na décima nona órbita, faltando mais três, Gordo começou a observar registros da elevação das forças gravitacionais, como se a cápsula tivesse iniciado a reentrada. Não deu outra, a cápsula começou a arfar exatamente como teria feito durante a reentrada a fim de aumentar a estabilidade. O sistema de controle automático começara a sequência de reentrada, embora a cápsula ainda se encontrasse em órbita e não tivesse desacelerado em nada. O sistema elétrico entrava em pane. Na órbita seguinte, a vigésima, a cápsula deixou de indicar as leituras de atitude. Isso significava que Cooper teria que alinhá-la manualmente para a reentrada. Na penúltima órbita, a vigésima primeira, o sistema de controle automático entrou em pane total. Na reentrada, Cooper não só teria que estabelecer o ângulo de ataque manualmente, usando o horizonte como referência, como também teria que manter a cápsula estável nos três eixos, longitudinal, vertical e lateral, com o controle manual, e ainda disparar os retrofoguetes à mão. Enquanto isso, a pane elétrica afetara de alguma maneira o equilíbrio de oxigênio. O teor de dióxido de carbono começou a subir na cápsula e dentro do traje de Cooper e de seu capacete.

— Bom... as coisas estão começando a me sobrecarregar um pouco — falou Gordo.

Era o mesmo sotaque descansado de sempre. Lembrava o piloto comercial que, tendo acabado de escapar de duas colisões certas em pleno ar e descobrindo-se no meio de uma pane do radar e de uma disartria da torre de controle, informa pelo alto-falante: "Bom, senhoras e senhores, estaremos muito ocupados aqui na cabine finalizando a nossa aproximação de Pittsburgh, por isso queremos aproveitar a oportunidade para agradecer a sua presença em um avião da American e esperamos revê-los muito breve."

Era um Yeager de segunda geração, agora vindo da órbita da Terra. Cooper estava se divertindo. Sabia que todos suavam frio lá embaixo. Mas isso era o que ele e os rapazes tinham querido desde o começo, não era? Tinham querido assumir todo o processo de reentrada — tornarem-se *pilotos de verdade* nessa droga, fazê-la entrar manualmente —, e os engenheiros tinham sempre tremido só de pensar. Bom, agora não havia alternativa, os controles estavam com ele. Além disso, durante a órbita final teria que manter a cápsula no ângulo correto, a olho, do lado noturno da Terra, e ainda se preparar para disparar os retrofoguetes, assim que entrasse no lado diurno sobre o Pacífico. Era tranquilo. Isso só tornava a coisa mais parecida com uma corrida, e nada mais — e Gordo alinhou a cápsula, apertou o botão dos retrofoguetes e amerissou ainda mais próximo do porta-aviões *Kearsage* do que Schirra.

Ninguém poderia negar... nenhum eleito, velho ou novo, poderia deixar de ver... quando os maus ventos sopravam, o velho Gordo mostrara ao mundo o que era a pura e virtuosa fibra.

Na semana seguinte, Gordo se tornou o mais festejado de todos os astronautas, à exceção de John Glenn. O velho Gordo — cujos camaradas sempre o imaginavam fechando a fila... Lá estava, sentado na traseira da limusine sem capota, em desfile atrás de desfile... Honolulu, Cocoa Beach, Washington, Nova York... E que desfiles! O desfile de papel picado de Nova York foi um dos maiores de que se teve notícia, na escala-Glenn, com cartazes ao longo do trajeto dizendo coisas do gênero GORDO COOPER — VOCÊ É SUPERDUPER! em letras de quase 1,20 metro de altura. E não só isso, ele discursou perante uma reunião conjunta do Congresso, como Glenn. Um "voo dentro do figurino" como o de Schirra era muito bom, mas não havia nada como o suspense para arrebatar a imaginação e chocalhar as cabeças. Gordo era também o primeiro norte-americano a passar um dia inteiro no espaço, naturalmente, e pusera os Estados Unidos de volta à arena contra os soviéticos. O papel de combatente singular parecia mais glorioso que nunca.

15. EM PLENO DESERTO

N A ÉPOCA DO VOO DE GORDON COOPER, CHUCK YEAGER VOLtara à Base Aérea de Edwards. Contava apenas trinta e nove anos, a mesma idade, por acaso, que Wally Schirra e Alan Shepard e dois anos menos que John Glenn. Yeager já não tinha exatamente os cabelos escuros e cacheados que todos em Edwards viam na fotografia emoldurada em que desembarcava do X-1 em outubro de 1947. E, Deus sabe, seu rosto tinha acumulado mais quilometragem. Isso era típico de pilotos militares dessa idade e não se devia tanto aos rigores da função quanto à exposição direta ao sol durante doze meses por ano, todos os anos no concreto dos pátios e pistas. Yeager tinha o mesmo físico musculoso e cuidado de sempre. Andara voando caças supersônicos com a mesma regularidade, entra dia, sai dia, de qualquer outro coronel da Força Aérea. Assim, nesses dez anos desde que fizera o último voo recorde ali em Edwards, aquela louca corrida para atingir Mach 2,4 no X-A1A, ele realmente não mudara muito. Não se podia dizer o mesmo de Edwards em si.

Quando Yeager partira em 1954, o Pancho's ainda existia. Atualmente a base estava apinhada de pessoal militar e civil, de todos os níveis e subníveis previstos no manual, trabalhando para a Força Aérea, para a NASA e até para a Marinha, que tinha uma pequena participação no programa X-15. Às quatro horas jogava-se a vida metendo o carro no contrafluxo da corrida alucinada dos condicionadores de ar dos prédios de escritórios para os condicionadores de ar das casas padronizadas de Lancaster.

Isso Yeager já sabia; essa era a parte fácil de se acostumar. Estivera comandando uma esquadrilha de F-100s na Base Aérea de

George, situada apenas oitenta quilômetros a sudeste de Edwards; no mesmo trecho de terreno pré-histórico dos lagos secos. Yeager, Glennis e os quatro filhos moravam em Victorville no mesmo tipo de conjunto habitacional que se encontrava em Lancaster; só que um pouquinho mais agreste, se tanto, uma malha de casas suburbanas padronizadas enfileiradas ao longo da Rodovia Interestadual 15. As mesmas velhas iúcas artríticas a desafiarem o cultivo de uma lâmina de grama, quanto mais de uma árvore de verdade, e os carros que rumavam de Los Angeles para Las Vegas passavam velozes sem demonstrar o menor interesse. Não que nada disso pesasse para Yeager. Como comandante de uma esquadrilha de caças supersônicos, tinha conduzido operações de treinamento e manobras de adestramento por metade do mundo em lugares tão distantes como o Japão. Além disso, ninguém permanecia na Força Aérea por causa das glórias da arquitetura doméstica. O lugar onde morava era o padrão para um coronel como ele que, após vinte anos, ganhava pouco mais de duzentos dólares por semana, incluindo horas extras de voo e ajuda de custo para moradia... e sem contratos com revistas nem qualquer outro tipo de mordomia pouco ortodoxa...

A Força Aérea reconduzira Yeager a Edwards há dois anos para fazê-lo diretor de operações dos voos de provas. No ano anterior, 1962, tinham criado a Escola de Pilotos para Pesquisas Espaciais e o designaram seu comandante. ARPS, como ficou conhecida a escola, fazia parte dos grandes planos da Força Aérea para um programa espacial tripulado próprio. Na realidade, a Força Aérea imaginara que teria um papel importante no espaço desde que o primeiro Sputnik subira, somente para se ver contrariada pela decisão de Eisenhower de colocar o esforço espacial nas mãos de civis. Agora queriam criar um programa militar, completamente separado do da NASA, usando esquadrilhas de naves como os X-20s e vários veículos aéreos com autonomia de decolagem, naves sem asas cujos cascos receberiam uma forma que permitisse seu controle aerodinâmico ao reentrar na atmosfera terrestre, e o Laboratório

Orbital Tripulado, que seria uma estação espacial. A Boeing vinha construindo o primeiro X-20 em sua fábrica de Seattle.

O propulsor de foguetes Titan 3C necessário estava quase pronto. Já havia seis pilotos selecionados para *serem treinados* a colocá-lo em órbita.

O X-20 e o Laboratório Espacial ainda não estavam operacionais, é claro. Enquanto isso, parecia de extrema importância que pilotos da Força Aérea fossem escolhidos para astronautas da NASA. O prestígio do Astronauta absolutamente dominava o voo, e a Força Aérea estava decidida a ser a principal fornecedora dessa raça. Quatro dos nove astronautas selecionados antes de ARPS ser fundada saíram da Força Aérea; isso não era considerado suficientemente bom.

Para dizer a verdade, os chefões tinham ficado ligeiramente birutas com essa história de produzir astronautas. Chegaram até a montar uma "escola de charme" em Washington para os principais candidatos. Os melhores entre os jovens pilotos de provas de Edwards e Wright-Patterson eram mandados de avião para Washington e recebiam um curso para aprender a impressionar as bancas de seleção da NASA em Houston. E era sério! Os rapazes assistiam a palestras de estímulo dadas pelos generais da Força Aérea, inclusive pelo próprio General Curtis LeMay. Passavam por treinamento para aprender a falar em público — e essa era a parte mais sensata e digna de crédito do curso. Daí a coisa descia até o nível da etiqueta em festas dançantes. Ensinavam-lhes o que vestir para as entrevistas com os engenheiros e os astronautas. Deviam usar meias até os joelhos, de modo que quando sentassem e cruzassem as pernas não aparecesse a pele entre o cano das meias e a bainha das calças. Ensinavam-lhes o que beber nas reuniões sociais em Houston: deviam ingerir bebidas alcoólicas, segundo o código dos Voos & Bebedeiras, mas sob a forma de *highball*, ou seja, *scotch* ou *bourbon* com água e gelo, e apenas um. Ensinavam-lhes a descansar as mãos nos quadris (se não pudessem evitá-lo). Os polegares deviam ficar para trás e os outros dedos para a frente. Somente mulheres e decoradores de interiores punham os polegares para a frente e os outros dedos para trás.

E os homens aguentavam tudo isso de boa vontade! Sem uma risadinha! A paixão dos chefões pela astronáutica não era nada comparada à dos jovens pilotos. Edwards sempre fora a localização exata no mapa do ápice da pirâmide dos eleitos. E agora era simplesmente mais um passo na ascensão. Os rapazes estavam se formando na escola preparatória de Yeager para poderem ganhar uma passagem para Houston.

O glamour do programa espacial era tal que já não havia contra-argumentos. Além das chances de honra, glória, fama e o tratamento de celebridade, todos os novatos podiam ver mais uma coisa. Ela praticamente fulgia no céu. Comentavam-na na hora do chope em todos os Clubes de Oficiais, em todas as bases aéreas do país. Ou seja, a Vida do Astronauta. Os meninos a conheciam, sim. Existia logo além do arco-íris, em Houston, Texas... o contrato com a *Life*... US$25 mil anuais além do salário... verdadeiras *mansões* nos subúrbios, feitas sob encomenda... Nada de cabanas tristonhas e ressecadas de telhas de asbestos e paredes sarrafadas que chocalhavam durante as tempestades de areia... Corvettes de graça... uma fantástica boca-livre de uma ponta a outra dos Estados Unidos, por assim dizer... e as garotas mais charmosas que se pode imaginar! Bastava esticar a mão! A visão de todas essas benessezinhas dançava no alto do imponente zigurate... Não havia talvez! Um verdadeiro Sonho Proibido do Caçador com mordomias ganhara vida, e todos esses jovens calouros olhavam para aquilo como pessoas que acreditassem em milagres...

A coisa realmente fazia os pilotos mais velhos sacudirem a cabeça. Se um sujeito arranjava uma garota de vez em quando, o mundo não ia se acabar. Mas sonhar com um harém aéreo de garotas... O que era pior, porém, era o contrato com a *Life*. Na opinião de qualquer integrante da Força Aérea, deixar um piloto de provas experimentais explorar seu trabalho comercialmente era convidar encrenca. Se um sujeito tinha oportunidade de voar máquinas no valor de incalculáveis milhões de dólares de recursos e instalações e horas-homem, se o colocavam numa posição de fazer história — isso já era compensação suficiente.

Yeager voara o X-1 recebendo um soldo normal de 283 dólares por mês. A farda azul! — isso era suficiente para ele. A farda lhe dera tudo que possuía no mundo, e ele não pedia mais nada.

E o que significava tudo isso para esses rapazes, mesmo que alguém o dissesse? Provavelmente muito pouco. Nem mesmo o fato de o projeto X-15 estar no seu melhor momento, bem ali, para todos verem, afetava a nova ordem de coisas. Em junho, o X-15, com Joe Walker aos controles, atingira Mach 5,92, ou seja, uns 6.600 quilômetros por hora, o que aproximava o projeto de uma velocidade ótima — "ultrapassar Mach 6" era o objetivo visado. Em julho, Bob White voara a uma altitude de noventa e cinco quilômetros, ou seja, quinze quilômetros acima da atmosfera (oitenta quilômetros era agora oficialmente considerada a altitude limítrofe), e bem acima da meta do projeto de 85.000 metros. Esse e outros voos menos espetaculares do X-15 estavam trazendo de volta dados sobre aquecimento (em função da fricção do ar) e estabilidade em que se baseariam o projeto de todas as aeronaves supersônicas e hipersônicas do futuro, fossem comerciais ou militares. O foguete do X-15, o XLR-99, tinha 25.800 quilos de empuxo.

O Mercury-Redstone tinha 35.000 quilos; o Mercury-Atlas tinha 116.250 quilos; mas logo haveria o X-20, e o X-20 teria um foguete Titan 3 com 1.130.500 quilos de empuxo, e seria a primeira nave a entrar em órbita com um piloto aos controles do começo ao fim, um piloto que poderia pousá-la onde quisesse, eliminando a fantástica despesa e o risco das operações de resgate no oceano da Mercury, que envolvia porta-aviões, observadores, helicópteros, homens-rã e navios de reserva enfileirados pela metade do globo.

Os alunos de Yeager tinham uma oportunidade de experimentar algo próximo dessa pilotagem espacial. Eles saíam "estrondeando e disparando" no F-104. O F-104 era o caça-interceptador construído para combater o MiG-21, que se sabia que os russos andavam construindo. O F-104 tinha quinze metros de comprimento e asas da espessura de giletes, medindo apenas uns dois metros de comprimento, montadas bem atrás na fuselagem, próximas à cauda. O piloto e o segundo tripulante iam sentados bem à frente, no nariz. O F-104 era construído visando à velocidade em combate, ponto. Era capaz de subir a velocidades superiores a Mach 1 e de voarem Mach 2,2 nivelado.

Quanto mais velocidade ganhava, mais estabilidade adquiria; era instável a baixas velocidades, porém, e supersensível aos controles, com uma tendência perigosa de picar e desandar a rolar e girar. Em velocidade de planeio parecia querer cair como um pedaço de cano. Após praticar em um simulador F-104, os alunos de Yeager voavam o avião até 10.668 mil metros e o levavam a Mach 2 (o estrondo), e em seguida apontavam para cima a um ângulo de uns quarenta e cinco graus e tentavam perfurar o céu (o disparo).

As forças gravitacionais os empurravam contra os assentos e eles disparavam como projéteis, e o céu azul-claro do deserto virava azul-escuro e as forças gravitacionais cessavam, e eles passavam pelo vértice do arco, a 22.860 metros, silenciosos e imponderáveis — uma experiência semelhante à que os próprios eleitos tinham conhecido!... e os rapazes achavam isso uma maravilha. Talvez fosse ótimo voar o X-15 ou o X-20, se não chegassem a astronautas...

Yeager gostava de levantar voo com os alunos da ARPS e simular lutas só para... mantê-los adestrados... Poucos já tinham estado em combate e pouco conheciam das tolerâncias críticas dos caças durante manobras violentas. Sabiam onde se situava o exterior da envoltória, mas não conheciam a parte em que, ao atingi-lo, o esticavam mais um pouquinho sem realmente ultrapassá-lo... Yeager "encerava os rabos" de seus caças regularmente, mas eles não se atrapalhavam com isso. Naqueles dias, o caminho para o topo — significando a estrada que leva ao posto de piloto de provas astronauta — implicava ser bom em muitas coisas sem necessariamente ser "cheio de merda", para usar a expressão da roda de chope. Uma mistura equilibrada de habilidade de pilotagem e engenharia; esse era o quente. O piloto reserva de Joe Walker no projeto X-15, Neil Armstrong, era um exemplar típico da nova raça. Muita gente não entendia Armstrong. Tinha os cabelos louros cortados rentes, olhos miúdos azul-claros e quase não tinha linhas ou feições no rosto que alguém pudesse lembrar.

Sua expressão quase nunca se alterava. Perguntavam-lhe alguma coisa e ele apenas fixava na pessoa aqueles olhos azul-pálidos, recomeçavam a pergunta, imaginando que não a tivesse entendido, e — clique — da boca de Armstrong jorrava uma sequência de frases longas, tranquilas, perfeitamente estruturadas, precisamente pensadas, cheias de funções anisotrópicas e trajetórias múltiplas ou o que quer que se fizesse necessário. Era como se as suas hesitações fossem apenas intervalos de perfuração em seu computador. Armstrong andara se preparando para o lançamento de um X-15 do leito seco de um lago em Smith's Ranch no ano anterior quando Yeager, que era diretor de operações de provas de voo, lhe informou que o leito do lago ainda estava demasiado lamacento em função das chuvas. Armstrong respondeu que os dados meteorológicos, considerando o vento e a temperatura, indicavam que a superfície estaria satisfatória. Yeager recebeu um telefonema da NASA pedindo que levasse um aviãozinho até o leito do lago e fizesse uma inspeção do solo.

— Essa não — falou Yeager. — Sobrevoo esses lagos há quinze anos e sei que estão lamacentos. Não vou querer me responsabilizar pela quebra de um avião da Força Aérea.

Bom, será que voaria um avião da NASA até lá? Essa não, tornou Yeager; não queria isso na sua folha de serviços tampouco. Finalmente combinaram que voaria até lá no banco de trás, com Armstrong nos controles, de forma que ele seria o responsável pela missão. Assim que tocaram o solo, Yeager sentiu que a lama ia tragar o trem de pouso como se fossem mourões de cerca, o que aconteceu. Agora achavam-se irremediavelmente atolados na lama, e uma serra bloqueava o contato de rádio com a base.

— Bom, Neil — falou Yeager —, dentro de poucas horas estará escuro, a temperatura vai chegar a zero, e nós somos dois caras postados aqui usando apenas quebra-ventos. Tem uma boa ideia?

Armstrong encarou-o, e começou o intervalo do computador, e terminou, e nada saiu. Uma equipe de resgate da base, alertada pela perda do contato por rádio, salvou-os antes de anoitecer — e trouxe de volta a história, que divertiu os veteranos durante alguns dias.

Contudo, a nova raça possuía a sua cota da fibra necessária, igualzinha à das velhas feras em pé e mão de outrora. Armstrong mesmo voara mais de cem missões, decolando de porta-aviões durante a Guerra da Coreia, e fizera um bom trabalho no X-15. Havia também homens como Dave Scott e Mike Adams, dois dos alunos de Yeager na ARPS. Andavam praticando pousos curtos com aproximação baixa, certa vez, em um F-104. Nesta manobra, que simulava um pouso de X-15, disparava-se o pós-combustor para aumentar a velocidade (e estabilidade) e se baixavam os flapes tentando deslizar o avião na pista a duzentos nós. Quando Scott e Adams se aproximaram do chão, as "pestanas" do pós-combustor entraram em pane, se abrindo desmesuradamente, e baixaram o empuxo para vinte ou trinta por cento do máximo. Visualmente dava para saber que o avião estava afundando demasiado rápido. Scott, que se encontrava aos controles, abriu o motor a pleno, mas obteve pouca resposta. O avião caía como uma pedra.

Adams, no banco traseiro, sabia que a cauda bateria na pista primeiro, em razão do ângulo de ataque do avião, se Scott não conseguisse recuperar potência. Avisou Scott pelo rádio que se a cauda batesse ele ia se ejetar. A cauda bateu, e naquele instante ele puxou o punho de ejeção e se ejetou à altitude zero. Scott preferiu continuar com o avião. A barriga bateu na pista, e o avião saiu querenando e entrou pelo algarobal. Quando o bichão finalmente parou, Scott olhou para trás e viu que o motor encravara no espaço onde Adams estivera. Os dois homens tinham tomado as decisões corretas. Adams fora lançado ao ar com uma explosão e descera a salvo de paraquedas. O mecanismo de ejeção de Scott se danificara no torque do impacto inicial e ele teria sido morto se tivesse puxado a argola do ejetor, fosse pela explosão de nitroglicerina ou por uma ejeção parcial.

Yeager ficou imensamente impressionado com essas duas decisões tomadas por dois homens à beira do Abismo. Aí estava, numa parada dobrada: a tal fibra. E quando a NASA anunciara havia vários meses que um terceiro grupo de astronautas seria escolhido os dois homens imediatamente se candidataram, embora Adams também parecesse sentir um sincero interesse no Projeto X-15. Os próprios pilotos do X-15 também tinham os olhos em Houston. Armstrong se inscrevera assim que os civis puderam se candidatar e agora era astronauta no Grupo II.

E recebeu a bênção de Joe Walker, também. Walker mesmo pensara em se candidatar, mas calculara que sua idade — tinha quarenta e dois anos — praticamente o excluía.

Era assim que a pirâmide estava construída agora. O velho argumento — ou seja, de que um astronauta seria um mero passageiro a monitorar um sistema automático — não tinha mais tanta força.

A verdade é que ali havia a figura do piloto em praticamente todos os veículos hipersônicos do futuro, fosse no espaço ou na atmosfera. O veículo Mercury fora simplesmente um dos primeiros. Por volta de abril de 1953, Yeager fizera um discurso em que dizia: "Alguns dos caças propostos para o amanhã serão capazes de localizar e destruir um alvo e até retornar às bases e pousarem sozinhos. A única razão de haver um piloto será a necessidade de assumir e decidir o que fazer, se alguma coisa correr mal com o equipamento eletrônico." Falar das Naves do Futuro fizera tudo parecer longínquo. Mas agora, dez anos passados, já estavam trazendo tais sistemas à fase de estruturação. Estavam até mesmo trabalhando em um sistema para pousar os F-4s automaticamente em porta-aviões: o piloto tiraria as mãos dos controles e deixaria os computadores levá-lo a pousar na pista instável.

Os transportes e aviões comerciais supersônicos seriam tão automatizados que dariam ao piloto um manche *override* só para que pudesse empurrá-lo de vez em quando e se sentir *piloto*; seria uma medida global de segurança que aproveitava a fibra. Andavam até desenvolvendo um sistema de orientação automática para trazer o X-15 de volta à atmosfera num ângulo de ataque exato. Talvez a época dos "aviadores", os caçadores bons de pé e mão, estivesse praticamente terminada.

Tudo isso Yeager era capaz de aceitar. Na grande pirâmide não havia situação estável. Havia dezesseis anos, quando viera para Muroc, tinha apenas vinte e quatro anos, e poucos pilotos de provas tinham ouvido falar nele, e a maioria do pessoal de aviação achava que "a barreira do som" era sólida como uma muralha. Quando ele atingiu Mach 1, porém, o jogo passou a ser outro. E agora havia cosmonautas e astronautas, e mais uma vez o jogo passava a ser outro. Um homem faria muito bem em encarar a coisa filosoficamente. O que finalmente aborreceu Yeager, porém, foi o caso de Ed Dwight.

Foi no início desse ano que Yeager recebeu instruções dos chefões de que o presidente John F. Kennedy decidira que a NASA tivesse no mínimo um astronauta negro em suas fileiras. Todo esse processo, contudo, deveria ocorrer organicamente, como se seguisse a ordem natural das coisas. Kennedy confiava para tanto no Departamento de Defesa, e a Defesa confiava nos generais da Força Aérea, que jogaram a batata quente para Yeager. O piloto escolhido foi um capitão da Força Aérea chamado Ed Dwight. Ele deveria passar pela ARPS e ser selecionado pela NASA. As nuvens não tardaram a aparecer.

Dwight foi matriculado no curso básico de provas de voo com vinte e cinco outros candidatos. Somente os primeiros onze alunos podiam ingressar no curso de seis meses de voo espacial da ARPS, que tinha instalações acanhadas, e Dwight não se classificou entre os onze primeiros. Yeager não via como poderia passá-lo à frente dos outros jovens tigres, todos desesperados para se tornarem astronautas. Toda semana, parecia, um destacamento de advogados da Divisão de Direitos Civis vinha de Washington, do Departamento de Justiça, dirigido pelo irmão do presidente, Bobby. Os advogados apertavam os olhos ao sol do deserto e faziam um sem-número de perguntas sobre o progresso e o tratamento dispensado a Ed Dwight e tomavam notas. Yeager não parava de informar que não via maneira de simplesmente passá-lo à frente dos outros rapazes. E os advogados voltavam na semana seguinte e apertavam mais um pouco os olhos e tomavam mais algumas notas. Havia dias que a ARPS parecia ser o caso Ed Dwight com algumas salas de aulas e algum equipamento militar anexos. Chegou-se finalmente a um acordo em que Dwight seria admitido ao curso de voo espacial, mas somente se todos que se classificaram acima dele também fossem admitidos. Foi assim que a classe seguinte teve quatorze alunos em vez dos onze e incluiu o capitão Dwight. Enquanto isso a Casa Branca parecia estar sinalizando à imprensa negra que Dwight ia ser "o primeiro astronauta negro", e o rapaz estava sendo convidado a fazer aparições públicas. Estava sendo preparado para um tombo, porque as chances de ser aceito como astronauta pela NASA pareciam, em todo caso, remotas.

A coisa toda era desconcertante. Nas altas esferas do grande zigurate, a questão racial nunca surgira antes. A premissa implícita era que ou a pessoa possuía a fibra exigida ou não a possuía, e nenhuma outra variável contava. Quando os sete astronautas da Mercury foram escolhidos em 1959, o fato de que eram todos brancos e protestantes parecia ser interpretado como uma evidência inteiramente favorável de suas virtudes americanas próprias de cidades pequenas.

Mas agora, passados quatro anos, Kennedy, que fora apoiado por uma coalizão de grupos minoritários nas eleições de 1960, começara a levantar o problema racial como uma questão de diretriz pública em muitas áreas. A frase "protestante branco" assumiu um significado diferente, de modo que agora era possível considerar os astronautas uma espécie de quadro de brancos de extração racial norte-europeia. Na realidade, isso não tinha qualquer relação, *per se*, com o fato de serem astronautas. Era típico dos oficiais militares de carreira de uma maneira geral. Em todo o mundo, aliás, os oficiais de carreira vinham de famílias "nativas" ou "antigas". Mesmo em Israel, que existia a pouco menos de uma geração como nação independente e era politicamente dominado por imigrantes do Leste Europeu, o corpo de oficiais era predominantemente formado por sabras — homens nascidos e criados desde pequenos nos assentamentos judeus do pré-guerra na velha Palestina. O outro denominador comum dos astronautas era serem todos primogênitos ou filhos únicos; porém, nem isso apresentava qualquer significação especial, pois as pesquisas não tardaram a revelar que os primogênitos ou os filhos únicos dominavam muitas ocupações, inclusive as acadêmicas. (Numa época em que o número médio de filhos por família era pouco mais de dois, a probabilidade era de que dois em cada três homens fossem primogênitos ou filhos únicos.) Nada disso, todavia, ia amolecer a Casa Branca, porque o astronauta, o guerreiro do combate singular, se tornara uma criatura de significação política maior do que qualquer outro tipo de piloto na história.

As discussões e os apertos de olhos ainda prosseguiam no dia em que o NF-104 chegou. Talvez essa fosse a razão de o bichão parecer tão bom a Yeager. Toda a astúcia política acumulada desde Maquiavel a John McCormack não valiam um caracol no NF-104 a 20.000 metros. Dois fantásticos equipamentos vinham sendo especificamente desenvolvidos para a ARPS. Um era um simulador de missão espacial, um aparelho mais realista e sofisticado do que o simulador de procedimentos da Mercury ou qualquer outro simulador da NASA. O outro, o NF-104, era um F-104 com um motor de foguete montado na cauda. O motor de foguete usava peróxido de hidrogênio e combustível JP4, sendo capaz de produzir 2.700 quilos de empuxo. Era como um superpós-combustor. O motor principal acrescido do pós-combustor regular levava o avião a uns 18.000 metros, e então o piloto entrava com o foguete, e isso o empurrava a uma altitude de 36 a 46.000 metros. Pelo menos era o que presumiam confiantemente os engenheiros.

O plano era fazer os alunos da ARPS operarem perfis no simulador de missões espaciais, e em seguida vestir os trajes pressurizados prateados, estilo voo espacial, e subir com o NF-104 até 36.000 metros ou mais descrevendo um arco fantástico, dando margem para até dois minutos de imponderabilidade. Durante esse intervalo podiam aprender a dominar os controles a reação, que eram propulsores de peróxido de hidrogênio do tipo usado em todos os veículos acima de 30.000 metros, fosse o X-15, a cápsula Mercury ou o X-20.

O único problema era que ninguém nunca havia explorado os limites do NF-104. De que maneira se comportaria na estrutura molecular rarefeita da atmosfera acima de 30.000 metros, quais os limites da sua envoltória de voo, ninguém sabia. O F-104 foi construído para ser um interceptador de alta velocidade, e, quando se tentava utilizá-lo para outros fins, ele "não perdoava muito", como se costumava dizer. Os pilotos já estavam começando a enfunerar no F-104 simplesmente porque o motor se incendiava e ele mergulhava em direção ao solo com a capacidade de planeio de uma penca de chaves. Mas Yeager adorava o danado do avião. Voava como um morcego. Na qualidade de comandante da ARPS, aproveitou a oportunidade de testar o NF-104 como se a aeronave tivesse seu nome inscrito na fuselagem.

A principal razão desse teste era a sua utilização na escola, mas havia um dividendo extra. O primeiro que levasse o NF-104 ao seu desempenho ótimo decerto estabeleceria um novo recorde mundial de altitude para aeronaves decolando com potência autônoma. Os soviéticos eram os donos do recorde atual, 34.713 metros em 1961 com o E-66A, um caça de asa-delta. O X-2 e o X-15 tinham voado mais alto, mas precisaram ser guindados ao ar por uma aeronave maior antes de dispararem seus foguetes. Os veículos espaciais Mercury e Vostok foram levados até determinada altitude por foguetes auxiliares automáticos, que então se separavam e eram alijados. Naturalmente, todos os recordes aéreos vinham perdendo o seu brilho agora que o voo espacial principiara. Estava começando a lembrar o estabelecimento de novos recordes para trens. Yeager não tentara bater qualquer recorde nos céus de Edwards desde dezembro de 1953, há dez anos, quando estabelecera a nova marca de velocidade, Mach 2,4, no X-1A e descera do outro lado do arco enfrentando a mais pavorosa situação de instabilidade provocada pela alta velocidade a que um homem sobrevivera. Agora, Yeager retornava à pista para botar para quebrar mais uma vez lá para as bandas do lago Rogers e suas miragens, sob o céu azul-pálido do deserto, e a energia de eleito circulando de novo em seu corpo. E se os jovens rapazes da escola preparatória pudessem sentir através dele... e através daquela fera selvagem indomada... uns poucos volts da velha crença ancestral na posse da fibra... bom, isso também seria ótimo.

Yeager decolara no NF-104 três vezes em voos de teste, levando-o gradualmente a 30.480 metros, onde os limites da envoltória operacional, quaisquer que fossem, começariam a se revelar. E agora se encontrava de novo na pista para o segundo dos dois principais voos preliminares. Amanhã deixaria o avião dar o máximo e partiria para o recorde. Era mais uma dessas tardes absolutamente luminosas e claras no topo do mundo. No voo da manhã tudo sucedera exatamente conforme planejado. Subira com o avião até quase 33.000 metros após acionar o motor do foguete a aproximadamente 18.000 metros. O foguete impelira o avião para o alto num ângulo de ataque de cinquenta graus. Um dos aspectos desagradáveis da aeronave era a sua antipatia por ângulos extremos. A qualquer ângulo acima de trinta graus, seu nariz empinava, o mesmo movimento que fazia pouco antes de entrar em parafuso. Mas a 33.000 metros isso não era problema. O ar era tão rarefeito a essa altitude, tão próximo do puro "espaço", que os controles de reação, os propulsores de peróxido de hidrogênio, funcionavam às mil maravilhas. Yeager só precisava cutucar o braço do controle lateral junto ao colo e um propulsor na ponta do nariz do avião empurrava o nariz de novo para baixo, e estaria na posição ideal para reentrar na densa atmosfera abaixo. Agora ia decolar para uma última exploração daquela mesma região antes de botar para quebrar no dia seguinte.

A 12.000 metros Yeager iniciou a corrida de velocidade. Acionou o pós-combustor e isso o empurrou de volta à cadeira, e agora cavalgava um motor com quase 7.250 quilos de empuxo. Assim que o maquímetro bateu em 2,2, ele puxou o manche e começou a subir. O pós-combustor o levaria a 18.000 metros antes de acabar seu combustível. Exatamente naquele instante acionou o interruptor do motor foguete... fantástico tranco... Foi de novo empurrado contra a cadeira. O nariz empina setenta graus. As forças gravitacionais se fazem sentir. O céu do deserto começa a ficar para trás. Está rumando direto para o azul-anil. A quase 24.000 metros uma luz no painel... como sempre... o motor principal superaquece em razão do tremendo esforço da subida. Ele aciona o botão e o desliga, mas o foguete continua a acelerar. Quem conhece essa sensação senão ele! Os sacanas são fantásticos!... 30.000 metros... Ele desliga o motor do foguete. Continua a subir. As forças gravitacionais desaparecem... fazem a pessoa sentir que está inclinando para a frente... Está imponderável, descrevendo o vértice do arco... quase 32.000 metros... Silêncio absoluto... trinta e dois quilômetros de altitude... O céu está quase negro. Olha diretamente para o céu, porque o nariz do avião está quebrado. Seu ângulo de ataque ainda é uns cinquenta graus. Acha-se no vértice do arco e vai descer. Ele empurra o braço do controle lateral junto ao colo para fazer descer o nariz do avião. Nada acontece... Ouve o propulsor funcionando, mas o nariz não obedece. Continua apontando para o alto. Comprime o propulsor de novo... Merda!... Ele não quer descer!... Agora está vendo, o quadro todo... Hoje de manhã, a quase 33 mil metros, o ar tão rarefeito que não oferecia resistência e se podia empurrar o nariz para baixo facilmente com os propulsores. A 31.700 metros o ar permanece suficientemente denso para exercer pressão aerodinâmica. Os propulsores não são suficientemente potentes para vencer a resistência... Aciona seguidamente os controles de reação... o peróxido de hidrogênio espirra do jato no nariz do avião e não acontece droga nenhuma... Está caindo e o nariz continua apontando para o alto... O outro lado da envoltória... bom, aqui está, o filho da mãe... Não quer ceder nem um pouquinho... e aqui vamos nós!... A nave entra num parafuso chato. Está espiralando bem em cima do centro de gravidade, como um cata-vento de papel na ponta de uma varinha. A cabeça de Yeager está na periferia do círculo, girando. Ele empurra o braço do controle lateral mais uma vez. O hidróxido de hidrogênio se esgotou. Restam-lhe 270 quilos de combustível no motor principal, mas não há como dar partida nele. Para reacionar o motor é preciso pôr o nariz do avião embaixo num mergulho e forçar a entrada de ar pela boca do motor colocando-o em molinete para aumentar as rpms. Sem rpms não há pressão hidráulica, sem pressão hidráulica não se podem comandar os estabilizadores da cauda, e sem os estabilizadores não se consegue controlar o sacana a baixas altitudes... Ele continua firme num parafuso chato e caindo... Gira a uma velocidade fantástica... Yeager se obriga a manter os olhos nos instrumentos... Uma distraçãozinha nessa altura e sobrevém a vertigem e acabou-se o piloto... Já se encontra a pouco mais de 24.000 metros e as rpms em zero...

Está caindo uns quarenta e seis metros por segundo... 2.700 metros por minuto... *Que faço agora?*... aqui nas garras do Abismo... *já tentei A! Já tentei B!* O danado do bichão não emite som algum... só espirala como um pedaço de cano no céu... Resta uma última possibilidade... os freios, um paraquedas na cauda para desacelerar o avião após um pouso de alta velocidade... O altímetro continua a cair... quase 7.700 metros... mas o altímetro se refere ao nível do mar... Encontra-se a apenas 6.400 metros sobre o deserto... A margem está diminuindo... Ele aciona o freio aerodinâmico... *Bingo!* — o paraquedas segura com um tranco... Puxa a cauda para cima... O avião pica... O parafuso para. O nariz aponta para baixo. Agora só precisa se livrar do paraquedas e deixar o avião mergulhar e desenvolver as rpms necessárias. Solta o paraquedas... e o bichão cabra de novo! O nariz volta a se empinar no ar! É o estabilizador traseiro... O bordo de ataque está travado, congelado na posição de subida. Sem rpms e sem controles hidráulicos, não consegue mover a cauda... O nariz está picado num ângulo superior a trinta graus... Lá vai o avião de novo... Volta a entrar em parafuso... Yeager está girando na periferia de novo... Não tem rpms, nem potência, foi-se o paraquedas de travagem e só 180 nós de velocidade... caiu para 3.600 metros... 2.400 metros sobre a fazenda... Não sobra droga alguma no manual nem no saco de mágicas nem na fibra desenvolvida em vinte anos de voo militar... Eleito ou ferrado!... Nunca se sabe onde a coisa vai estourar! Yeager nunca mais abandonou um avião desde o dia em que foi abatido sobre a Alemanha aos vinte anos de idade... Tentei A! Tentei B! Tentei C!... 3.300 metros, 2.100 metros da fazenda... ele enrola o corpo numa bola, exatamente como manda o manual, procura debaixo do banco o punho de ejeção e puxa... É explodido para fora da cabine com tal força que parece uma concussão... não consegue ver... *Uam*... um tranco nas costas... É o assento se desprendendo dele e do paraquedas... Sua cabeça começa a clarear... Está em pleno ar, com o traje pressurizado, espiando pelo visor do capacete... Cada segundo parece longuíssimo... infinito... em câmera muito lenta... Está suspenso no ar... imponderável...

O avião caía a 160 quilômetros por hora e o foguete de ejeção o impelira a quatorze quilômetros por hora. Durante um denso instante adrenalínico sente-se imponderável em pleno ar, a 2.100 metros sobre o deserto... O assento flutua próximo, como se os dois estivessem parados na atmosfera... o avesso do assento, o lado de baixo está virado para ele... um buraco vermelho... o bocal onde o mecanismo de ejeção encaixa... Está babando uma lava... vermelho-brasa... os restos do propelente do foguete... refulge... escorre do bocal... No momento seguinte os dois estão caindo, ele e o assento... Seu paraquedas leva uma bolsa e sobre a bolsa há um paraquedas auxiliar que puxa a bolsa para o lado de modo que o paraquedas vai se desdobrando gradualmente sem se partir, nem partir as costas do piloto quando o velame se abre durante a ejeção em alta velocidade. É projetado para uma ejeção de seiscentos a oitocentos quilômetros por hora, mas ele só está se deslocando a 280. Nesses segundos infinitamente expandidos, as linhas de suspensão se desdobram e Yeager e o assento e o bocal vermelho vivo navegam juntos pelo ar... e agora o assento flutua acima dele... entrando pelas linhas de suspensão!... O assento se aninha entre as linhas de suspensão... babando lava pelo bocal... comendo as linhas... Um segundo infinito... Ele é puxado violentamente pelos ombros... é o paraquedas se abrindo e o velame se enchendo de ar... naquele exato instante a *lava* rompe o visor de seu capacete... Alguma coisa corta seu olho esquerdo... Ele se atordoa... Não consegue enxergar coisa alguma... A ardência o reaviva... Seu olho esquerdo espirra sangue... Jorra por dentro da pálpebra e escorre pelo rosto, e o rosto está em fogo... Jesus Cristo!... o assento... O tranco do paraquedas repentinamente reduzira sua velocidade, mas o assento continuou a cair... Desprendera-se das linhas do paraquedas e o lado inferior colidira com o seu visor... oitenta quilos de metal... visor duplo... a porcaria varara as duas camadas... Está queimando!... Há lava de foguete dentro de seu capacete... O assento se afastou na queda... Não consegue enxergar... sangue jorra de seu olho esquerdo e há fumaça dentro do capacete... Borracha!... É a vedação entre o capacete e o traje pressurizado... Está em chamas... O propelente não sai... Um fantástico *ruuuche*... Ele sente a labareda... Chega até a ouvi-la... Um véu de chamas lhe sobe pelo pescoço e pela face... O oxigênio!... O propelente queimou a vedação de borracha, disparando o sistema automático de oxigênio... A integridade do circuito foi violada e empurra o oxigênio para o capacete, para o rosto do piloto... Cem por cento oxigênio! Deus!... Transforma a lava num inferno... Tudo que pode arder está em chamas... todo o resto está derretendo... Mesmo com o buraco aberto no visor o capacete se enche de fumaça... Engasga... cego... O lado esquerdo da cabeça em fogo... Sufoca... Ergue a mão esquerda... Tem as luvas pressurizadas calçadas e presas à manga... Enfia a mão pelo buraco no visor e tenta formar uma concha de ar para levá-la à boca... As chamas... Estão a toda volta... Começam a queimar a luva no ponto em que esta toca o rosto... Devoram-na... Seu dedo indicador está queimando... A droga do dedo está ardendo!... Mas ele não o move... Um pouco de ar!... Nada mais importa... Está engolindo fumaça... Tem que conseguir abrir o visor... Empenou... Está fechado em um globinho quebrado, morrendo numa nuvem de fumaça produzida por sua própria carne frita... O fedor!... borracha e carne humana... Tem que abrir o visor... É isso ou nada, não há outra opção... Vai tudo para o inferno... Ele enfia as mãos por baixo... É um esforço tremendo... Levanta o capacete... Salvação!... Como um mar o ar carrega tudo embora, a fumaça, as chamas... O fogo se extingue. Consegue respirar. Consegue ver com o olho direito. O deserto, o algarobal, as iúcas sem mãe vão se erguendo lentamente em sua direção... Não consegue abrir o olho esquerdo... Agora sente a dor... Metade da cabeça está assada... E isso não é o pior... O maldito dedo!... Deus!... Consegue distinguir o terreno, já o sobrevoou um milhão de vezes... lá adiante fica a rodovia, a 466, e a Estrada Federal 6 cruzando-a... A luva esquerda está praticamente incinerada... A luva e o indicador esquerdo... não consegue saber qual é qual... parecem ter explodido em um forno... Não se encontra longe da base... O que quer que haja no dedo, é muito ruim... Quase embaixo... Prepare-se... De acordo com o manual... Um fantástico safanão... Está caído no algarobal, espiando o deserto com um olho só... Levanta-se... Porra! Está inteiro!... Quase não consegue usar a mão esquerda. A droga do dedo o mata de dor. Todo o lado da cabeça... Começa a despir a guarnição do paraquedas... Está tudo no manual! Questão regulamentar!... Começa a enrolar o paraquedas, como diz lá... Algumas das linhas estão quase derretidas por causa da lava... A cabeça parece que continua em fogo... A dor vem lá do fundo... Mas tem que tirar o capacete... É uma operação dos diabos... Não se atreve a tocar na cabeça... A sensação é que está enorme... Alguém está correndo em sua direção... É um garoto, um rapaz de uns vinte anos... Está vindo da rodovia... Aproxima-se, para boquiaberto e lança a Yeager um olhar de horror...

— Você está bem? — A expressão no rosto do garoto! Nossa! — Estava no meu carro! Vi o senhor descendo!

— Vem cá — diz Yeager. A dor no dedo é brutal. — Vem cá... você tem um canivete?

O rapaz mete a mão no bolso e puxa um canivete. Yeager começa a cortar a luva para tirá-la da mão esquerda. Não consegue suportar mais. O rapaz fica postado ali, hipnotizado de horror. Pela cara do rapaz, Yeager começa a se ver. Seu pescoço, todo o lado esquerdo da cabeça, a orelha, a bochecha, o olho devem estar carbonizados. A órbita está rasgada, inchada, as metades grudadas, recoberta por uma crosta de sangue queimado, e metade de seus cabelos se carbonizou. Toda a destruição e o resto do rosto, narinas e lábios estão borrados com o resíduo da borracha derretida. E ele está ali de pé, em pleno deserto, metido num traje pressurizado, a cabeça espetada no ar apertando o único olho, tentando abrir a luva esquerda com um canivete... A lâmina corta a luva e corta a carne do dedo... Não dá para diferençar... Está tudo junto... A droga do dedo parece que derreteu... Tem que tirar a luva. É só o que interessa.

Dói que é uma loucura. Ele puxa a luva e um grande naco de carne derretida do dedo vem junto... Parece sebo frito...

— Uuuugggooo... — É o rapaz. Está com ânsias de vômito. É demais para ele, coitado. Ergue o olhar para Yeager. Seus olhos se arregalam e a boca se abre. Toda a emoção se soltou. Não consegue mais se segurar. — Nossa! — exclama ele. — Você... Você está... *horrível!*

O Bom Samaritano, versão 1963! E médico! E acaba de anunciar seu diagnóstico! É só isso que o cara precisa... ter quarenta anos de idade, cair 30.000 malditos metros em um parafuso chato, se ejetar, fazer um buraco de um milhão de dólares no chão, conseguir carbonizar metade da cabeça e a mão e ter o olho praticamente arrancado do crânio... e chegar um Bom Samaritano, como se fosse enviado pela alma de Pancho Barnes em pessoa para apresentar um veredito de meia-noite entre as iúcas desnaturadas enquanto as portas de tela batem e os retratos de cem pilotos mortos matraqueiam nas molduras:

— Nossa!... Você está horrível.

ALGUNS MINUTOS DEPOIS O HELICÓPTERO DE RESGATE CHEGOU. Os paramédicos encontraram Yeager parado no algarobal, ele e um rapazinho que por acaso passava. Yeager de pé empertigado com o paraquedas dobrado e o capacete debaixo do braço, saído do manual, e os olha fixa e firmemente com o que lhe resta do rosto como se tivessem marcado um encontro e ele comparecesse pontualmente.

No hospital descobriram um detalhe auspicioso. O sangue que cobria o olho esquerdo de Yeager coagulara, formando uma crosta protetora. Do contrário ele o teria perdido. Sofrera queimaduras de terceiro e segundo graus na cabeça e no pescoço. As queimaduras exigiram um mês de hospitalização, mas ele conseguiu curá-las sem desfiguramento. Chegou até a recuperar o uso total do indicador esquerdo.

Aconteceu que no dia do voo de Yeager, mais ou menos na hora em que ele corria pela pista de decolagem, o secretário de Defesa, Robert McNamara, anunciava o cancelamento do programa X-20. Embora o esquema do laboratório orbital permanecesse oficialmente em vigor, era muito óbvio que não haveria viajantes espaciais militares americanos. Os rapazes em Houston tinham recebido o único bilhete: o topo da pirâmide era deles para chegarem às estrelas, se fossem capazes.

Yeager voltou ao voo e reassumiu suas funções na ARPS. Com o tempo ainda voaria mais de cem missões no Sudeste da Ásia em bombardeiros táticos B-57.

Ninguém nunca superou a marca russa com o NF-104 e nem mesmo tentou. Acima de 30.480 metros a envoltória do avião era uma peneira, tantos eram os seus furos. E Yeager nunca mais tentou estabelecer um recorde nos céus em pleno deserto.

EPÍLOGO

Bom, o Senhor dá e o Senhor tira. Após o triunfo de Gordon Cooper, Alan Shepard lançara uma campanha em favor de mais um voo Mercury, uma missão de três dias, em que seria a sua vez de voar. Contava com o apoio de Walt Williams e a maioria dos astronautas. James Webb esquivou-se deles com facilidade, porém, e com a bênção tácita do presidente Kennedy anunciou que o Projeto Mercury estava concluído. A NASA e o governo já cortavam um dobrado para obter o apoio continuado do Congresso nos programas de pouso lunar Gemini e Apollo de US$40 bilhões sem prolongar a série Mercury. O espírito de dois anos antes, quando Kennedy erguera os braços em direção à Lua e os congressistas aplaudiram e aprovaram um orçamento ilimitado, se evaporara. A corrida espacial era uma... "corrida pela sobrevivência"? Os Estados Unidos estavam diante da... "extinção nacional"? Quem controlasse o espaço exterior... controlaria a Terra? Os russos iam... instalar um refletor vermelho na Lua? Era impossível relembrar a emoção daqueles dias. Em meados de junho de 1963 o Projetista-chefe (ainda o gênio anônimo!) pôs em órbita o *Vostok 5* com o cosmonauta Valery Bykovsky a bordo, e dois dias depois enviou a primeira mulher ao espaço, a cosmonauta Valentina Tereshkova, a bordo do *Vostok 6,* e os dois permaneceram em órbita durante três dias, voando a quatro quilômetros um do outro num determinado ponto e pousando em solo soviético no mesmo dia — e nem mesmo assim o velho senso de emergência bélica reacendeu no Congresso.

Em julho, Shepard começou a se sentir incomodado com tinidos no ouvido esquerdo e uma ocasional tonteira, sintomas da síndrome de Meunière, uma doença do ouvido interno. A exemplo de Slayton, teve que passar à condição de astronauta inativo e só podia voar aviões com um copiloto a bordo. Slayton, enquanto isso, tomara uma decisão que teria sido impensável para a maioria dos oficiais militares. Pedira baixa da Força Aérea após dezenove anos — um ano antes de adquirir o direito à pensão de vinte anos, aquela recompensa dourada que refulgia além do horizonte durante os anos de dificuldades financeiras na carreira do oficial. O problema de Slayton era que a Força Aérea decidira retirá-lo definitivamente do voo em virtude de seus problemas cardíacos. Como funcionário civil da NASA, poderia continuar a voar aeronaves de alto desempenho, desde que acompanhado de um copiloto. Poderia manter seu adestramento, poderia conservar sua condição de piloto, poderia manter vivas suas esperanças de provar, mais adiante, que afinal possuía a fibra necessária para voar como astronauta. Diante dessa consideração, a pensão não significava muito.

Em 19 de julho Joe Walker voou o X-15 à altitude de 106.000 metros, o que equivalia a 106 quilômetros no espaço, superando o recorde de 95.935 metros estabelecido por Bob White no ano anterior; e em 22 de agosto Walker atingiu 107.960 metros, ou 108 quilômetros, o que significavam vinte e oito quilômetros no espaço. Além de White e Walker, mais um homem voara o X-15 acima de oitenta quilômetros. Era o reserva de White, Bob Rushworth, que atingira 86.800 metros, oitenta e sete quilômetros, em junho. A Força Aérea instituíra a prática de conceder o brevê de *Astronauta da Força Aérea* a qualquer piloto da Força Aérea que voasse acima de oitenta quilômetros. Usavam o próprio termo: *astronauta*. Em consequência, White e Rushworth, o primeiro piloto da Força Aérea e seu reserva no X-15, agora possuíam brevês de astronautas. Joe Walker, um civil voando o X-15 para a NASA, não se qualificava. Então alguns dos coleguinhas de Walker em Edwards o levaram a um restaurante para jantar, e tomaram umas e outras, e pregaram um brevê de papelão em seu peito. Nele estava inscrito: "Asstronaut", ou seja, Rabonauta.

Em 28 de setembro os sete astronautas do Mercury foram a Los Angeles para o banquete de entrega de prêmios da Sociedade de Pilotos de Testes Experimentais. A viúva de Iven Kincheloe, Dorothy, lhe entregou o Prêmio Iven C. Kincheloe por extraordinário desempenho profissional na condução de voos de provas. As agências de notícias não dedicaram mais que um parágrafo à ocasião, e assim mesmo tirado da caixa de esmolas. Depois de todas as Medalhas de Mérito Militar e os desfiles e a aparição diante do Congresso, depois de todo tipo de homenagem que os políticos, as instituições particulares e a Fera Gentil podiam imaginar, o Prêmio Iven C. Kincheloe não parecia muito. Mas para os sete astronautas foi uma noite importante. O radiante Kinch, a imagem cinematográfica do grande piloto louro, era o mais famoso dos pilotos de foguete mortos, e poderia ter escolhido o que fazer na Força Aérea, se estivesse vivo. Teria desempenhado a função de Bob White como primeiro piloto do X-15 e Deus sabe o que mais. Havia prêmios de aviação e prêmios de aviação, mas o Prêmio Kincheloe — "por desempenho profissional" — era o máximo na fraternidade dos voos de prova. Os sete homens tinham finalmente fechado o círculo e reunido as glórias dispersas de sua celebridade. Tinham lutado para desempenhar um papel de verdadeiros pilotos no Projeto Mercury, ganharam a parada, passo a passo, e o voo de Cooper, sobretudo, demonstrara que podiam se encarregar de tudo à maneira clássica, beirando os limites. Agora recebiam a única coisa que lhes fora negada durante anos, enquanto o resto da nação os venerava incondicionalmente: a aceitação de seus pares, seus verdadeiros irmãos, de que eram os *pilotos de provas* da era espacial, dignos ocupantes do topo da pirâmide dos eleitos.

Durante o verão, Kennedy fora à televisão anunciar à nação que chegara a um acordo com os russos sobre a interdição dos testes nucleares. Ao qual o ministro soviético das relações exteriores, Andrei Gromyko, propusera um corolário interditando até mesmo a colocação de armas nucleares na órbita terrestre. Os próprios soviéticos é que estavam extinguindo a noção de raios vindos do espaço. Em 30 de agosto entrara em serviço o equipamento pelo qual esse interlúdio seria lembrado: a linha vermelha, a instalação telefônica entre a Casa Branca e o Kremlim, a fim de melhor evitar mal-entendidos que pudessem resultar numa guerra nuclear. Quando Kennedy foi assassinado em 22 de novembro por um homem com ligações russas e cubanas, não houve qualquer clamor antissoviético nem anticubano no Congresso nem na imprensa. A Guerra Fria, conforme qualquer pessoa podia claramente ver, terminara.

Ninguém, e certamente nem os próprios homens, podia compreender o significado disso para o papel do astronauta, porém. O novo presidente, Lyndon Johnson, provou ser um proponente ainda mais empenhado do programa espacial do que seu predecessor. Devido em parte ao gênio político de James E. Webb, que agora atingia a maioridade, o Congresso mudou de ideia e concedeu à NASA um cheque em branco para as missões à Lua. Contudo, um fato perdurava: a Guerra Fria terminara.

Mais nenhum voo espacial foi programado até o início do programa Gemini em 1965. A essa altura, os sete astronautas começariam a sentir uma mudança na atitude pública para com eles e, ainda, com relação aos Nove Segundos e aos grupos de astronautas que se seguiriam. *Sentiam* a mudança, mas não seriam capazes de expressá-la em palavras. Qual *era* a sensação? Ora, era um suave resvalar do manto de glória guerreira escorregando de seus ombros! — e o efeito refrigerante dos oceanos de lágrimas se secando! A guerra dos combatentes singulares fora afastada. Continuariam a ser honrados, e os homens continuariam a se admirar de sua coragem; mas o dia em que um astronauta podia desfilar pela Broadway enquanto os guardas de trânsito choravam nos cruzamentos já era. Nunca mais um astronauta seria percebido como um protetor do povo, que arriscava a vida para combater nos céus. Nem mesmo o primeiro americano a caminhar na Lua jamais conheceria a explosão das emoções mais primordiais de um povo que Shepard, Cooper e, sobretudo, Glenn conheceram.

A era dos primeiros combatentes singulares dos Estados Unidos tinha vindo e ido, talvez para nunca mais voltar.

O Senhor dá e o Senhor tira. O manto de guerreiro na Guerra Fria dos Céus fora colocado em seus ombros certo dia de abril de 1959 sem que pedissem, tivessem ligação ou mesmo soubessem de sua existência. Agora seria retirado, também sem o seu conhecimento, e sem que tivessem feito ou querido qualquer coisa. John Glenn resolvera se candidatar para senador por Ohio em 1964. Não poderia ter previsto que os eleitores de Ohio já não o viam como um homem com a aura do protetor. Mas pelo menos foi lembrado. Teria sido ainda mais impossível para seus colegas perceberem que chegaria o dia em que os americanos ouviriam seus nomes e diriam: "Ah, sim — mas qual era mesmo esse?"

NOTA DO AUTOR

A ESCRITURA DESTE LIVRO TERIA SIDO IMPOSSÍVEL SEM AS lembranças pessoais de muita gente, pilotos e não pilotos, que participaram intimamente do início da era dos voos de foguetes tripulados nos Estados Unidos. Gostaria que houvesse uma maneira de agradecer suficientemente a sua generosidade e o tempo e o esforço que despenderam para rever os acontecimentos que remontam a vinte anos ou mais em alguns casos.

O departamento de história da NASA no Johnson Space Center em Houston foi inexaurivelmente prestimoso, principalmente em me permitir o acesso às transações dos relatórios pós-voos dos astronautas. Destacaria especialmente o historiador da NASA James M. Grimwood, o autor, com seus colegas Loyd S. Swenson, Jr., e Charles C. Alexander, de *This new ocean: a history of Project Mercury*. Outros livros que gostaria de mencionar são *Always another dawn*, de A. Scott Crossfield e Clay Blair, Jr.; *Starfall*, de Betty Grissom e Henry Still; *Across the high frontier*, de Charles E. Yeager e William Lundgren; *The lonely sky*, de William Bridgeman e Jacqueline Hazard; *X-15 diary*, de Richard Tregaskis; e *We seven*, dos sete astronautas do Mercury.

Os nomes de quatro personagens que aparecem brevemente na narrativa foram mudados: Bud e Loretta Jennings, Mitch Johnson e Gladys Loring.

Impressão e Acabamento:
LIS GRÁFICA E EDITORA LTDA.